火星探测任务环境设计手册

张荣桥 等 著

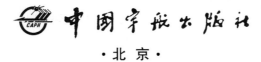

中国宇航出版社

·北京·

图书在版编目（CIP）数据

火星探测任务环境设计手册 / 张荣桥等著. -- 北京：
中国宇航出版社，2023.4
　　ISBN 978-7-5159-2209-6

　　Ⅰ．①火… Ⅱ．①张… Ⅲ．①火星探测－环境设计－
手册 Ⅳ．①P185.3-62

中国国家版本馆CIP数据核字(2023)第037985号

责任编辑 张丹丹		**封面设计** 王晓武	

出 版
发 行　**中国宇航出版社**

社　址 北京市阜成路8号　**邮　编** 100830		**版　次** 2023年4月第1版	
（010）68768548		2023年4月第1次印刷	
网　址 www.caphbook.com		**规　格** 787×1092	
经　销 新华书店		**开　本** 1/16	
发行部（010）68767386　　（010）68371900		**印　张** 23.25　　　**彩　插** 23面	
（010）68767382　　（010）88100613（传真）		**字　数** 566千字	
零售店 读者服务部　　　　（010）68371105		**书　号** 978 - 7 - 5159 - 2209 - 6	
承　印 天津画中画印刷有限公司		**定　价** 158.00元	

本书如有印装质量问题，可与发行部联系调换

《火星探测任务环境设计手册》
编　写　组

组　长　张荣桥

副组长　耿　言　刘建军　孙泽洲

成　员　（按姓氏笔画排序）

王　宏　方宝东　邓劲松　曲少杰

任　鑫　李佳威　李绿萍　张广良

陆　希　林小艳　周继时　饶　炜

崔　峻　谢　攀　樊　敏

前　言

中国首次火星探测任务一步实现火星环绕、着陆、巡视探测，起点高、跨度大，极具挑战性。

火星探测任务面临复杂的火星环境。此前，国际上仅有美国成功着陆火星，人类对火星环境的认知还很不足。我国没有可支持工程设计的第一手环境数据，通过调研得到的资料非常有限，对火星环境不确知，甚至还存在我们不知道"哪些不知道"的情况。因此，厘清并确定与工程设计相关的环境数据，即解决工程中的科学问题，成为工程研制的首要任务，也是确保工程成功的基础。

面对挑战，工程总师牵头组织，以工程技术专题形式，广泛开展资料搜集，对不确定的环境参数开展深入研讨、仿真验证、地面试验等工作。中国首次火星探测任务圆满成功，证明了任务环境识别及其影响分析的正确性。近期，我们又结合任务取得的最新探测成果，对之前的研究内容进行了补充和完善，形成了本书。

全书共分 13 章。第 1 章火星概述，简要描述了火星物理特性、运动特征，及其卫星和临近小天体的基本参数。第 2 章发射机会与轨道，介绍了火星探测发射窗口的选择方法，以及典型火星探测器轨道类型。第 3 章时间与坐标系统，介绍了火星探测任务中的时间、坐标系统的定义及其转换关系。第 4 章电磁环境，描述了地火转移段、行星际空间、火星表面等的电离辐射和磁场环境。第 5 章大气环境，描述了火星大气的特性和成分、结构、密度模型、环流、典型现象及电场的特征。第 6 章热环境，介绍了行星际空间、火星表面的热辐射环境。第 7 章力学环境，内容包括微流星体、火星土壤、火星重力场等力学环境的介绍。第 8 章表面形貌，描述了反照率计算方法，火星表面颜色及形成原因，火星全球地形及典型地貌特征。第 9 章火星成分，内容包含火星矿物、火星表面组成和地球化学特征、火壳地球化学模型、火幔和火核地球化学特征和模型、火星表面水及其分布、火星成分研究的问题。第 10 章内部结构，介绍了火星地质结构、火星地质活动。第 11 章火星探测器设计约束条件，描述了火星几何特征和运动、电离辐射环境、热环境、力学环境、大气环境、尘暴环境、地形地貌、巡航段长期真空低温环境对探测器设计的影响。第

12 章祝融号着陆区的地质特征，介绍了中国首次火星探测任务的最新探测成果，包括地形地貌、物质成分、浅层结构等方面的内容。第 13 章天问一号火星全球彩色影像图，介绍了目前火星全球彩色影像图研究现状、天问一号数据获取情况、数据处理关键技术与解决方法，以及利用天问一号数据处理获得的结果。

在本书编写过程中，得到杜爱民、尚海滨、李磊、任志鹏、鄢建国等专家的指导和帮助，在此表示诚挚的谢意。

由于本书内容涉及的知识较广，作者水平有限，书中难免会有一些疏漏和不足之处，恳请读者和专家批评指正。

目　　录

第1章 火星概述

火星是太阳系中由内向外排列的第四颗行星，也是一颗类地固态行星。其半径约为地球的一半，质量约为地球的1/9，平均密度比地球小。火星半径和质量分别约为月球的2倍和9倍，平均密度稍大。火星在赤道上的表面重力加速度分别约为地球和月球的0.4倍和2倍，平均逃逸速度分别约为地球和月球的0.5倍和2倍。火星基本参数见表1-1。

表1-1　火星基本参数

基本参数	火星	地球
赤道半径	3396km	6378km
质量	$0.646×10^{24}$kg	$5.98×10^{24}$kg
平均密度	$3.94g/cm^3$	$5.5g/cm^3$
重力加速度	$3.71m/s^2$	$9.75m/s^2$
近日点距离	$2.07×10^8$km	$1.48×10^8$km
远日点距离	$2.49×10^8$km	$1.49×10^8$km
半长轴	1.5AU	1AU
平均逃逸速度	5.0km/s	11.2km/s
自转周期	24h 37min	23h 56min
公转周期	687个地球日	365.26个地球日
轨道偏心率	0.093	0.017

1.1　火星整体形状

与地球一样，由于快速自转，火星整体形状呈略微扁平的近似球体，赤道区隆起，赤道半径比两极半径约大20km。火星地形地貌复杂，全球高程差约30km，分别约为地球和月球的1.5倍和1.67倍。火星南北半球地形和高程存在显著差异，南半球以崎岖高地为主，北半球相对低洼平坦。与之相关，火星的质心相对最佳拟合椭球中心略微偏北，北极半径比南极半径约小6km。

自1997年至2001年，"火星全球勘测者"携带的激光高度计对火星全球形貌做了高精度测绘，利用多普勒测轨数据对火星引力场进行反演，建立了火星形状模型。定义火星大地水准面为平均赤道半径处的等势面，得到质心坐标系中的大小和形状数据如下[1-2]：

平均半径	(3389.508±0.003) km
平均赤道半径	(3396.200±0.160) km
北极半径	(3376.189±0.050) km
南极半径	(3382.580±0.050) km
最高处高程（奥林帕斯山）	21.29km
最低处高程（海拉斯盆地）	−8.18km

根据"火星全球勘测者"激光高度计的测量结果，国际天文联合会下属制图坐标和转动单元工作小组，推荐了一组火星大小和形状的基本数据，并为美国国家空间科学数据中心在线火星数据单元所采用。基准面定义为火星的最佳拟合旋转椭球面，在质心坐标系中数据如下[3-5]：

平均半径	(3389.50±0.2) km
平均赤道半径	(3396.19±0.1) km
平均极地半径	(3376.20±0.1) km
扁率	0.00589±0.00015
北极半径	(3373.19±0.1) km
南极半径	(3379.21±0.1) km
最高处高程（奥林帕斯山）	(22.64±0.1) km
最低处高程（海拉斯盆地）	(−7.55±0.1) km
体积	$1.6318×10^{11}$ km³

1.2　火星运动

1.2.1　公转运动

火星绕太阳自西向东公转，公转轨道半长轴约为 $2.28×10^{8}$ km（约 1.5AU），轨道面与黄道面倾角约为 1.85°。火星轨道偏心率约为 0.093，在大行星中仅次于水星，是地球公转轨道偏心率的 5 倍多。因此，火星的近日点（约 $2.07×10^{8}$ km）和远日点（约 $2.49×10^{8}$ km）距离有显著差别。公转周期约为 687 个地球日，是地球公转周期的 1.88 倍。轨道速度约在 21.97km/s 至 26.5km/s 之间，平均速度约为 24.1km/s，相当于地球的 0.8 倍左右[4]。

火星轨道参数随时间推移存在微小变动，不同时间值对应的参数可用高精度行星数值星历推算出来，例如使用美国喷气推进实验室的太阳系数据及星历在线服务[6]。取 JD 2451545.0，即 2000 年 1 月 1 日 UT 12 时为参考时间点（定义为 J2000），从美国海军天文台天文年历中，可查出火星的一组开普勒轨道根数在该参考时间点，相对于 J2000 平黄道及春/秋分点的拟合平均值，该组轨道根数及其他数据如下[4,7,8]：

半长轴	$1.5237\ \mathrm{AU}=2.279\times10^8\ \mathrm{km}$
偏心率	0.0934
倾角	$1.8506°$
升交点黄经	$49.5785°$
近日点黄经	$336.0408°$
平黄经	$355.4533°$
轨道周期	686.98 个地球日
近日点距离	$1.381\ \mathrm{AU}=2.066\times10^8\ \mathrm{km}$
远日点距离	$1.666\ \mathrm{AU}=2.492\times10^8\ \mathrm{km}$
平均轨道速度	$24.13\mathrm{km/s}$
平均角速度 n	0.5240（°）/地球日
近日点速度	$26.50\mathrm{km/s}$
远日点速度	$21.97\mathrm{km/s}$

1.2.2　冲与会合周期

平均每隔大约 780 个地球日（称为会合周期），地球就会运行到太阳与火星中间，三个天体连成一条直线，这一现象称为火星冲。在火星冲的前后几天内，火星与地球的距离出现最近值，约从 $5.6\times10^7\ \mathrm{km}$ 到 $1.0\times10^8\ \mathrm{km}$ 不等。当火星冲发生在火星近日点附近时，地球和火星最为靠近，称为火星大冲，约每 15～17 个地球年会发生一次。从 2000 年到 2050 年间将发生 24 次火星冲，见表 1-2[9-10]，其中 4 次大冲分别发生在 2003 年 8 月底、2018 年 7 月底、2035 年 9 月中和 2050 年 8 月中。

表 1-2　2000 年至 2050 年火星冲数据

火星冲时刻（UT）	最近距离时刻（UT）	最近距离/AU
2001-6-13 17：59	2001-6-21 22：57	0.45017
2003-8-28 17：59	2003-8-27 09：52	0.37272
2005-11-07 07：59	2005-10-30 03：26	0.46406
2007-12-24 19：47	2007-12-18 23：47	0.58935
2010-1-29 19：37	2010-1-27 19：02	0.66398
2012-3-03 20：04	2012-3-05 17：01	0.67368
2014-4-08 20：57	2014-4-14 12：54	0.61756
2016-5-22 11：11	2016-5-30 21：36	0.50321
2018-7-27 05：07	2018-7-31 07：51	0.38496
2020-10-13 23：20	2020-10-06 14：19	0.41492
2022-12-16 05：36	2022-12-01 02：18	0.54447
2025-1-16 02：32	2025-1-12 13：38	0.64228

火星冲时刻（UT）	最近距离时刻（UT）	最近距离/AU
2027 - 2 - 19 15：45	2027 - 2 - 20 00：14	0.67792
2029 - 3 - 25 07：43	2029 - 3 - 29 12：56	0.64722
2031 - 5 - 04 11：57	2031 - 5 - 12 03：50	0.55336
2033 - 6 - 27 01：24	2033 - 7 - 05 11：19	0.42302
2035 - 9 - 15 19：33	2035 - 9 - 11 14：21	0.38041
2037 - 11 - 19 09：04	2037 - 11 - 11 08：00	0.49358
2040 - 1 - 02 15：21	2039 - 12 - 28 14：47	0.61092
2042 - 2 - 06 11：59	2042 - 2 - 05 07：57	0.67174
2044 - 3 - 11 12：44	2044 - 3 - 14 06：07	0.66708
2046 - 4 - 17 18：01	2046 - 4 - 24 04：33	0.59704
2048 - 6 - 03 14：45	2048 - 6 - 12 01：41	0.47366
2050 - 8 - 14 07：46	2050 - 8 - 15 12：55	0.37405

1.2.3　火星上的地球凌日

从火星上观测地球时，存在罕见的地球凌日现象，即地球正好从太阳圆盘前方经过。计算表明[11]，火星上的地球凌日通常成对出现，2次间隔79年；极少数情况下会3次为一组。火星上的地球凌日通常以284年为周期，依次间隔100.5年和79年、25.5年和79年发生一次。284年之后，地球凌日通常又会在相似的日期发生。另外，每1000年左右，会多一次53年的间隔。火星在升交点的地球凌日发生在5月（地球月），而在降交点的地球凌日发生在11月。一个周期包括151个火星年，284个地球年，133个会合周期。火星上近两次地球凌日发生在1905年5月8—9日和1984年5月11日，下两次将发生在2084年11月10日和2163年11月14—15日。

1.2.4　自转运动

与地球一样，火星也是自西向东自转，周期比地球自转长约44min。结合火星平均公转速度定义一个火星日（平太阳日）的长度，比地球平太阳日长38min 55s。火星自转轴相对轨道轴倾角也和地球很接近，比后者大不到2°。因此，火星上也有类似地球上的四季。由于轨道偏心率高，四季中最长的春天（北半球）要比最短的秋天多54个地球日。

火星自转轴存在长期进动，火星北天极目前指向"天津四"（天鹅座星）偏西北，对应春分点（太阳的火心轨道经度 $L_S = 0$）与地球春分点相差约85°，而南半球的夏至点（$L_S = 270°$）接近火星的近日点。因此，火星南北半球的季节不对称性显著。以J2000为参考时间点的火星自转相关数据如下[3,4,8,12]：

自转周期	24h 37min 22.65s
火星日长度	24h 39min 35.0s
自转轴倾角（赤道面与轨道面交角）	25.19°

北天极指向（不计入章动，T 是从 J2000 参考时间点算起的儒略世纪数）

赤经	$317.6814° - 0.1061°T$
赤纬	$52.8865° - 0.0609°T$

四季长度（北半球）：

春	199.6 个地球日
夏	181.7 个地球日
秋	145.6 个地球日
冬	160.1 个地球日
近日点太阳火星轨道经度	250.9°
火星与地球的春分点差	约 85°

1.3 岁差与章动

行星极的空间运动直接依赖于行星岁差和章动。岁差和章动一方面可用理论去模拟，另一方面则需要由空间探测获得的观测资料来分析。对行星极运动的观测值与理论值进行比较是检验行星动力学模型的重要手段，也是为改进行星的岁差和章动理论提供依据的有效途径。

某一行星的岁差通常由"日月"岁差和行星岁差两部分组成。一般情况下，"日月"岁差是由太阳、行星的卫星对行星椭球的引力作用引起的，可通过基于地面或空间探测器的观测求得；而行星岁差则是由太阳系其他行星对该行星公转运动的摄动引起的。

在对行星运动方程进行求解后，通常可以得到对应长期运动的项和对应周期运动的项，前者即传统意义上的岁差，后者即章动。

1.3.1 火星岁差

火星是赤道略微隆起的椭球体，赤道面相对轨道面明显倾斜。因此，赤道面以外的天体，如太阳的引力会在火星上施加潮汐力矩。如同倾斜放置在地面上的陀螺会发生进动一样，潮汐力矩导致火星自转轴绕其轨道轴做非常缓慢的转动，在空间扫出一个圆锥面。于是，轨道春/秋分点也随之缓慢移动，每年约西移 7.6″，天文学上称之为岁差。

月球和太阳对地球岁差的贡献相当，而火星岁差基本都来自太阳，因为两颗火星卫星的轨道面非常接近火星赤道面，潮汐力矩很小。目前，火星岁差率的测量值分别来自海盗号、火星探路者和火星全球勘测者等探测器的测距、测轨、测绘数据[13-16]，均在各自的误差范围内相符[14]。

岁差率 $\mathrm{d}\psi/\mathrm{d}t$：（$-7.594'' \pm 0.010''$）$\mathrm{y}^{-1}$（含相对论测地岁差 6.7mas/y 和木星主导的行星岁差-0.2mas/y）。

岁差周期：约 1.7×10^{5} y 或约 9.1×10^{4} 火星年（火星与地球的岁差周期之比约为 6.5）。

1.3.2 火星章动

火星自转轴在做缓慢岁差进动的同时，还叠加了一系列短周期细微颤动，这在天文学上称为章动，成因是各天体位置相对火星位置/取向的变化而引入潮汐力矩的周期摄动项。火星章动情况相对地球要简单，最主要章动项（幅度大于 1mas）来自太阳，周期分别为 1 个、1/2 个、1/3 个和 1/4 个火星年不等，其中周期为 1/2 个火星年的一个章动项幅度最大，可达到 $1''$。

火星章动项需要通过理论计算获得[17-21]，主要章动项计算结果一致，差值仅在 mas 量级。考虑一般刚体的火星章动理论，取参考文献 [7，16] 中的定义，以 1980 年的火星平轨道为参考轨道，以参考轨道在 J2000 地球平赤道面上的升交点为轨道经度零点，计算 t 时刻火星真赤道面的参考轨道面升交点经度 $\psi(t)$、火星真赤道面与参考轨道面的交角 $\varepsilon(t)$，如下：

$$\psi(t) = \psi_0 + \mathrm{d}\psi/\mathrm{d}t \cdot t + \psi_{\mathrm{nut}}$$

起始时刻 J2000　　　$\psi_0 = 81.968367° \pm 0.000022°$

岁差率　　　　　　$\mathrm{d}\psi/\mathrm{d}t = (-7.594'' \pm 0.010'')\mathrm{y}^{-1}$

$$\varepsilon(t) = \varepsilon_0 + \mathrm{d}\varepsilon/\mathrm{d}t \cdot t + \varepsilon_{\mathrm{nut}}$$

起始时刻 J2000　　　$\varepsilon_0 = 25.189398° \pm 0.000011°$

长期变化率　　　$\mathrm{d}\varepsilon/\mathrm{d}t = (0.006'' \pm 0.010'')\mathrm{y}^{-1}$（一般可忽略）

式中，ψ_{nut} 和 $\varepsilon_{\mathrm{nut}}$ 是由一系列短周期项组成的火星章动值，其计算式为

$$\psi_{\mathrm{nut}} = \sum_m A_m \sin(\alpha_m t + \theta_m)$$

$$\varepsilon_{\mathrm{nut}} = \sum_m B_m \cos(\alpha_m t + \theta_m)$$

幅度大于 $0.01''$ 的章动项计算参数见表 $1-3$[7,17,19,20]。

表 $1-3$　幅度大于 $0.01''$ 的章动项计算参数

周期	α_m	θ_m	A_m	B_m
1 个火星年	n	L_0	0	$-0.633''$
1/2 个火星年	$2n$	$2L_0$	0	$-0.044''$
1 个火星年	n	$L_0 + 2$	$-0.049''$	$-0.104''$
1/2 个火星年	$2n$	$2L_0 + 2$	$0.516''$	$1.097''$
1/3 个火星年	$3n$	$3L_0 + 2$	$0.113''$	$0.024''$
1/4 个火星年	$4n$	$4L_0 + 2$	$0.019''$	$0.041''$

　　表 1-3 中，n 是火星平均运动速度，即 $0.524(°)/$地球日；L_0 定义为起始时刻 J2000 的火星平近日点幅角，是火星真赤道面的参考轨道升交点到火星轨道近日点的角距，每百年增加约 $0.65°$，起始时刻 J2000 取值 $72.00°$。

　　计入其他更小幅度的太阳章动项、两颗火星卫星的章动项和行星摄动引起的火星轨道面变化，以及考虑火星非刚体模型，可以算出更高精度的章动变化。

1.4　火星卫星

1.4.1　天然卫星

　　火星有两颗天然卫星，分别是"火卫一"（福布斯）和"火卫二"（戴莫斯），体积和质量都非常小，平均半径分别约为 11km 和 6.2km，形状很不规则。福布斯是较大的一颗，质量约为戴莫斯的 7 倍。两颗火星卫星的密度都很低，不到 $2g/cm^3$，暗示其物质组成十分疏松。福布斯表面密布有大小撞击坑，戴莫斯更为光滑，表面可能被一层厚尘埃所覆盖。火星卫星的表面反照率非常低，小于 0.1，与主小行星带的主体含碳小行星类似；表面热惯量非常小，表面温度随日照角度变化剧烈。福布斯和戴莫斯的基本物理参数见表 1-4[22-30]。

表 1-4　福布斯和戴莫斯的基本物理参数

参数		福布斯	戴莫斯
引力常数 $GM/(km^3/s^2)$		$(7.092\pm0.004)\times10^{-4}$	$(1.01\pm0.03)\times10^{-4}$
质量/kg		$(1.063\pm0.001)\times10^{16}$	$(1.51\pm0.04)\times10^{15}$
椭球体三轴半径	火星星下点方向/km	13.0	7.8
	沿轨道方向/km	11.4	6.0
	极轴方向/km	9.1	5.1
椭球体偏差均方根/km		0.5	0.2
平均半径/km		11.08 ± 0.04	6.2 ± 0.25
体积/km³		5690 ± 60	1020 ± 130
平均密度/(g/cm³)		1.87 ± 0.02	1.48 ± 0.022
平均孔隙率		约 30%	约 45%
平均几何反照率（可见光）		0.07 ± 0.01	0.07 ± 0.01
表面热惯量范围/[J/(m²·K·s^{1/2})]		35~70	25~85
表面温度范围		100~350K	
取 $G=(6.67259\pm0.00085)\times10^{-11}m^3/(s^2\cdot kg)$			

　　福布斯的公转轨道位于火星同步轨道（6.02 倍火星半径）之内，离火星较近，半长轴约为 2.8 倍火星半径，偏心率较小。戴莫斯运行在火星同步轨道之外不远，轨道十分接

近于正圆，半长轴约为 6.9 倍火星半径。在火星潮汐力的长期作用下，两颗火星卫星的自转均已被锁定为公转同步，自转周期与轨道周期相同，以同一面朝向火星，且自转轴几乎完全垂直于轨道面，轨道面相对火星赤道面的倾角仅约为 1°。火星卫星轨道运动和自转运动参数最新计算值见表 1-5（参考时刻 J1950.0）[31]。

表 1-5　火星卫星轨道运动和自转运动参数

参数	福布斯	戴莫斯
半长轴	9375.0km	23458.0km
偏心率	0.0151°	0.0002°
轨道倾角（相对各自的拉普拉斯平面）	1.0756°	1.7878°
轨道周期/自转周期	7h 39min 13.84s	30h 17min 54.88s
自转轴倾角	0°	0°

注：拉普拉斯平面垂直于卫星轨道面的进动轴，后者介于行星自转轴和公转轴之间并共面。

福布斯和戴莫斯表面等效重力加速度有相当大部分源于自转和潮汐加速度，随地点不同有很大变化，表面逃逸速度还依赖于方向，大致范围见表 1-6。

表 1-6　表面等效重力加速度和表面逃逸速度

参数	福布斯	戴莫斯
表面等效重力加速度	0.3～0.6cm/s²	0.2～0.3cm/s²
表面逃逸速度	3～10m/s	约 6m/s

1.4.2　火星卫星天象

因为福布斯公转比火星自转快，从火星上看福布斯是西升东降，周期约为 0.45 个火星日；戴莫斯则是东升西降，周期约为 5.3 个火星日。福布斯和戴莫斯的月相朔望周期比各自轨道周期分别长约 13s 和 201s。因为距离近，从火星上看福布斯，其满月视直径随地平高度而变，天顶约为 8′，地平线约为 12′，最亮约为 -9 等。戴莫斯较远，满月视直径约为 2′，最亮约为 -5 等。对于火星约 70° 以上的高纬地区，福布斯是不可见的，而戴莫斯仅在极区各约 7° 不可见。福布斯在经度方向可观测到天平动。火星卫星参数见表 1-7。

表 1-7　火星卫星参数

参数	福布斯	戴莫斯
升降周期	11h 6min 21.9s	131h 26min 47.5s
朔望周期	7h 39min 26.6s	30h 21min 15.7s
满月视直径[31,32]	8′～12′	约 2′
最大视亮度[45]	约 -9 等	约 -5 等
可见纬度范围	70.4°N～70.4°S	82.7°N～82.7°S
天平动幅度[22,24]	约 1°（经度）	

火星上能观测到福布斯和戴莫斯的凌日现象。由于福布斯的视直径可大到太阳($19'\sim$ $23'$)的一半左右,福布斯凌日又被称为火星上的日食。日食的间接观测证据有天空的亮度变化和福布斯投在火星上的阴影等,机遇号和勇气号着陆器对日食和福布斯凌日做了直接成像[32]。戴莫斯凌日相对较为少见,每个火星年有两次凌日发生期(南北半球的秋冬季),对于可观测区内的任一地点,每期最多能观测到一次凌日,凌日持续时间最长约 2min。

火星上日食发生相当频繁。基于火星目前约 $25.2°$ 的自转轴倾角,计算得到如下日食规律[33,34]。

1)每个火星年相隔 100 余天有两个日食期(南北半球的秋冬季),每期持续 200 余天。

2)日食期内,日食带中心的纬度在南北纬约 $68.5°$ 之间近似呈线性变化。

3)纬度越大日食带的覆盖越稀疏,仅赤道南北约 $2°$ 内覆盖完全,该区域内每个地点在每期都会经历至少一次日食。

4)若某一地点正好落在日食带上,可连续发生日食,每次间隔一个朔望周期或 0.31 个火星日。

5)赤道上的日食持续时间最长,单次日食最长 40 多秒。

1.5　火星的临近小天体

1.5.1　小行星和彗星

根据国际天文学联合会运营的小天体数据中心网站公布的轨道数据,据目前不完全统计,有观测记录的小行星有 1293638 颗,其中与火星轨道相交的约有 5.4 万(54883)颗。有观测记录的彗星有 959 颗,其中与火星轨道相交的有 254 颗①。

1.5.2　特洛伊小行星

火星的特洛伊小行星在绕日公转的同时,还围绕太阳-火星的第四或第五拉格朗日点做周期性摆动,即藏身在火星轨道前方 $60°$ 或后方 $60°$ 附近,并在长达上亿年乃至太阳系寿限的时间尺度上保持动力学稳定。据理论计算[35],粗略估计火星应伴有不少于 50 个半径 1km 以上和更多尺寸大于 100m 的特洛伊小行星,固有轨道倾角范围为 $15°\sim30°$。目前发现并得到国际天文学联合会小行星中心确认的火星特洛伊小行星有 3 颗,分别是 5261 Eureka、1998 VF$_{31}$ 和 1999 UJ$_7$。相比之下,木星有数千颗特洛伊小行星,最近发现了地球的第一颗特洛伊小行星。火星特洛伊小行星轨道及物理参数见表 1-8[36-39]。

---

①　轨道数据来源:https://www.minorplanetcenter.net/data

表 1 - 8　火星特洛伊小行星轨道及物理参数

小行星名称	拉格朗日点	偏心率	倾角	摆幅	直径	光谱型	反照率
5261 Eureka	L5	0.06	20.3°	8°	1.28km	Sr/A	0.39
1998 VF$_{31}$	L5	0.10	31.3°	50°	0.78km	Sr/Sa	0.32
1999 UJ$_7$	L4	0.04	16.8°	75°		X/T	

　　火星可能还有其他类型的共轨小行星,如交替着围绕 L4 点和 L5 点做特洛伊运动的马蹄铁型摆动小行星 1999 ND$_{43}$ 等[40]。

1.5.3　流星体环境

　　通常所说的流星体,尺寸在 0.1mm 到 10m 之间,主要源于彗星或小行星碰撞碎裂后溅射的碎块。通过分析接近火星的彗星情况,预言火星上的流星体流量、流星暴发及流星雨的活动程度应与地球相仿[41,42]。但目前尚未能在火星上直接观测到大气中的流星现象,机遇号着陆器给出质量大于 4g 的流星体流量上限约为 $4.4 \times 10^{-6} \mathrm{km}^{-2} \cdot \mathrm{h}^{-1}$,与预言相符。另一方面,在两颗彗星接近火星期间,在电离层的特定高度探测到了电子总量增强,可能是流星雨的间接证据。特别是火星全球勘测者探测器,在火星表面发现了很多数年内新形成的撞击坑,来自直径几十厘米到数米的较大流星体的撞击[43-45]。

参 考 文 献

[1] SMITH D E,et al. The Global Topography of Mars and Implications for Surface Evolution [J]. Science,1999,284:1495.

[2] SMITH D E, et al. Mars Orbiter Laser Altimeter:Experiment Summary after the First Year of Global Mapping of Mars [J]. Journal of Geophysical Research,2001,106:23689.

[3] Archinal B A,et al. Report of the IAU/IAG Working Group on Cartographic Coordinates and Rotational elements [J]. Celestial Mechanics and Dynamical Astronomy,2009,109:101.

[4] Williams D R. Mars Fact Sheet [OL]. 2010. http://nssdc.gsfc.nasa.gov/planetary/ factsheet/mars-fact.html.

[5] Seidelmann P K,et al. Report of the IAU/IAG Working Group on Cartographic Coordinates and Rotational elements [J]. Celestial Mechanics and Dynamical Astronomy,2000,82:83.

[6] Yeomans D K. HORIZONS System [OL]. http://ssd.jpl.nasa.gov/? horizons.

[7] Seidelmann K P. Explanatory Supplement to the Astronomical Almanac [M]. University Science Books,1992.

[8] Barlow N G. 火星——关于其内部、表面和大气的引论 [M]. 吴季,等,译. 北京:科学出版社,2010.

[9] Sheehan W. The Planet Mars:a History of Observation and Discovery [M]. 1996,appen 1.

[10] Frommert H. Mars Oppositions [OL]. 2008. http://spider.seds.org/spider/Mars/ marsopps.html.

[11] Meeus J，Gofffin E. Transit of Earth as Seen from Mars [J]. Journal of British Astronomical Association，2008，93：120.

[12] Kieffer H H，et al. The Planet Mars：from Antiquity to the Present [M]. Mars，University of Arizona Press，1992.

[13] Konopliv A S，et al. A Global Solution for the Mars Static and Seasonal Gravity，Mars Orientation，Phobos and Deimos Masses，and Mars Ephemeris [J]. Icarus，2006，182：23.

[14] Konopliv A S，et al. Mars High Resolution Gravity Fields from MRO，Mars Seasonal Gravity，and Other Dynamical Parameters [J]. Icarus，2011，211：401.

[15] Yoder C F，Standish E M. Martian Precession and Rotation from Viking Lander Range Data [J]. Journal of Geophysical Research，1997，102：4065.

[16] Folkner W M，et al. Interior Structure and Seasonal Mass Redistribution of Mars from Radio Tracking of Mars Pathfinder [J]. Science，1997，278：1749.

[17] Reasenberg R D，King R W，et al. The Nutation of Mars [J]. Journal of Geophysical Research，1979，84：6231.

[18] Borderies N. Theory of Mars Rotation in Euler Angles [J]. Astronomy & Astrophysics，1980，82：129.

[19] Hilton J L. The Motion of Mars Pole. I. Rigid Body Precession and Nutation [J]. The Astronomical Journal，1991，102：1510.

[20] Bourquillon S，Souchay J. Precise Modeling of the Precession - Nutation of Mars [J]. Astronomy & Astrophysics，1999，345：282.

[21] Roosbeek F. Analytical Developments of Rigid Mars Nutation and Tide Generating Potential Series [J]. Celestial Mechanics and Dynamical Astronomy，1999，75：287.

[22] Jacobson R A. The Orbits and Masses of the Martian Satellites and the Libration of Phobos [J]. The Astronomical Journal，2010，139：668.

[23] Andert T P. Precise mass determination and the nature of Phobos [J]. Geophysical Research Letters，2010，37：9202.

[24] Willner K. Phobos Control Point Network，Rotation，and Shape [J]. Earth and Planetary Science Letters，2010，294：541.

[25] Rosenblatt P. The Origin of the Martian Moons Revisited [J]. Astronomy and Astrophysics Review，2011，19：44.

[26] Britt D T，et al. Asteroid Density，Porosity，and Structure [J]. Asteroids III，eds，Bottke B，et al. University of Arizona Press，2002，485.

[27] Thomas P C，et al. The Surface of Deimos：Contribution of Materials and Processes to Its Unique Appearance [J]. Icarus，1996，123：536.

[28] Thomas N，et al. Observations of Phobos，Deimos，and Bright Stars with the Imager for Mars Pathfinder [J]. Journal of Geophysical Research，1999，104：9055.

[29] Lunine J I，et al. Infrared Observations of Phobos and Deimos from Viking [J]. Journal of Geophysical Research，1982，87：10297.

［30］ Giuranna M，et al. Compositional Interpretation of PFS/MEx and TES/MGS Thermal Infrared Spectra of Phobos ［J］. Planetary and Space Science，2011，59：1308.

［31］ Malin M C，et al. Present - Day Impact Cratering Rate and Contemporary Gully Activity on Mars ［J］. Science，2006，314：5805.

［32］ Bell III J F，et al. Solar Eclipses of Phobos and Deimos Observed from the Solar Surface of Mars ［J］. Nature，2005，436：55.

［33］ Bills B G，Comstock R L. Spatial and Temporal Patterns of Solar Eclipses by Phobos on Mars ［J］. Journal of Geophysical Research，2005，110，E04004.

［34］ Romero P，et al. Spatial Chronograph to Detect Phobos Eclipses on Mars with the MetNet Precusor Lander ［J］. Planetary and Space Science，2011，59：1542.

［35］ Tabachnik S，Evan N W. Cartography for Martian Trojans ［J］. The Astrophysical Journal，1999，517：L63.

［36］ Scholl H，et al. Dynamics of Mars Trojans ［J］. Icarus，2005，175：397.

［37］ Rivkin A S，et al. Spectroscopy and Photometry of Mars Trojans ［J］. Icarus，2003，165：349.

［38］ Rvikin A S，et al. Composition of the L5 Mars Trojans：Neighbors，not Siblings ［J］. Icarus，2007，192：434.

［39］ Trilling D E，et al. Albedos and Diameters of Three Mars Trojan Asteroids ［J］. Icarus，2007，192：442.

［40］ Connors M，et al. A Survey of Orbits of Co - Orbitals of Mars ［J］. Planetary and Space Science，2005，53：617.

［41］ Adolfsson L G，et al. The Martian Atmosphere as a Meteoroid Detector ［J］. Icarus，1996，119：144.

［42］ Christou A A. Predicting Martian and Venusian Meteor Shower Activity ［J］. Earth，Moon，and Planets，2004，95：425.

［43］ Domokos A，et al. Measurement of the Meteoroid Flux at Mars ［J］. Icarus，2007，191：141.

［44］ Pandya B M，Haider S A. Meteor Impact Perturbation in the Lower Ionosphere of Mars：MGS Observations ［J］. Planetary and Space Science，2012.

［45］ Christou A. Astronomical Phenomena from Mars ［OL］. 2008. http：//www. arm. ac. uk/ ～ aac/ mars/Information. Html.

第 2 章　发射机会与轨道

2.1　发射窗口

地球和火星都近似地以圆轨道绕太阳运行，两个轨道面的倾角相差约1°，可以近似地认为在同一平面内。在这种近似情况下，地火转移轨道可以看作由探测器在地球和火星的两个圆轨道之间转移，因而最省能量的轨道转移形式为霍曼转移。为实现霍曼转移，地球和火星的初始相位须满足一定要求。根据火星和地球的绕日公转周期可知，每26个月火星和地球的相位就会重复一次，这意味着发射火星探测器的窗口周期也为26个月，可以根据火星和地球的相位变化，来寻找合适的发射机会[1]。以霍曼转移轨道为例，发射时的地球和到达时的火星分别落在轨道的近日点和远日点，转移飞行时间约260个地球日。因此，发射时的地-日-火夹角约为44.57°，即火星冲前约50个地球日。而实际情况更为复杂，一般将发射窗口选在火星冲之前2～3个月。考虑到火地距离最近，显然火星大冲之前是发射火星探测器的最佳时机。

发射能量和到达时相对火星的C3能量是发射窗口的两个重要指标。发射能量对运载能力和探测器本身的变轨能力提出了要求，到达火星时的C3能量决定了捕获制动所需的推进剂消耗量。为了在实际工作中便于分析，表2-1给出了2011—2033年不同优化指标下的最优发射窗口。

表 2 - 1　2011—2033 年不同优化指标下的最优发射窗口

窗口	发射日期	飞行时间 （天）	发射C3能量/ （km²/s²）	到达C3能量/ （km²/s²）	600km×80000km 轨道脉冲速度增量/ （km/s）
发射能量 最优窗口	2011 - 11 - 7	298	8.95	7.57	0.86
	2013 - 12 - 31	328	8.78	19.55	1.88
	2016 - 3 - 21	305	7.99	28.80	2.57
	2018 - 5 - 7	235	7.74	10.63	1.14
	2020 - 7 - 18	193	13.18	8.17	0.92
	2022 - 9 - 6	350	14.57	7.32	0.84
	2024 - 10 - 4	345	11.19	6.46	0.76
	2026 - 10 - 29	295	9.14	7.29	0.84
	2028 - 12 - 1	318	8.93	10.66	1.14
	2031 - 2 - 23	320	8.24	30.83	2.71
	2033 - 4 - 28	274	7.78	19.15	1.85

续表

窗口	发射日期	飞行时间 （天）	发射 C3 能量/ （km²/s²）	到达 C3 能量/ （km²/s²）	600km×80000km 轨道脉冲速度增量/ （km/s）
到达能量 最优窗口	2011 - 11 - 10	306	9.00	7.31	0.84
	2013 - 11 - 27	296	10.11	9.93	1.08
	2015 - 12 - 26	277	14.24	13.14	1.36
	2018 - 5 - 10	204	7.85	8.77	0.97
	2020 - 8 - 13	208	19.68	6.00	0.72
	2022 - 10 - 5	248	30.78	5.40	0.66
	2024 - 9 - 16	334	13.50	5.84	0.70
	2026 - 11 - 6	306	9.72	6.58	0.77
	2028 - 11 - 19	302	9.31	8.80	0.98
	2030 - 12 - 13	286	12.30	11.87	1.25
	2033 - 4 - 19	199	9.29	10.96	1.17
发射＋到 达能量最 优窗口	2011 - 11 - 8	306	8.96	7.32	0.84
	2013 - 12 - 7	297	9.31	10.24	1.11
	2016 - 1 - 22	280	10.60	15.12	1.52
	2018 - 5 - 11	205	7.83	8.78	0.97
	2020 - 7 - 21	202	13.44	7.12	0.82
	2022 - 9 - 3	350	14.6352	7.1241	0.82141
	2024 - 10 - 2	336	11.2582	6.0733	0.72218
	2026 - 10 - 29	309	9.2031	6.6346	0.77542
	2028 - 11 - 24	302	9.0613	8.8832	0.98354
	2031 - 1 - 1	287	10.0481	12.9224	1.3389
	2033 - 4 - 13	196	8.8879	11.2275	1.1925

各年发射能量最省窗口如图 2-1～图 2-6 所示。

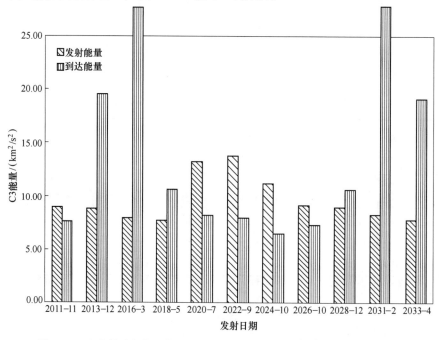

图 2-1　地火转移各年发射能量最省窗口（目标轨道为 600km×80000km）

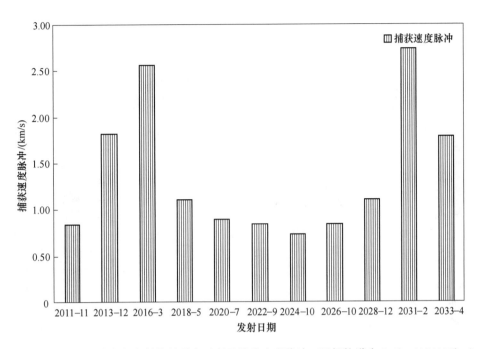

图 2-2　地火转移各年发射能量最省时所需捕获速度脉冲（目标轨道为 600km×80000km）

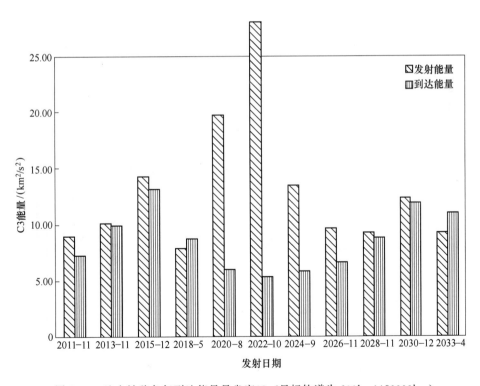

图 2-3　地火转移各年到达能量最省窗口（目标轨道为 600km×80000km）

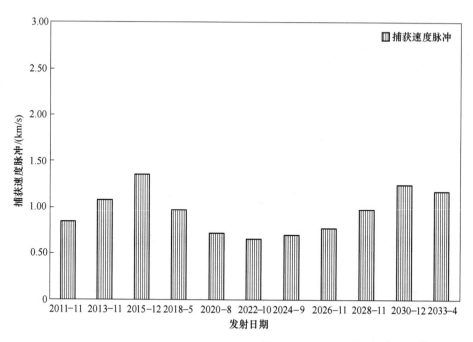

图 2-4　地火转移各年到达能量最省时所需捕获速度脉冲（目标轨道为 600km×80000km）

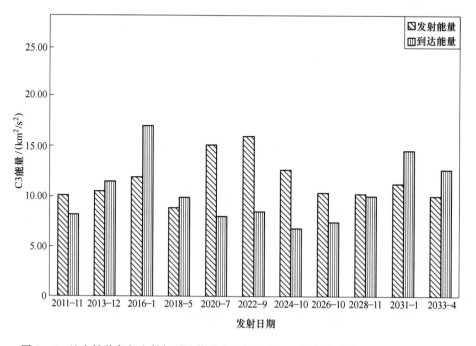

图 2-5　地火转移各年发射与到达能量之和最省窗口（目标轨道为 600km×80000km）

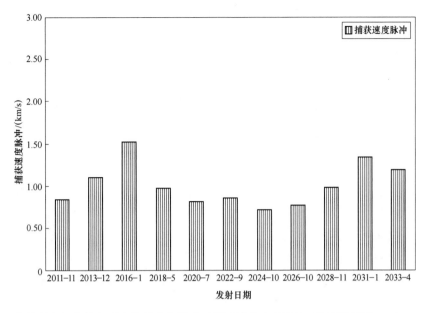

图 2-6　地火转移各年发射与到达能量之和最小时所需捕获速度脉冲（目标轨道为 600km×80000km）

2.2　几种火星探测器轨道类型

根据 NASA 提供的火星重力场模型 GMM-2B，火星的引力常数为 42828.372km³/s²，由此得到探测器轨道周期与轨道高度及半长轴的关系如图 2-7 所示。

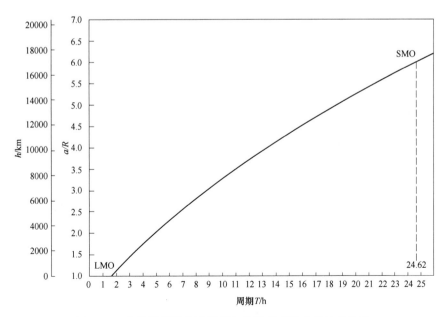

图 2-7　火星探测器轨道周期与轨道高度及半长轴的关系

与地球卫星类似，在环火运行中，火星探测器也受各类摄动力的作用，如火星非球形引力、第三体引力（太阳）、大气阻力和太阳光压等。图 2-8 给出了这些摄动力的量级。

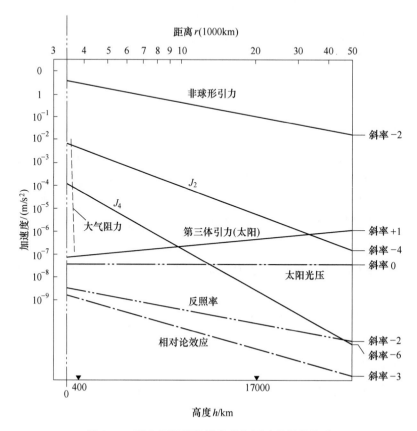

图 2-8 环火探测器轨道高度与摄动量级的关系

下面给出常见的火星探测器轨道。

2.2.1 火星太阳同步轨道

太阳同步轨道，即探测器运行轨道平面的进动与其所围绕中心天体的公转方向相同、周期相等。

火星公转周期 $T_{sid} \approx 686.980\text{d}$，则得公转角速度 $\dot{\Omega}_S$ 为：

$$\dot{\Omega}_S = 0.52404(°)/\text{d} = 6.06 \times 10^{-5}(°)/\text{s} \tag{2-1}$$

定义常数 k_h：

$$k_h = \frac{3}{2} J_2 \sqrt{\frac{\mu}{R_m}} \frac{1}{\dot{\Omega}_S} = 29.047(°)/\text{d} \tag{2-2}$$

由此得到圆形太阳同步轨道半长轴与倾角的关系如下：

$$i = \arccos\left[-\frac{1}{k_h}\left(\frac{a}{R}\right)^{7/2}\right] \tag{2-3}$$

太阳同步轨道倾角与轨道高度及半长轴的对应关系如图 2 - 9。

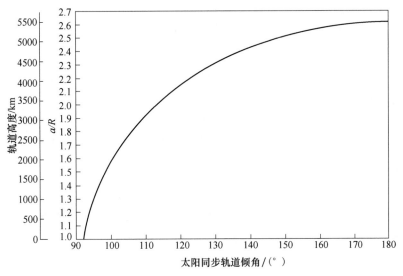

图 2 - 9　太阳同步轨道倾角与轨道高度及半长轴的对应关系

下面考虑非圆形太阳同步轨道的情况，假设轨道半长轴为 a，偏心率为 e，倾角为 i，则升交点赤经的进动速率为：

$$\dot{\Omega} = -\frac{3}{2}J_2\sqrt{\frac{\mu}{a^3}}\left(\frac{R_m}{p}\right)^2\cos i \tag{2-4}$$

即可得到：

$$\dot{\Omega}(a,\ e,\ i) = \dot{\Omega}_s$$

由此可得到太阳同步轨道下半长轴 a、偏心率 e、倾角 i 三者之间的对应关系，结果应为三维曲面。

对于圆轨道，偏心率 $e = 0$，则有 $\dot{\Omega}(a,\ i) = \dot{\Omega}_s$。

$$\dot{\Omega} = -\frac{3}{2}J_2\sqrt{\frac{\mu}{R^3}}\left(\frac{R}{a}\right)^{7/2}\cos i = -\kappa_0\left(\frac{R}{a}\right)^{7/2}\cos i$$

2.2.2　火星同步轨道

火星同步轨道是指探测器轨道周期与火星自转周期相等。

火星的一个恒星日为 24.622962h（88642.663s），因此自转速率 $\dot{\Omega}_T$ 为：

$$\dot{\Omega}_T = 0.0040612498(°)/s$$

仅考虑中心引力，得到静止轨道高度如下：

$$a_0^3 = \frac{\mu}{\dot{\Omega}_T^2} = 8.52426 \times 10^{21} \, \mathrm{km^3} , \quad a_0 = 20428 \mathrm{km}, \quad h_0 = 17031 \mathrm{km} \tag{2-5}$$

若考虑 J_2 项引起的交点进动，即：

$$\dot{\Omega} = -\frac{3}{2} J_2 \sqrt{\frac{\mu}{R^3}} \left(\frac{R}{a}\right)^{7/2} \cos i \approx -0.33 \times 10^{-6} (°)/\mathrm{s} \tag{2-6}$$

$$\dot{\omega} = \frac{3}{4} J_2 \sqrt{\frac{\mu}{R^3}} \left(\frac{R}{a}\right)^{7/2} (5\cos^2 i - 1) \approx 0.660 \times 10^{-6} (°)/\mathrm{s} \tag{2-7}$$

则较精确的静止轨道高度为：

$$a_{\mathrm{GS}} = 20431.0 \mathrm{km}, \quad h_{\mathrm{GS}} = 17034.8 \mathrm{km}, \quad \eta_{\mathrm{GS}} = \frac{a_{\mathrm{GS}}}{R} = 6.016 \tag{2-8}$$

轨道倾角为零（$i = 0°$），是相对火星赤道的静止轨道。

由于火星非球形引力位的二阶次项（J_2，$J_{2,2}$）与地球类似，且 $J_{2,2}$ 值相对 J_2 更大一些，$J_{2,2}/J_2$ 的量级几乎达到 10^{+1}，因此，相应的轨道共振效应将更为强烈，即探测器定位在火星赤道短轴（火星东经 164.7°）上空附近更稳定。

2.2.3　火星冻结轨道

冻结轨道是指探测器轨道的长轴（亦即拱线）方向不变。即得到：

$$\frac{\mathrm{d}\omega}{\mathrm{d}t} = 0 , \quad \frac{\mathrm{d}e}{\mathrm{d}t} = 0$$

当轨道倾角 $i = 63.4°$ 或 116.4° 时，$\dfrac{\mathrm{d}\omega}{\mathrm{d}t}$ 和 $\dfrac{\mathrm{d}e}{\mathrm{d}t}$ 均为 0，该倾角为临界轨道倾角。冻结轨道公式为：

$$1 + \frac{J_3 R}{2 J_2} \frac{\sin^2 i - e\cos^2 i}{\sin i} \frac{\sin \omega}{e} = 0$$

因 $\dfrac{J_3}{J_2} > 0$，故应取 $\omega = 270°$。冻结轨道主要奇次带谐项 J_3 项与扁率项 J_2 的相对大小，决定了冻结轨道对应的轨道偏心率的大小，冻结轨道偏心率 e 的量级为 10^{-2}。

参 考 文 献

[1] Michel Capderou. Satellites - orbits and mission [M]. France：Springer，2005：403 - 421.

第 3 章　时间与坐标系统

3.1　时间系统及其转换关系

与火星探测任务测控系统相关的时间尺度包括：地球时（Terrestrial Time，TT）、质心动力学时（Terrestrial Dynamic Time，TDB）、国际原子时（International Atomic Time，TAI）、格林尼治恒星时（Greenwich Sidereal Time，GST）、世界时（Universal Time，UT）、协调世界时（Coordinated Universal Time，UTC）、地心局部参考系中的坐标时（Geocentric Coordinate Time，TCG）、太阳系质心参考系中的坐标时（Barycentric Coordinate Time，TCB）和火星质心局部参考系中的坐标时（TCM）等[1]。火星环绕探测器从发射到使命轨道，通常经历三个阶段：近地轨道、地火转移轨道和环火轨道。在近地轨道，使用的时间是地心局部参考系中的坐标时（TCG）。在地火转移轨道，使用太阳系质心参考系的坐标时（TCB）。为了使用方便，可以采用质心动力学时（TDB）。在环火轨道，使用火星局部参考系的坐标时（TCM）。

各时间系统的具体定义如下。

3.1.1　地球时

地球时（TT）是地心时空参考架下的坐标时，之前称为地球动力学时（Terrestrial Dynamical Time，TDT），用作航天器动力学方程中的自变量。它是利用大地水准面上的一个理想时钟，以国际单位 86400s 一天为单位进行测量。当 TT 与 TDT、TDB 的差别可忽略时，TT 可替代 TDT 和 TDB。1991 年 TT 定义为与 SI 秒和广义相对论一致，从 2001 年开始替代 TDT 作为历书时间尺度，$TT-TAI=32.184s$。

3.1.2　质心动力学时

质心动力学时（TDB）是太阳系质心坐标系中的坐标时，用于计算月球、太阳和行星的历表，岁差、章动的计算也依据该时间尺度。TDB 和 TT 的差别由相对论效应引起，包括时间尺度差和若干周期项（大约 2ms）。

此外，太阳系主要天体历表采用的历表时 T_{eph} 与 TDB 类似，也是 TCB 的线性函数。不同的是，TDB 与 TCB 的关系通过定义常数 LB 确定，而 T_{eph} 与 TCB 的关系对不同的历表有不同的尺度因子。在建立历表的过程中，隐含在 T_{eph} 和 TT 的转换关系中。例如，

JPL 的 DE 系列历表时间尺度 T_{eph} 与 TDB 的含义相同。

3.1.3　国际原子时

国际原子时（TAI）是基于国际单位组织定义的 SI 秒，提供了基于原子时钟并与 TT 保持一致的已实现的统一时间标准，二者之间的差包括常数 32.184s 以及由于现存时钟的缺陷而产生的偏差。TAI 的起点定义为 1958 年 1 月 1 日 0 时（世界时），在该时刻 TAI 与世界时 UT1 之差约为 0.0039s[2]。

3.1.4　格林尼治恒星时

格林尼治恒星时（GST）是在格林尼治的春分点的时角，是地球自转时角所确定的时间。恒星时受岁差、章动的影响，是不均匀的时间系统。格林尼治恒星时分为真恒星时（Greenwich Apparent Sidereal Time，GAST）和平恒星时（Greenwich Mean Sidereal Time，GMST），取决于参考点是真春分点（受岁差和章动的影响）还是平春分点（只受岁差影响）。真恒星时和平恒星时之差称为赤经章动，是一个周期函数，最大振幅约为 1s[3]。

3.1.5　世界时

世界时（UT）是基于地球自转，其时间尺度呈略微非均匀，目前通常是指 UT1。在 IAU 最新岁差与章动模型（IAU2000）下，UT1 与地球自转角为线性关系。UT1 的秒长和地球平均自转角速度 ω 并不是一个常数，所以 UT1 和 TT 不同，不是均匀的时间尺度，UT1 滞后于 TT，$\Delta T = TT - UT1$ 随时间累积[4]。

3.1.6　协调世界时

协调世界时（UTC）是测站时间同步的标准时间，是一种混合的时间尺度。它使用地球平均海平面上的 SI 秒长作为其基本秒长，但是通过适时的跳秒，使得 UTC 和 UT1 之差小于 0.9s。跳秒一般为正，其效应是将 UTC 延迟 1s，通常在每年的 6 月或者 12 月底增加[5]。TAI－UTC 的数值由国际地球自转服务（International Earth Rotation Service，IERS）提供。

UTC 与 UT1 之间的转换关系为[6]：

$$UT1 - UTC = (UT1 - UT1R) + (UT1R - UTC)$$

其中，（UT1R－UTC）是由极向惯量矩潮汐形变引起 UT1 短周期变化，可由 IERS 公报中查取，做线性内插得出。

用户也可以不引进 UT1R，直接采用授时中心提供的 UT1－UTC。其准确值必须经天文观测事后处理得到，目前的延迟时间约 10 天。实时用户可采用 UT1－UTC 的预测值，精度约 2ms 的水平。

北京时间是东八区的区时，记为 UTC＋8，为 UTC 0 加上 8 小时。

3.1.7 坐标时

太阳系质心参考系中的坐标时（TCB）、地心局部参考系中的坐标时（TCG）分别是四维时空参考系太阳系质心参考系（Barycentric Celestial Reference System，BCRS）和地心天球参考系（Geocentric Celestial Reference System，GCRS）中的坐标时，相对于地球表面实现的 SI 秒长，TCB 的速率快 1.55×10^{-8}，TCG 的速率快 6.97×10^{-10}。

TCG 以距离地心无穷远处的 SI 秒为单位，TCB 是四维质心框架下的相对论效应协调时间，以距离太阳系质心无穷远处的 SI 秒为单位。TCB 与 TCG 在 1991 年与 TT 一同定义，二者之间相差包括长期项和周期项两部分，并与事件发生地点的地心坐标有关。

火星质心局部参考系中的坐标时（TCM），是以距离火星质心无穷远处的 SI 秒为单位，专门为描述火星质心局部参考架中航天器的运动而定义。

3.1.8 时间尺度之间的转换

UT1－UTC 及 TAI－UTC 以 IERS 公布数据为准（含实测与预报）。TT、TAI、TDB 等时间尺度之间的相互转换如式（3-1）至式（3-5）所示[7]，如图 3-1 所示。

$$TT = TAI + 32.184s \tag{3-1}$$
$$TDB - TT = 0.001657\sin M + 0.000014\sin 2M(s) \tag{3-2}$$
$$TCG - TT = L_G(MJD_{TAI} - 43144.0)\times 86400(s) \tag{3-3}$$
$$TDB = TCB - L_B(MJD_{TCB} - 43144.003725)\times 86400(s) + TDB_0 \tag{3-4}$$
$$TCB = TCM(1 + L_M) \tag{3-5}$$

其中，M 为地月系质心轨道运动的平近点角：

$$M = 357.5256° + 35999.049°T$$
$$T = (JD_{TDB} - 2451545.0)/36525.0$$

MJD 为简约儒略日（角标代表不同的时间系统），定义为：

$$MJD = JD - 2400000.5$$

其他系数取为：

$$L_G = 6.969290134\times 10^{-10}$$
$$L_B = 1.550519768\times 10^{-8}$$
$$TDB_0 = -6.55\times 10^{-5}s$$
$$L_M = 9.7038986865\times 10^{-9}$$

TCM 与其他时间之间的关系可通过 TCB 给出。

TCB 和 TCG 的转换，涉及相对论的四维时空转换，其严格转换关系在 IAU2000 决

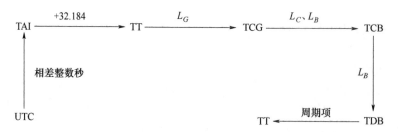

图 3-1　UTC、TAI、TT、TCG、TCB、TDB 的转换过程

议 B1.5 中给出。对于给定的在太阳系质心参考系下的事件 $(t_{\text{TCB}}, \vec{x})$：

$$\text{TCB} - \text{TCG} = c^{-2} \left\{ \int_{t_0}^{t} [v_e^2/2 + U_{\text{ext}}(\vec{x}_e)] \, \mathrm{d}t + \vec{v}_e \cdot (\vec{x} - \vec{x}_e) \right\} + O(c^{-4})$$

其中，$\vec{x}_e$ 和 $\vec{v}_e$ 是地心相对于太阳系质心的位置和速度；U_{ext} 为太阳系所有天体（除地球本身以外）相对地心处的牛顿引力势，上式中省略的项在时间速率上小于 10^{-16}。上式也可以近似写为：

$$\text{TCB} - \text{TCG} = [L_C(\text{TT} - T_0) + P(\text{TT}) - P(T_0)] / (1 - L_B) + c^{-2} \overline{V}_e (\overline{x} - \overline{x}_e)$$

$$(3-6)$$

其中，$L_C = 1.48082686741 \times 10^{-8}$，$T_0$ 对应于儒略日 2443144.5TAI（1977 年 1 月 0 时），非线性周期项 $P(\text{TT})$ 的最大变化幅度大约为 1.6ms。$P(\text{TT}) - P(T_0)$ 可由数值时间历表获取，精度达到 0.1ns。

3.2　坐标系统及其转换关系

在火星探测任务的各阶段，涉及的坐标系统主要包括：地球坐标系统、太阳系质心坐标系统和火星坐标系统。

为了表示方便，下面给出坐标转换中涉及的旋转矩阵：

$$\boldsymbol{R}_x(\theta) = \begin{pmatrix} 1 & 0 & 0 \\ 0 & \cos\theta & \sin\theta \\ 0 & -\sin\theta & \cos\theta \end{pmatrix}$$

$$\boldsymbol{R}_y(\theta) = \begin{pmatrix} \cos\theta & 0 & -\sin\theta \\ 0 & 1 & 0 \\ \sin\theta & 0 & \cos\theta \end{pmatrix}$$

$$\boldsymbol{R}_z(\theta) = \begin{pmatrix} \cos\theta & \sin\theta & 0 \\ -\sin\theta & \cos\theta & 0 \\ 0 & 0 & 1 \end{pmatrix}$$

而且旋转矩阵具有以下特点：$\boldsymbol{R}_i^{-1}(\theta) = \boldsymbol{R}_i^{\mathrm{T}}(\theta) = \boldsymbol{R}_i(-\theta)$，其中 $i = x, y, z$。

3.2.1　地球坐标系统及其转换关系

地球坐标系统主要包括地心天球参考系（GCRS）和国际地球参考系（ITRS）。地心天球参考系的定义为：坐标原点为地球质心，基本平面为历元 J2000.0 时刻的平赤道面，X 轴指向该历元的平春分点。国际地球参考系是跟随地球自转一起旋转的空间参考系，即地固坐标系，定义为：坐标原点为地球质心，Z 轴方向是地球的平均极（国际惯用原点 CIO）方向，基本平面为过地心并与 CIO 方向垂直的地球赤道面，X 轴指向格林尼治子午线方向。

在 IAU2000 规范下，ITRS 到 GCRS 的转换过程如下式所示[8]：

$$[\text{GCRS}] = Q(t) \cdot R(t) \cdot W(t) \cdot [\text{ITRS}] \tag{3-7}$$

其中，$[\text{GCRS}]$ 和 $[\text{ITRS}]$ 是同一位置矢量分别在 GCRS 和 ITRS 中的表示，转换矩阵 $Q(t)$、$R(t)$、$W(t)$ 分别表示岁差章动矩阵、地球自转矩阵、极移矩阵。下述所有参数都基于 IAU2006 决议。

时间参数 t 是自历元 J2000.0 起算的计算历元（TDT 时刻）的儒略世纪数，定义为：

$$t = (\text{JD}_{\text{TT}} - 2451545.0)/36525$$

根据 IERS 和 IAU 推荐，实现 ITRS 和 GCRS 的转换有两种等价的过程，分别称为"基于春分点的转换方法"和"基于 CIO 的转换方法"。两种转换方法中的矩阵 $Q(t)$ 和 $R(t)$ 不同，$W(t)$ 相同。如果使用相同的地球自转模型，两种转换方法得到的转换矩阵相同。考虑与以往任务软件的继承性和延续性，建议采用基于春分点的方法[9]。

（1）岁差章动矩阵的计算[10]

岁差章动矩阵的计算公式为：

$$Q(t) = B(t) \cdot P(t) \cdot N(t) \tag{3-8}$$
$$B(t) = R_z(-\delta\alpha_0) R_y(-\delta\psi_0 \sin\varepsilon_0) R_x(\delta\varepsilon_0)$$
$$P(t) = R_x(-\varepsilon_0) R_z(\psi_A) R_1(\omega_A) R_z(-\chi_A)$$
$$N(t) = R_x(-\varepsilon_A) R_z(\Delta\psi) R_x(\varepsilon_A + \Delta\varepsilon)$$

式（3-8）中各参数定义及其计算公式如下：

$\psi_A = 5038.481507''t - 1.0790069''t^2 - 0.00114045''t^3 + 0.000132851''t^4 - 0.0000000951''t^5 \omega_A = \varepsilon_0 - 0.0025754''t + 0.0512623''t^2 - 0.00772503''t^3 - 0.000000467''t^4 + 0.0000003337''t^5 \chi_A = 10.556403''t - 2.3814292''t^2 - 0.00121197''t^3 + 0.000170663''t^4 - 0.0000000560''t^5 \varepsilon_A = \varepsilon_0 - 46.836769''t - 0.0001831''t^2 + 0.00200340''t^3 - 0.000000576''t^4 - 0.0000000434''t^5 \delta\alpha_0 = -0.01460''$，$\delta\psi_0 = -41.7750''$，$\delta\varepsilon_0 = 6.8192''$

$\Delta\mu = \Delta\psi\cos\varepsilon_A$，$\Delta\theta = \Delta\psi\sin\varepsilon_A$，分别是赤经和赤纬章动。其中，$\Delta\psi$ 是黄经章动，$\Delta\varepsilon$ 是交角章动，ε_A 为瞬时平赤道面与黄道面的交角（称为平黄赤交角）。

$$\Delta\psi = \Delta\psi_p + \sum_i (A_i + A_i't)\sin(\alpha_i) + (A_i'' + A_i'''t)\cos(\alpha_i)$$

$$\Delta\varepsilon = \Delta\varepsilon_p + \sum_i (B_i + B_i' t)\cos(\alpha_i) + (B_i'' + B_i''' t)\sin(\alpha_i)$$

其中，$\varepsilon_0 = 84381.406''$，为历元 J2000.0 平黄赤交角；$\Delta\psi_p$ 和 $\Delta\varepsilon_p$ 是行星章动的长周期项，有：

$$\Delta\psi_p = -0.135'' \times 10^{-3} , \Delta\varepsilon_p = 0.388'' \times 10^{-3}$$

上述式中 t 是自 J2000.0 起算的计算历元（TDT 时刻）的儒略世纪数，即：

$$t = (JD_{TDT} - 2451545.0)/36525$$

章动序列中的幅角 α_i 表示为 5 个基本幅角的线性组合：

$$\alpha_i = \sum_{k=1}^{5} n_{ik} F_k$$

其中，

$F_1 \equiv l = 134.96340251° + 1717915923.2178''t + 31.8792''t^2 + 0.05163500''t^3 - 0.00024470''t^4$

$F_2 \equiv l' = 357.52910918° + 129596581.0481''t - 0.5532''t^2 + 0.000136''t^3 - 0.00001149''t^4$

$F_3 \equiv F = 93.27209062° + 1739527262.8478''t - 12.7512''t^2 - 0.001037''t^3 + 0.00000417''t^4$

$F_4 \equiv D = 297.85019547° + 1602961601.2090''t - 6.3706''t^2 + 0.006593''t^3 - 0.00003169''t^4$

$F_5 \equiv \Omega = 125.04455501° - 6962890.5431''t + 7.4722''t^2 + 0.007702''t^3 - 0.00005939''t^4$

各项系数 A_i、A_i'、A_i''、A_i''' 和 B_i、B_i'、B_i''、B_i''' 见表 3-1。

表 3-1　IAU 章动序列的部分系数

i	A_t	A_t''	l	l'	F	D	Ω	L_{Me}	L_{Ve}	L_E	L_{Ma}	L_J	L_{Sa}	L_U	l_{Ne}	p_A
1	−17206424.18	3338.60	0	0	0	0	1	0	0	0	0	0	0	0	0	0
2	−1317091.22	−1369.60	0	0	2	−2	2	0	0	0	0	0	0	0	0	0
3	−227641.81	279.60	0	0	1	0	2	0	0	0	0	0	0	0	0	0
4	207455.50	−69.80	0	0	0	0	2	0	0	0	0	0	0	0	0	0
5	147587.77	1181.70	0	1	0	0	0	0	0	0	0	0	0	0	0	0
...																
1321	−17418.82	2.89	0	0	0	0	1	0	0	0	0	0	0	0	0	0
1322	−363.71	−1.50	0	1	0	0	0	1	0	0	0	0	0	0	0	0
1323	−163.84	1.20	0	0	2	−2	2	0	0	0	0	1	0	0	0	0
...																
i	B_t	B_t''	l	l'	F	D	Ω	L_{Me}	L_{Ve}	L_E	L_{Ma}	L_J	L_{Sa}	L_U	l_{Ne}	p_A
1	1537.70	9205233.10	0	0	0	0	1	0	0	0	0	0	0	0	0	0
2	−458.70	573033.60	0	0	2	−2	2	0	0	0	0	0	0	0	0	0
3	137.40	97846.10	0	0	2	0	2	0	0	0	0	0	0	0	0	0
4	−29.10	−89749.20	0	0	0	0	2	0	0	0	0	0	0	0	0	0
5	−17.40	22438.60	0	1	2	−2	2	0	0	0	0	0	0	0	0	0
...																
1038	0.20	883.03	0	0	0	0	1	0	0	0	0	0	0	0	0	0
1039	−0.30	−303.09	0	0	2	−2	2	0	0	0	0	1	0	0	0	0
1040	0.00	−67.76	0	1	2	−2	2	0	0	0	0	1	0	0	0	0
...																

（2）地球自转矩阵的计算[11]

地球自转矩阵的计算涉及时刻 t 的格林尼治真恒星时 GAST，具体公式为：

$$R(t) = R_z(-\text{GAST}) \tag{3-9}$$

其中，GAST 可以表示为：

$$\text{GAST} = \text{GMST} + \text{EE}$$

GMST 和 EE 分别称为格林尼治平恒星时和二均差（Equation of Equinoxes），计算公式如下：

$$\text{GMST} = \theta(\text{UT1}) + 0.014506'' + 4612.156534''t + 1.3915817''t^2$$
$$- 0.00000044''t^3 - 0.000029956''t^4 - 0.0000000368''t^5$$

$$\text{EE} = \Delta\psi\cos\varepsilon_A - \sum_i C_i \sin\alpha_i - 0.0000087''t\sin\Omega$$

式中，$\theta(\text{UT1})$ 是地球自转角，其时间引数是 UT1，计算公式由弧度量表示：

$$\theta(\text{UT1}) = 2\pi(0.7790572732640 + 1.00273781191135448d)$$

式中，d 为 J2000.0 起算的世界时儒略日数（对应 UT1 时刻），即：

$$d = \text{JD}_{\text{UT1}} - 2451545.0$$

求和部分中 C_i、α_i 的值见表 3-2。

表 3-2　C_i、α_i 的取值

i	C_i	α_i	i	C_i	α_i
1	Ω	-2640.96	7	$2F+\Omega$	-1.98
2	2Ω	-63.52	8	3Ω	1.72
3	$2F-2D+3\Omega$	-11.75	9	$l'+\Omega$	1.41
4	$2F-2D+\Omega$	-11.21	10	$l'-\Omega$	1.26
5	$2F-2D+2\Omega$	4.55	11	$l+\Omega$	0.63
6	$2F+3\Omega$	-2.02	12	$l-\Omega$	0.63

表 3-2 中涉及的基本幅角表达式见"岁差章动矩阵的计算"部分。

（3）极移矩阵的计算[12]

由极移运动引起的转换矩阵可以表达为：

$$W(t) = R_z(-s')R_y(x_p)R_x(y_p) \tag{3-10}$$

式中，x_p 和 y_p 是极移量，由 IERS 公报中查取，做线性内插得出；s' 是量级很小的角度量，可以近似表示为：

$$s'(t) = -(47'' \times 10^{-6})t$$

由此，根据矩阵 $W(t)$、$R(t)$、$Q(t)$，可以实现 ITRS 到 GCRS 的转换，反之，GCRS 到 ITRS 的转换过程为上述过程的逆过程，即：

$$[\text{ITRS}] = W^{-1}(t) \cdot R^{-1}(t) \cdot Q^{-1}(t)[\text{GCRS}] \tag{3-11}$$

3.2.2　太阳系质心坐标系统

太阳系质心坐标系统 BCRS 采用 IAU2000 决议中的定义：坐标原点选取太阳系质心，

坐标轴固定指向类星体，基本平面和 X 轴方向由遥远的河外射电源确定，与 J2000.0 平赤道和平春分点保持一致，但无实质联系。

3.2.3 火星坐标系统

火星坐标系统主要包括火心天球参考系（Mars Celestial Reference System，MCRS）和火星固联参考系（Mars Terrestrial Reference System，MTRS）。火心天球参考系的定义为：坐标原点在火星质心，基本坐标面是火星的历元平赤道面，根据 IAU2000 火星定向模型，X 轴指向 J2000.0 火星平赤道与地球平赤道的交点。火星固联参考系是跟随火星自转一起旋转的空间参考系，即火固坐标系，定义为：坐标原点为火星质心，基本平面为过火心的火星平赤道面，X 轴指向 Ariy-0 环形山方向[13]。

在不考虑火星地极移动和天极章动的前提下，从 MCRS 到 MTRS 的转换过程如下[14]：

$$[MTRS] = R_z(W) \cdot R_x(90° - \delta) \cdot R_z(\alpha - \alpha_0) \cdot R_x(\delta_0 - 90°) \cdot [MCRS]$$

$$(3-12)$$

其中，各参数分别为：

$$W = 176.630° + 350.89198226°d$$

$$\alpha = \alpha_0 - 0.1061°t = 317.68143° - 0.1061°t$$

$$\delta = \delta_0 - 0.0609°t = 52.88650° - 0.0609°t$$

t 为自 J2000.0 起算的计算历元（TT 时刻）的儒略世纪数[15]，定义为：

$$t = (JD_{TT} - 2451545.0)/36525$$

火星定向模型、火星春分点、火星本初子午线以及 IAU 矢量三者的空间位置关系如图 3-2 所示。

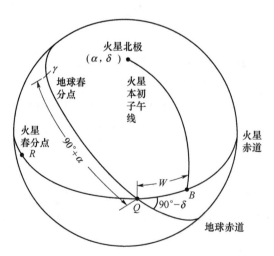

图 3-2 IAU 火星定向模型

3.2.4　火星表面坐标系

为了描述火星表面物体的位置和火星表面的三维结构，以及满足火星科学探测数据的研究需求，需要建立火星空间参考系。

火星不是正球体，扁率约为 0.005232，半径约为 3397.0km。由此可以建立火星表面的参考椭球，它是一个绕短轴旋转的椭球体，其子午面从火星表面的零度经线（Ariy - 0 环形山的中心）向火星自转方向起量，可以定义火星表面的地理经度 λ，从平均赤道面向北，可以定义地理纬度 φ，这样就可以和地球类似地建立起火星的地理坐标系[16]。

3.2.5　行星历表

建议采用 JPL DE421 行星历表，其所定义的行星参考架与 ICRF 参考架的指向相同。

3.2.6　其他坐标系

（1）当地坐标系

地球/火星表面某地的当地坐标系定义为：原点根据具体情况选取（例如，对于地面站，原点位于测站仪器参考点；对于火星探测点，原点位于当地参考点），Z 轴指向当地天顶，X 轴指当地地平的东点。极坐标为 $(A，H，D)$，即方位、俯仰和距离。A 为自北点顺时针向东量，H 为自地平向天顶方向度量[17]。极坐标与直角坐标的关系如下：

$$\tan A = y/x$$
$$\tan H = z/\sqrt{x^2+y^2}$$
$$D = \sqrt{x^2+y^2+z^2}$$

对于地球/火星表面某地坐标为 $\vec{R}(\lambda，\varphi，H)$（经度、纬度、高程），其在地固/火固系统的直接坐标 $\vec{R}_A$：

$$\begin{cases} X_A = (N+H)\cos\varphi\cos\lambda \\ Y_A = (N+H)\cos\varphi\sin\lambda \\ Z_A = [N(1-e)^2+H]\sin\varphi \end{cases}$$

其中，$N = A\left[\cos^2\varphi+(1-e)^2\sin^2\varphi\right]^{-1/2}$。这里，$A$ 是地球/火星参考椭球体的赤道半径，e 是地球/火星参考椭球体的扁率。

当地坐标系中的矢量 $\vec{r}$ 在地固/火固坐标系中表示为 $\vec{r}'$，则转换关系为：

$$\vec{r}' = R_z(180°-\lambda)R_y(90°-\varphi)\vec{r}+\vec{R}_A$$

（2）探测器本体坐标系

探测器本体坐标系定义为：原点在探测器质心，X 轴沿探测器几何纵轴，指向探测器头部，Y 轴垂直于 X 轴，指向探测器某特征点（如太阳帆板），Z 轴与 X、Y 轴构成右手系。

（3）探测器轨道坐标系

探测器轨道坐标系定义为：原点在探测器质心，X 轴指向地心到探测器的矢量方向，Z 轴指向轨道面法向。

3.2.7　地心天球坐标系和太阳系质心坐标系的转换

地心天球坐标系 GCRS 和太阳系质心坐标系 BCRS 之间的转换需要通过引用 JPL DE414行星历表，计算地心相对太阳系质心的位置速度矢量，记为 $\vec{R}_e$，则坐标转换公式为：

$$[\text{BCRS}]=[\text{GCRS}]+\vec{R}_e \qquad (3-13)$$

式中，[GCRS] 和 [BCRS] 是同一位置矢量分别在 GCRS 和 BCRS 中的表示。

3.2.8　地心天球坐标系和火心坐标系的转换

地心天球坐标系 GCRS 和火心坐标系 MCRS 之间的转换需要通过引用 JPL DE414 行星历表，计算地心、火心的位置速度矢量。GCRS 到 MCRS 的坐标转换公式为：

$$[\text{MCRS}]=R_x\left(\frac{\pi}{2}-\delta_0\right)R_z\left(\frac{\pi}{2}+\alpha_0\right)\{[\text{GCRS}]+\vec{R}_e-\vec{R}_m\} \qquad (3-14)$$

式中，[GCRS] 和 [MCRS] 是同一位置矢量分别在 GCRS 和 MCRS 中的表示；$\vec{R}_e$ 和 $\vec{R}_m$ 分别为太阳系质心坐标系中地心和火心的位置矢量；α_0 和 δ_0 的含义与式（3-9）相同。

3.3　常数系统

3.3.1　基础常数

表 3-3 为推荐使用的部分常数数值，依次给出名称、数值、误差和说明，主要取自 IERS Convention（2010）[13]，采用 SI 单位制，即其数值在地心坐标系中以 TCG 为时间坐标和在太阳系质心坐标系中以 TCB 为时间坐标的情况下分别对应 TT 和 TDB[18-19]。其他未列常数建议采用 IAU2000 天文常数系统。

表 3-3　常数系统

项目	数值	误差	说明
c	$299792458\,\text{ms}^{-1}$	定义	光速
k	1.720209895×10^{-2}	定义	高斯引力常数
L_B	1.550519768×10^{-8}	定义	$1-\text{d}(\text{TDB})/\text{d}(\text{TCB})$
L_G	$6.969290134\times10^{-10}$	定义	$1-\text{d}(\text{TT})/\text{d}(\text{TCG})$

续表

项目	数值	误差	说明
TDB_0	$-6.55\times10^{-5}\,s$	定义	JD_{TAI}为 2443144.5 时的 TDB−TCB
G	$6.67428\times10^{-11}\,m^3\cdot kg^{-1}\cdot s^{-2}$	$6.7\times10^{-15}\,m^3\cdot kg^{-1}\cdot s^{-2}$	引力常数
$GM_\oplus$ [1]	$1.32712442090\times10^{20}\,m^3\cdot s^{-2}$	$1\times10^{10}\,m^3\cdot s^{-2}$	日心引力常数
$J_{2\oplus}$	2.0×10^{-7}	适用于 DE421	太阳动力学形状因子
μ	0.0123000371	4×10^{-10}	月地质量比
$GM_\oplus$ [2]	$3.986004418\times10^{14}\,m^3\cdot s^{-2}$	$8\times10^5\,m^3\cdot s^{-2}$	地心引力常数
a_E [2,3]	$6378136.6\,m$	$0.1\,m$	地球赤道半径
$J_{2\oplus}$ [3]	1.0826359×10^{-3}	1×10^{-10}	地球动力学形状因子
$1/f$ [3]	298.25642	0.00001	地球扁率因子
g_E [2,3]	$9.7803278\,m\cdot s^{-2}$	$1\times10^{-6}\,m\cdot s^{-2}$	平均赤道引力
W_0	$62636856.0\,m^2\cdot s^{-2}$	$0.5\,m^2\cdot s^{-2}$	大地水准面的势
R_0 [2]	$6363672.6\,m$	$0.1\,m$	重力势标量因子（$GM_\oplus/W_0$）
H	3273795×10^{-9}	1×10^{-9}	动力学扁率
τ_A	$499.0047838061\,s$	$0.00000002\,s$	天文单位（s）
$c\tau_A$	$149597870700\,m$	定义	天文单位（m）
ε_0	$84381.406''$	$0.001''$	J2000.0 黄赤交角
AU [4]	$1.49597870700\times10^{11}\,m$	定义	天文单位
L_C	$1.48082686741\times10^{-8}$	2×10^{-17}	$1-d(TCG)/d(TCB)$ 的均值

[1] 与 TCB 一致的量，根据与 TDB 一致的量计算得出。

[2] $GM_\oplus$ 是与 TCG 一致的量，对于 a_E、g_E 和 R_0，TCG 一致的量与 TT 一致的量之间的差别与误差无关。

[3] 对于 a_E、$1/f$、$J_{2\oplus}$ 和 g_E 的值为"零潮汐"值。

[4] 与 TDB 一致的量。

[5] 2012 年 8 月 31 日，IAU 第 28 次大会通过的新定义。

3.3.2　地球数据

本节给出相关的地球物理常数和模型，包括地球引力场模型和地球定向模型。地球引力场模型建议采取目前常用的 70×70 阶的 JGM−3，该模型相应的地球引力常数和地球赤道半径分别为：

$$GM=398600.44150\,km^3/s^2$$
$$R_e=6378136.30\,m$$

3.3.3　火星数据

本节给出相关的火星物理常数和模型，包括火星的引力常数、火星赤道半径、火星引力场以及火星的定向模型[20-21]。火星引力场采用美国戈达德航天中心利用 MGS 火星探测器无线电跟踪数据产生的 90×90 阶次火星引力场模型 GGM1041C，该引力场模型采用的火星定向模型为 IAU2000 火星指向模型[22]。该模型相应的火星引力常数和火星赤道半径分别为：

$$GM = 42828.370245291269 \mathrm{km^3/s^2}$$

$$R_\mathrm{m} = 3397000.0\mathrm{m}$$

3.3.4 测站坐标及改正

建议在 ITRF2000 框架中，给出火星探测任务中我国测站的坐标和运动，并考虑持续改进。改正量主要考虑板块运动、潮汐运动和非潮汐运动[23-24]。

（1）板块运动

板块运动描述为刚性球冠绕自转轴的旋转。欧拉矢量为 $\vec{\omega}$ 的板块，若参考历元 t_0 时某测站的位矢量为 $\vec{r}_0$，则历元 t 时其位矢量 $\vec{r}$ 表示为：

$$\vec{r} = \vec{r}_0 + (\vec{\omega} \times \vec{r})(t - t_0)$$

若已知该测站在 t_0 时的速度矢量为 $\dot{\vec{r}}_0$，则：

$$\vec{r} = \vec{r}_0 + \dot{\vec{r}}_0 (t - t_0)$$

板块运动模型主要基于几百万年的古地磁资料，对现代板块运动仍然提供了很好的定量描述。这表明板块运动在相当长的时间内是非常平稳的。表 3-4 显示了 NNR-Nuvel-1A 模型中板块的欧拉矢量，对应于点位的变化最大可达 10cm/y。

表 3-4　NNR-Nuvel-1A 模型中板块的欧拉矢量（nrad/y=$10^{-9}\mathrm{y^{-1}}$）

板 块	ω_x	ω_y	ω_z
Africa	891	−3.099	3.922
Antarctica	−0.821	−1.701	3.706
Arabia	6.685	−0.521	6.760
Australia	7.839	5.124	6.282
Caribbean	−0.178	−3.385	1.581
Cocos	−9.705	−21.605	10.925
Eurasia	−0.981	−2.395	3.153
India	6.670	0.040	6.790
Juan de Fuca	5.200	8.610	−5.820
Nazca	−1.532	−8.577	9.609
North America	0.258	−3.599	−0.153
Pacific	−1.510	4.840	−9.970
Philippine	10.090	−7.160	−9.670
Rivera	−9.390	−30.960	12.050

续表

板 块	ω_x	ω_y	ω_z
Scotia	−0.410	−2.660	−1.270
South America	−1.038	−1.515	−0.870

（2）潮汐运动

地球是非刚性的，在受到其他天体的吸引时地壳将发生形变。日、月是两个主要天体，其周期运动将引起地壳随时间周期性变化。这种周期从数小时到数年的运动称为地球的潮汐效应。潮汐引起的测站位置变化可远远大于板块运动效应，因而不容忽略。潮汐对观测台站位置 $\vec{r}_0$ 的影响表示为：

$$\vec{\Delta} = \vec{\Delta}_{\text{sol}} + \vec{\Delta}_{\text{pol}} + \vec{\Delta}_{\text{ocn}} + \cdots$$

式中，$\vec{\Delta}_{\text{sol}}$、$\vec{\Delta}_{\text{pol}}$、$\vec{\Delta}_{\text{ocn}}$ 分别为地球固体潮、极潮、海洋负荷潮等。

①地球固体潮

计算测站地球固体潮改正效应，一般采用起潮势的球谐展开方法。球谐项引起的测站位移由 Love 数和 Shida 数表述，取决于测站纬度和潮汐频率。地球扁率、地球自转的科氏力、自由核章动共振、海洋负荷潮耦合、地幔非弹性形变等效应，使得此计算非常复杂，且要求计算精度控制在 1mm 内。一般在时域和频域中分别计算顺行项和逆行项，并做纬度修正。IERS Convention（2010）提供了相关算法[13]。

②极潮

地球自转轴相对于地壳的运动及地壳弹性响应，造成测站位置的变化，这种现象称为极潮。厘米级精度水平时要求考虑此效应。极潮引起的在大地经纬度（λ，φ）处地面点的位移表示为：

$$\vec{\Delta}p = -\omega_{\text{E}}^2 R_{\text{E}} / \{g[\sin\varphi\cos\varphi(p_x\cos\lambda + p_y\sin\lambda)h$$

$$\vec{r} + \cos2\varphi(p_x\cos\lambda + p_y\sin\lambda)l\vec{\varphi} + \sin\varphi(-p_x\cos\lambda + p_y\sin\lambda)l\vec{\lambda}]\}$$

式中，ω_{E} 为地球自转速率；R_{E} 为地球赤道半径；g 为重力加速度；h 和 l 为 Love 数和 Shida 数；p_x、p_y 为极移参数；$\vec{r}$、$\vec{\varphi}$、$\vec{\lambda}$ 为单位矢量。

③海洋负荷潮

地壳对海洋潮汐引起的弹性响应，可引起台站几厘米的位移，称此效应为海洋负荷潮。当前采用的海洋负荷潮模型一般由一组描述各频率相位和幅值的参数构成。11 项分潮波分别为 K_2、S_2、M_2 与 N_2（12 小时）、K_1、P_1、O_1、Q_1（24 小时）、M_f（14 天）、M_m（月项）和 S_{sa}（半年项）。IERS Convention（2010）提供了相关算法[13]。

3.3.5 测站非潮汐运动

在地球大气和地壳中，存在许多物理过程影响测站的位置，引起从几秒到几年的时变，作用范围从局部性到全球性。虽然相关的知识还只是轮廓性的，但理论分析和实验研究已经开始提供有意义的结果。局部过程包括地下水和雪覆盖的重新分布，以及火山活跃地区的熔岩腔效应。更大范围的物理过程是大气负荷和冰期后反弹。对于潮汐效应，其时间变化可以根据太阳系天体的运动而精确确定。与此相对照，非潮汐效应没有准确的周期时变特性。其他如非潮汐海面高度变化和核幔边界压力变化引起的地面位移等，至今尚无定论。对于非潮汐效应所致测站位移的改正，暂不推荐相关模型。

参 考 文 献

[1] Luzum B，Capitaine N，Fienga A，et al. The IAU 2009 system of astronomical constants：the report of the IAU working group on numerical standards for Fundamental Astronomy [J]. Celest Mech Dyn Astr，2011，110：293 - 304.

[2] Capitaine N. Proposal for the re - definition of the astronomical unit of length through a fixed relation to the SI meter [J]. Proceedings Journées，2010，20.

[3] Capitaine N，et al. IAU Division 1 Working Group "Nomenclature for Fundamental Astronomy" IAU2006 NFA Glossary. http：//syrte. obspm. fr/iau/iauWGnfa/.

[4] Aoki S，Guinot B，et al. The new definition of Universal Time [J]. Astron Astrophys，1982，105：359 - 361.

[5] Soffel M，Klioner S A，Petit G，et al. The IAU 2000 Resolutions for astrometry，celestial mechanics and metrology in the relativistic framework：explanatory supplement [J]. Astron，2003，126：2687- 2706.

[6] Capitaine N，Guinot B，McCarthy D D. Definition of the Celestial Ephemeris Origin and of UT1 in the International Celestial Reference Frame. Astron [J]. Astrophys，2000，355：389 - 405.

[7] Klioner S A. Relativistic scaling of astronomical quantities and the system of astronomical units [J]. Astron Astrophys，2008，478：951 - 958.

[8] Kaplan G H. The IAU resolutions on astronomical reference systems，time scales，and Earth rotation models [OL]. United States Naval Observatory Circular，2005，179. http：//aa. usno. navy. mil/publications/docs/Circular _ 179. php.

[9] IAU SOFA Board. IAU SOFA Software Collection [OL]. 2010，12 - 01. http：//www. iausofa. org.

[10] Wallace P T，Capitaine N. Precession - nutation procedures consistent with IAU2006 resolutions [J]. Astron Astrophys，2006，459：981 - 985.

[11] Guinot B，In：McCarthy D D，Pilkington J D（eds）. Time and the Earth's Rotation [J]. D Reidel Pub Co，1979，7.

[12] Capitaine N，Guinot B，Souchay J. A non - rotating origin on the instantaneous equator：definition，properties and use [J]. Celest Mech，1986，39：283 - 307.

[13] Petit G，Luzum B. IERS Conventions（2010），IERS Technical Note No. 36 [OL]. Frankfurt am Main，2010，http：//tai. bipm. org/iers/conv2010/conv2010. html.

[14] Capitaine N，Wallace P T，McCarthy D D. Expressions to implement the IAU 2000 definition of

UT1 [J]. Astron Astrophys, 2003, 406: 1135 – 1149.

[15] Feissel M, Mignard F. The adoption of ICRS on 1 January 1998: meaning and consequence [J]. Astron Astrophys, 1998, 331: L33 – L36.

[16] Fey A, Gordon D, Jacobos G, et al. The second realization of the International Celestial Reference Frame by Very Long Baseline Interferometry [OL]. IERS Technical Note No. 35. http: // www. iers. org/nn _ 11216/IERS/EN/Publications/TechnicalNotes/tn35. html.

[17] Hilton J L, Hohenkerk C Y. Rotation matrix from the mean dynamical equator and equinox at J2000. 0 to the ICRS [J]. Astron Astrophys, 2004, 413: 765 – 770.

[18] Lambert S, Bizouard C. Positioning the terrestrial ephemeris origin in the international terrestrial reference frame [J]. Astron Astrophys, 2002, 394: 317 – 321.

[19] Archinal B A, A'Hearn M F, Bowell E, et al. Report of the IAU Working Group on cartographics coordinates and rotational elements: 2009 [J]. Celest Mech Dyn Ast, 2011, 109: 101 – 135.

[20] Hilton J H. The motion of Mars pole I – Rigid body precession and nutation [J]. Astron, 1991, 102: 1510 – 1527.

[21] Bouquillon S, Souchay J. Precise modeling of the precession – nutation of Mars [J]. Astron Astrophys, 1999, 345: 282 – 297.

[22] Burkhart P D. MSL Update to Mars Coordinates Frame Definitions [J]. JPL Interoffice Memorandum, 2006, 343B – 2006 – 004.

[23] Capitaine N, Wallace P T. High precision methods for locating the celestial intermediate pole and origin [J]. Astron Astrophys, 2006, 450: 855 – 872.

[24] Capitaine N, Mathews P, Dehant V, et al. On the IAU 2000/2006 precession – nutation and comparison with other models and VLBI observations [J]. Celest Mech Dyn Astr, 2009, 103: 179 – 190.

第4章 电 磁 环 境

4.1 地火转移段行星际空间电离辐射环境

行星际典型空间环境包括：高能辐射、空间等离子体和高速流星体，其中辐射是最主要的[1]。地火转移轨道辐射环境的主要来源是银河宇宙射线（GCR）和太阳质子事件（SPE，一般与太阳耀斑有关）。这两种环境会引起电子系统辐射损伤，包括总电离剂量（TID）效应、单粒子效应（SEE）、位移损伤和非电离能量损失（NIEL）效应。造成这些效应的环境通常由能量、线性能量转换（LET）或者总电离剂量（TID）进行表征。太阳质子事件通常仅持续几天时间，但能够使太阳高能粒子的通量比背景增加几个数量级。大的质子事件可造成总剂量效应和单粒子效应的短期增强，成为航天器异常或故障的主要原因之一。

利用欧空局软件 Spenvis 进行近地小行星电离辐射计算，在距离太阳 1AU 和 1.5AU 距离的轨道，300d 时间内的太阳质子和银河宇宙射线计算结果相同。假设地火转移段的太阳质子和银河宇宙射线与距离太阳 1AU 的轨道相同，转移段电离辐射环境详见表 4-1~表 4-2。

表 4-1 太阳质子对探测器的影响（1AU，300d，JPL-91 模型）

能量/MeV	积分影响/cm^{-2}	微分影响/cm^{-2} · MeV^{-1}
0.1	2.93E+11	5.01E+11
0.11	2.88E+11	4.72E+11
0.12	2.83E+11	4.45E+11
0.14	2.75E+11	4.00E+11
0.16	2.67E+11	3.64E+11
0.18	2.60E+11	3.34E+11
0.2	2.54E+11	3.09E+11
0.22	2.48E+11	2.88E+11
0.25	2.40E+11	2.61E+11
0.28	2.32E+11	2.39E+11
0.32	2.23E+11	2.15E+11
0.35	2.17E+11	2.00E+11

能量/MeV	积分影响/cm^{-2}	微分影响/cm^{-2}·MeV^{-1}
0.4	2.08E+11	1.79E+11
0.45	1.99E+11	1.62E+11
0.5	1.92E+11	1.47E+11
0.55	1.84E+11	1.36E+11
0.63	1.74E+11	1.20E+11
0.71	1.65E+11	1.07E+11
0.8	1.56E+11	9.52E+10
0.9	1.47E+11	8.46E+10
1	1.39E+11	7.59E+10
1.1	1.32E+11	6.86E+10
1.2	1.26E+11	6.26E+10
1.4	1.14E+11	5.28E+10
1.6	1.05E+11	4.51E+10
1.8	9.61E+10	3.91E+10
2	8.88E+10	3.43E+10
2.2	8.24E+10	3.04E+10
2.5	7.41E+10	2.57E+10
2.8	6.70E+10	2.19E+10
3.2	5.91E+10	1.81E+10
3.5	5.40E+10	1.58E+10
4	4.70E+10	1.16E+10
4.5	4.25E+10	8.30E+09
5	3.87E+10	7.16E+09
5.5	3.53E+10	6.25E+09
6.3	3.08E+10	5.12E+09
7.1	2.71E+10	4.24E+09
8	2.37E+10	3.49E+09
9	2.06E+10	2.86E+09
10	1.80E+10	2.04E+09
11	1.65E+10	1.41E+09
12	1.52E+10	1.25E+09
14	1.30E+10	9.94E+08
16	1.12E+10	8.02E+08
18	9.75E+09	6.59E+08
20	8.55E+09	5.49E+08

能量/MeV	积分影响/cm^{-2}	微分影响/cm^{-2} · MeV^{-1}
22	7.55E+09	4.64E+08
25	6.33E+09	3.66E+08
28	5.36E+09	2.74E+08
32	4.52E+09	1.63E+08
35	4.14E+09	1.22E+08
40	3.59E+09	9.96E+07
45	3.14E+09	8.23E+07
50	2.77E+09	6.90E+07
55	2.45E+09	5.86E+07
63	2.04E+09	4.60E+07
71	1.71E+09	3.66E+07
80	1.43E+09	2.89E+07
90	1.17E+09	2.26E+07
100	9.73E+08	1.79E+07
110	8.15E+08	1.44E+07
120	6.86E+08	1.17E+07
140	4.95E+08	8.05E+06
160	3.64E+08	5.59E+06
180	2.72E+08	3.97E+06
200	2.05E+08	2.88E+06
220	1.57E+08	2.13E+06
250	1.06E+08	1.39E+06
280	7.31E+07	9.28E+05
320	4.54E+07	5.50E+05
350	3.21E+07	3.79E+05
400	1.84E+07	2.14E+05
450	1.08E+07	1.20E+05
500	6.38E+06	5.45E+04

表 4-2　平均质子能谱（1AU，300d，CREME-96 模型[2,3]）

能量/ (MeV/n)	总任务积分通量/ (m^{-2} · sr^{-1} · s^{-1})	总任务微分通量/ [m^{-2} · sr^{-1} · s^{-1} · (MeV/n)$^{-1}$]
1.00E+00	3.68E+03	2.01E+02
1.10E+00	3.66E+03	2.34E+02
1.20E+00	3.64E+03	1.86E+02
1.40E+00	3.61E+03	1.21E+02
1.60E+00	3.59E+03	8.19E+01

能量/ (MeV/n)	总任务积分通量/ ($m^{-2} \cdot sr^{-1} \cdot s^{-1}$)	总任务微分通量/ $[m^{-2} \cdot sr^{-1} \cdot s^{-1} \cdot (MeV/n)^{-1}]$
1.80E+00	3.58E+03	5.73E+01
2.00E+00	3.57E+03	4.12E+01
2.20E+00	3.56E+03	3.04E+01
2.50E+00	3.55E+03	2.00E+01
2.80E+00	3.55E+03	1.37E+01
3.20E+00	3.54E+03	8.74E+00
3.50E+00	3.54E+03	6.46E+00
4.00E+00	3.54E+03	4.14E+00
4.50E+00	3.53E+03	2.82E+00
5.00E+00	3.53E+03	2.02E+00
5.50E+00	3.53E+03	1.51E+00
6.30E+00	3.53E+03	1.03E+00
7.10E+00	3.53E+03	7.61E−01
8.00E+00	3.53E+03	5.84E−01
9.00E+00	3.53E+03	4.71E−01
1.00E+01	3.53E+03	4.03E−01
1.10E+01	3.53E+03	3.62E−01
1.20E+01	3.53E+03	3.37E−01
1.40E+01	3.53E+03	3.16E−01
1.60E+01	3.53E+03	3.15E−01
1.80E+01	3.53E+03	3.26E−01
2.00E+01	3.53E+03	3.47E−01
2.20E+01	3.53E+03	3.70E−01
2.50E+01	3.52E+03	4.12E−01
2.80E+01	3.52E+03	4.58E−01
3.20E+01	3.52E+03	5.25E−01
3.50E+01	3.52E+03	5.77E−01
4.00E+01	3.52E+03	6.65E−01
4.50E+01	3.51E+03	7.52E−01
5.00E+01	3.51E+03	8.39E−01
5.50E+01	3.50E+03	9.20E−01
6.30E+01	3.50E+03	1.04E+00
7.10E+01	3.49E+03	1.15E+00
8.00E+01	3.48E+03	1.26E+00
9.00E+01	3.46E+03	1.37E+00
1.00E+02	3.45E+03	1.47E+00
1.10E+02	3.43E+03	1.56E+00
1.20E+02	3.42E+03	1.63E+00
1.40E+02	3.38E+03	1.76E+00
1.60E+02	3.35E+03	1.86E+00
1.80E+02	3.31E+03	1.94E+00

能量/ (MeV/n)	总任务积分通量/ ($m^{-2} \cdot sr^{-1} \cdot s^{-1}$)	总任务微分通量/ [$m^{-2} \cdot sr^{-1} \cdot s^{-1} \cdot (MeV/n)^{-1}$]
2.00E+02	3.27E+03	2.00E+00
2.20E+02	3.23E+03	2.04E+00
2.50E+02	3.17E+03	2.08E+00
2.80E+02	3.11E+03	2.10E+00
3.20E+02	3.02E+03	2.09E+00
3.50E+02	2.96E+03	2.07E+00
4.00E+02	2.86E+03	2.02E+00
4.50E+02	2.76E+03	1.95E+00
5.00E+02	2.66E+03	1.88E+00
5.50E+02	2.57E+03	1.80E+00
6.30E+02	2.43E+03	1.68E+00
7.10E+02	2.30E+03	1.56E+00
8.00E+02	2.17E+03	1.43E+00
9.00E+02	2.03E+03	1.30E+00
1.00E+03	1.91E+03	1.19E+00
1.10E+03	1.79E+03	1.09E+00
1.20E+03	1.69E+03	9.95E-01
1.40E+03	1.51E+03	8.40E-01
1.60E+03	1.35E+03	7.14E-01
1.80E+03	1.22E+03	6.13E-01
2.00E+03	1.10E+03	5.29E-01
2.20E+03	1.01E+03	4.60E-01
2.50E+03	8.79E+02	3.77E-01
2.80E+03	7.76E+02	3.14E-01
3.20E+03	6.63E+02	2.49E-01
3.50E+03	5.94E+02	2.12E-01
4.00E+03	5.00E+02	1.65E-01
4.50E+03	4.25E+02	1.31E-01
5.00E+03	3.66E+02	1.06E-01
5.50E+03	3.18E+02	8.72E-02
6.30E+03	2.57E+02	6.54E-02
7.10E+03	2.10E+02	5.03E-02
8.00E+03	1.70E+02	3.85E-02
9.00E+03	1.36E+02	2.95E-02
1.00E+04	1.10E+02	2.30E-02
1.10E+04	8.93E+01	1.84E-02
1.20E+04	7.27E+01	1.49E-02
1.40E+04	4.74E+01	1.03E-02
1.60E+04	2.98E+01	7.39E-03
1.80E+04	1.69E+01	5.51E-03
2.00E+04	7.16E+00	4.22E-03

4.2　火星轨道电离辐射环境

4.2.1　火星轨道处的太阳风

在距日心 1.52AU 的火星轨道处，太阳风等离子体的性质可以通过 1AU 处的太阳风参数推算得到。平均为 400km/s 的太阳风速度可以认为仍然保持常数。假定太阳风是球形向外膨胀的，太阳风等离子体密度按照 $1/r^2$ 的规律变化，在火星轨道处，太阳风等离子体密度将降到 $1\sim2\mathrm{cm}^{-3}$；太阳风磁场约为 $1\sim5\mathrm{nT}$，在赤道面上与火星-太阳连线的角度约为 57°。

火星轨道处的探测结果显示，太阳风流速平均为 500km/s（有时高至 800km/s），密度为 $2.5\mathrm{cm}^{-3}$，动压大约为 1nPa，磁声马赫数为 6[4]。图 4-1 给出了 1989 年 3 月测得的太阳风在火星轨道处流速。图 4-2 是天问一号离子与中性粒子分析仪在火星轨道附近测量的太阳风速度和密度，与 MAVEV 以及地球轨道观测数据（OMNI）的比对。

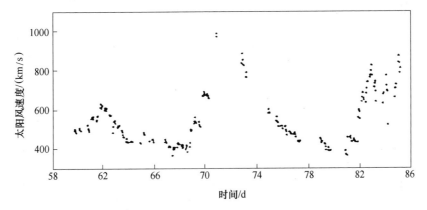

图 4-1　1989 年 3 月火星轨道处太阳风的流速

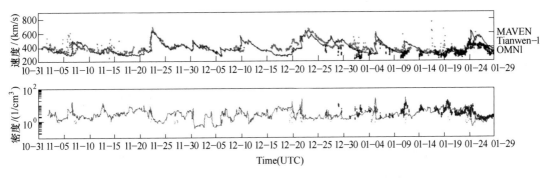

图 4-2　2020 年 10 月—2021 年 1 月火星轨道处的太阳风速度和密度

（蓝点，由天问一号离子与中性粒子分析仪观测，见彩插）

4.2.2 "拾起"离子

在行星空间环境中探测到的"拾起（Pick Up）"离子，与行星大气层存在密切关系。根据早期火星 5 号探测器获得的科学数据，人们认为重离子可能出现在火星磁尾的边界层里。太阳风与火星相互作用会造成行星离子损失，"火卫二"探测到了丰富的"拾起"O^+ 离子通量，其全球平均离子损失率约 1025ion/s。Rosenbauer 等认为离子损失主要是通过中心磁尾进行，而 Lundin 等人主张内磁鞘区边界层的离子损失起主要作用[5]。

4.2.3 对火星探测器的电离辐射

对于火星轨道和着陆任务来说，辐射环境主要来源是 GCR 和 SEP。

从近地行星际空间到火星附近的行星际空间，GCR 通量变化较小[2,3]。但是对于 SEP，受辐射能量、时间、太阳风等影响较大。通常计算火星的辐射源输入，主要根据地球所获得的辐射源进行推算[6]。一般采用 CREME - 96 模型，在太阳最大年时，计算在地球附近行星际位置的银河宇宙射线（GCR）和太阳质子事件（SEP）的辐射，并作为输入条件[2]。

根据 CREME - 96 中的太阳静模型，GCR 通量如图 4 - 3[3] 所示，该模式没有考虑太阳质子事件。计算结果表明，在 11 年的太阳周期中，GCR 的通量会发生变化。

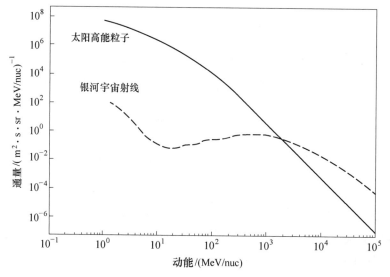

图 4 - 3　CREME - 96 计算得到的太阳最大年太阳静模型下的 GCR
质子通量以及"最差星期"模型下的太阳质子通量

在相同的太阳粒子入射条件下，在不同位置所测量的能流值可能会因传播效应而发生较大变化。比如在第 23 个太阳周期内，2000 年 7 月 14 日和 2001 年 4 月 15 日的两次重要 SEP 事件中，太阳粒子自由平均路径分别为 0.4 和 0.2 个天文单位[7,8]，采用 Lintunen 和 Vainio 动能方法对 250MeV 太阳质子的传播进行模拟[9]，如果只使用几何修正（$1/R^2$），那么在火星发生的事件能流会比根据地球测量值估算的结果约高 20％（图 4 - 4）[6]。图 4 - 5 是天问一号能量粒子分析仪在火星轨道附近测量的高能质子通量小时平均值。

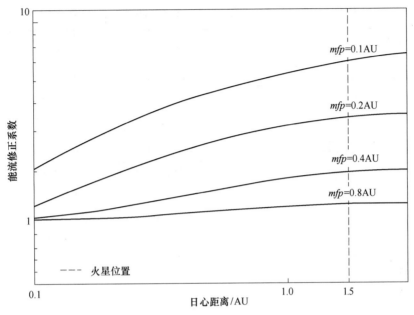

图 4 - 4 　 不同平均自由路径条件下，250MeV 太阳质子与太阳距离函数关系的能流修正系数

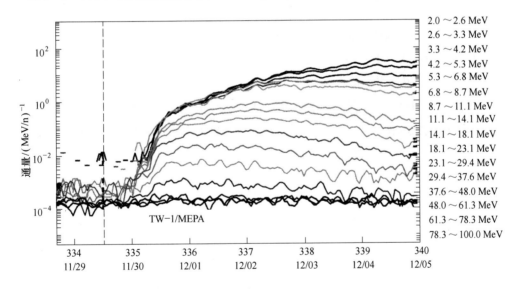

图 4 - 5 　 2022 年 11 月 29 日至 12 月 5 日，天问一号能量粒子分析仪在
火星轨道附近测量的高能质子通量小时平均值（虚线表示耀斑事件起始，见彩插）

　　对于行星际空间的 GCR，火星附近与地球附近基本一致[10]。火星没有全球性磁场，没有捕获质子和离子沉降，各轨道之间的辐射环境差异较小，在火星轨道上的辐射剂量累积主要与在轨寿命和发射时间有关。通过欧空局软件 Spenvis 计算，火星探测器不同在轨寿命的电离总剂量参见附录 A，等效 3mmAl 屏蔽下计算结果见表 4 - 3。2020 年以前，银

河宇宙射线（GCR）对火星探测器总剂量的贡献约为 0.02rad（Si）/d［相当于 7.3rad（Si）/y］，可以忽略不计。因而对于火星探测器而言，计算结果主要为太阳质子总剂量。

表 4 - 3　火星探测器电离总剂量计算表（等效 3mm Al 屏蔽下）

发射日期 ＼ 在轨寿命	1 个火星年	2 个火星年	3 个火星年	4 个火星年	5 个火星年	6 个火星年
2015 - 12 - 26	4.558E+03	4.567E+03	4.567E+03	8.600E+03	1.227E+04	1.558E+04
2016 - 01 - 22	4.408E+03	4.408E+03	4.408E+03	8.601E+03	1.224E+04	1.555E+04
2018 - 05 - 11	0	7.535E+02	5.088E+03	8.573E+03	1.194E+04	1.400E+04
2020 - 07 - 21	1.547E+03	5.702E+03	9.108E+03	1.253E+04	1.400E+04	1.400E+04
2022 - 09 - 03	4.558E+03	8.129E+03	1.146E+04	1.250E+04	1.250E+04	1.530E+04
2024 - 10 - 02	4.558E+03	8.129E+03	8.742E+03	8.742E+03	1.200E+04	1.582E+04
2026 - 10 - 29	4.558E+03	4.904E+03	4.904E+03	8.585E+03	1.233E+04	1.561E+04
2028 - 11 - 24	0	0	0	7.758E+03	1.106E+04	1.400E+04
2031 - 01 - 01	4.851E+01	4.585E+03	8.150E+03	1.149E+04	—	—

注：Spenvis 软件最多只能计算到 2040 年，因此，2031 年 01 月 01 日发射的探测器在第 5 个火星年和第 6 个火星年的电离总剂量无法计算。

4.3　火星表面电离辐射环境

　　火星上没有可感知的行星磁场，太阳风与火星之间相互作用类似于与金星或活跃彗星之间的相互作用。火星上的电离层和中性大气层起到阻挡太阳风的作用，产生一个弓激波（图 4 - 6）[11]。太阳等离子体在接近火星后，会产生 3 个不同的区：未受到扰动的太阳风区、弓激波后面的热等离子体区和磁尾中极小的质子流区。由于没有行星磁场，在火星极区不存在太阳风充电粒子的聚集。因此，在地球两极的电离层和大气热层所观察到的复杂现象（比如极光），在火星两极是看不到的。

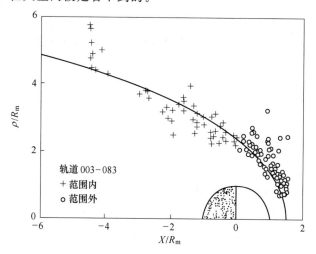

图 4 - 6　由火星全球勘测者探测器观察到的火星弓激波位置

　　由于在火星表面没有进行过电离辐射环境的测量，对于银河宇宙射线（GCR）、太阳粒子事件（SPE）与火星大气、火星表面之间的物理作用，在认识上不够全面，建模是唯一的预测方式[11]。在相互作用过程中，多次充电的离子在量级上会减少，生成相应的二级粒子（包括中子）；由于火星表面材料原子成分不一致，这些相互作用的特征也会发生变化。在火星表面大气环境中，含有许多从火星表面扩散来的中子，最显著的是高能中子，其能量最高可达到几百兆电子伏[12]。

　　火星表面由于 GCR 所产生的火星表面辐射环境如图 4 - 7[6] 所示。在较高的能量范围（高于 100MeV），辐射环境主要受质子（图中的圆圈）影响；而在较低的能量范围，二级中子（图中的点）、光子（图中的三角形）以及电子（图中的正方形）贡献较大。离子占二级粒子的 0.3%[9]。

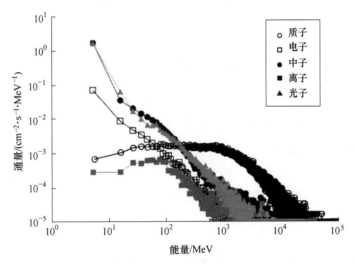

图 4 - 7　火星表面因为 GCR 而产生的辐射环境

　　火星上由于 SPE 所产生的火星表面辐射环境如图 4 - 8[6] 所示，其能量范围明显低于

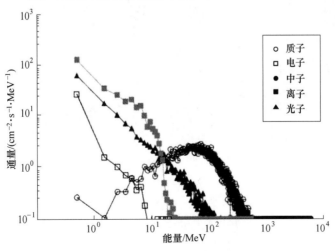

图 4 - 8　火星表面因为 SPE 而产生的辐射环境[6]

GCR，但通量值则要高得多。在高于 30MeV 的能量范围，辐射环境主要受由质子（图中的圆圈）和中子（图中的三角形）影响；而在较低的能量范围，中子（图中的三角形）、质子（方框）、以及电子（图中的正方形）的贡献较大。

4.4　火星表面磁场环境

4.4.1　火星磁场

磁场是宇宙天体固有的基本属性。太阳系中，太阳、地球等行星都有强度不同、结构各异的磁场。磁性物质和电流都能产生磁场，从物理本质上讲，一切磁场都起源于运动电荷。行星的磁场是由行星内部的磁性物质和分布在行星内外部的电流体系所产生的各种磁场叠加。

地球具有全球性的磁场，人们可以用指南针总是指向北方的特性对其旋转轴进行判断。火星没有全球性的磁场[13]，磁场的方向在不同的地方差异极大。NASA 的火星全球勘测者发现火星南半球的地壳有较强磁性，剩磁磁化最强的区域是在古老的南部高地——西米利亚台地和海妖台地（30～90°S，130～240°E），中心位于（58°S，179°W）。从探测数据推断，壳层磁化强度为 10～30A/m[14]，这个磁化强度比地球上最强的壳层磁化强度高一个量级[15-16]。在南半球，绝大部分高地区域都有相对较弱的磁化，而北半球一些平原区域也存在弱的磁化现象[17]。大的撞击坑边缘区域一般磁化较弱，或无磁化现象。显然，这是 40 亿年前火星存在全球磁场的证据。火星及地球磁场对比如图 4-9 所示。

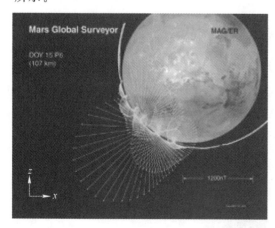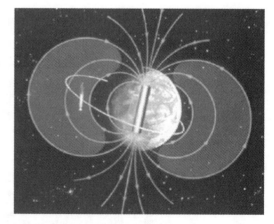

图 4-9　火星（左）及地球（右）磁场对比[18]

在火星全球勘测者进行气动减速期间，探测器上的磁强计/电子反射器（MAG/ER）探测得到火星磁偶极矩小于 $2 \times 10^{17} A \cdot m^2$，比地球的磁偶极矩弱 40000 倍，对应于火星赤道上的磁场强度为 0.5nT[19]，如图 4-10 所示。

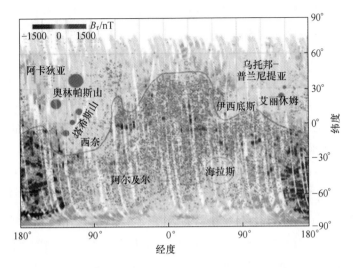

图 4 - 10 MGS 磁强计/电子反射计观测到的火壳层磁场[20-22]

（实心圆为火山，空心圆为撞击坑，实线是火星北部平原与南部高地的分界，

图片来源：NASA/GSFC/MGS MAG/ER team，见彩插）

　　现今的火星不再具有由内部发电机原理产生的内禀磁场，但是"火星全球勘测者"上磁强计探测结果显示，在远古的岩石中保留着剩磁磁性（图 4 - 11）。这表明，在火星的早期，曾经具有活跃的发电机机制。更近的结果显示，弱磁特征已经在北半球掩埋的远古壳层中探测到，特别是沿着半球二分的边界附近区域[16]。线状分布的局部磁化区域，可能是由壳层扩张形成的，类似于地球上观察到的在海洋边缘出现的线状分布磁化区[21]。根据火壳层的磁化厚度估计，如果是 18km，则对应约 25A/m 的磁化率；如果是 40km，则对应约 12A/m 的磁化率[15]。

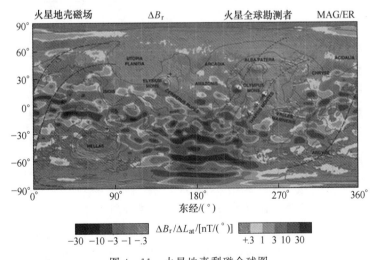

图 4 - 11 火星地壳剩磁全球图

（不同颜色代表着地壳磁场的强度和方向，可以看出南半球较高，见彩插）

在火星上一些最年轻的大型撞击盆地（乌托邦、伊西底斯、海拉斯、阿尔及尔）周围区域，没有发现剩磁磁性，这表明冲击波压力（大于 $1\sim2\text{GPa}$）和撞击过程已经使周围远古物质退磁[17]。这种撞击引起的冲击波退磁机制，为确定火星发电机机制消失年代给出了一个范围，因为撞击盆地的年代可以通过撞击坑计数的技术来确定。行星内核与外围的温度差可能是驱动发电机的机制。分析结果揭示，火星的发电机机制在火星初期的 5 亿年内就停止了。一些机制用来解释火星发电机活动停止，包括地幔对流的改变[18]、内核的固化[23]、内核产热率下降等等。

火星有类似于地球那样的磁层顶，说明火星上存在着由星体内部结构产生的固有磁场。"火卫二"探测器观测到，由于太阳风与火星的相互作用，火星磁场有 8h、12h 和 24h 的周期性扰动，说明火星上存在很弱的固有磁场[2]。根据水手 4 号的观测数据，火星的磁偶极矩上界为 $2\times10^{13}\,\text{T}\cdot\text{m}^3$。"火星-2""火星-3""火星-5"探测器的探测数据表明，之前对火星磁偶极矩的估计都偏高。1989 年以来，根据"火卫二"探测器的观测数据，火星磁偶极矩的上界约为 $4\times10^{11}\,\text{T}\cdot\text{m}^3$，比地球磁偶极矩约低 3 个量级。从 MGS 探测器第 262 天的观测来看，火星周围的磁场是很弱的，强度不超过 5nT[23]，由此推断火星的内禀磁矩约为 $2\times10^{11}\,\text{nT}\cdot\text{m}^3$。

4.4.2　火星磁层

火星轨道处太阳风等离子体和行星际磁场的平均特征参数值见表 4-4。

表 4-4　火星轨道处太阳风及行星际磁场参数

参　　数	数值
密度/cm^{-3}	3
速度/(km/s)	400
电子温度/K	1.4×10^5
离子温度/K	1.2×10^5
磁场强度/nT	3
磁场方向与日-火连线的夹角/(°)	57

空间飞行器还观测到，火星磁层顶离火心的距离为 $(1.1\sim1.4)R_\text{m}$，比地球磁层顶的地心相对距离（$10R_\text{e}$）小得多[1]。

受太阳紫外辐射或高能电子的作用，火星大气的中性成分会电离，形成电离层。由于火星没有全球性磁场，电离层直接暴露在太阳风中。在运动的太阳风磁场中，导电的电离层内会产生电流，电流又形成感应磁场，使得太阳风等离子体和行星际磁场停留在火星表面附近几百千米范围外。行星际磁场被火星电离层阻挡后，磁力线发生弯曲并向两极移动，磁力线被拖拽变形并从火星两极绕过，在磁尾留下"V"字形结构。与地球磁层相类比，习惯上把太阳风与火星相互作用的区域称为火星的诱导磁层。根据磁场、等离子体分布特征，太阳风与火星相互作用的区域具体又可分为：弓激波、磁鞘、磁堆积区、磁堆积区边界、磁尾、电离层和电离层顶（图 4-12）。与地球相比，火星的诱导磁场尺度较小。但是，火星的剩余磁化磁场又使诱导磁层的结构变得十分复杂。

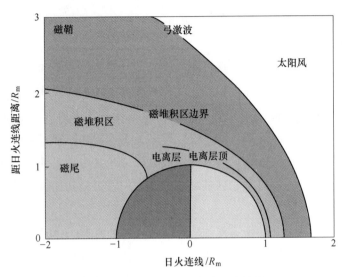

图 4-12　火星空间环境大尺度结构

（1）弓激波

太阳风遇到障碍后，减速并产生方向偏转，在火星的上游形成弓激波，如图 4-10 所示。弓激波的日下点位置在 1700km 高度处（$0.5R_m$，$R_m \approx 3390km$），偏离日下点越远，弓激波距离火星表面越远，晨昏交界处，火星的弓激波半径为 $2.65R_m$。和地球的弓激波一样，火星弓激波前面也有一个激波前兆区，在此区域中等离子体和磁场波动较大。

1965 年，水手 4 号探测器到达距火星中心约 $3.9R_m$ 处，第一次探测到了火星磁场、等离子体和磁层顶[1]。此后，"火星-2""火星-3""火星-5""火卫二"等探测器的探测结果都表明，火星磁层顶前方有一个像地球磁层顶那样的弓激波存在，在火星磁层和弓激波之间有一个过渡区，磁场强度达到 $10\sim20nT$，且磁场有强烈的扰动[1]。"火卫二"探测器还首先观测到了火星环境的电子密度和电场数据，在弓激波的上游探测到了电子等离子体震荡。1997 年 9 月，火星全球勘测者（MGS）接近火星时，首先遇到了火星的弓激波，磁强计和电子反射计探测到了增能的电子、急剧增强的磁场以及与弓激波、磁鞘有关的磁场扰动。

火星的弓激波位置与上游太阳风动压、太阳极紫外通量均有关，但对太阳极紫外通量的变化更敏感。MGS 探测器观测到弓激波位置的变化，其均方差约为 $0.5R_m$。"火卫二"探测器还发现，火星弓激波到火星中心的平均距离为 $2.6R_m$，随太阳活动有明显的变化。在太阳活动最大年，火星日下点处的弓激波位置靠近火星，可距火星中心距离为 $1.5R_m$。

（2）磁鞘区

太阳风经过弓激波后，速度降到 100km/s 以下，等离子体密度增大了几倍，温度大致升高了 4 倍，这个区域就是磁鞘。

火星磁鞘区的等离子体主要表现为，太阳风成分（主要为 H^+）向火星大气成分（主要为 O^+）的过渡变化。大部分磁鞘区磁场增强，但也观测到了磁场减弱区[1]。

（3）磁堆积区

穿过磁鞘区，便是磁堆积区。磁堆积区充满了火星大气成分离子。

在向日面，由于火星电离层的阻挡，太阳风等离子体减速，冻结的等离子体在向日面堆积，形成了一个有较高磁场强度的边界，称为磁堆积区边界[1]。磁堆积区边界是一个很薄的转换边界层，在这里太阳风质子发生偏转，密度迅速下降，但太阳风电子仍然可以通过这个边界。在向阳面，太阳风磁场磁力线在磁堆积区内发生堆积，并弯曲"悬挂"在火星电离层上。在背阳面，磁堆积区环绕着磁尾，一直延伸到远离火星之处。

（4）火星磁尾

在"火卫二"之前发射的所有探测器，其上安装的等离子体及电磁场测量仪器，都没有探测过终端激波后面磁鞘内的磁尾边界层。由早期的探测结果推断，火星磁尾的半径为 $2R_m$，大于（以行星尺度）金星的磁尾半径（$1.5R_m$）。"火卫二"上磁强计探测的初步结果表明，火星磁尾具有诱导特性[24]。形成原因是，由于火星大气的粒子进入磁鞘，加上火星对行星际磁场流动的阻碍，使得磁鞘区的磁通量管汇聚在行星尾流场区。如图4-13所示，这里用局部披挂角（local draping angle）和张开角（flaring angle）来描述火星的磁尾结构示意图。

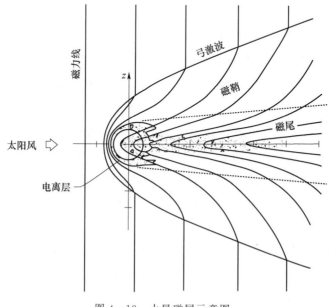

图 4-13　火星磁尾示意图

[尾瓣中磁场的方向（指向或者背向太阳）由上游磁方向决定，阴影区域为等离子体]

　　火星磁尾的产生，是由于行星际磁力线弯曲并绕过火星进入火星尾流内形成的。尾瓣里的磁场方向由上游行星际磁场方向决定，这和地球磁尾有很大的不同。"火卫二"探测结果表明，磁尾的中心有等离子体片存在，主要由来自火星电离层的 O^+ 离子组成，能量为 1keV，数密度为 $1cm^{-3}$（图 4-14）。磁尾平均宽度约为 $4.4R_m$，等离子体片是磁尾宽度的 10%（约 1000km）。在火星磁尾的等离子体片中，重离子的通量为 $2.5×10^7 cm^{-2} \cdot s^{-1}$，$H^+$ 离子和 O^+ 离子都有损失，O^+ 离子的平均损失率为 $5×10^{24} s^{-1}$ 或 150g/s。H^+ 离子和 O^+ 离子的损失，也意味着水的损失，对火表环境演化起主要作用。

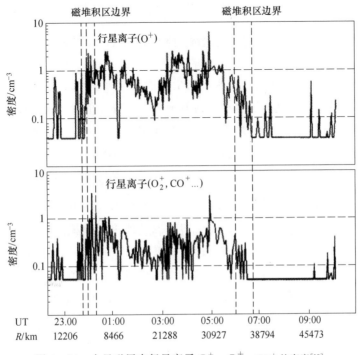

图 4-14　火星磁尾内行星离子 O^+、O_2^+、CO^+ 的密度[18]

　　磁尾是火星大气逃逸的主要路径。由于火星没有全球性固有磁场，大气层或电离层直接暴露在太阳风中，太阳风将能量和动量传递给高层电离层或大气层，加热并使电离层或大气层等离子体逃逸，太阳风作用引起的离子损失可能是火星大气损失的另外一个重要机制。太阳风引起火星大气损失，与太阳风与向阳面电离层的相互作用有关。当大气压力较高时，火星大气或电离层的尺度大，因此，在火星的早年，相应的损失速度会比现在更高。卫星观测到的火星磁尾 O^+ 离子通量如图 4-15 所示。

　　根据"火卫二"的探测结果，可以粗略估算火星磁尾内 O^+ 离子的平均逃逸率约为 $2×10^{25}/s$，即 0.5kg/s。如果再有其他成分（O_2^+、CO_2^+、H^+）的逃逸，总的离子逃逸率至少为 1kg/s[24]。按此速度，在 $1×10^8$ 年内，火星大气中所有的氧将逃逸掉；在 $4.5×10^9$ 年内，火星全球将损失 1m 深的水[12]。然而近年"火星快车"探测结果表明，从磁尾中逃逸的氧离子似乎没那么多，逃逸率的估算值比"火卫二"要低 2 个量级。按此计算，

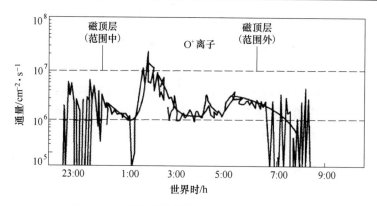

图 4 - 15　卫星观测到的火星磁尾 O^+ 离子通量

在 4.5×10^9 年内，由此方式引起的水损失量只能覆盖火星全球几厘米[5]。因此，到目前为止，经过火星磁尾究竟逃逸了多少水或其他大气成分，仍然是火星探测的热点。

对于磁化行星，太阳风与行星内磁层相互作用产生切向张力，形成磁尾。Petrinec 和 Russell （1993） 研究了近地 $-22.5R_e < x < -10R_e$ 范围内的磁尾表明，地球磁尾张开角依赖于磁尾下游的距离、上游太阳风动压 ρv_{sw}^2 和行星际磁场 B_z 分量。"火卫二"上磁强计探测表明，火星磁尾瓣区磁场约为 14nT，火星磁尾 x 分量 B_x 经常变化并改变方向，有时指向太阳，有时背向太阳；火星磁尾的局地披挂角 （磁场与 X 轴之间的夹角） 和磁尾的张开角 （太阳风与磁尾表面或磁层顶间的夹角），与太阳风动压有关，随太阳风压力增大而减小。探测结果还表明，在火星磁尾 $2.8R_m$ 处，张开角只有地球磁尾 $17R_e$ 处张角的 $1/2$；尾瓣磁场值在 (12.5 ± 1.1) nT 范围内，横越火星磁尾方向的磁场值由 $(B_y^2 + B_z^2)^{1/2}$ 的平均值给出，取值范围为 (5.2 ± 0.3) nT。火星磁尾 X 分量及磁场值随时间的变化如图 4 - 16 所示。

图 4 - 17 和图 4 - 18 给出了火星磁尾中磁力线局部披挂角与上游太阳风之间的关系。局部披挂角定义为 $\arcsin\left[(B_y^2 + B_z^2)^{1/2}/B_t\right]$。其中，$(B_y^2 + B_z^2)^{1/2}$ 是横越磁尾方向的平均磁场分量，B_t 是磁尾尾瓣平均磁场值。火星披挂角与太阳风动压有关，当太阳风动压较大时，受太阳风挤压，磁尾磁场更靠近火星。假设在太阳风中，电子温度是离子温度的 2 倍，则火星磁尾张开角的均值范围为 $13.6° \pm 0.6°$。与地球磁尾类似，火星磁尾同样依赖太阳风动压，但火星磁尾的张开角只是地球的一半。

（5）电离层

因为吸收太阳紫外线辐射，高层大气分子可以被离解和电离，发生一系列复杂的化学反应，形成电离层。火星电离层"顶"位于 300km 附近，大气中离子和电子的能量集聚大都出现在 130km 高度附近。

火星电离层稀薄，主要由大气中性成分 CO_2 和 O 的光电离所形成，主要的离子成分是 O_2^+、CO_2^+ 和 O^+，由以下置换反应所产生：

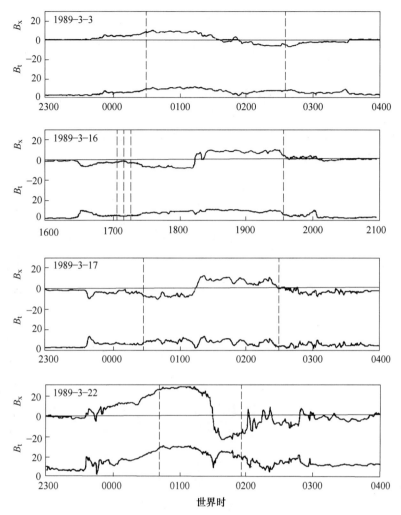

图 4-16 火星磁尾 X 分量及磁场值随时间的变化

图中的虚线是火星诱导尾瓣场与披挂磁鞘场之间的分界面

$$CO_2^+ + O \rightarrow O_2^+ + CO$$
$$O^+ + CO_2 \rightarrow O_2^+ + CO$$

白天，整个火星电离层以 O_2^+ 离子为主。到了 300km 高度上，O^+ 离子浓度接近 O_2^+ 离子。

电离层的电子密度峰值以及峰值的高度，随太阳天顶角的变化而变化（图 4-19）。在晨昏线附近，峰值的位置迅速提高，密度迅速下降到很低（约 $10^3 cm^{-3}$）。由此可以推测，火星背阳面电离层很弱，而在背阳面深处，电离层存在与否以及存在的形式，至今没有确定的结论。

火星电离层分为 3 个主要层，前两层分别位于约 110km（M1 层）和约 130km（M2 层）高度，第三层位于约 65～110km（M3 层）的高度。

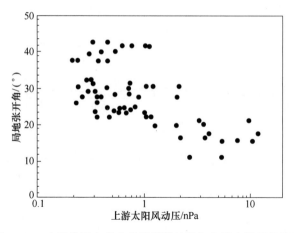

图 4-17　火星磁尾中磁力线局部披挂角与上游太阳风的关系

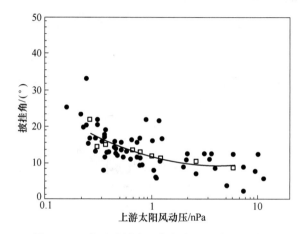

图 4-18　火星磁尾张开角与太阳风动压的关系

（均方值取每 11 个数据的滑动平均，图中的曲线是滑动平均点的二阶多项式拟合）

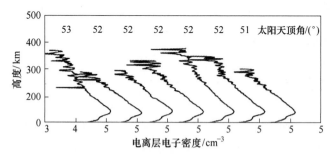

图 4-19　火星向阳面电离层电子密度随高度的变化

［太阳天顶角（SZA）是对应位置的矢径与日火连线夹角，日下点 SZA 为 0°，晨昏线 SZA 为 90°］

火星表面电离层的离子密度剖面如图 4-20 所示[11]。根据实测，大气中离子和电子的能量集聚大都出现在 130km 高度附近，在此高度附近有一个主峰（M2），O_2^+ 占 90%、CO_2^+ 占 10%，对应的电子密度为 $10^4 \sim 10^5 \, cm^{-3}$。产生机制是，$CO_2$ 吸收太阳紫外辐射（主要为 20~90nm 波段），电离形成 CO_2^+，CO_2^+ 很快与 O 作用形成 O_2^+ 离子。因此，大部分波长小于 20nm 的光子，在 M2 层高度下被吸收掉，而波长大于 90nm 的光子不能使二氧化碳电离。

在约 180km 高度上，动力运输机制开始占主要作用。主峰以下，110km 附近较明显的是第二层结构，为 M1 层。产生这个结构的主要原因是：太阳 X 射线的直接电离[25]；由于太阳辐射电离中性粒子，产生高能量光电子，造成电子碰撞，使电离增加。综上，M1 层主要由 X 射线产生电离，导致电子密度增加。

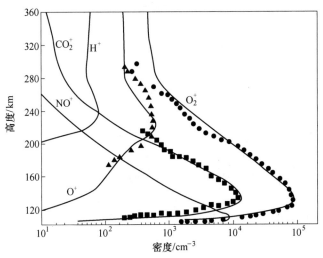

图 4-20　火星电离层的离子密度剖面

图中实线是计算值，符号是海盗号探测器的测量数据

2004 年，欧空局"火星快车"探测器发现了以前未曾探测到的第三层电离层。在 2004 年 4 月至 8 月、2004 年 12 月至 2005 年 1 月期间，"火星快车"探测到大气中存在带电粒子密度约为主要电离层密度 1/10 的区域。这些区域，位于 65~110km 的高度，继分别位于 110km 高度、130km 高度的两个主要电离层之后，被明确定义为第三个独立的电离层。第三电离层是非连续的，仅在少数电离区域内被观测到。科学家们认为，它是由电离层和进入大气的流星交互作用产生的。

参 考 文 献

[1] 焦维新，邹鸿. 行星科学 [M]. 北京：北京大学出版社，2009.

[2] A J Tylka. Orbit Selection on CREME96 for Flux [OL]. 2003. https：//creme96. nrl. navy. mil/cm/FluxOrbit. htm.

[3] A J Tylka，J H Adams，P R Boberg，et al. CREME96：A revision of the cosmic ray effects on micro-

electronics code [J]. IEEE Trans Nucl Sci, 1997 - 12, 44, 6: 2150 - 2160.

[4] Kliore A J. Radio Occultation Observations of the Ionospheres of Mars and Venus, Venus and Mars: Atmospheres, Ionospheres and Solar Wind Interactions [M]. American Geophysical Union, 1992, 265, Geophys Monograph 66.

[5] Barabash S, et al. Martian Atmospheric Erosion Rates [J]. Science, 2007, 315, 501, DOI: 10. 1126/science. 1134358.

[6] A Keating, A Mohammadzadeh, et al. A Model for Mars Radiation Environment [J]. IEEE TRANS-ACTIONS ON NUCLEAR SCIENCE, 2005 - 12, 52, 6.

[7] J W Bieber, W Dröge, P Evenson, et al. Energetic particle observations during 2000 July 14 solar event [J]. Astrophys, 2002, 567: 622 - 634.

[8] J W Bieber, W Dröge, P Evenson, et al. Spaceship Earth observations of the Easter 2001 solar particle event [J]. Astrophys, 2004, 601, L103 - L106.

[9] J Lintunen, R Vainio. Solar energetic particle event onset as analysed from simulated data [J]. Astron Astrophys, 2004, 420: 343 - 350.

[10] Lundin R, A, et al. ASPERA/PHOBOS measurements of the ion outflow from the Martian iono-sphere [J]. Geophys Res Lett, 1990, 17: 873.

[11] M Alexander, Editor. Mars Transportation Environment Definition Document [J]. Marshall Space Filght Center, Alabama, NASA/TM - 2001 - 210935.

[12] Lundin R, et al. First measurements of the ionospheric plasma escape from Mars [J]. Nature, 1989, 341: 609 - 612.

[13] F A Cucinotta, P B Saganti, J W Wilson, et al. Model Predictions and Visualization of the Particle Flux on the Surface of Mars [OL] . 2003. http: //marie. jsc. nasa. gov/Documents/ FC - Nara - Pa-per. pdf.

[14] Connerney J E P, et at. Magnetic lineations in the ancient crust of Mars [J]. Science, 1999, 284: 794 - 798.

[15] Langlais B, Purucker M E, Mandea M. Crustal magnetic field of Mars [J]. Journal of Geophysical Research, 2004, 109, E02008, doi: 10. 1029/2003JE002048.

[16] Lillis R J, Mitchell D L, Lin R P, et al. Mapping crustal magnetic fields at Mars using electron ref-lectometry [J]. Geophysical Research Letters, 2004, 31, L15702, doi: 10. 1029/2004GL020189.

[17] Hood L L, Richmond N C, Pierazzo E, et al. Distribution of crustal magnetic fields on Mars: shock effects of basin - forming impacts [J] . Geophysical Research Letters, 2003, 30, 1281, doi: 10. 1029/2002GL016657.

[18] Nimmo F, Stevenson D J. Influence of early plate tectonics on the thermal evolution and magnetic field of Mars [J]. Journal of Geophysical Research, 2000, 105: 11969 - 11980.

[19] Fairen A G, Ruiz J, Anguita F. An origin for the linear magnetic anomalies on Mars through accre-tion of terranes: implications for dynamo timing [J]. Icarus, 2002, 160: 220 - 223.

[20] Acuna M H, et al. Magnetic field and plasma observations at Mars: Initial results of the Mars Global Surveyor Mission [J]. Science, 1998, 279: 1676 - 1680.

[21] Acuna M H，et al. Global distribution of crustal magnetization discovered by the Mars Global Surveyor MAG/ER Experiment [J]. Science，1999，284：790 - 793.

[22] Acuna M H，Connerney J E P，Wasilewski P，et al. Magnetic field and plasma observations at Mars：initial results of the Mars Global Surveyor Mission [J]. Science，1998，279：1676 - 1680.

[23] Stevenson D J. Mars's core and magnetism [J]. Nature，2001，412：214 - 219.

[24] Yeroshenko,et al. The magnetotail of Mars：Phobos observations [J]. Geophysical Research Letters，1990，6：885 - 888.

[25] A E Metzger，D A Gilman，J L Luthey，et al. The detection of X - rays from Jupiter [J]. Geophys Res，1983 - 10，88：7731 - 7741.

第5章 大气环境

5.1 大气特性和成分

火星的表面气压很低，只有大约 6.1mbar，季节变化范围可达 30%[1]。水手 4、6、7 号测得，火星大气平均压强只有 700Pa（7mbar）[2]。海盗 1 号测得，大气压力在 6.8～9mbar 之间变化。海盗 2 号测得，大气压力在 7.3～10.8mbar 之间变化[3]。图 5-1 为火星全球勘测者（MGS）于 1998 年 1 月 28 日测得火星低层大气压力剖面图。

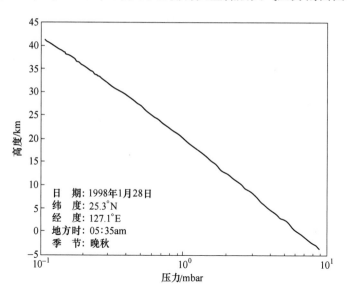

图 5-1　大气压力剖面图（MGS 探测得到）[3]

在距离火星表面 125km 以下的均质层大气高度，大气被湍流混合得很均匀[4]，主要组成成分是 CO_2，其次是 N_2、水汽等，详见表 5-1～表 5-2。火星大气与金星类似，但火星大气的微量成分跟金星大气不同，没有硫化物或酸。

表 5-1　火星大气组成及特性[5]

参　数		火星	地球
大气成分		体积分数（%）	
二氧化碳	CO_2	95.3	0.03
氮	N_2	2.7	78.1

续表

参　　数		火星	地球
大气成分		体积分数（%）	
氩	Ar	1.6	0.93
氧	O_2	0.13	20.9
一氧化碳	CO	0.07	0.000007
水	H_2O	0.03	1.0
大气特性			
摩尔质量	g/mol	43.49	27.8
大气常数	$m^2/(s^2 \cdot K)$	191	287
$K=R/C_p$		0.257	0.2857
零高度大气压力	hPa	5~8	1013
平衡温度	K	210	256

表 5-2　火星大气微量气体含量（体积比）[2]

微量气体	百万分比（$\times 10^{-6}$）
氖（Ne）	2.5
氪（Kr）	0.3
氙（Xe）	0.08
一氧化氮（NO）	100
氢-氘-氧（HDO）	0.85

在火星均质层大气层中，几种重要的同位素比值是：D/H=5，$^{15}N/^{14}N=1.7$，$^{38}Ar/^{36}Ar=1.3$，$^{13}C/^{12}C=1.07$[1]。海盗号探测器测量了火星大气同位素组成，结果表明碳和氧的同位素比率跟地球类似，说明火星上存在 CO_2 和水冰。过去火星大气中存在大量二氧化碳、氮和氩，在演化进程中，大量气体或逃逸到太空，或潜藏陆地封存在岩石内。惰性气体 ^{40}Ar（由放射元素钾衰变产生）与 ^{36}Ar 的比率大，最近又确认存在痕量（约占体积的亿分之一）甲烷（CH_4），说明火星和地球大气化学成分和演化不同。

"火星-5"探测器的滤光片式紫外光度计测到，在赤道附近 90km 以上的轨道区域，存在有臭氧层，其浓度比地球大气臭氧层小 3 个数量级。O_3 吸收太阳紫外辐射后会分解放热，对大气进行加热。在火星大部分区域，O_3 含量都很低。因为大气中的 O_2 和 O 的含量本来就低，加之又要与 H_2（水蒸气光解产生的）相互作用，导致 O_3 含量更少。冬季到来时，火星极区温度很低，会导致该区域中水蒸气含量减少，为 O_3 形成创造有利条件。

火星表面没有液态水，水主要以水汽和冰的形式存在。火星大气的水含量会随火星四季发生变化。在距火星表面高度 10~15km 内，水汽是均一混合的，与季节、纬度有关。在火星北半球，夏季二氧化碳极冠完全消失，残存有水冰，水冰升华后，导致大气中的水汽浓度在纬度上呈现很大变化梯度。在南半球，夏季仍保留小的二氧化碳极冠，仅探测到少量水冰，水汽浓度梯度变化不大。

　　虽然水汽在火星大气中只是少量成分（1万个分子中只有几个），但由于火星大气压强和表面温度低，水汽等挥发物在大气化学、气象学、地质学，尤其是生命孕育中起着重要作用。表5-3列出了火星上挥发物 H_2O、CO_2 的"储存"量，及其等效全球"海洋"深度。

表 5-3　火星挥发物"储库"[1]

挥发物	"储库"	等效全球"海洋"深度
H_2O	大气	10^{-5} m
	极冠和层化带	$5\sim30$ m
	储存在表土的冰、吸附水或含水盐	$0.1\sim100$ m
	深部含水层	未知
CO_2	大气	约 6mbar
	风化尘中的碳酸盐	约 200mbar/100m 风化尘层
	吸附在表土的	<200mbar
	碳酸盐沉积岩	≈0（表面）
SO_2	大气	0
	风化尘中的硫酸盐	约 8m/100m 风化尘层
	硫酸盐沉积岩	广泛，但未定量

　　以上对于火星大气化学成分的描述主要适用于火星湍流层大气。在火星湍流层顶以上的热层高度，由于湍流作用的削弱，大气在重力作用下形成了明显的高度分层结构，大气成分随高度发生变化。同时，在太阳紫外辐射作用下，火星的高层大气发生光化学反应，主要是两种循环反应。一种是氧循环，CO_2 光解为 CO 和 O，O 结合成 O_2 和 O_3，O_2 和 O_3 都是火土的氧化剂。另一种是氢循环，水汽光解为 H 和 OH，氢与氧生成 H_2O，这又是火星的氧化剂。最后，CO 和 O 结合成 CO_2 留在大气中，一些氢和氧逃逸到行星际，总的结果是火星丢失了水。这些光化学反应一方面引起了火星大气的逃逸，也同时改变了火星高层大气的化学成分。图5-2给出了海盗1号和2号观测到的火星高层大气成分剖面，可见随着高度升高，CO_2 的含量相对降低，较轻的大气成分含量增加，大气的主要化学成分也从 CO_2 逐步过渡为 O，再过渡为 H。

　　火星上声音传播速度（简称声速）的计算公式[3]为：

$$\nu_s=\sqrt{\frac{\gamma P_0}{\rho_0}}$$

其中，γ 为空气的绝热指数（约1.35），P_0 为表面大气压力（6.1mbar），ρ_0 为表面大气质量密度（0.02kg/m³）。因此，火星的声速为 206m/s，而地球上的声速为 331m/s。

　　当航天器高速进入火星大气时，由于飞行速度远远超过当地声音传播的速度，在舱体

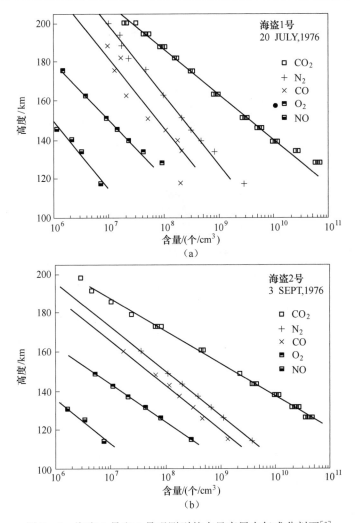

图 5-2 海盗 1 号和 2 号观测到的火星高层大气成分剖面[6]

的前端会出现激波。大气由于受到激波挤压而加热，并产生等离子体区（图 5-3）。舱体外的等离子体密度非常高，会在着陆期间使通信中断[7]。20 世纪 60 年代阿波罗登月期间，NASA 对此做了大量的研究，并进行了大量地球大气再入试验，结果表明，高速舱体和大气的交互作用，会产生 4~10min 的 X 频段通信中断。当通信频率（f）低于当地电磁频率（f_p），由于等离子体的反射和吸收，会导致通信中断；而当通信频率（f）高于当地电磁频率（f_p）时，基本不受影响。表 5-4 列出了不同频率信号（UHF 到 Ka 频段）的临界等离子体密度。

表 5-4 临界等离子体密度和通信频率[3]

信号频率	UHF 381MHz	S 频段 2.295GHz	X 频段 8.43GHz	Ka 频段 32GHz
等离子体密度/cm^{-3}	1.8×10^9	6.5×10^{10}	8.8×10^{11}	1.27×10^{13}

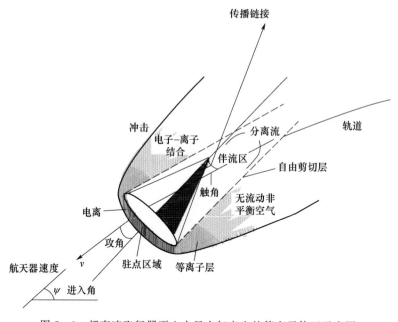

图 5-3　超声速飞行器再入火星大气产生的等离子体区示意图

5.2　大气结构

按照成分、温度、气体同位素特征以及大气物理性质，火星大气可分为 3 层：低层大气、中层大气和高层大气。

5.2.1　低层大气

低层大气是指从火星表面一直延伸到大约 40km 高度的大气层[2]。在整个低层大气中，压力和温度随着高度增加而递减。从火星表面到 10km 的高度内，对流在能量传输中占主导地位，而在夜晚时对流终止。

火星低层大气的垂直结构有两个决定因素：CO_2 和悬浮尘埃含量。低层大气存在一个轻度的"温室效应"，由于大气中的 CO_2 含量高，能有效地阻止火星表面向外进行红外辐射。悬浮尘埃可直接吸收大量的太阳辐射，为低层大气提供能量来源。由于火星大气稀疏而干燥，在夜间，火星表面能很快地散发掉热量，因而火星表面的昼夜温度变化大[5]。在沙尘暴期间，火星表面温度变化范围会有所减小。在距火星表面几千米高度范围处，温度的昼夜变化并不明显，但是太阳辐射会使大气温度和压强产生振荡。因此，火星大气的垂直结构很复杂。海盗号在降落过程中，测得大气温度垂直变化为 1.6℃/km～1.8℃/km，低于预期的 5℃/km，可能是悬浮尘埃吸热造成。在对流层顶（约 40km），大气温度大致在 143K（−130℃）左右变化[8]。

火星低层大气的温度和压力变化，与地球平流层相似；不同的是，火星大气密度会随季节产生变化。因为火星大气的主要成分为二氧化碳，在冬季极区，二氧化碳会凝为雪而导致大气压力减小；到了春季，二氧化碳蒸发，大气压力增大。海盗号探测表明，火星大气压的年变化达 30%，相当于 7.9 万亿吨二氧化碳在固体-气体之间随季节变换。

5.2.2　中层大气

中层大气又称中间层，距火星表面 $40 \sim 100 km$[2]。海盗 1 号、海盗 2 号和火星探路者号探测结果表明，中层大气温度随高度变化非常明显，但变化幅度远小于低层大气和高层大气。大气温度变化源于 CO_2 对太阳辐射近红外波段的吸收、辐射和大气波动。大气波动通常在低层大气中产生，会上传到中层大气，显著影响中层大气的动力学和结构。火星日半球和夜半球之间的热力潮，可以使大气波动加强。

5.2.3　高层大气

高层大气又称热层，高度在 110km 以上[9]（另一来源是 120km[1]）。热层的能量来源主要是波长为 $10 \sim 200 nm$ 的太阳紫外辐射。受太阳活动周期影响，太阳紫外辐射输出功率也会改变，导致热层温度发生较大变化。太阳活动低年，热层温度较低。随着太阳黑子达到周期最大值，热层温度也逐渐上升。火星大气层顶部的平均温度约 300K[8]。

火星高层大气的化学组分随高度不同发生变化，不同成分按照各自的分子重量分布。在 200km 以下，主要成分为 CO_2。在 $200 \sim 400 km$ 高度，主要成分为原子氧（O）。再高的外层大气主要由氢原子组成，又叫作"氢冕"[1]。

在较低层大气，气体粒子密度大且碰撞频繁，粒子的速度趋向于麦克斯韦分布。在麦克斯韦速度分布尾部的粒子，拥有足够的逃逸速度。粒子向空间逃逸的临界高度称为逸散层底，火星的逸散层底大约在 $130 \sim 150 km$。在 130km 高度以上，火星高层大气密度小、温度高，气体分子发生碰撞机会少，气体成分达不到湍流混合均一，不同成分的气体按质量发生扩散分离。因此，分子量小的气体更容易逃逸到外太空，并影响留下气体的同位素组成。例如，火星大气中的氘-氢比率是地球大气的 5 倍。

高层大气分子吸收太阳紫外辐射后，会被离解和电离，发生一系列复杂的化学反应，在日侧形成电离层。火星电离层电子和离子密度的最大值通常出现在 130km 高度附近，而电离层顶位于 300km 附近。

5.3　大气密度模型

海盗号和探路者号探测器测量结果表明，火星大气密度随高度升高急剧降低[8]，如图 5 - 4 所示。

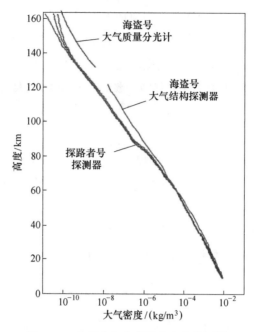

图 5-4　火星大气密度随高度变化图[8]

根据气体成分、温度和物理性质,火星大气可分为多层结构。火星表面大气压强 (P) 和密度 (ρ) 随高度 (z) 发生变化,满足静力平衡[2]:

$$\frac{\mathrm{d}P}{\mathrm{d}z} = -g(z)\rho(z) \tag{5-1}$$

式中,$g(z)$ 是离地高度 z 处的重力加速度。大气中压强和温度的关系,由理想气体公式计算得到:

$$P = NkT \tag{5-2}$$

式中,N 是单位体积内的气体粒子数,k 是玻耳兹曼常数 ($k \approx 1.38 \times 10^{-23} \mathrm{J/K}$)。本质上,$N$ 就是气体密度除以单粒子质量。单粒子质量等于以原子质量 (μ_a) 为单位的粒子分子量,与单原子质量 ($m_{\mathrm{amu}} = 1.660539 \times 10^{-27} \mathrm{kg}$) 的乘积:

$$N = \frac{\rho}{\mu_a m_{\mathrm{amu}}} \tag{5-3}$$

由上式可以推导出密度的表达式:

$$\rho = \frac{P\mu_a m_{\mathrm{amu}}}{kT} \tag{5-4}$$

大气压强随高度的变化可以由气压方程得到:

$$P(z) = P(0)\exp\left(-\int_0^z \frac{\mathrm{d}z}{H(z)}\right) \tag{5-5}$$

式中,P (0) 是地表的压强 (通常对应于行星平均半径或者水平面);$P(z)$ 指的是离地高度 z 处的压强;$H(z)$ 是行星大气的标高,与温度 (T)、重力加速度 (g) 和所关注高度的平均分子量 (μ_a) 相关:

$$H(z) = \frac{kT(z)}{g(z)\mu_a(z)m_{amu}} \qquad (5-6)$$

大气压强标高 H 是压强只有行星表面 $1/e$ 时的高度。H 值减小意味着大气压强随高度迅速减小，火星大气的标高约为 10km。由此推导得到密度随高度变化的公式：

$$\rho(z) = \rho(0)\exp\left(-\int_0^z \frac{dz}{H^*(z)}\right) \qquad (5-7)$$

其中，$H^*(z)$ 为大气密度标高，由下式得到：

$$\frac{1}{H^*(z)} = \left(\frac{1}{T(z)}\right)\frac{dT(z)}{dz} + \frac{g(z)\mu_a(z)m_{amu}}{kT(z)} \qquad (5-8)$$

在大气温度不随高度变化的区域，$H^*(z) = H(z)$。

另一来源提供的大气模型公式为[10]：

$$\frac{p}{p_0} = \exp\left(-\frac{\mu}{R}\int_{z_0}^z \frac{g(z)}{T(z)}dz\right)$$

式中，z 为海拔；P 为大气压力；P_0 为海拔等于 0 时对应的大气压力；$g(z)$ 为高度 z 对应的重力加速度；$T(z)$ 为高度 z 对应的温度；$\mu = 43.49$；$R = 191.18J/(kg \cdot K)$。在海盗号和火星-6 探测结果的基础上建立的压力和温度模型详见附录 D。

根据 NASA 公布的大气密度模型（Mars-GRAM），以及提供的温度、压力和密度数据，拟合出简单的经验公式如下[7]（Haijun Shen，2008）：

$$T = 1.4e^{-13}h^3 - 8.85e^{-9}h^2 - 1.245e^{-3}h + 205.3645 \qquad (5-9)$$

$$P = 559.351005946503e^{-0.000105h} \qquad (5-10)$$

$$\rho = P/(188.95110711075T) \qquad (5-11)$$

式中，h 为距离火星表面高度，单位为 km；T 为温度，单位为 K；P 为压强，单位为 Pa；ρ 为大气密度，单位为 kg/m³。

火星全球参考大气模型（Mars-GRAM 2001）[11]广泛用于很多火星探测任务设计。在 0～80km 的高度，Mars-GRAM 2001 模型以 NASA 埃姆斯火星整体循环模型（MGCM）为依据[12-13]。Mars-GRAM 2001 和 MGCM 采用了火星全球勘测者激光高度仪提供的火星表面拓扑结构数据。火星大气密度模型 Mars-GRAM 2001 数据详见附录 B。

为了适应大范围着陆区域条件下的着陆，美国最新发射的"火星科学实验室"在设计时选取了三个着陆点（Terby Crater，Melas Chasma，and Gale Crater），应用 Mars-GRAM 2001 模型建立了火星区域大气模型系统（MRAMS）。在 Terby 着陆点，应用 MRAMS 模型输出的 Mars-GRAM 辅助剖面数据见表 5-5。

表 5-5　Terby 着陆点 MRAMS 仿真的平均值[13]

H/km	纬度	东经	T/K	P/(N/m²)	ρ/(kg/m³)	U/(m/s)	V/(m/s)
−3.66	−27.5	74.11	190.46	8.12E+02	2.23E−02	1.04	11.63
−2	−27.5	74.11	177.78	6.84E+02	2.01E−02	−0.2	10.3

续表

H/km	纬度	东经	T/K	P/(N/m²)	ρ/(kg/m³)	U/(m/s)	V/(m/s)
0	−27.5	74.11	190.04	5.53E+02	1.52E−02	−3.24	2.91
2	−27.5	74.11	196.26	4.53E+02	1.21E−02	−2.25	8.49
4	−27.5	74.11	199.76	3.73E+02	9.76E−03	2.87	10.49
6	−27.5	74.11	199.88	3.08E+02	8.05E−03	9.61	12.16
8	−27.5	74.11	198.28	2.53E+02	6.68E−03	14.95	12.17
10	−27.5	74.11	195.73	2.09E+02	5.57E−03	18.24	12.43
12	−27.5	74.11	193.29	1.71E+02	4.63E−03	20.72	13.52
14	−27.5	74.11	191.06	1.40E+02	3.83E−03	21.44	13.9
16	−27.5	74.11	188.9	1.14E+02	3.17E−03	20.25	12.35
18	−27.5	74.11	186.7	9.32E+01	2.61E−03	17.41	8.97
20	−27.5	74.11	184.2	7.55E+01	2.15E−03	13.57	4.22
22	−27.5	74.11	181.02	6.09E+01	1.76E−03	9.81	−1.48
24	−27.5	74.11	176.57	4.89E+01	1.45E−03	8.32	−7.31
26	−27.5	74.11	171.65	3.93E+01	1.20E−03	8.94	−9.99
28	−27.5	74.11	167.03	3.13E+01	9.81E−04	8.64	−10.73
30	−27.5	74.11	162.61	2.48E+01	7.97E−04	8.01	−10.62
32	−27.5	74.11	158.4	1.94E+01	6.41E−04	6.83	−10.19
34	−27.5	74.11	154.53	1.51E+01	5.11E−04	4.02	−9.51
36	−27.5	74.11	151.51	1.17E+01	4.05E−04	−1.06	−9.08
38	−27.5	74.11	149.89	9.11E+00	3.18E−04	−5.7	−7.41
40	−27.5	74.11	149.63	7.04E+00	2.46E−04	−8.09	−4.23
42	−27.5	74.11	150.64	5.43E+00	1.89E−04	−8.17	0.42
44	−27.5	74.11	152.18	4.19E+00	1.44E−04	−6.77	7.08
46	−27.5	74.11	152.67	3.22E+00	1.10E−04	−5.43	17.36
48	−27.5	74.11	149.78	2.51E+00	8.76E−05	−6.7	19.86
50	−27.5	74.11	145.65	1.93E+00	6.95E−05	−10.2	17.98

利用火星全球勘测者、奥德赛、火星探测轨道器的测量数据，国外已对火星大气密度模型进行了修正，现为 Mars‑GRAM 2010 版本，但尚未公开。

5.4　风与大气环流

火星中低层大气的环流复杂多变：

——在低纬度区，有子午方向的"哈德利"（Hadley）环流；在中纬度区，特定季节会出现斜压涡旋；在地势高（25km）的地方会出现驻波。火星全球勘测者利用几年时间，每天对火星气候进行持续观测，结果显示火星上的风受"哈德利"环流影响，气流从寒冷的冬季半球吹向温暖的夏季半球。

——由于旋转相似，火星上信风和地球相似，速度可达每小时数百千米，从冬季半球向西刮，从夏季半球向东刮。

——火星低层大气环流与地球差别很大。由于火星大气稀疏、云量少、没有海洋，火星表面近似于被太阳直接照射。火星夏季最热的地方不是赤道区，而是在热带或亚热带，导致"哈德利"环流从最热处上升，分开两支向南、北（其中一支跨过赤道）两个不同方向流动，再到高纬度区下降。

——在冬季半球的中纬度区，大气温度变化大，会出现准周期的斜压波，向上转移动量；维持季节性二氧化碳极冠云的大气流，也会向极区转移物质。

——在太阳直射的加热区，气流上升，流向周围别处，低层气流又会流向加热区，形成"热潮汐"风[14]。

海盗号和火星探路者号测量了火星风速。在登陆点，地表风的行为很有规律，在夜晚时风速比较小（约 2m/s），在白天比较强烈（6~8m/s）；在明显的坡面地形处，风速大幅增加，达到 20~30m/s[8]。在极冠边缘，秋冬季的水平温度梯度大，风速可能随季节有很大变化。在冬季，高纬度地区会形成约 100m/s 的向东强"急流"风（Jet Stream）[15]。此外，火星探路者和火星全球勘测者还拍摄到了多次气旋风暴，类似于地球上的飓风，范围很大，呈螺旋状逆时针旋转。

火星高层大气的环流模式与低层大气完全不同，且在整个行星的物质、能量输送和重新分配中起着重要作用。与其他类地行星类似，火星高层大气（即热层和电离层）环流是由太阳加热和来自低层大气的上行能量共同驱动的。观测表明，火星高层大气中心环流与地球环流有一定相似性，表现为在昼半球气体上升和夜半球气体下降，但相对地球表现出更为简单的环流模式；由于重力波的影响，火星高层大气风场与其下的地形表现出明显的相关性[15]。

5.5 云、雾、霜

火星的平均云量比地球少得多。火星云一般是水冰白云，有时也有高空的干冰云[4-16]。含沙尘多的云呈现黄褐色。晚上，大气对流活动停止，出现较强的逆温现象。夜间，火星温度会低至大气中水汽的液化温度以下，为第二天形成晨雾创造条件。距火星表面 75km 左右高度上，热力潮对大气环流起主导作用，尤其是在热带地区。

探测器拍摄的照片显示，火星上有很多云、雾霾、霜等气象现象，有对流云、波状云、山岳云等。近火星表面的大气在白昼被加热后，上升变冷，会形成对流云，常在中午的赤道高海拔地区上空出现。强风吹过山脊等障碍，若湿度和温度适宜，会在下降过程中形成波状云，比如在直径 100km 的米兰科维奇撞击坑下风侧的波状云，绵延达 800km。空气沿山坡上升且冷凝，会形成山岳云，常出现在春季午后的低纬度山区上空。在秋冬季的极区上空，存在极冠云。在冬季的中纬度地区，有西向运动的螺旋状风暴。

图 5-5 为欧空局"火星快车"所拍摄到的火星高空上云的照片，它是所有行星表面迄今为止发现的最高的云[4]。该云层位于 80~100km 高度，可能是由 CO_2 组成，因为在火星表面 90~100km 高度，大气温度为 -193℃，低于水的冰点；也有可能是火星表面岩石的微小碎屑，被风吹到了非常高的高度；或者是流星在火星大气中燃烧后余下的碎片所形成。对于火星着陆任务来说，新发现的高海拔云层意味着火星上层大气比以往认识的要更稠密。在后续火星探测任务中，不管是利用气动减速进行着陆还是火星环绕探测，都要考虑到这个重要因素。

图 5-5　火星高空上的云（图片来源：ESA）

火星和地球云雾能见度见表 5-6。

表 5-6　火星和地球云雾能见度[10]

大气条件	火　星		地　球	
	能见度	分布	能见度	分布
云、水	约 1.0	冬天极区高地后面	约 5	50%覆盖
云	约 0.001~1.0	许多区域冬天极区	0	0
雾	约 0.2~1.0	早晨峡谷和陨坑部底	约 3	许多区域
浮尘	0.5	到处都有	变化的	变化的
尘暴	10.0	南半球	变化的	变化的

　　2008 年，法国的一个团队证实了火星上干冰云的存在，且厚度和面积足够大，可以横跨几百千米，会在火星表面产生大面积阴影。干冰云主要由大于 $1\mu m$ 的大颗粒组成，飘浮在火星大气中，且十分密集，可以阻挡太阳光。一般来说，这种规格的颗粒不可能出现在更高的大气中，可能在高空存在很长时间。探测结果表明，干冰云的存在可以导致太阳可见光强度衰减 40%，云层所造成的阴影可以明显影响当地温度。阴影区的温度比其他同一地区表面温度要低 10℃，这也会改变当地天气，尤其是风。干冰云主要在赤道区域被发现[16]。

　　拍摄到的火星黎明前后半小时的照片中，经常会在低谷和撞击坑出现很低的云和雾，且云雾逐渐消失，可以明显看出谷底或坑底由模糊变清晰的过程。在火星的寒冷夜晚，H_2O 和 CO_2 都可能冻结成霜。图 5-6 为凤凰号所拍摄的着陆点附近火星表面早上霜冻照片，当太阳升起后，地面的霜很快就消失了。

图 5-6 　火星表面早上霜冻照片（图片来源：NASA）

5.6 　沙尘暴

　　沙尘暴是火星上时常发生的自然现象。当火星上的风速达到临界值（50～100m/s）时，直径 100 μm 的沙尘会被吹到大气中，形成区域性（几百千米到几千千米）沙尘暴。每个火星年约发生上百次区域性沙尘暴，主要在极冠边缘和亚热带高地，一般持续几个星期。当区域性沙尘暴在偶然条件下联合在一起（受信风影响）时，大量沙尘会被卷到 30km 高空，然后发展成全球性大沙尘暴，遮住火星表面，可持续几个月，一般每 2～3 年发生一次。火星的全球性大沙尘暴可以从地球上用望远镜观测到。区域性沙尘暴主要产生于南半球夏季和火星最接近太阳的时候，火星表面温度升高，大气变得极为不稳定，加之太阳的持续加热使沙尘暴越来越大。沙尘暴不仅改变大气温度，而且沙尘也成为水汽和二氧化碳气体的凝结核，最终沉降到极区。火星沙尘暴 60% 由二氧化硅组成，与火星表面细小颗粒有相同成分。

在火星接近近日点时（$L_S = 251°$），沙尘暴也常常发生。因为近日点与南半球的夏至点基本一致（$L_S = 270°$），在此期间引发的沙尘暴将会持续数月之久。在春天末期，在南北两个半球，每天大概都能看到 3 个区域性沙尘暴（图 5-7）；在北部和中南部的夏季早期，每天可看到 2 个区域性沙尘暴。在全球性大沙尘暴期间，$50 \sim 60$ km 高度的大气中灰尘会吸收阳光，温度较高（大约为 200K）。

早春，在火星北极区域通常有沙尘暴发生。因为北极冠解冻时，在寒冷的冻结区域和刚开始解冻的表面之间，会产生温度差异，引起环流风。

图 5-7　火星春天沙尘暴的照片（图片来源：NASA）

沙尘暴的主要影响：

1）频繁的沙尘暴会显著地影响火星表面大气温度。沙尘暴引起的灰尘，会阻止阳光射入，降低大气平均温度和最高温度，最高温度降幅尤为明显。灰尘同样也阻止火星表面的热红外线散发，使接近火星表面的气体温度上升。

2）由于太阳紫外的活化作用，暴露在水中的沙尘会释放氧气发生氧化作用，可引起密封、过滤、光学、生物材料在和沙子接触时发生化学反应。在火星着陆时，着陆区域的灰尘会在设备和硬件上覆盖，增加着陆风险。

3）大气中浮尘会对火星探测器太阳帆板产生潜在危害。

灰尘的存在，减少了抵达火星表面的太阳光密度。火星探路者号登陆火星后，在近日点处，虽然太阳和火星之间的距离较小，但大气中的灰尘削弱了太阳帆板对太阳能的利用。火星大气携带了很多悬浮物质，其数量随着沙尘暴的发生有所不同。大气中悬浮的灰尘散射太阳光，会改变天空的颜色。

光在灰尘中传播，灰尘会影响火星表面光谱。灰尘对短波削弱最强，对紫外线的削弱可能没有蓝色光那么强。灰尘削弱蓝色光，对选择太阳电池片材料会产生影响。在探测器设计时，更适合选用对红色光线、红外线等响应更好的太阳电池片材料。图 5-8 给出了运用简化模型计算的太阳光穿过大气层的光谱。

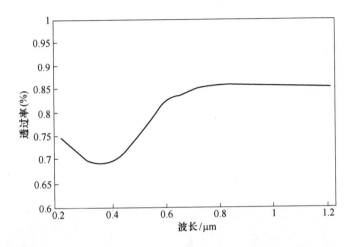

图 5-8 0.2～1.2μm 波长光穿越火星大气层的透过率

火星大气中的灰尘，数月后就能在火星表面沉积。这降低了太阳帆板的使用寿命，除非有特殊装置可以定期清除这些灰尘。火星探路者号测量结果显示，灰尘覆盖能够导致每天约 0.3% 的能量损耗（图 5-9），这与根据海盗号测量数据反演得到的灰尘覆盖率结果一致[8]。

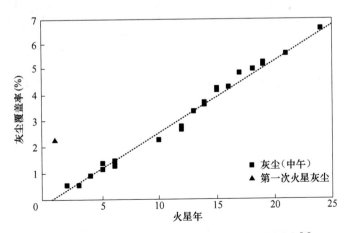

图 5-9 索杰纳火星车太阳电池阵上的灰尘覆盖率[8]

5.7　大气电场

根据探测结果，火星上的沙尘暴存在意想不到的强电场，超过 4000V/m，能够产生磁场[17]。实验和理论研究认为，火星沙尘暴也可能存在高压电场，会给探测器带来危害[6]。有实验证据表明，灰尘运动时会引起碰撞导致尘埃带电。1970 年早期，Eden 和 Vonnegut 把装有沙子的容器按照火星大气环境进行晃动，观察到了辉光放电现象[18]。随后，Mills 提出，火星大气的静电会产生辉光放电，这也解释了火星上缺乏含碳物质的现象[14]。Fabian 和 Krauss 设计的实验证明，灰尘的垂直运动足够在低压强含有二氧化碳的大气中产生强电场[19]。

如果火星沙尘暴带强电场，会引起火星大气低气压弧形放电，导致在火土中形成化合物，如过氧化氢（H_2O_2），同时干扰无线电通信。沙尘暴在火星上十分常见，尘埃在沙尘暴中互相摩擦会带静电，小的负电荷颗粒被带到高处，较重的正电荷颗粒停留在沙尘暴底部附近，电荷分离会产生大规模电场（图 5 - 10)[17]。沙尘暴带动电场运动，同时会产生磁场。

图 5 - 10　沙尘暴电场示意图（图片来源：NASA）

受到穿透到火星表面的紫外线（UV）辐照，火星表面的沙子和灰尘可能会带有静电。受到大气的搬运作用，尘埃也会因碰撞带上静电，尤其是在沙尘暴发生时[17,19]。索杰纳火星车轮子上的尘埃积累，就是静电充电作用的结果。Ferguson 等根据火星车行进过程中的尘埃积累估算得出，索杰纳火星车轮获得了约 60～80V 的充电电压[17]。

参 考 文 献

[1] 焦维新，邹鸿. 行星科学 [M]. 北京：北京大学出版社，2009.

[2] 吴季，赵华. 火星——关于其内部、表面和大气的引论 [M]. 北京：科学出版社，2010.

[3] Martian Atmosphere and Its Effects on Propagation [OL]. http：//descanso. jpl. nasa. gov/Propagation/mars/Marspub _ sec3. pdf.

[4] Frank Montmessin, et al. Rare high - altitude clouds found on Mars [OL]. 2006. http：//www. esa. int/esaMI/Mars _ Express/SEMC4JZ7QQE _ 0. html.

[5] Marie - Christine. Actual Knowledge of Martian Environment and Associated Thermal Control and Life Support Solutions for the Future [J]. SAE TECHNICAL PAPER SERIES，2001 - 01 - 2283.

[6] Nier A O，M B McElroy. Composition and structure of Mars upper atmosphere：Results from the neutral mass spectrometer on Viking 1 and 2 [J]. Geophys Res，1977，82：4341 - 4349，doi：10. 1029/JS082i028p04341.

[7] Haijun Shen，Hans Seywald，et al. Desensitizing The Pin - Point Landing Trajectory on Mars [J]. AAS/AIAA Astrodynamics Specialist Conference，AIAA - 2008 - 6943.

[8] M Alexander，Editor. Mars Transportation Environment Definition Document [J]. Marshall Space Filght Center. Alabama，NASA/TM - 2001 - 210935.

[9] Fox J L. Upper Limits to the Outflow of Ions at Mars：Implications for Atmospheric Evolution [J]. Geophys Res Lett，1997，24：2901.

[10] C G Justus，D L Johnson. Mars Global Reference Atmospheric Model 2001 Version（Mars - GRAM2001）[J]. Users Guide，NASA/TM - 2001 - 210961.

[11] Justus C G，D L Johnson. Mars Global Reference Atmospheric Model 2001 Version（Mars - GRAM 2001）Users Guide [J]. 2001 - 04，NASA/TM - 2001 - 210961.

[12] Haberle R M，et al. Mars atmospheric dynamics as simulated by the NASA Ames general circulation model 1 The Zonal - Mean Circulation [J]. Journal of Geophysical Research，1993，98，E2：3093 - 3123.

[13] H L Justh，C G Justus. Mars Global Reference Atomspheric Model（Mars - GRAM 2005）Applications for Mars Science Laboratory Mission Site Selection Processes [J]. Seventh International Conference on Mars，2007.

[14] Leovy C. Weather and climate on Mars [J]. Nature，2001，412：245 - 249.

[15] Benna M，Bougher S W，Lee Y，et al. Global circulation of Mars' upper atmosphere [J]. Science，2019 09，13；366（6471）：1363 - 1366. doi：10. 1126/science. aax1553. PMID：31831665.

[16] Franck Montmessin，et al. Ice clouds put Mars in the shade [OL]. 2008. http：//www. esa. int/esaCP/SEM1DV3MDAF _ index _ 0. html.

[17] Ferguson D C，Kolecki J C，Siebert M W，et al. Evidence for martian electrostatic charging and ab-

rasive wheel wear from the Wheel Abrasion Experiment on the Pathfinder Sojourner rover ［J］. Journal of Geophysical Resarch，1999，104：8747 - 8789.

［18］ Stevenson D J. Mars' s core and magnetism ［J］. Nature，2001，412：214 - 219.

［19］ Zhai Y，Cummer，S A，Farrell W M. Quasi - electrostatic field analysis and simulation of martian and terrestrial dust ［J］. Journal of Geophysical Research，2006，111，E06016，doi：10. 1029/2005JE002618.

第6章 热 环 境

6.1 行星际空间热辐射环境

在地火转移段的行星际空间，太阳辐照与离太阳距离的平方成反比（在1AU距离太阳辐照为1367W/m²）。火星距离太阳较地球远，太阳光照较弱，其太阳辐射常数小于地球的1/2。火星轨道上的太阳辐射常数在493W/m²（远日点）至717W/m²（近日点）之间，平均值约为589W/m²[1]。

火星的行星际反照率除了两极为0.6外，其余在0.1～0.4之间，平均值约为0.25。大型沙尘暴会引起火星行星际反照率的小幅增加。火星对外的长波辐射范围在20W/m²至350W/m²之间[1]。

关于火星反照率和红外辐射，也有另一说法。在1～2.8μm波长范围内，火星反照率在0.16（最暗区域）至0.4（最亮区域）之间平缓变化。在2.8～4μm波长范围内，反照率为上述值的1/3。视不同纬度，火星最大反照率为0.22～0.5，最小反照率为0.17～0.4（无尘暴情况下）[2]。

火星的直接太阳辐照、反照率和行星红外辐射见表6-1。

表6-1 火星的直接太阳辐照、反照率和红外辐射[2]

	近日点	远日点	平均
直接太阳辐照/(W/m²)	717	493	589
反照率	0.29	0.29	0.29
近赤道红外辐射/(W/m²)	470	315	390
极冠红外辐射/(W/m²)	30	30	30

火星0.1倍半径高度轨道上的参考球温度见表6-2。

表6-2 0.1倍半径参考球火星轨道上的温度[3]

温度	$\beta=0°$		$\beta=90°$	
	远火点/℃	近火点/℃	远火点/℃	近火点/℃
最大	11	-16	0	-26
最小	-162	-163	-32	-35
平均	-63	-82	-22	-43

6.2　火星表面热辐射环境

火星与太阳的平均距离约 2.279 亿千米，表面干燥、寒冷，且大气稀薄。火星表面温度冬天最低－133℃，夏天白天约 27℃，平均温度－53℃[1]。关于火星表面最高温度，另有说法是在对日面赤道夏天可达 23℃（296K）[4]。在±60°纬度内，夏季的表面温度在 180K（夜间）至 290K（中午）之间，如果表面存在不寻常低密度小颗粒物质，则变化范围会更大[5]。在火星表面以下几厘米深度，日平均温度为 210～220K；在冬季极区，温度降至 150K[5]。

6.2.1　近火星表面气候

与地球相比，火星表面的热惯量很低。由于大气的热容量低，火星表面的辐射接近平衡。火星表面温度受纬度、季节、不同时刻和表面特性等影响，每天温度变化极大，主要参数是表面反照率和热惯量。图 6-1 给出了温度循环的模拟计算结果。

火星大气稀薄而干燥，在夜间火星表面热量散发很快，火星表面大气昼夜温差大，与地球上的沙漠类似。火星探路者实地测量到的火星表面大气温度昼夜变化如图 6-2 所示，黎明前温度最低，早上温度迅速升高，中午温度达到最大，下午温度迅速下降，夜间温度下降趋势变缓，直到最低温度。

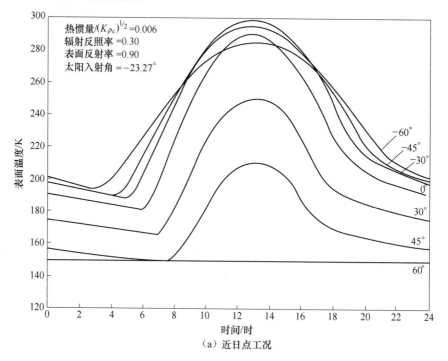

（a）近日点工况

图 6-1　火星表面日温度随纬度变化模型[1]

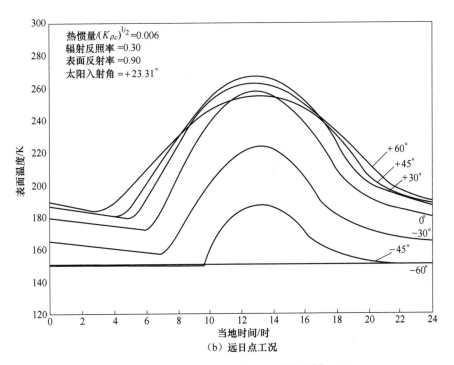

图 6-1 火星表面日温度随纬度变化模型[1] (续)

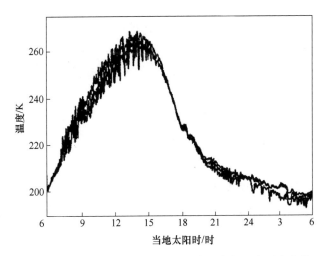

图 6-2 火星探路者号实测的火星表面大气昼夜温度变化

6.2.2 大气温度剖面

火星大气垂直结构的温度变化很复杂。火星探路者号、海盗号测量结果表明大气温度与高度有关，如图 6-3 所示。

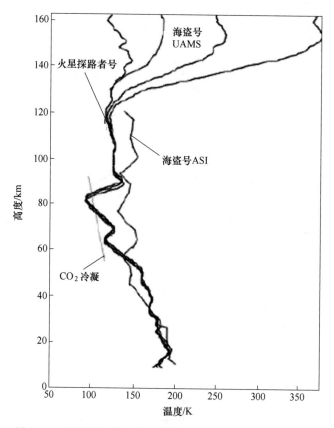

图 6 - 3　火星大气温度的垂直分布（海盗号、探路者号）[1]

火星全球勘测者测量得到的大气温度剖面数据如图 6 - 4[6] 所示，其中峰值温度为 218K（−55℃），位于 10km 高度。

以上探测结果表明：

1）火星低层大气的特征温度约为 −73℃，低于表面白昼平均温度（−23℃），相当于地球南极的冬季温度。在火星表面高度约 40km 内，温度随高度增加而降低，海盗号在降落过程中测得的温度梯度为 1.6～1.8℃/km，低于预计的 5℃/km，可能是悬浮尘埃造成的差异。

2）在火星表面高度约 40～80km 内，温度在 −130℃ 左右变化。大于 80km 有冷暖层，跟太阳辐射加热和潮汐作用有关。对流层高度也随地域变化很大。

3）高层大气的温度最低为 135K，最高 310K，平均为 210K。火星大气没有地球大气那样的臭氧层和中间层，受太阳紫外辐照的影响，高层大气的温度有所增加。大气层顶部的平均温度约为 27℃（300K），温度变化范围为 −123～127℃。

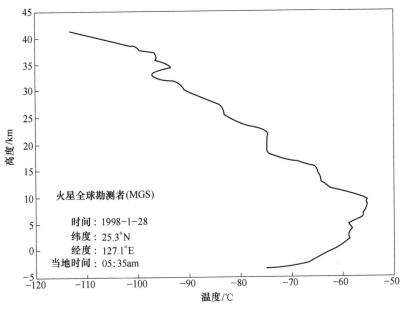

图 6-4 火星大气温度剖面 (图片来源：MGS)[6]

6.2.3 火星表面大气温度

火星表面昼夜温度变化比地球上沙漠地区的温度变化大得多。图 6-5～图 6-7 显示了表面大气在不同纬度、季节的日最高和最低温度。在南部夏季，火星的昼夜温度差超过 70℃。虽然昼夜温差大，但白天最高温度很少超过 0℃。

表面日最高温度/K

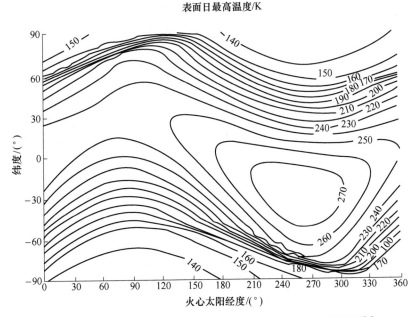

图 6-5 火星表面大气在不同纬度和季节的日最高温度等温线[1]

表面日最低温度/K

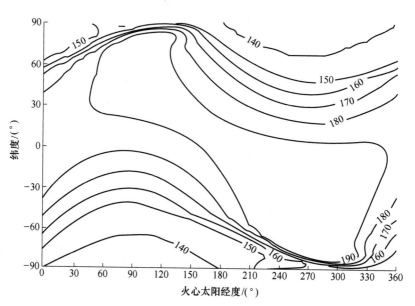

图 6-6　火星表面大气在不同纬度和季节的日最低温度等温线[1]

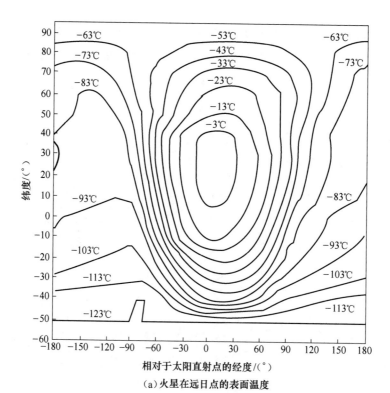

相对于太阳直射点的经度/(°)

(a)火星在远日点的表面温度

图 6-7　火星表面温度分布[3]

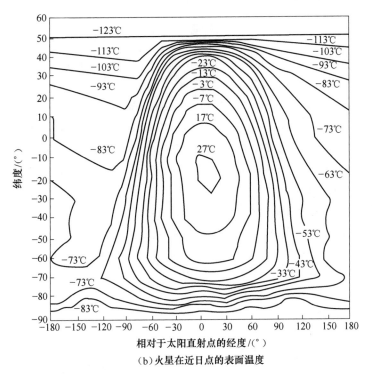

（b）火星在近日点的表面温度

图 6-7　火星表面温度分布[3]（续）

在海盗 1 号着陆区（22.27°N），表面大气温度变化范围为 −84～−33℃，夏季温度
变化范围为 −77～−14℃ 之间。在海盗 2 号着陆区（47.67°N），最低温度达 −120℃。火
星探路者号着陆区（20°N），在工作初期几天测得的日间温度变化范围为 −78～−16℃
（图 6-8）[1]。

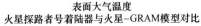

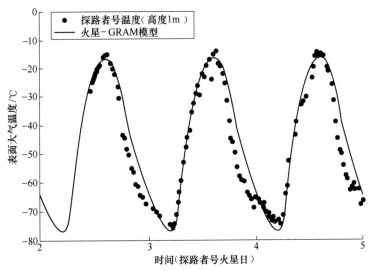

图 6-8　火星探路者号工作初期实测到的火星表面温度变化[1]

参 考 文 献

［1］ M Alexander，Editor. Mars Transportation Environment Definition Document. Marshall Space Filght Center ［J］. Alabama，NASA/TM – 2001 – 210935.

［2］ Marie – Christine. Actual Knowledge of Martian Environment and Associated Thermal Control and Life Support Solutions for the Future ［J］. SAE TECHNICAL PAPER SERIES，2001 – 01 – 2283.

［3］ 侯增祺，胡金刚 . 航天器热控制技术——原理及其应用 ［M］. 北京：中国科学技术出版社，2007.

［4］ Martian Atmosphere and Its Effects on Propagation ［OL］. http：//descanso. jpl. nasa. gov/Propagation/mars/Marspub＿sec3. pdf.

［5］ 焦维新，邹鸿 . 行星科学 ［M］. 北京：北京大学出版社，2009.

［6］ Hinson D P，F M Flasar，R A Simpson，et al. Initial Results from Radio Occultation Measurements with Mars Global Surveyor ［J］. Geophy Res – Planet，1999，104：26297.

第7章 力 学 环 境

7.1 微流星体环境

小天体进入行星大气时由于摩擦生热，在空中产生很亮的光迹，称为流星。形成流星的物体称为流星体。体积和质量很小的流星体称为微流星体。

微流星体有两个起源[1]。一是在火星和木星公转轨道之间，有一个小行星带，其中有数以万计的小天体沿着各自的轨道绕太阳公转。由于各种引力摄动，小天体的轨道不断变化，相互碰撞，甚至与行星及其卫星相撞。小天体相互碰撞时，除一部分升华外，大部分碎片、尘埃则在太阳系空间内沿绕日轨道运行。微流星体的第二个起源则是来自彗星。彗星通常具有极为扁长的绕日轨道，当它从远离太阳处飞抵近日点附近时，由于温度、辐射压力的剧烈变化而不断挥发、解体，形成微流星体。崩溃的彗星碎片在其轨道上能延伸很长的距离。太阳是银河系中的普通恒星，它相对附近恒星的运动速度约20km/s；同时又和附近恒星一起，以约250km/s的速度绕银河系中心旋转。因此，行星际物质与恒星际物质不能绝对分开。微流星体大部分起源于彗星，小部分起源于小行星。

微流星体的化学组分大致可分为两类，即铁质和石质[1]。铁质微流星体90%左右为铁，其他为镍、钴、锰等元素。石质微流星体主要成分为氧、硅、镁、钙、铝、铁等元素。光谱分析表明，钠、铬、碳以及CH、NH、CO、OH等也可在微流星体中找到。大部分由彗星形成的微流星体质地疏松，有的是冰雪与尘埃的混合物。

探测器从地球飞往火星的途中，可能会遭遇到微流星体环境。1967年9月发射的水手4号，在地火转移轨道的中段，约距离太阳1.273AU处遭遇了流星群。在约45min的时间里，探测器测得的流星体通量比背景值增加了1000倍。在此过程中，探测器滚动轴扭转导致隔热层破裂。该事件很好地揭示了流星群的特性：宽度约20万千米（正常行星间飞行1h的航程）的粒子密度，比平时多3~4个数量级。不过，通常认为探测器遭遇流星体的概率很小[2]。

微流星体包括零星微流星体和微流星体群。微流星体群是由于彗星飞越太阳时，在太阳光压作用下，喷射的物质组成，这些微流星体群可导致在地球上发生流星雨或流星暴。火星遭遇的彗星次数是地球的2倍，因此，火星周围会有更多的微流星体群。表7-1记录了1999年12月、2000年4—6月、2001年5月等微流星体群集中爆发的事件。幸运的是，与Olbers彗星产生的粒子速度相比，其他微流星群的速度要低得多。

表 7-1　近距离经过火星的彗星[2]

彗星名称	接近距离/ 10^6 km	微流星体速度/ (km/s)	微流星群 最高峰日期	2014—2016 年间 的最高峰日期
Jackson - Neujmin	1.7	9.9	1999 - 12 - 15	2015 - 11 - 18
Boethin	5.5	13.6	1999 - 12 - 16	2015 - 11 - 19
Shoemaker 2	1.2	12.7	2000 - 04 - 07	2016 - 02 - 12
Kushida	7.3	11.3	2000 - 04 - 22	2016 - 02 - 27
Haneda - Campos	1.9	9.6	2000 - 05 - 01	2016 - 03 - 07
Stephan - Oterma	3.9	11.8	2000 - 05 - 27	2016 - 04 - 02
West - Kohoutek - Ikemura	5.3	14.4	2000 - 06 - 04	2016 - 04 - 10
Olbers	3.4	26.9	2000 - 06 - 04	2016 - 04 - 10
Wiseman - Skiff	0.9	11.1	2000 - 06 - 06	2016 - 04 - 12
Howell	6.9	6.6	2001 - 05 - 24	2015 - 07 - 07
Tempel 1	1.0	7.5	2001 - 05 - 25	2015 - 07 - 08
D' Arrest	4.9	11.9	2001 - 09 - 25	2016 - 04 - 01

7.2　火土力学特性

火土位于火星风化层最上面，由细颗粒和可渗透性的物质组成，平均密度约为 3.75g/cm³[3]。火土中，微红色尘埃富含红色氧化铁，与地球上的铁锈相似。海盗号着陆器收集了 22 个火星表面火土样品，并做了 X 射线荧光分析，元素质量分数依次为 Si（15%～30%）、Fe（12%～16%）、Mg（5%）、Ca（3%～8%）、S（3%～4%）、Al（2%～7%）、Cl（0.5%～1%）、Ti（0.5%～2.0%），大多以氧化物的形式存在。同时，元素分析结果显示，火土中富含铁的黏土、镁硅酸盐、氧化铁和碳酸盐，也有相当数量的磁性物质。火星上硫的含量为地球的 100 倍，而钾含量仅为地球的 1/5。火星的矿物丰度跟任何已知的单一矿物或单一岩石类型不同，是多种矿物的混合物。

海盗号、探路者号着陆点的火星风化层，被岩石和非常细小的尘土覆盖着，岩石覆盖的区域达到了 8%～16%。着陆区沉降物质显示出非常细粒、多孔、低结合力的特性。火土的机械特性与地球上中等密度的土壤类似，夹杂着沙子、砾石，但是沉积物分布并不均匀。火星车轮产生的反射性凹槽表明，细颗粒状多孔沉积物是可压缩的。表 7-2、表 7-3 是海盗号、探路者号测得的表面物质特性和化学成分[4]。

表 7-2　火星表面物质的物理特性[2]

参数	单位	VL 漂移	P 漂移	VL 火土	P 火土	岩石
颗粒大小	μm	0.1～10.0	<40	0.1～10.0		0.1～10^4
密度	kg/m³	1000±150	1200～1300	1400±200	1520	2600～2800

续表

参数	单位	VL 漂移	P 漂移	VL 火土	P 火土	岩石
内聚力	kPa	1.6 ± 1.2	0.53	1.1 ± 0.8	$0.12\sim0.356$	$10^3\sim10^4$
支持力	Pa	$0.9\sim79$	—	$0.9\sim79$	—	
内摩擦角	deg	18 ± 2.4	26	34.5 ± 4.7	$32\sim41$	$40\sim60$
热惯量	$W/(m^2\cdot s^{1/2})$	$40\sim125$	—	$210\sim460$	—	$1650\sim2100$
特殊热	$J/(kg\cdot K)$	$670\sim840$	—	$670\sim840$	—	$670\sim840$
热传导率	$10^{-5}J/(s\cdot m\cdot K)$	$10^3\sim10^2$	—	$0.04\sim0.23$	—	$1.25\sim2.51$
电传导率	S/m	10^{-14}	—	10^{-12}	—	10^{-9}
备注	VL：Viking Lander（海盗号）；P：Pathfinder（探路者）					

表 7-3　火星表土的化学成分（质量分数，%）[2]

成分	VL-1 表面火土	VL-2 表面火土	P 表面火土	P 漂移	P 岩石	地球洋壳
SiO_2	43.0	43.0	47.9	50.2	62.0	50.7
FeO	—	—	17.3	17.1	12.0	9.9
Fe_2O_3	18.5	17.8	—	—	—	—
Al_2O_3	7.3	7.0	8.7	8.4	10.6	15.6
SO_3	6.6	8.1	5.6	5.2	0.0	—
MgO	6.0	6.0	7.5	7.3	2.0	7.7
CaO	5.9	5.7	—	6.0	7.3	11.4
Na_2O	—	—	2.8	1.3	2.6	—
K_2O	<0.15	<0.15	—	0.5	0.7	0.17
TiO_2	0.66	0.56	0.9	1.3	0.7	1.5
备注	VL：Viking Lander（海盗号）；P：Pathfinder（探路者）					

　　勇气号在古瑟夫（Gusev）撞击坑着陆点探测到风化层由 5 种成分组成。最上层是一层薄薄的由大气沉降形成的尘埃，厚度小于 1mm。下一层由粗沙和细砾沉积而成，再下一层是尺寸大于几毫米的棱状碎裂物，然后是几毫米厚的具有黏性的"硬壳"层，暗色的火土层构成风化层底部。海盗 1 号、火星探路者着陆点位置的细粒沉积物，比海盗 2 号着陆点和古雪夫撞击坑的多，但古雪夫风化层总的特征还是与火星探路者、海盗号着陆点风化层相似。风化层最底层的暗色火土层，与地球上中等密度的火土相似。表 7-4 列出了3 个火星车着陆点火土的部分力学特性。

表 7-4　3 个火星车着陆点火土的力学性质[5]

参　数	火星探路者	勇气号	机遇号
摩擦角/(°)	$30\sim40$	约 20	约 20
承压强度/kPa	—	$5\sim200$	约 80
黏度/kPa	$0\sim0.42$	$1\sim15$	$1\sim5$

参　数	火星探路者	勇气号	机遇号
安息角/(°)	32.4～38.3	达 65	＞30
体密度/(kg/m³)	1285～1581	1200～1500	约 1300
磨蚀能密度/(J/mm³)	—	11～166	0.45～7.3

　　尘埃是火土组成的一部分，覆盖在大部分岩石上。探路者号火星车轮的磨蚀表明，火星尘的摩氏硬度为 4.3 左右，与铂相似。火星上的风常常把尘埃卷入大气，并输运至整个星球。水手 9 号红外探测表明，大气尘埃约含 55%～65% 的二氧化硅。探路者火星车的磁铁上黏附有大气尘埃，表明尘埃里含有和火土类似的磁性组分[1]。探测结果表明，每 1kg 火土中大气尘埃的饱和磁化强度为 $2～4A \cdot m^2$，对于磁赤铁矿粒子而言该磁化强度过高，因此，有人提出磁铁矿是尘埃带磁性的主要原因，这与穆斯鲍尔得到的结果吻合[3]。

7.3　火星重力场

7.3.1　重力场分析

　　火星不是一个标准圆球，靠近火星表面的结构和质量分布显示出存在不同的变化，即各向异性。火星质量的异常会造成火星重力场变化，导致环火飞行的卫星轨道发生摄动。分析火星重力场的异常，也可以使人们更加深入地了解火星的内部结构[6]。

　　对于一个质量为 M 的行星，距行星质心为 r 位置处，所受到的行星重力场加速度 g 为：

$$g = \frac{GM\hat{r}}{r^2} \tag{7-1}$$

　　这里 G 为宇宙重力常数。引力加速度是引力势（引力位）U 的积分，因此：

$$U = -\frac{GM}{r} \tag{7-2}$$

　　行星质量位于行星表面以内，所以行星以外的引力势 U_{ext} 满足拉普拉斯（Laplace）方程：

$$\nabla^2 U_{ext} = 0 \tag{7-3}$$

　　在球坐标系中，拉普拉斯方程的通解为：

$$U(r, \theta, \lambda) = \sum_{l=0}^{\infty} \sum_{m=-l}^{l} [\alpha_{lm} r^l + \beta_{lm} r^{-(l+1)}] Y_{lm}(\theta, \lambda) \tag{7-4}$$

　　该方程给出了行星外空间某一点的引力势的表达式。r 是某点到行星中心的距离，θ 是纬度，λ 是经度，α_{lm} 和 β_{lm} 是常数。在行星物理学中，α_{lm} 设定为 0，因而引力势在无穷远处消失。l 是谐波展开的阶，表示引力势随纬度的变化率。

指数 m 是谐波展开的幂次。Y_{lm} 是球谐函数，定义为：

$$Y_{lm} = \sqrt{\frac{(2l+1)}{(4\pi)}} \sqrt{\frac{(l-m)!}{(l+m)!}} P_l^m(\cos\theta) e^{im\lambda} \tag{7-5}$$

勒让德多项式 P 定义为：

$$P_l^m(x) = \frac{(-1)^m (1-x^2)^{m/2}}{2^l l!} \frac{d^{l+m}(x^2-1)^l}{dx^{1+m}} \tag{7-6}$$

β_{lm} 是行星内部质量分布系数。由于引力势是在行星外部进行测量，勒让德多项式与球谐函数相关，式（7-4）通常改写为：

$$U = \left(\frac{GM}{r}\right)\left\{1 + \sum_{l=1}^{n}\sum_{m=0}^{l}\left(\frac{R}{r}\right)^l P_l^m(\cos\theta)[C_{lm}\cos(m\lambda) + S_{lm}\sin(m\lambda)]\right\} \tag{7-7}$$

参考球或者椭球的半径是 R，n 是展开多项式阶数的限制值。带谐项（$m=0$）确定了不同纬度的质量分布。扇谐项（$l=m$）确定了不同经度的质量分布。田谐项（C_{lm} 和 S_{lm}，$m > 0$），进一步将行星分成更小的单元块，并确定了各单元块内的质量分布（图 7-1）。

带谐项　　　　　　　　　扇谐项　　　　　　　　　田谐项

图 7-1　引力势展开产生的三种调和形式

地球物理学家常用 J 来代替带谐项，即 C_{10}：

$$J_1 = -C_{10} \tag{7-8}$$

如果参考坐标系原点与行星的质心重合，则 1 阶项全为 0。但是，火星上采用的坐标系 COM-COF，其原点是偏离质心的，故这些系数不为零。J_2 是二阶带谐项，代表行星相对于完整圆球的最大偏离，这种偏离是由于赤道附近存在隆起造成。行星的主惯量是与低阶项有关：

$$MR^2 J_2 = C - \frac{(A+B)}{2} \tag{7-9}$$

$$MR^2 C_{22} = \frac{(B-A)\cos(2\Delta\lambda)}{4} \tag{7-10}$$

$$MR^2 S_{22} = \frac{(B-A)\sin(2\Delta\lambda)}{4} \tag{7-11}$$

这里 $\Delta\lambda$ 是最小惯量，A、B、C 代表不同方向惯量。

如果行星的进动远小于自旋运动，那么惯量 B 和 A 远小于极轴惯量 C。

式（7-9）可以写成：

$$MR^2 J_2 \approx C - A \approx C - B \tag{7-12}$$

因此，要通过引力分析来确定 J_2，只要确定主惯量的差就可以了。

为得到主惯量的绝对值，可以利用进动常数 H 描述，而进动常数由行星自转轴的进动率得到：

$$H = \frac{C - A}{C} \tag{7-13}$$

结合式（7-12）和式（7-13），可以确定 $C/(MR^2)$ 和 $A/(MR^2)$。人们对 $C/(MR^2)$ 尤其感兴趣，因为这个量是行星内部质量大小的一个衡量值。均匀圆球值 $C/(MR^2) = 0.4$。当行星内核质量占整个行星质量比例较大时，也就是行星有一个较大内核，$C/(MR^2)$ 值就会小于 0.4。火星的 J_2 会随着季节变化，这是因为 CO_2 在极区和大气之间进行不断循环，但是火星全球勘测者测量获得的值约为 $(1.96 \pm 0.69) \times 10^{-9}$[7]。根据海盗号、火星探路者测量的数据，得到火星进动率为每年 (-7576 ± 35) 毫角秒（mas），导出 $C/(MR^2) = 0.3662 \pm 0.0017$[4]，这表明火星具有一个较小的内核。

对 J_2 贡献最大的因素是行星的重力扁率 q，行星重力扁率 q 主要取决于行星自转的快慢：

$$q = \frac{\omega^2 R^3}{CM} 2J_2 \tag{7-14}$$

严格地说，式（7-14）只在行星内部密度是常数的情况下才成立。实际上，行星密度随着向质心方向深度的增加而增加，式中 J_2 前的系数可能大于 2。对于一个处于流体静力学平衡状态的行星，其几何扁率 f 与 J_2、q 的关系为：

$$f = \left(\frac{3}{2}\right) J_2 + \left(\frac{1}{2}\right) q \tag{7-15}$$

7.3.2　重力异常分析

对于一个圆球形行星，其等势面的平均半径称为大地水准面。地球物理学家定义火星的大地水准面为质心坐标系中半径为 3396km 的球面[8]。实际上，因为地表面的起伏和行星内部的密度分布不均匀，引力势会偏离大地水准面，这种偏离变化称为引力异常[2]。引力异常的度量以 gal 为单位，$1gal = 10^{-2} m/s^2$。绝大多数引力异常非常小，通常用 milligals（mgal）度量。更小的引力异常分布可以通过高阶多项式分解计算得出，见式（7-7）。利用以往火星探测所获得数据进行修正，目前火星重力场多项式已经分解展开到了 120 阶[7]。火星大地水准面内的引力加速度[9]为：

$$g_0 = \frac{GM}{R^2} \tag{7-16}$$

在距离水准面高度 h 处：

$$g(h) = \frac{GM}{(R+h)^2} \tag{7-17}$$

利用泰勒级数展开，上式变为：

$$g(h) = \frac{GM}{R^2} - \frac{2GM}{R^3}h = g_0 - \frac{2GM}{R^3}h \tag{7-18}$$

由于高度增加而产生的重力场差异，称为自由空气重力异常，式（7-18）中 $-(2GM/R^3)h$ 项是自由空气改正，记为 g_{FA}。自由空气引力异常不考虑从水准面到高度为 h 之间距离存在任何物质质量分布。如果一颗卫星飞过一座山峰上空，卫星将经受额外的引力加速，这是因为山峰质量所引起的。1749 年，法国数学家皮埃尔·布格（Pierre Bouguer）将高斯定律应用到无限大平板上来计算重力场分布，假设平板的密度为 ρ，厚度为 h，则平板模型重力场布格（Bouguer）修正：

$$g_B = 2\pi G\rho h \tag{7-19}$$

结合星体转动引起的纬度变化，以及扁圆形状需要考虑的重力场修正，最后得到了完整的重力场修正模型。纬度变化的修正由 γ_0 表示。经过布格修正的重力场称为布格（Bouguer）异常，表示为：

$$g(h) = \frac{GM}{R^2} - \frac{2GM}{R^3}h - 2\pi G\rho h - \gamma_0 = g_0 + g_{FA} - g_B - \gamma_0 \tag{7-20}$$

火星表面的地形结构和布格（Bouguer）异常是直接联系的，可为研究火星地形起伏提供支持。假设自由空气重力异常［式（7-18）］近似等于零，意味着地壳块的重量和施加于地壳块上的浮力相等。在图 7-2（a）中，我们看到一个地壳块的横截面 A，处于物质密度为 ρ 的材料中，这个地壳块位于参考面上，向上延伸高度 h，向下延伸深度 d。利用阿基米德原理，施加于地壳块上浮力（F_B）为：

$$F_B = \rho Agd \tag{7-21}$$

地壳块所受浮力与地壳块的自身重量相等，以保持稳定：

$$(\rho - \Delta\rho)(h + d)Ag = \rho Agd \tag{7-22}$$

上式在均衡条件下简化为：

$$\frac{h}{h+d} = \frac{\Delta\rho}{\rho} \tag{7-23}$$

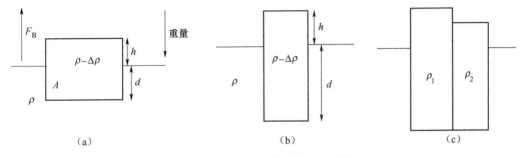

图 7-2　行星表面物质分布示意图

山峰陷入地壳的深度，取决于地壳与山峰之间的密度差。1）山峰位于参考面之上的高度 h 和陷入参考面之下的深度 d，取决于其自身重量与所受浮力的平衡。2）要保持山体的重力均衡，其下陷深度往往大于山体高度。3）普拉特（Pratt）重力均衡认为，所有山体均会陷入地壳以下，露出地表的山体高度以及下陷深度与山体密度有关。

自由空气重力异常等于零时［式（7-18）］，则布格异常［式（7-19）］可描述为一个完整的均衡补偿。两种方法可以到达均衡补偿：一种是假设山体的密度为常数，山体下陷深度远远大于露出地壳参考面的高度，这是 Airy（艾里）均衡补偿，如图 7-2（b）所示；另一种是普拉特均衡补偿，如图 7-2（c）所示，假设所有的山体厚度都一样，但不同山体之间密度不同，密度低的山体则高度大。虽然 Belleguic 等发现了火星表面山体密度变化的规律，认为可用普拉特均衡进行表述；但绝大多数研究者认为，在火星上的主要补偿机制还应该是艾里均衡补偿[9]。

图 7-3 是火星全球勘测者激光高度计（MOLA）和射电科学探测仪器获得的布格异常分布图。在经度 240°E～300°E 之间，存在强烈的正重力异常，该地是塔希斯火山区。300°E～0°E 间的赤道区，存在强烈的负重力异常，与该地的水手峡谷有关。更多地貌特征显示没有重力异常。

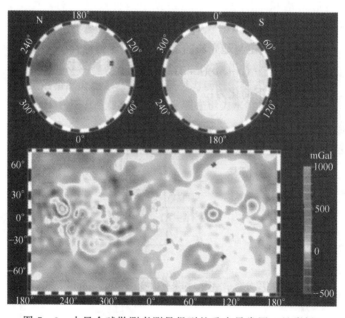

图 7-3　火星全球勘测者测量得到的重力异常图（见彩插）

激光高度计（MOLA）得到的火星地形图（图 7-4），显示了火星的地形特征（如火山、撞击盆地等）与重力场之间的相关性。阿尔巴火山口显示为均衡补偿，而艾丽休姆等火山则显示出较高的负布格引力异常（注：这是根据地球条件得到的解释，火星条件下是否正确待研究）。大型撞击坑和盆地，通常显示出正的布格引力异常，这是因为撞击后引

起了撞击点下的莫霍面（是指行星地壳与地幔之间的边界层）抬升，而火山岩浆、沉积物
又再次填充到撞击坑中。

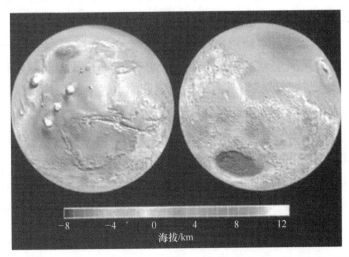

图 7 - 4　火星激光高度计（MOLA）测得的火星表面宏观地貌变化图（见彩插）

如果知道火壳层和火幔中物质密度，再利用探测得到的重力场和地形数据，就可以建
立火壳层厚度变化的模型[8]，确定火壳厚度随纬度、经度的变化关系。Neumann 等研究
得出，火星北部平原区的平均厚度约为 32km，而南部高地区域的壳层平均厚度约为
58km。值得注意的是，南北半球壳层厚度的过渡区域并不与南北半球分界线完全重合，
因此，有人认为撞击并不是造成火星南北二分的原因。

7.3.3　重力场模型

火星的全球重力场模型是根据 20 世纪 70 年代水手 9 号多普勒跟踪数据导出的。模型
提供了火星扁率和自转信息。1977 年，综合水手号、海盗 1 号、海盗 2 号的数据，求解
了更高阶重力场系数。1982 年，Balmino 等导出了 18×18 阶的模型[8,10]。

推荐的火星重力场模型为 GMM - 2（Goddard Mars Model）[11]，为 80×80 阶，是
Lemoine 等人根据火星全球勘测者数据建立的，于 2000 年 5 月 30 日至 6 月 3 日在华盛顿
举办的美国地球物理协会春天会议上宣布。模型的输入数据为火星全球勘测者轨道器无线
跟踪数据，不包含水手 9 号、海盗号的数据[11]，模型的建立参考了 955115 份观察资料。
表 7 - 5 给出了模型使用的火星参数，重力场模型的数据引自 NASA，详见附录 C。

表 7 - 5　火星常数

参数名称	数值	单位
引力常数 GM	42828.371901284001	km^3/s^2
赤道半径	3397	km

续表

参数名称	数值	单位
自转速率	350.891983	(°)/d
扁率	0.0052	
固体潮幅	0.05	

　　最新的火星重力场模型为喷气推进实验室（JPL）的 Konopliv 等人研制的 120 阶次模型 MRO120D。这一模型使用了 MGS（Mars Global Surveyor）探测器从 1997 年至 2006 年的轨道跟踪数据，MRO（Mars Reconnaissance Orbiter）探测器从 2006 年至 2015 年的轨道跟踪数据，以及 Odyssey 探测器 2002 年至 2015 年的轨道跟踪数据。除了上述 3 个探测器轨道跟踪数据，Konopliv 等人还使用了 Pathfinder 着陆器 1997 年 3 个月的跟踪数据，Viking 着陆器 1976 至 1982 年的跟踪数据，以及火星车 MER（Mars Exploration Rover）2012 年 4 个月的跟踪数据。解算的重力场模型对应的空间分辨率约为 90km，这一模型为揭示火星内部圈层结构和大型地质构造区域的内部结构等方面做出了重要的贡献。

参 考 文 献

[1] 庄洪春，马瑞平，等. 宇航空间环境手册 [M]. 北京：中国科学技术出版社，2000.

[2] M Alexander, Editor. Mars Transportation Environment Definition Document [J]. Marshall Space Filght Center, Alabama, NASA/TM - 2001 - 210935.

[3] A Keating, A Mohammadzadeh, et al. A Model for Mars Radiation Environment [J]. IEEE TRANS-ACTIONS ON NUCLEAR SCIENCE, 2005, 12 (52)：6.

[4] Folkner W M, Yoder C F, Yuan D N, et al. Interior structure and seasonal mass redistribution of Mars form radio tracking of Mars Pathfinder [J]. Science, 278：1749 - 1752.

[5] 吴季，赵华. 火星——关于其内部、表面和大气的引论 [M]. 北京：科学出版社，2010.

[6] D T Newell. Mars Telecom Orbiter Preliminary Environmental Requirements Document [J]. Jet Propulsion Laboratory California Institute of Technology, 04~2240.

[7] Konopliv A S, Park R S, Folkner W M, An imProved……data [J]. Icarus, 2016, 274：253 - 260.

[8] Neumann G A, Zuber M T, Wieczorek M A, et al. Crustal structure of Mars from gravity and topography [J]. Journal of Geophysical Research, 2004, 109, E08002, doi：10.1029/2004JE002262.

[9] McGovern P J, Solomon S C, Smith D E, et al. Localized gravity/topography admittance and correlation spectra on Mars：implications for regional and global evolution [J]. Journal of Geophysical Research, 2002, 107：5136, doi：10.1029/2002JE001854.

[10] Balmino G, Moynot B, Vales W. Gravity …… eighteen [J]. Journal of Geophysical Research, 1982, 87 (B12)：9735 - 9746.

[11] Lemoine F G, Smith D E, Rowlands D D, et al. An improved solution of the gravity field of Mars (GMM -2B) from Mars Global Surveyor [J]. Journal of Geophysical Research, 106：23359 - 23376.

第8章 表面形貌

8.1 反照率与表面颜色

8.1.1 反照率

反照率是表示物体对太阳光反射能力的物理量，理想的反射体反照率为 1.0，理想的吸收体反照率为 0。行星研究中常用到两种反照率，分别为邦德反照率（A_b）和几何反照率[1]（A_0）。

A_b 为反射通量（F_r）与入射通量（F_i）的比值。

$$A_b = \frac{F_r}{F_i} = F_r \cdot \frac{4r^2}{L_{solar}R^2} \tag{8-1}$$

式中，r 为行星和太阳的距离；R 为行星半径；L_{solar} 为太阳经度（这里为 3.9×10^{26} W）。

物体反射的太阳光与太阳、星球和目标之间的相位角 φ 有关。A_0 定义为 $\phi = 0°$ 时的反照率。A_b 与 A_0、相角积分（q_{ph}）有关：

$$A_b = A_0 q_{ph} \tag{8-2}$$

相角积分表示为 F_r 随 φ 的变化：

$$q_{ph} = 2 \int_0^\pi \frac{F_r(\phi)}{F_r(\phi = 0°)} \sin\phi \, d\phi \tag{8-3}$$

火星表面区域反照率随位置不同而变化，平均反照率 $A_b = 0.25$，$A_0 \approx 0.15$。最暗的区域 $A_0 \approx 0.1$，最明亮的区域 $A_0 \approx 0.36$（不包括火星极冠）。由于火星极冠交替的扩大与缩小改变了风向，影响火星尘分布，因此反照率随季节变化。

8.1.2 表面颜色

火星尘和火星大气中含有氧化铁，导致肉眼看火星呈橙红色。但仔细观察，火星颜色是呈现一定变化的范围：高反照率区域（不包括极冠）呈现赤红色，较低反照率区域呈现浅灰色[2]。图 8-1 揭示了 3 个独立的火星颜色区域：亮赤红色区、暗灰色区和过渡区。过渡区很像明亮区和阴暗区物质混合成的颜色。通过更换不同颜色的滤光镜来调整反射率配比，提高颜色对比度，可以发现火星较暗的区可再分为强红区和弱红区。强红区包括塔希斯火山区和南半球高地的高原区，弱红区则与中等年龄的脊状平原有关（Soderblom，1992）。物质组分和粒度不同的导致颜色差别，较亮的区域通常与尘埃沉积相关，较暗区域与富玄武质物质有关。

图 8-1　火星照片

　　图 8-1 为哈勃空间望远镜在距火星约 55760220km 时拍摄的火星照片，展示了火星颜色的细微变化。图底部可见明亮的南极极冠，中心靠右侧黑暗地貌为火山区塞蒂斯高原，之下稍亮的圆形地貌为海拉斯（Hellas）冲击盆地。

8.2　火星全球地形

8.2.1　火星地形特征

　　火星表面大致被一个与赤道成 30° 的大圆分为南北两部分，南半部和北半部的地形差别很大。就火星的地质史来说，南半部比较古老，表面崎岖而密布撞击坑；北半部则以大型火山熔岩平原为主，断断续续地点缀着一些死火山。在火星极区存在与其他地区不同的地貌，水冰、干冰以及尘埃组成了火星极冠，并随着火星季节发生变化（图 8-2）。火星全球勘测者测得的重力数据表明，南半球高地比北半球平原的地壳厚。火星南北地形的二分性是未解之谜，有两种推测：一是在火星形成早期，经历了一次或多次大的小行星撞击；二是在火星的内核形成时，其内部结构发生了变化。

　　火星的地貌和构造主要分古老单元、火山单元、已改造单元（峡谷和河床）和极区单元四类。古老单元主要指南半球高地严重遭受陨石撞击的地区，包括密布的撞击坑、陨击盆地及有关环形山，约占火星表面积的一半。南半球高地的大撞击坑较多，说明那里地质年代古老，可能在 38 亿年前就形成了。火山单元包括火山建造和火山平原。火山建造包括盾形火山、火山穹丘和火山口地貌，主要在南半球北侧的塔西斯区、天堂区及海拉斯盆地附近的陨石撞击区。火星北半球低地以及两半球交界区，有多种已改造单元，包括平原、多丘地带和河床等，它们成因各自不同。在火星极区存在与其他地区不同的地貌。极区表面最上层是水冰、干冰以及尘埃混合成的极冠，随着火星季节发生变化。

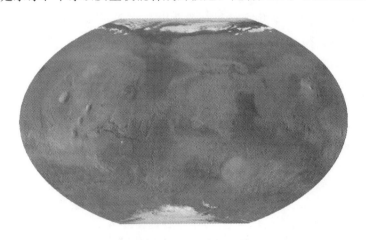

图 8 - 2　根据火星全球勘测者数据制作的火星表面地形图

如图 8 - 2 所示，在火星南北极区可见明亮的极冠，中心靠右暗色地貌为火山区塞蒂斯高原，其下稍亮的环形地貌为海拉斯盆地。

虽然火星半径大约为地球的一半，但这两个行星的陆地表面积几乎相等。火星表面存在多种地貌：撞击坑、盆地、大型盾形火山、峡谷、干涸的河床、崩塌地貌、沙丘和极区沉积层等，但没有地球上的板块构造所造成的地形（例如板块边界挤压形成的安第斯山脉，板块俯冲形成的海沟等）。火星的全球地形（图 8 - 3）分为几个大尺度的地质区域：塔西斯山（赤道附近，250°E），南半球的 Hellas 和 Argyre 撞击盆地（分别在 40°S，70°E 和 320°E 附近），赤道附近的水手大峡谷（260°E～330°E，位于塔西斯山顶端的东面）。火星上的火山呈现不对称分布，1/3 的火山分布于北部，风化程度较弱；2/3 的火山分布于南部，风化严重。北部火山的风化程度表明，火星北部地质年代较年轻[3]。

火土位于火星风化层最上面，由细颗粒组成且具有可渗透性。据估计，厚厚的永久冻结带（年平均温度小于 273K）覆盖整个火星，其深度在赤道约一千米，在极地达几千米。在赤道南北纬 40°之间，火星地表及地表以下深 1m 以内，不存在永久性水。但是由于风化层具有渗透性，在这个深度之下可能存在水冰。

火星最高点是奥林帕斯（Olympus）山顶部，高度为 21.287km，底部直径 600km。火星上的水手峡谷是太阳系最大最深的峡谷，深 5～10km，宽 100km，长 4000km。火星上最低点位于海拉斯撞击盆地内，海拔 −8.180km。"火星快车"拍摄的图片显示，火星上 Cerbeurs Fossae 地区存在面积为 800km×900km、深度 45m 的冻海；在奥林帕斯山

7km 的山腰处，存在被沙尘掩盖的冰川迹象。火星比月球、水星的地貌都要复杂，跟地球也有差别。例如，火星的高原和盾形火山比地球上的大，火星表面最大高度差达 29km，而地球上仅约 20km。

如图 8-3 所示，上图以 70°纬度为界线，分别为从两极投射的立体图，左侧为南极，右侧为北极。下图为投影图，塔西斯火山位于赤道附近，东经 220°～300°间，东面是东西走向的巨大水手峡谷。主要火山包括奥林帕斯山（18°N，225°E）等，主要撞击盆地包括 Hellas（45°S，70°E）等。

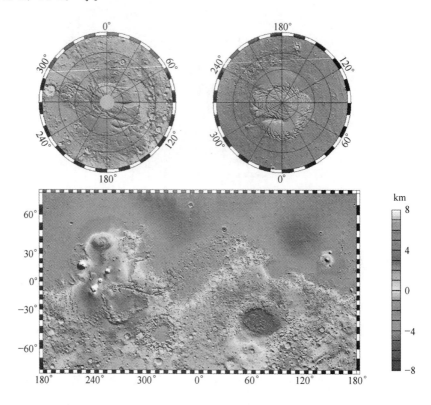

图 8-3　火星全球勘测者得到的火星地形图（见彩插）

8.2.2　火星表面粗糙度

1963 年，人类首次获得了火星的雷达回波，雷达的双程回波时间提供了地球与火星间的距离信息和火星表面的地形起伏信息，回波的色散提供了火星表面粗糙度的估计值，回波强度可以用来确定火星表面反射率。

火星全球勘测者的激光高度计（MOLA）以千米量级获取了火星表面粗糙度，如图 8-4 所示。结果显示，南部高地粗糙度比北部平原大，主要是南半球遭受了强烈撞击；北部平原平缓，且该区域覆盖着一层沉积层。

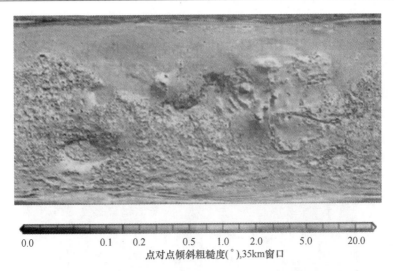

0.0　　　0.1　0.2　　0.5　1.0　2.0　　5.0　　20.0

点对点倾斜粗糙度(°),35km窗口

图 8-4　火星全球勘测者激光高度计获得的火星表面粗糙度结果

（图片来源：NASA/GSFC，见彩插）

8.3　火星典型地貌

8.3.1　沙丘

沙丘大量存在于火星表面，尤其在北极地区和低洼地区，如撞击坑底部、大型盆地底部、冲沟与峡谷底部。如图 8-5 所示。

图 8-5　火星北极的沙丘

随着春天来临，火星北半球靠近北极的沙丘开始解冻，干冰和水冰在稀薄的大气中直接升华成气体,沙子吸收太阳光后加速解冻过程。在这个过程中,携带沙粒的气体会穿透薄冰,形成沙子喷射。夏天来临,火星表面大部分地区被沙丘覆盖。撞击坑因地势较低,沙粒会被捕获,形成沙丘。这些沙丘的形态呈线性,形状光滑,估计是由风引起的,如图 8-6、图 8-7 所示。

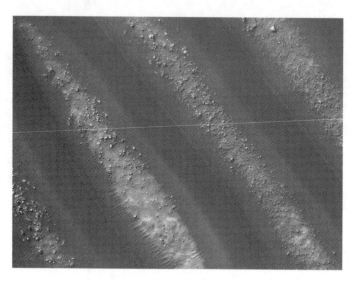

图 8-6　海拉斯冲击盆地西面沙丘

图 8-7　"奥德赛"拍摄的邦吉(Bunge)撞击坑沙丘

图 8-7 为"奥德赛"于 2006 年 1 月拍摄,位于南纬 33.8°、东经 311.4°。图片宽度约为 14km。

8.3.2　撞击坑

撞击坑是大多数行星表面最常见的地质特征,受到小天体撞击形成,面积巨大的撞击坑称为撞击盆地[4]。火星上南半球地势较高,受陨石撞击严重,北半球地势较低,撞击坑分布较少,地质年代相对年轻。图 8-8~图 8-10 为国外火星探测器所拍摄到的撞击坑和撞击盆地的细节图。

图 8-8 机遇号从维多利亚(Victoria)撞击坑内拍摄到的佛得角(Cape Verde)
(佛得角露出地面的岩层,展示了很久以前维多利亚撞击坑的岩石沉积下来后的变化)

同缺少挥发组分行星体(如月球、水星)上的撞击坑相比,火星上撞击坑的形态明显不同[1,5]。与月球上的撞击坑相比,火星上的撞击坑经历了更多侵蚀和陵削,这是在空气动力作用(更强的风蚀过程)下形成的。和其他天体上的撞击坑一样,火星上的撞击坑同样会因为边缘沙石的流动(比如山崩)、后来叠加的陨石撞击、岩浆流动、附近火山喷发物冲击等被陵削。另外,火星上的陨击坑也可能被水和大气风化。

火星上较小的撞击坑(直径小于 10~15km)形貌比较简单,呈碗状,其底部凹陷,边缘凸起且竖立着陡峭岩墙,有一些存在平坦基底;更大一些的撞击坑其中央山峰和阶梯状墙更大、更复杂,直径大约 100km,呈多环构造,中间峰顶呈环状。行星上的撞击坑,其形态从简单过渡到复杂的临界值,与行星的重力场有关。行星体越大,质量越高,撞击坑形态从简单到复杂发生变化的临界直径 D_{sc} 越小[4]。D_{sc} 大小与行星重力场的关系已有较成熟的模型,用该重力比例关系预测火星的 D_{sc} 约为 10km,与体积较小但质量较高的水星近似。火星实际 D_{sc} 接近 7km,且在高纬度地区观测值更小,可能是由于近地表下水冰的存在,使地壳强度受到影响。

火星上撞击坑的深度(d)与直径(D)的关系,呈现出随纬度变化的趋势。未显著风化的复杂撞击坑在极地附近的 $d-D$ 关系为:

$$d = 0.03D^{1.04}$$

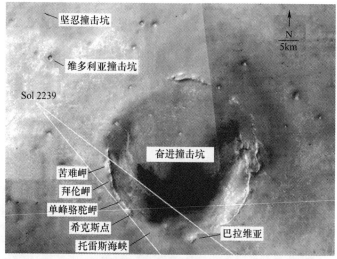

（a）奋进撞击坑及周边撞击坑

（b）奋进撞击坑边缘的勇气点

图 8-9　奋进撞击坑及周围环境和奋进撞击坑边缘机遇号的某个到达点区域

在赤道附近为：

$$d = 0.10D^{0.55}$$

撞击坑形态随纬度变化，显示在火星近地表下冰的存在，分布趋势与火星地热模型预测的趋势一致[3,6]。

根据火星表面撞击坑的分布密度，行星地质学家可以对火星地表年龄进行测定，把火星地质历史从老到新划分为四个阶段：前诺亚纪（pre-Noachian）、诺亚纪（Noachian）、赫斯珀利亚纪（Hesperian）和亚马逊纪（Amazonian）。在前诺亚纪，火星南北半球差异形成，但这个时期的火表地壳没有保存下来。诺亚纪火山活动和流水活动频繁，形成了大

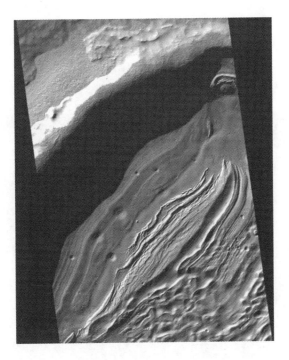

图 8-10　海拉斯撞击盆地西北部分构造

部分保存到现在的火星表面流水侵蚀地貌。赫斯珀利亚纪火山活动仍在进行。亚马逊纪火星表面的水大幅减少，转而以冰的侵蚀活动为主，火山活动集中在塔西斯和 Elysium 两个中心。

图 8-10 由火星全球勘测者于 2010 年 3 月 28 日拍摄，中心点的位置为南纬 33.95°、东经 48.5°。海拉斯冲击盆地西北部的堆积物形态特殊，很可能与水、水冰有关，证据表明这里存在地下水冰。

8.3.3　火山

火星表面最具代表性之一的地貌是数量众多、大小各异的火山群。火山区域是指，在每百万平方千米范围内，直径 1km 火山的数量达到 160～4800 个的区域。在某些区域，每百万平方千米范围内，直径 15km 或更大直径的火山达到 200 个，甚至更多。从诺亚纪到晚亚马逊纪，火星均有火山活动，火山作用形成熔岩流平原和不同形态的火山构造。

火山和构造活动主要集中在塔西斯区，这里有巨大的隆起地形，覆盖了火星西半球大部分区域。火星轨道激光高度计（MOLA）的探测结果显示，塔西斯区的抬升，是火星演化历史过程中喷发出来的火山物质堆积而成[6]，火山喷发机制也需要地幔的支撑。分析水手峡谷暴露出来的深层地质情况可以得出，在火星演化历史早期，这一区域的火山活动就达到了顶峰。但是，从撞击坑计数研究来看，直至地质学年代近期，塔西斯区火山活动才停止。塔西斯区也是一个构造中心，超过半数的地质构造特性都在火星初期形成并保留至今。

图 8 - 11 为火星全球勘测者利用红外线相机拍摄的尼利·帕特拉（Nili Patera）火山锥，锥体底部直径约 5km。在火山锥的南面和附近的地形带，都有熔岩流堆积。锥体左侧整个浅色调区域都是熔岩堆积。沉积物是过去当地环境温暖、潮湿或多水气的证据。

图 8 - 11　火山熔岩流堆积出的火山锥

8.3.4　水冰

火星平均大气压为 0.6kPa，平均温度为 −55℃，火星着陆器勇气号测到古瑟夫撞击坑内表面温度为 −15～5℃。水的三相点温压条件是 0.01℃、0.006atm（约 0.7kPa），因此，除了在极地冰盖，火星其他表面都不能存在稳定的液态水和裸露的固态水冰。目前分析，水在火星表面有 3 个主要储藏区：大气中的水蒸气（总含量 10～17Pr·μm）、南北极冰盖和中高纬度地下冰[6]。

火星大气中水含量不多，如果全部凝结也仅能在火星表面覆盖约 0.01mm（而地球大气中的水汽可达到几毫米），可见火星大气极其干燥。火星北极冠水冰层的厚度估计为 1m～1km，相当于大气中水汽的上万倍。

在火星南北纬 40°以上的高纬度带，普遍存在地下冰层，这里地下温度很低，水冰可以稳定存在。水手 9 号探测器的红外探测仪探测到火星表面有水冰（或含水矿物）的信号；"奥德赛"轨道器的观测证实，在高纬度地区，火星表面以下 1m 深度范围内存在冰，但不知道冰层有多厚。在低纬度地区，冰是不稳定的，分布于火星表面浅层的水冰必然升华为大气中的水蒸气。从地表面到熔点（约 273K）等温线的深度范围内，地面冰都能够保留着，如图 8 - 12 所示。当火土中某一深度水冰的年平均水蒸气密度与大气中水蒸气的年平均密度相等，该深度火土次表层中的水冰可稳定存在，即水冰和大气间的扩散达到平衡，这一深度称为平衡深度，也可认为是理论上水冰存在的最小深度。当地下冰的深度高于平衡深度，火土中的水冰向大气扩散；反之，大气中的水蒸气向火土扩散，冻结形成水冰。在北半球 $65°\sim75°$ 范围内，计算出地下水冰深度为 $2.6\sim18cm$。

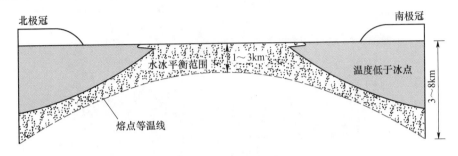

图 8-12　地壳两极中间层区域显示了 273K 熔点和 198K 冰点等温线深度的变化范围

　　海盗 2 号着陆器发现，火星北部冬季结束时表面存在冰霜，并在 1 个火星年后再现，图 8-13 是海盗 2 号在着陆点拍摄的照片。

图 8-13　海盗 2 号着陆点附近的乌托邦平原

　　火星南北两极的冰盖主要由水冰和干冰组成，尤其北极的冰盖主要成分是水冰，南极干冰含量较多，因此，冰盖的季节性变化更加明显。两极的冰盖存在辐射状螺旋凹槽。

　　火星全球勘测者雷达探测了火星中纬度地区地下水冰的分布情况。图 8-14 为北半球迪特隆尼流斯门莎（Deuteronilus Mensae）地区，冰沉积的位置以蓝色标识，图中心位置为北纬 42.2°、东经 24.7°，覆盖区域为 $1050km\times775km$。黄色线条是探测器飞行轨道的地面轨迹。研究发现，厚度达到 1km 的冰主要出现在陡峭的悬崖和山坡，那里有许多石头碎屑保护冻结的冰，使之不会升华到大气中。

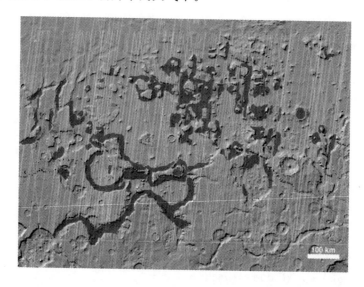

图 8 - 14　火星中纬度地区分布图

参 考 文 献

[1] Davis P A，Soderblom L A. Modeling crater topography and albedo from monoscopic Viking Orbiter images，I - Methodology [J]. Journal of Geophys, 1984, Res, 89: 9449 - 9457.

[2] Barlow N G. Mars: An Introduction to its Interior, Surface and Atmosphere [M]. Cambridge UK: Cambridge University Press, 2008.

[3] Clifford S M. A model for the hydrologic and climatic behavior of water on Mars [J]. Journal of Geophys, 1993; Res, 98 (E): 10973 - 11016.

[4] Melosh H J. Impact Cratering: A Geologic Process [M]. New York: Oxford University Press, 1989.

[5] Garvin J B. Sakimoto S E H, Frawley J J, et al. North Polar Region Crater forms on Mars: Geometric Characteristics from the Mars Orbiter Laser Altimeter [J] . Icarus, 2000, 144: 329 - 352.

[6] Rossbacher L A, Judson S. Ground ice on Mars: Inventory, distribution and resulting landforms [J]. Icarus, 1981, 45: 39 - 59.

第9章 火星成分

9.1 概述

火星表面物质是研究火星形成和演化的首要调查对象，也是选择着陆点必须考虑的前提条件之一。要了解火星的地质历史，首先需要了解火星化学组成和物质状态、表层化学元素的含量和分布特征、火星深部的情况等，以便探讨火星地质演化过程。因此，开展火星表面元素丰度、岩石矿物类型及其分布的探测，是研究火星地质演化的基础工作。目前，对火星整体化学成分的认识和了解，主要通过3种不同途径：1）基于太阳系行星化学理论研究，以及地面望远镜的观测数据开展综合性分析；2）对火星陨石开展系统的实验室研究；3）通过发射火星探测器，开展遥感探测、表面着陆原位探测和巡视探测（表9-1）。

表9-1　火星探测任务与表面物质成分探测目标

任务名称	火土探测科学目标	探测方式	探测载荷	主要成果
海盗号任务，1975年8月20日	探测火星表面火土成分特征，探测火土生命物质	着陆原位探测	生物学实验设备，气像色谱分光镜，X射线荧光分光镜	获得了火土中主要的成分特征
火星全球勘测者（MGS），1996年11月7日	火星表面矿物分布探测	环绕探测	热辐射光谱仪	获得了全球矿物分布特征，火星赤道附近有赤铁矿沉积体存在证据
火星探路者，1996年12月4日	探测火星表面火土或岩石露头物质成分，主要以主量元素成分为主	着陆巡视探测	粒子激发X谱仪	获得了火星表面火土中主要成分特征；发现火星山谷平原暴发过多次洪水，并有水冲击沉积形成的定向排列卵石
火星奥德赛号，2001年4月7日	测量火星表面化学和矿物质组成情况	环绕探测	热辐射成像系统，伽马射线光谱仪，高能中子探测器	发现大量氢原子，意味着在火星地表下数米处[1]可能有大量水或冰；2008年"凤凰号"任务验证了这一探测结果

续表

任务名称	火土探测科学目标	探测方式	探测载荷	主要成果
火星快车，2003 年 6 月 2 日	探测火星表面含水矿物，主题目标是寻找火星水和水冰	环绕探测	光学与红外矿物光谱仪，地表下探测雷达/高度仪	显示在火星上存在水合硫酸盐、硅酸盐等多种造岩矿物
机遇号，2003 年 6 月 10 日；勇气号，2003 年 7 月 8 日	探测岩石和火土特征，寻找过去水流证据；探测火土中蒸发盐类矿物；探测着陆巡视区域火土分布特征和成分；探测含铁矿物质或盐类，研究沉积成岩作用；进行岩石和火土分类工作	着陆巡视探测	全景相机，微热放射光谱仪，穆斯鲍尔谱仪，粒子激发 X 谱仪磁铁，显微图像器	获得了火土（沉积）剖面结构，并划分了主要的沉积相；对火土成分进行了详细测定，并粗略分类；发现了纳米铁原子的存在
火星勘探轨道器（MRO），2005 年 8 月 12 日	探测火星表面下方的岩石地层特征、冰层状态；确定火星表面矿物组成，分析火星表面地层和岩石单元组成	环绕探测	浅层地表雷达探测仪，火星专用小型侦察影像频谱仪（CRISM）	获得了火星表面含水矿物分布图（局部）
凤凰号，2007 年 8 月 4 日	主要目标是探测火土中的水或水冰；对火土特性进行分析	着陆原位探测，采样分析	机械手臂，火土气体分析仪，显微学分析仪，电化学分析仪，传导性分析仪	首次在火土中发现了高氯酸盐的证据，发现了火星浅表地层中的水冰
火星科学实验室，2011 年 11 月 18 日	主题目标是对着陆区堆积物和岩石成分进行详细探测，研究火星表面细粒物质沉积特征，对火土中 H 的丰度和变化进行监测，详细探测火星着陆区地层结构、矿物类型和火土成分	着陆巡视探测	桅杆相机，火星手持成像仪，阿尔法-质子-X 光谱仪，化学分析和成像仪，化学和矿物成分 X 衍射仪/X 荧光仪，火星样品就地测试仪器包，放射性探测仪，动态反照率中子测量仪	预期获得成果是对火星表面水和人类火星可居住环境有一定启示

注：这些遥感调查结果仅限于表层，且多来源，还需要透过表层看深层结构，了解火星本体的情况。

9.1.1　地面遥感和轨道器探测

通过地面遥感观测和轨道器探测，可以对火星全球化学成分的分布特征进行考察，在大尺度范围内对火星地质单元进行划分，便于了解火星地质过程[2]。

遥感探测技术主要依靠反射光谱学测定化学成分。太阳产生的电磁辐射，以可见光和红外光为主。火星表面反射太阳光的同时，表层矿物晶格也会吸收某些波段能量。根据传感器接收到的辐射能量，校正火星大气吸收与散射的影响，从而得到地面反射光谱，通过实验室比对，界定出火星表面的矿物成分。很多重要的矿物和大气吸收光谱出现在红外波段，频率为 $3\times10^{11}\sim3\times10^{14}$ Hz，或波长为 $1\mu m\sim1mm$。

地球大气会吸收更长波长的红外能量，因此，地基望远镜只能限制在近红外波段使用。哈勃望远镜上使用的近红外相机和多目标光谱仪也在近红外波段，波长为 $0.8\sim2.5\mu m$。

火星轨道器距离火星较近，可以在较宽的波长范围内进行观测，且能够获得较高分辨率数据。遥感观测应用中，还可应用伽马射线等其他波段。火星奥德赛搭载的伽马射线谱仪系统由一台伽马射线谱仪、一台中子谱仪和一台高能中子探测器组成；伽马射线谱仪检测放射性元素如钾、铀、钍衰变辐射产生的伽马射线，以及非放射性元素如氯、铁、碳与宇宙射线相互作用产生的伽马射线；中子谱仪和高能中子探测器则检测宇宙射线与表面矿物相互作用辐射的热中子（$<0.4eV$）、超热中子（$0.4\sim0.7MeV$）和快中子（$0.7\sim1.6MeV$）[3]。由于表面成分不同，这些中子穿透火星表面时可以不受影响或被吸收，因此，可以根据表面热中子、超热中子和快中子辐射通量比较来确定火星表面约 1m 以下深度的组分。

环绕探测中，火星表面元素探测已经获得了较多成果。火星奥德赛携带的高纯锗伽马谱仪，探测到了火星表面 Si、Cl、K、Fe、Th 等元素的分布，并根据这些数据绘制了分布图，空间分辨率约为 500km，同时也获得了火星不同季节表面 CO_2（干冰霜）的分布。通过分析伽马谱仪数据，研究人员发现，在火土中存在大量氢原子，表明在火星地表下数米处可能含有大量水或冰，并绘制了地下水的分布图[4]。近期的火星探测任务中，利用成像光谱仪进行矿物（岩石）层面的探测是主要发展方向，例如"火星快车"对火星表面物质在紫外谱段、红外谱段、近红外谱段等进行了探测，美国的 MRO 利用高光谱成像仪 CRISM 的 558 个波段，从可见光到中波红外（$0.4\sim4.05\mu m$）谱段对火星矿物进行了探测。在 1992 年，Trombka 等人对比了氧、硅、铁、钾以及"火卫一"任务中获得的钍元素丰度，认为火星表面具有全球均质火土成分的特征[5]。在相同的赤道地区，"火星奥德赛"获得的钾（$0.3\%\sim0.5\%$）和钍（$0.5\times10^{-6}\sim2\times10^{-6}$）的质量分数基本一致。火星轨道器获得的火星表面成分特征见表 9-2。

表 9-2　火星轨道器获得的火星表面成分特征（质量分数，%）[5-7]

"火卫二"伽马射线谱仪		
元素	PC-3	PC-4
O	（48%±5%）/（40%±18%）	（46%±4%）/（54%±27%）
Si	（19%±4%）/（11%±6%）	（20%±3%）/（15%±7%）

"火卫二"伽马射线谱仪		
Fe	(9%±3%)/(10%±4%)	(8%±4%)/(4%±7%)
K	(0.3%±0.1%)/(0.2%±0.1%)	(0.4%±0.1%)/(0.3%±0.2%)
Th	(1.9%±0.6%)/(3.1%±1.3%)ppm	(2.0%±0.4%)/(2.2%±1.0%)ppm

火星全球勘测者热辐射光谱仪		
氧化物成分	表面成分1	表面成分2
SiO_2	53.6±1.4	58.4±1.4
TiO_2	0.1±0.9	0.1±0.9
Al_2O_3	15.2±1.5	15.0±1.5
FeO(T)	6.9±1.2	4.5±1.2
MnO	0.1	0.1
MgO	8.7±2.6	9.0±2.6
CaO	10.3±0.7	7.4±0.7
Na_2O	2.8±0.4	2.7±0.4
K_2O	0.6±0.4	1.2±0.4
Cr_2O_3	0.1	0.1
Total	98.4	98.5

9.1.2 火星表面成分的原位探测

火星表面物质成分的详细特征，主要来自着陆器降落火星表面后的现场分析数据，研究手段与地球类似。目前有6次较为成功的火星着陆探测任务（表9-3，图9-1），获取了大量的火星表面火土、岩石、矿物和化学元素的信息。其中，机遇号和勇气号对火土和岩石开展了最为详细的探测，对着陆点岩石、火土类型、成分等进行了综合性研究，并系统研究了火土的沉积剖面。2011年11月发射的 好奇号探测器，采集了火土样本和岩芯，对可能存在孕育微生物的有机化合物和环境条件进行了详细勘察。"火星科学实验室"选择在盖尔陨石坑内着陆，其中心山丘的层状物可能含有黏土和硫酸盐矿物，着陆点周围存在沉积物形成的冲积扇区域，这些物质和地貌的形成都与水有关，同时这一任务综合了对火星岩石内部结构与成分之间的探测，或将带来更多火星表面物质成分信息的新发现。

表 9 - 3　火星着陆探测任务和着陆点

任　　务	纬度/°N	经度/°E	地形高度/km	着 陆 区 域
海盗1号	22.27	311.81	−3.6	克里斯平原（Chryse Planitia）
海盗2号	47.67	134.04	−4.5	乌托邦平原（Utopia Planitia）
火星探路者 （Mars Pathfinder，MPF）	19.09	326.51	−3.7	阿瑞斯谷（Ares Valles）
勇气号（MER - Spirit）	−14.57	175.47	−1.9	古瑟夫撞击坑（Gusev Crater）
机遇号（MER - Opportunity）	−1.95	354.47	−1.4	梅里迪尼高原（Meridiani Planum）
凤凰号	68.15	234.1	−3.5	北极平原

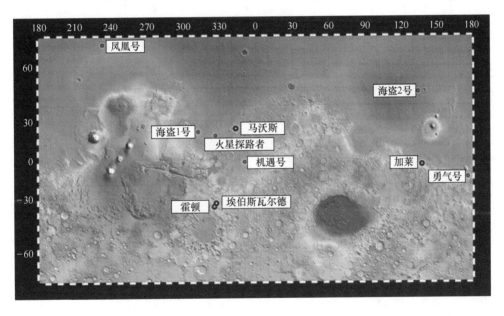

图 9 - 1　美国探测任务巡视器着陆点和"火星科学实验室"计划着陆候选区（见彩插）

如图 9 - 1 所示，"火星科学实验室"计划的四个着陆点候选区为：1）埃伯斯瓦尔德（Eberswalde）：古河道沉积中的一个可能的湖泊三角洲；2）加莱（Gale）陨石坑：山坡堆积层，包括黏土和硫酸盐；3）霍顿（Holden）：火山口含冲积扇，洪水堆积，可能在湖床和黏土中蕴含丰富的矿藏；4）马沃斯（Mawrth）：暴露层至少包含两种类型的黏土。

海盗号、火星探路者都着陆在了地质年代年轻、低海拔的北部平原。海盗 1 号、海盗2 号分别利用 X 射线荧光光谱，对着陆点的松散碎片物进行了分析，发现两个着陆点的化学成分非常相似，这可能是由于风暴造成了火星表面物质全球性均一化。由于海盗号不能进行矿物学的直接分析，样品的矿物成分和特征是通过间接推导获得。根据海盗号探测结果可以得出，火星表面的火土物质主要是富铁的风化产物，而不是原生矿物。

火星探路者所携带的粒子激发 X 射线谱仪，对着陆点附近的表面成分开展了原位分析[8]，无论在精度上还是在探测结果数量上都比海盗号前进了一大步，特别是通过分析一些单一岩石，对火壳成分、形成与演化特征有了进一步认识。火星探路者分析的岩石具有安山岩组分，这是在火星形成早期火幔处于熔融状态下，由拉斑玄武岩岩浆分馏形成。但是，含 Fe^{3+} 的灰尘及风化物覆盖在岩石表面，使得岩石具体成分难以获得（见表 9 - 4）。

表 9 - 4　典型原位探测任务获得的火星岩石和火土成分特征[9,10]

质量分数 (%)	火星探路者获得的岩石成分						
	A - 3	A - 7	A - 16	A - 17	A - 18	表面尘埃	相对平均误差
Na_2O	1.60	1.19	2.30	2.03	1.78	2.46	40
MgO	3.20	6.71	4.56	3.50	3.91	1.51	10
Al_2O_3	11.02	9.68	10.24	10.03	10.94	11.00	7
SiO_2	53.80	49.70	48.60	55.20	51.80	57.00	10
P_2O_5	1.42	0.99	1.00	0.98	0.97	0.95	20
SO_3	2.77	4.89	3.29	1.88	3.11	0.30	20
Cl	0.41	0.50	0.41	0.38	0.37	0.32	15
K_2O	1.29	0.87	0.96	1.14	1.10	1.36	10
CaO	6.03	7.35	8.14	8.80	6.62	8.09	10
TiO_2	0.92	0.91	0.95	0.65	0.82	0.69	20
Cr_2O_3	0.10	ND	ND	0.05	ND	ND	50
MnO	ND	0.47	0.65	0.49	0.52	0.55	25
Fe_2O_3	16.20	16.70	18.90	14.80	18.10	15.70	5

质量分数 (%)	海盗 1 号中火土成分					火星探路者获得的火土成分			
	C - 1	C - 5	C - 6	C - 7	相对平均误差	A - 4	A - 5	A - 10	A - 15
Na_2O	ND	ND	ND	ND		1.00	1.05	1.32	0.97
MgO	6.4	7.3	6.4	5.3	−3/+5	9.95	9.20	8.16	7.46
Al_2O_3	8.4	7.2	7.8	7.8	±4	8.22	8.71	7.41	7.59
SiO_2	46.0	44.1	47.1	46.6	±6	42.50	41.60	41.80	44.00

续表

质量分数 (%)	海盗 1 号中火土成分					火星探路者获得的火土成分			
	C-1	C-5	C-6	C-7	相对平均误差	A-4	A-5	A-10	A-15
P_2O_5	ND	ND	ND	ND		1.89	1.55	0.95	1.01
SO_3	7.5	10	7.2	7.2	-2/+6	7.58	6.38	7.09	6.09
Cl	0.8	0.9	0.9	0.6	-0.5/+1.5	0.57	0.55	0.53	0.54
K_2O	ND	ND	ND	ND		0.60	0.51	0.45	0.87
CaO	6.4	5.9	6.4	6.4	±2	6.09	6.63	6.86	6.56
TiO_2	0.7	0.6	0.7	0.7	±0.25	1.08	0.75	1.02	1.20
Cr_2O_3	ND	ND	ND	ND		0.20	0.40	0.30	0.30
MnO	ND	ND	ND	ND		0.76	0.34	0.51	0.46
Fe_2O_3	18.9	18.3	18.5	20.1	-2/+5	19.60	23.00	23.60	23.00

勇气号、机遇号分别探测了两个地质年代较老的区域，在含水矿物的探测上取得了重大突破，对火星化学成分研究有着重大意义，支持了火星上存在大量水以及其产生、演化、消失机理的研究，对火星生命物质的研究提供了重要的科学依据[11]。

1）勇气号的着陆点是古瑟夫撞击坑。探测结果表明，撞击坑底部应为古湖泊所覆盖过。但古瑟夫平原的岩石和火土并非因沉积而成，而是富橄榄石玄武岩流的衍生物，其组分与橄榄石斑状辉玻无球粒陨石类似，这可能意味着古瑟夫平原的源岩浆来源于火星地幔深处，且未经历过后续的分馏作用。勇气号进入哥伦比亚丘陵地区，发现该区岩石包括玄武岩、硫酸盐胶结的超镁铁质沉积岩，以及成分不一的碎屑岩，岩石显示出了不同程度的水成蚀变作用。在勇气号车轮上，红色尘埃下附着含盐量高的明亮物质，可能是在早期撞击事件发生过程中附近存在大量水，流水把沙粒搬运至此沉积形成砂岩。

2）机遇号降落在梅里迪亚尼平原，通过热辐射光谱仪探测到了很大的灰色结晶赤铁矿露头。同时，在该区域发现了水存在的证据，直径为 20m 的鹰（Eagle）撞击坑的峭壁上，显露出因沉积作用造成的交错层理和波纹样式。特别是，在岩石中发现了富赤铁矿球粒，在地球上，这种构造是赤铁矿结核与氧化性地下水混合并沉积而形成的，这意味着在火星上也许曾经出现过相似的过程。在岩石中又发现有中空的凹洞，可能是岩石中形成的矿物晶体脱落或溶解后留下的。通过组分分析发现，该区域细粒物质大多为玄武岩衍生物，岩石中盐类和包含黄钾铁矾的硫化物含量较高。同时，在附近另一个较大的撞击坑边缘也发现了这类物质，科学家由此推断，梅里迪亚尼平原过去曾是一个酸性盐水海。典型原位探测任务获得的火星岩石和火土成分特征见表 9-4。

9.1.3　火星陨石研究

部分无球粒陨石被认为是来自火星的样品，其中的气体成分与火星大气相似[4,12]。对这些火星陨石的研究，一直是获取火星地球化学特征的主要手段。

地球化学中，火星陨石可细分为斜方辉石岩、玄武质辉玻无球粒陨石、橄榄石斑状无球粒陨石、二辉橄榄石质辉玻无球粒陨石（含斜长石橄榄岩）、富橄榄石辉橄无球粒陨石和纯橄榄岩（纯橄无球粒陨石)[13,14]。所有火星陨石中，辉石含量高于长石。

辉玻无球粒陨石（Shergotty）、辉橄无球粒陨石（Nakhla）和纯橄无球粒陨石（Chassigny）及其相关陨石，被统称为 SNC 陨石，这类陨石通常被认为是火星火成岩。辉玻无球粒陨石是火星陨石类别中相对较多的一类，一些辉玻无球粒陨石为玄武质成分[15]（图 9-2），其他为超镁铁质组成。辉橄无球粒陨石多为单斜辉石岩，纯橄无球粒陨石为纯橄岩，研究较多的 ALH84001 火星陨石为斜方辉石岩。除 ALH84001 外，所有的 SNC 陨石的结晶年龄非常小，大约为 1.3 亿年，对应太阳系中小行星岩浆泛滥时期[16]。

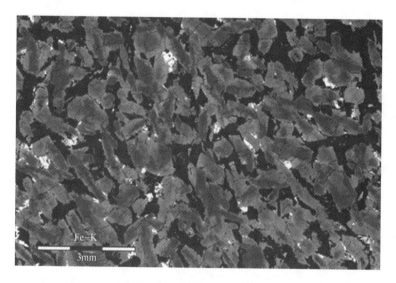

图 9-2　辉玻无球粒陨石薄片中显示的 Fe-K 特征

（其中灰色为辉石，黑色为斜长石，可能已转化为熔长石，明亮部分为铁钛氧化物）

辉玻无球粒陨石组分间的差别，被认为是岩浆受到了早期壳层物质的污染。在几个火星陨石中，均检测到了流体和岩石相互作用蚀变的产物。ALH84001 陨石中含有大量的碳酸盐（图 9-3），是由于卤水蒸发或与热水流体反应后，碳酸盐最终在岩石裂隙中沉积。在几个火星陨石中，还发现了岩石和水相互作用蚀变的产物。这些结果表明，火星陨石样品可能来自壳层区，其成分构成主要由历史上与地下水和（或）表面水相互作用的火山物质组成。

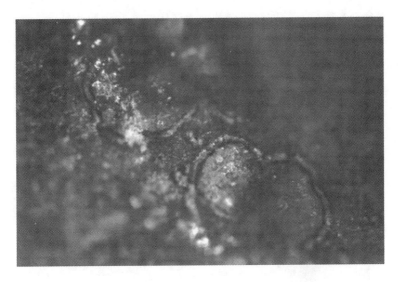

图 9 - 3　带细边的圆物体是 ALH84001 里发现的碳酸盐球粒

(其中球粒直径大约为 200μm，由具镁碳酸盐组成，转引自吴季等译著，2010)

9.1.4　火星地质单元划分

火星地质年代主要分为诺亚代（Era）（距今 46 亿～37 亿年前）、西方代（距今 37 亿～31 亿年前）、亚马逊代（31 亿年前至今）。在火星北半球和南半球之间具有显著的地形地貌分界线（图 9 - 4）。在南部高地区域，陨石坑的密度较高，表明这一区域可能存在最古老的火壳。在北部的诺亚纪地层之上，覆盖着赫斯珀利亚纪地层或火山岩。火星上没有任何板块构造或地壳运动的证据，然而 MGS 发现岩石存在磁性，可能意味着早期火星表面存在古老地块移动[17]。

今天的火星表面寒冷而干燥，但火星的地貌与地质特征表明，在火星的地质发展中，水可能短暂存在过。这些证据包括蜿蜒的山谷、流水冲刷出的渠道以及一些盆地[18-19]。

9.2　火星矿物

研究火星表面矿物特征，可以了解火星表面物质的地球化学演化过程，确定何种矿物和环境因素占主导地位，最终给出火星表面矿物或化学元素演化的过程和规律，以及在此过程中水的丰度和活动规律。目前，研究结果表明，火星表面主要矿物化学演化过程受风化作用控制，取决于气候演变，但其他过程也在不同时间、空间上具有相应的控制作用，包括热液作用、火山作用、蒸发作用、陨石冲击作用和风沙侵蚀作用。因此，火星表面矿物演化可能存在三个阶段（图 9 - 4）：首先，在相当厚的富 H_2O 和 CO_2 大气环境下，诺亚代沉积或火山岩出现，经历红土型风化过程，水逐渐变得稀少；其次，在西方代，硫酸盐型风化过程会一直持续；最后，在火星今天这样的寒冷干燥条件下，通过固体/气体转换、水体引起的雾霜冰冻/解冻的风化过程，以及过氧化氢和氧的存在引起的强氧化作用导致铁（氧）氢氧化物的生成。尽管这些过程能够合理解释目前火星表面矿物成分特征，但仍存在很多问题，比如这些过程之间的过渡、关联因素以及如何影响风化过程。

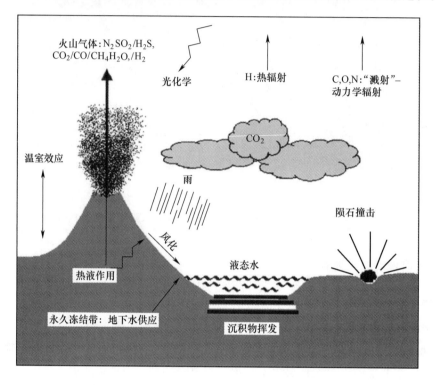

图 9 - 4　早期火星地质演化的环境和过程示意图[20]

9.2.1　硅酸盐矿物

硅酸盐是地球表面最丰富的矿物之一。人类探测火星及对 SNC 陨石研究结果表明，火星表面的硅酸盐矿物主要为橄榄石、辉石和斜长石，岩石是玄武岩或安山岩，最新研究结果表明可能还有长英质矿物[21]。火星全球勘测者热辐射光谱仪（TES）、火星奥德赛热辐射成像系统（THEMIS）和"火星快车"OMEGA 等获得的探测数据，使人类对火星表面的橄榄石、辉石和斜长石进行了细致探测并绘制了分布图[2,22-25]。MGS - TES 发现了斜长石，最近的研究表明，可能这些光谱和陨石撞击形成的冲击长石吻合更好[26]。火星快车上的 mini - TES 和穆斯鲍尔谱仪测到了橄榄石和辉石[27]。除了玄武质岩石，这些矿物相在古瑟夫撞击坑和梅里迪亚尼平原上的火土中也被发现[28]。橄榄石在古瑟夫撞击坑区域分布较为广泛，类似于含斑状橄榄石辉玻无球粒陨石[27]（McSween et al.，2006）。根据 THEMIS 探测结果，橄榄石主要分布在 Nili Fossae[25]。"火星快车"OMEGA 探测结果显示，橄榄石一般出现在特定的位置，例如撞击坑的边缘或底部[29]。

两种类型的辉石已经被证实在火星南部地壳上存在：高钙辉石（HCP 或单斜辉石），大多分布在西方代台地之上；低钙辉石（LCP 或斜方辉石）主要分布在诺亚代台地上[24,29]。这两种辉石一般可以共存。火星快车光谱特征显示，在火星北部地壳中并无明显的辉石存在标志[29]，但被解释为存在富硅的安山质玄武岩。另外，蚀变后的玄武岩大多富集有硅酸盐，也能解释这种现象。即使硅酸盐在 TES 数据上并不能单独显示，其中的富硅成分（包括沸石或纯硅岩石）也能被识别出来。纯硅物质的出现，常被用来建立橄榄石和辉石风化过程中的地球化学模型[30]。地球化学模型显示，梅里迪亚尼平原的露头可能含有 20%（均指质量分数，下同）的无定形硅物质[31]。

9.2.2　层状硅酸盐

层状硅酸盐（包括黏土矿物、蛇纹石和滑石）是在有水参与的条件下，硅酸盐经过风化蚀变形成的矿物相。

海盗号的无机化学分析结果表明存在黏土矿物相。根据地面实验或类似物参考分析，火星表面的黏土矿物主要为蒙皂石族，包括皂石、绿脱石和蒙脱石等。火星陨石中黏土矿物和铁氧化物（例如伊丁石）的相关性，用来推断黏土矿物的存在及其可能经历的早期地壳蚀变过程。在梅里迪亚尼平原区域，利用 Mini-TES 结果也发现了黏土矿物的存在。针对古瑟夫撞击坑，实际探测数据分析结果与地球化学模型建立的质量平衡总会出现一定偏差，例如硅和铝含量往往偏多，表明存在某些岩石。

"火星快车" OMEGA 在近红外谱段也探测到了黏土矿物的存在，主要分布在诺亚地壳南部，与光谱特征匹配最好的是富铁（绿脱石）、富镁（皂石）和富铝（蒙脱石）型黏土。南部地壳黏土矿物的存在暗示诺亚代的气候条件可能存在较多的水（水量过多可能会形成高岭石），要比形成硫酸盐的条件多。

9.2.3　铁氧化物和氢氧化物

铁氧化物相是火星表面最为显著的矿物相之一，火星表面呈现红色主要因为铁氧化物的存在。火星风化层中大约含有 20% Fe^{3+}[8,32]，主要以铁氧化物或氢氧化物形式存在。火星轨道器在可见光和近紫外光谱段探测到了各种铁氧化物存在的证据，最主要的相为赤铁矿，包括微晶质红色赤铁矿晶体和灰白色针铁矿。同时，这些矿物相在海盗号、火星探路者、机遇号和勇气号的不同着陆点得到证实。

反射率和辐射光谱被用来探测特定的矿物。如果矿物表现不出较明显的光谱特征，可利用矿物的磁学性能进行探测，例如尖晶石。利用磁学特征来探测矿物，并不能代表这些矿物来自本体，也可能火土中存在这一磁性矿物的复杂组合，例如黏土矿物和磁性铁（氧）氢氧化物混合。除了利用磁学性质探测矿物外，机遇号、勇气号搭载的穆斯鲍尔谱仪（MIMOS），也能够直接确定含铁相矿物，如铁镁硅酸盐（橄榄石、辉石等）、铁氧化物（赤铁矿、磁铁矿或其他铁氢氧化物）及其他含铁硫酸盐类。其探测灵敏度高，可以补充光谱探测的不足[33]。另一方面，穆斯鲍尔谱仪能够比轨道器（例如 MGS-TES）获得更多关于结晶赤铁矿的信息。事实上，赤铁矿球粒也多出现在铁硫酸盐（黄钾铁矾）蒸发阶段。降落在古瑟夫撞击坑的机遇号，发现了在火星环境下存在的铁氧化物或氢氧化物矿物相[28,34]。

海盗号虽然没有直接对火土开展矿物学研究，但是进行了热分解和碳同位素实验、气体交换实验和气体标定实验，均发现了地球上意想不到的化学作用。在热释光实验中，火土样品加热到 500℃后，硫酸盐、碳酸盐、针铁矿等矿物相分解，产生了 CO_2 和 H_2O[35]。在火土加水实验中，火土在湿润过程中释放出氧气。这些实验表明，在表面火土中可能存在着某种强氧化剂，其自然特性并不稳定。研究者认为，可能是火星表面存在铁氢氧化物，例如磁赤铁矿。这些矿物目前在火星表面并没有大面积存在，但少量存在的可能性仍非常大。

（1）赤铁矿（$\alpha - Fe_2O_3$）

赤铁矿广泛分布于火星表面陆地蚀变环境中，是火星表面主要的矿物相。赤铁矿形成于热液过程，例如火山灰、玻璃经过低温蚀变或在热带红土环境条件下即可转化形成赤铁矿。赤铁矿是在目前火星环境条件下热力学性质较为稳定的矿物相，可通过化学或热交换方式形成其他氧化物或（氧）氢氧化物。火星上赤铁矿可能存在于不同的结晶过程中。

MGS-TES 探测结果显示，在梅里迪亚尼平原上存在数百平方公里的灰色微晶质赤铁矿矿床，这些矿床呈层状分布，可能是沉积而成。机遇号在梅里迪亚尼平原证实了赤铁矿结核的存在（图 9-5），其成因可能和蒸发盐的形成有关。微晶质红色赤铁矿，用来解释火星探路者获得的光谱特征。超顺磁性纳米赤铁矿，用来解释火土的磁学性质，描述火星表面的风化层。在哥伦比亚地区，勇气号也发现了赤铁矿集合体[34]。

（2）针铁矿 [$\alpha - FeO(OH)$]

针铁矿在火星表面的分布仅次于赤铁矿[36]，在火星陨石中常见赤铁矿和针铁矿。在地球上，针铁矿通常和赤铁矿伴生。勇气号穆斯鲍尔谱仪在一些露头中探测到了针铁矿的存在[34]，并和赤铁矿伴生，这是首次通过原位探测发现针铁矿。

针铁矿多为反磁性物质，或具有非常弱的铁磁性，因此，它并不能解释火星风化层为什么呈现强磁性特征。针铁矿在现今火星环境条件下并不稳定，它的形成可能与原始富水和二氧化碳的大气环境有关[30]。火星上非常缓慢的动力学转化过程，导致了针铁矿能够长期以亚稳相方式存在。通过分析 MGS-TES 观察到的结晶质赤铁矿的形貌和结构，发现含有针铁矿的火星水环境介质是赤铁矿的原始起源[38]，这已经在实验室中得到证实，通过加热针铁矿可以获得火星赤铁矿光谱[37]。

（3）水铁矿（$5Fe_2O_3 + 9H_2O$）

水铁矿是准非晶态铁（氧）氢氧化物，无磁性。水铁矿也经常在地球上类似于火土的

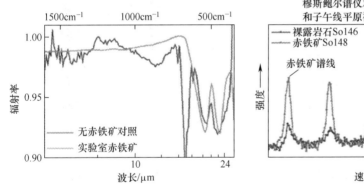
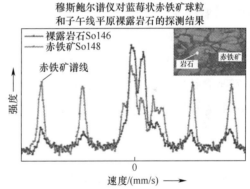

图 9-5 火星表面发现的蓝莓状赤铁矿球粒和穆斯鲍尔谱仪分析结果[37]（见彩插）

物质中见到，特别是在火山灰沉积区。在不同的水活度、pH 值和温度条件下，水铁矿可以进一步转化为赤铁矿或针铁矿。在液态水中，低温低 pH 值条件下，可以形成针铁矿；增加温度和 pH 值，则可能形成赤铁矿[39]。

考虑到现今火星表面是无水环境，可能更易于发现弱结晶质（氧）氢氧化物，例如水铁矿。MER 着陆器上的穆斯鲍尔谱仪发现了顺磁性 Fe^{3+} 的存在，其矿物相为纳米级结晶相，其体积既非纯超顺磁性水铁矿，也非含铁硅酸盐。或许，在火星过去的环境中，水铁矿可以快速转化为其他晶质相，如针铁矿或赤铁矿，这个过程可能是火星表面地球化学演化的一个重要阶段。

（4）磁铁矿和钛磁铁矿

这些矿物同属于尖晶石族，分子式为 M_3O_4，其中 M 可以为 Fe、Ti、Al、Cr、Mg 等。钛磁铁矿是原始岩石中主要的磁性物质，多见于火土中，也被认为是火星风化层中的主要磁性矿物[40]。MER 任务中，勇气号携带的穆斯鲍尔谱仪的探测结果证实，火星岩石中存在有阳离子缺陷的磁铁矿[28]，粘结在 MER 巡视器车轮上的磁性颗粒也表明火星表面存在丰富的磁铁矿[41]。研究成果表明，火土中存在的氧化特性，可能对钛磁铁矿的富集更为有利[17]。

钛磁铁矿或钛磁赤铁矿一般认为是母岩风化的产物。实验结果表明，即使在强氧化条件下，磁铁矿也相当稳定[30]。火星玄武质次表层岩石很可能是富铁尖晶石类氧化物，这种情形在火星 SNC 陨石中可见到。钛磁铁矿磁性特征的主要来源是岩浆结晶过程中钛成分的加入。随着钛的加入，磁饱和状态呈线性下降趋势。研究表明，在辉玻无球粒陨石中，主要的磁性载体是磁黄铁矿而不是钛磁铁矿，且钛含量较高并不能很好解释火土的磁学特征。在 2000 年，Hargraves 等人曾经提出，火星风化层中的钛含量大约为 1%，大约有 4% 的钛磁铁矿，和地球上玄武岩或 SNC 陨石一致，其磁化强度大约为 $1.2A \cdot m^2/kg$，该值低于火星风化值的平均值（$4A \cdot m^2/kg$）[42]。这个说法中，全球磁化强度饱和值并未考虑磁性物质相互作用的因素。钛磁铁矿的存在，不能作为局部磁化强度饱和值存在偏差的唯一来源。

（5）磁赤铁矿

火星风化层中的磁赤铁矿，其磁性强度仅次于磁铁矿，也是陆地风化作用的产物。磁赤铁矿不含钛成分，具有较强磁性。光谱数据显示，火土中存在磁赤铁矿。磁赤铁矿是亚稳相矿物，能够转变为水铁矿、纤铁矿或绿脱石。铁氧化矿物（或氢氧化物）在火星环境条件下转化率相对很低，以至于现今仍能在寒冷而干燥的火星表面存在[17]。

（6）纤铁矿

纤铁矿主要用来解释火星探路者获得的 TES 光谱偏差[36]。在地球环境条件下，纤铁矿的形成要求溶液中存在二价铁，这种环境应是一种还原环境，pH 值要求接近中性。纤铁矿和针铁矿主要是玄武质岩石水化蚀变产物，酸性岩石更易形成赤铁矿和针铁矿。纤铁矿和赤铁矿是火土中性质相反的两种端元相。如果 CO_2 存在，那么针铁矿更易形成和存在。模拟火星环境条件下的实验结果表明，富水和二氧化碳的溶液在局部高压条件下能够形成纤铁矿，同时伴生针铁矿。一些研究者也认为，纤铁矿是磁赤铁矿或赤铁矿的母源矿物相，因为纤铁矿可以转变为赤铁矿[43]。

（7）方针铁矿

类似于纤铁矿，方针铁矿也是为解释火星探路者光谱数据而提出的，为纳米顺磁性（氧）氢氧化物[34]。在火星风化层中，方针铁矿存在的可能性非常小。事实上，方针铁矿的形成要求环境条件高度富氯，因此，方针铁矿只可能在卤水蒸发岩区存在。

（8）斯沃特曼铁矿

斯沃特曼铁矿是含铁的氢氧根硫酸盐类，结构上类似方针铁矿。在地球上，斯沃特曼铁矿多与酸性环境条件下的黄钾铁矾、针铁矿伴生[44]。该矿物的存在可能暗示，火星表面岩石曾经历过酸性或富硫酸盐环境[45]，这个结果已经在梅里迪亚尼平原黄钾铁矾的探测中得到了证实。勇气号在哥伦比亚山区利用穆斯鲍尔谱仪获得的数据显示，斯沃特曼铁矿主要特征表现为顺磁性、纳米相，同时和赤铁矿、针铁矿伴生，尤其是高富硫酸盐环境条件下更为富集[34]。斯沃特曼铁矿也是一种亚稳相矿物，可以在短时间转化为针铁矿。因此，斯沃特曼铁矿可以看做是其他铁氧化物或氢氧化物的母源矿物。

（9）六方纤铁矿

六方纤铁矿是最为奇特的一种矿物。该矿物形成于特殊的环境条件，在地球上也非常少见。六方纤铁矿的颜色可以用于校正轨道器探测数据的偏差，它的分光光谱特征类似于铁磁性矿物，可能是风化层具有较为强烈磁性的主要来源。六方纤铁矿具有较强的氧化性和接触反应特征。不过，在火星上是否存在六方纤铁矿也有争议。六方纤铁矿具有两种类质同象：一种是人工合成强磁性的 d - FeOOH，另一种是自然产出弱磁性的 d0 - FeOOH，这似乎和火星环境并不一致。但是，海盗号发现的强氧化环境，可能有利于这两种类质同象矿物和其他铁氧化物保持共存。

9.2.4 硫和硫酸盐类矿物

硫是了解火星表面演化的关键元素，相比于地球，硫在火星表面更为富集。海盗号多次探测到硫的富集，SO_3 质量分数可达 10%；火星探路者的探测结果显示，SO_3 质量分数最高可达 8%。

火星表面富硫的主要原因为玄武质基岩蚀变后产生了硫酸盐。勇气号上的 Mini - TES 获得的吸收光谱大多为碳酸盐类，与其伴生的是含铁硫酸盐类，包括叶绿矾、四水白铁矾或水铁矾等[46]。硫除了在火土中存在，在梅里迪亚尼高原上，机遇号利用穆斯鲍尔谱仪探测到岩石露头中也存在硫酸盐类矿物，SO_3 质量分数最高可达 25%[47]，其主要的硫酸盐类矿物为黄钾铁矾、石膏和硫酸镁[31,48]。在哥伦比亚山区的露头岩石中，勇气号探测到了镁、铁或钙硫酸盐类矿物，含量最高大约可占 40%[49]。

此外，火星快车轨道器上的 OMEGA 也探测到了火星表面存在硫酸盐[24]，包括石膏、硫酸镁石、多水硫酸盐化合物等，呈层状结构分布，大约 10 千米宽，几千米厚[50]。据推测，其成因应该是在水体中出现蒸发岩类，随着蒸发岩类沉积出现硫酸盐类风化沉积，或富硫玄武质岩在富硫酸环境中蚀变沉积[20]。在靠近北极冰盖区域，发现了大量的石膏沉积，说明在局部的源岩中可能相对富集钙，整个火星表面主要富集铁和镁。

针对火星表面如此高的硫酸盐含量，目前主要有两种观点。富硫酸盐岩石的蚀变和高 SO_2 环境下（酸雾或地下水）硫酸盐沉积，所有的含铁硫酸盐（例如黄钾铁矾）主要是硫化物风化后成矿作用形成。此外，火星表面的风化模式也支持硫酸盐矿物是由大型硫化物（磁黄铁矿）风化沉积而成，这个过程和地球上的科马提岩形成类似，最终通过热液作用形成黄铁矿。如此大量的硫酸盐类矿物沉积，可能和火星地壳硫的富集过程有关，这一过程与火星分异、增生紧密相伴。硫化物的蚀变主要在酸性水溶液中，可能是围岩中硅酸盐的分解造成。火星表面硫的另一个来源是火星的排气过程，首先形成酸雾，改变玄武质岩石的表面，产生结晶质的硫酸盐类矿物，但这个过程需要较长时间，在这种情况下，多见到新的沉积覆盖在老的沉积之上。目前认为，早期形成的不溶于水的硫酸盐类（黄钾铁矾）可能和后期新生成的矿物有一定的差别，因为后期火星上是干燥、无水环境，可能更易形成溶于水的硫酸盐类矿物。硫酸盐中多见结构水，因此，可以作为火星表面水的存储场所，依照水的分压，硫酸盐类矿物在火星表面不同地点、时间均可能有所不同[51]。

9.2.5 碳酸盐类矿物

研究表明，火星大气中存在着大量的 CO_2 和 H_2O。因此，碳酸盐类矿物应该是火星表面演化过程中的一种重要矿物相，是火星大气、水圈和岩石圈相互作用的产物。火山在喷发过程中会有大量气体进入大气，浓厚的大气能够产生温室效应，在此条件下液态水能够在火星表面存在较长时间。在地球上，富 CO_2 的大气、水和富铁的玄武质岩石表面相互作用后，可以生成菱铁矿。以此类推，火星表面含有较高含量的铁，大量的碳酸盐应该是在火星原始环境条件下（富 CO_2 和水）沉积而成。热力学研究表面，目前火星环境干燥、寒冷、缺氧，在这种环境下，菱铁矿是稳定矿物相。

基于质量平衡理论，通过研究 SNC 陨石发现，火星风化层钙含量较少，喻示着火星表面演化过程中可能存在除钙过程，因此，在火星某些位置可能存在着大量的碳酸盐类矿物沉积。这种解释似乎合理。但目前火星表面碳酸盐类沉积仅存在少量痕迹。在水手 6 号、水手 7 号任务中，利用了含水镁碳酸盐（例如水菱镁矿或纤维菱镁矿）来校正获得的火星表面红外光谱数据。在 MGS - TES 光谱数据中，碳酸盐类矿物含量低于 5%，在火土中非常分散。勇气号在古瑟夫撞击坑也探测到了碳酸盐类矿物，含量大约为 5%，但矿物光谱仍接近一些含铁硫酸盐[28]。最有力的证据来自火星陨石 ALH84001，在这块陨石中，发现了含 Ca、Mg、Fe 的碳酸盐类矿物，但其来源也有很多争议，包括地球大气蚀变作用、低温水成溶解作用、热液作用等。SNC 陨石中的菱铁矿也被认为和共生的蒸发岩有关。

目前，对于火星上碳酸盐类矿物稀少有多种解释。

1) 由于碳酸盐在蒸发盐沉积序列中具有较低的溶解性，其被首先析出并沉积。先沉积的碳酸盐类矿物可能会被后期的盐类沉积所覆盖，例如硫酸盐或其他卤化物沉积。碳酸盐能够在贫水的条件下形成微米级的沉积厚度。假定风化层厚 1km，那么碳酸盐沉积的质量分数不超过 1%，很难被光谱辐射计探测到，该沉积过程不需要丰富的液态水或厚层大气，但在这种条件下碳酸盐类矿物形成并沉积下来需要漫长的时间，大约需要 1Ga[52]。目前，在火星表面富 CO_2、缺水条件下，碳酸盐类矿物形成机制已经在火土中得到证实[11]。

2）在 CO_2 为主的富水大气环境中，应该更易于形成碳酸盐类矿物沉积层，这类似于地球上碳酸盐沉积模式。有观点认为，硫酸盐类和碳酸盐类矿物形成的环境条件不同，如火星上火山喷发，释放出 SO_2 或硫化物造成酸雨，导致早期存在的碳酸盐类矿物被溶解或阻止其进一步结晶[35,53]，酸的溶解过程使得碳酸盐类矿物只富集于火星风化层的下部，或仅在永冻层才能见到。

9.3 火星表面组成和地球化学特征

9.3.1 火星大气尘埃

与地球大气层相比，火星大气非常稀薄，但其中含有大量尘埃。2001 年，火星爆发了全球性沙尘暴，持续 0.6 年。而在菲律宾皮纳图博火山地区发生的沙尘暴，持续了 2 年以上。火星大气运动时长和强度远小于地球，即使 2001 年的全球性沙尘暴，也仅仅是非常薄的一层沙尘在活动，相当于在南北纬 58° 之间的区域沉积了 $3\mu m$ 厚的沙层。

MGS 热辐射光谱仪探测结果表明，火星大气尘埃成分类似于火星表面土层，主要成分可能来自火星玄武岩，以及含有磁铁矿和纳米铁氧化物[41]。这些观测结果表明，目前火星表面水沉积驱动作用并不占据主体地位，主要以风沙活动为主。风对沙丘沉积造成了较大影响，风使地面松散堆积物进一步分解破碎，吹向大气并形成悬浮颗粒。

9.3.2 火星地表尘埃

火星表面覆盖着一层厚厚的灰尘，粒度细如滑石粉。这些灰尘掩盖了火星表层下的基岩，使得轨道探测器采用光谱探测火星表面岩石成分相当困难。火星表面呈红色或者橘红色，主要是因为火星表面含三价铁氧化物（纳米 Fe_2O_3）[9]。

全球覆盖的尘埃和风造成的其他沉积物，使得火星表面火土成分显著均一化。海盗号、探路者号和 MER 任务的火土样品分析结果显示，不同地区的火星表面，火土矿物成分几乎相同。在火土中，细粒破碎的玄武质岩石碎片和富硫、氯的火土可能来自火山气体的排放。

9.3.3 火星土

"土壤"的定义是指含有有机体腐烂后的有机质。火星上没有测量到存在有机质，用风化层（regolith）或者火土描述可能更准确，火土是由表层破坏的岩石及外来的溅射物形成的。

　　国外火星着陆器不同着陆点的火土成分看起来都很相似（为玄武岩），但它们有不同的粒径及粘合性。不同着陆点的火土胶结度不同，推断其热惯性应该较高。索杰纳火星车发现火土中有强胶结亮色石头，一些光亮的火表土呈现出层状和粗粒状，可能是由于洪水造成的河流沉积物质。

　　在火星上很难区分表土和灰尘。表土一般颜色较深，主要是沉积物，粒度一般同沙粒大小。火土的上表层通常为一薄层红色灰尘，鲜红色的灰尘颗粒非常细（为几个微米），悬浮在大气中或沉积在火星表面。火土的矿物质和化学组成，实际上是指火土和灰尘的混合物，有时还会混合当地岩石微粒。

　　火土的平均密度为 $1.0\sim1.8g/cm^3$，其主要成分为 5 种常见元素，目前，模拟火土主要依据海盗号任务获得的成分数据。海盗号尽管无法检测到火星上有生命迹象，但是在火土中却发现了超氧化物或无机过氧化物，其可以分解火土中有机分子。通过电子顺磁共振光谱分析得到，矿物受到紫外线辐射会在火星表面产生超氧自由基离子，这也解释了有机材料为何在火星表面明显缺失。

　　凤凰号探测数据表明，火土略微呈碱性，其中含有大量的营养元素，如镁、钠、钾、氯化物等，这些都是植物生长需要的元素。科学家比较了火土和地球土壤的成分，认为火土适合植物生长。凤凰号进行了简单化学实验，混合地球上的水测定火土的 pH 值，发现火土中存在高氯酸盐，pH 值在 7.7 左右，最高为 8.3，呈弱碱性。有科学家认为，可能是飞船或仪器载入过程等地面因素影响了这次测试结果，因此，确定火土是否含有高氯酸盐非常必要。

　　通过分析着陆点的表土组分发现，火土主要为玄武质砂粒，并混合了灰尘和细粒盐。透亮的灰尘主要为纳米级铁氧化物，尤其是赤铁矿成分。MER 着陆点处的暗色土，其主要成分为橄榄石、辉石和磁铁矿，蚀变程度很低，存在氯和溴的分馏，说明有水的流动。APXS 探测结果表明，长石也是火土的一个重要组分，其成分与玄武岩相似，但含有一定量的硫、氯和溴。在探路者号着陆点存在安山岩砾石。在机遇号着陆点，火土表面有大量小球状赤铁矿，应为后期生成的颗粒。在勇气号和机遇号挖掘时，发现有土块，说明在次表层沉淀的盐类物质比例较高，使得砂砾呈弱粘结的团块状。同时发现，在次表层的火土中含有大量镍，说明可能有陨石物质混合到了火土中。通过分析吸附在火星车车轮上的灰尘，发现其与火土（玄武质）类似，含有橄榄石、磁铁矿和纳米铁氧化物（可能为赤铁矿）等组分，表明灰尘是由细粒玄武岩氧化或蚀变产生的。灰尘中存在橄榄石说明液态水在其形成过程中参与的作用很少，因为橄榄石在水出现时容易蚀变成其他矿物（尤其是蛇纹石）。

　　海盗号探测结果表明，在火土中镁铁质和硫的组分要高于地球地壳组分两个数量级。探路者号进一步调查火土成分，结果显示火土中铁镁含量普遍高于岩石，意味着火土可能不完全是由岩石物理风化产生[36]。MER（机遇号和勇气号）分别调查了古瑟夫撞击坑和

富赤铁矿的梅里迪亚尼平原，发现这两个地区的表土有 3 个分层：最上面是一层厚约
1mm 的细粒亮色粉尘沉积，亮色粉尘沉积分布于全火星表面；其下为黑色土层，厚度约
100mm；再下一层是毫米级的细粒。同时，在这些层位中还夹有大小不一的岩屑。黑色
土层成分与玄武岩明显具有一致性，或许黑色土层主要来源于玄武岩的风化。毫米级的细
粒粉尘成分并非源自岩石风化，有可能是风的作用导致的。具有氧化性的土层并未广泛存
在，表明液态水在火土演化过程中仅起到了有限作用。不同着陆探测任务获得的火星表面
元素特征见表 9-5。火星、地球表层成分对比见表 9-6 和图 9-6。

表 9-5　不同着陆探测任务获得的火星表面元素特征

质量分数（%）	火星-5 (1973)	海盗 1 号 (1975, 克里斯平原)	海盗 2 号 (1975, 乌托邦平原)	火卫-2 号 (1988)	探路者号 (1997)	
					岩石	土壤
Na_2O	—	—	—	—	2.5±0.5	2.3±1.5
MgO	—	6	(6)	10±5	4.3±1.3	7.7±1.2
Al_2O_3	9.5±4	7.3	(7)	9.5±4	10.1±1.1	8.5±0.9
SiO_2	30±6	44	43	41±9	56.6±3.4	49.5±2.6
SO_3	—	6.7	7.9	—	2.4±1.2	5.5±1.3
Cl	—	0.8	0.4	—	0.5±0.2	0.6±0.2
K_2O	0.4±0.1	<0.5	<0.5	0.4±0.1	0.6±0.1	0.3±0.2
CaO	—	5.7	5.7	8.4±4	6.6±1.2	6.5±1.1
TiO_2	—	0.62	0.54	1.7±0.8	0.9±0.2	1.2±0.2
Fe_2O_3	20±6	17.5	17.3	12.9±4	14.9±1.5	17.8±1.9
$Th/10^{-6}$	2.1±0.5	—	—	1.9±0.6	—	—
$U/10^{-6}$	0.6±0.1	—	—	0.5±0.1	—	—
$Br/10^{-6}$	—	≈80	Present	—	—	—
$Rb/10^{-6}$	—	≤30	≤30	—	—	—
$Sr/10^{-6}$	—	60±30	100±40	—	—	—
其他	—	2	2	—	—	—
合计	60	91	90	84	99.4	99.9

表 9 – 6 　火星、地球表层成分对比

氧化物质量分数（%）	MER – A 古瑟夫撞击坑 Mean Soil	MER – B 梅里迪亚尼平原	MER – A	MER – B	MPF	玄武质火星陨石	地球大陆壳	火幔+火壳
			Mean Soil 未计算 S 和 Cl					
Na₂O	3.02	2.17	3.25	2.32	1.2	1.0～2.2	3.2	0.50
MgO	8.49	7.64	9.14	8.16	9.4	3.7～11.0	3.7	30.2
Al₂O₃	10.2	9.39	11.0	10.0	8.6	4.8～12.0	15.0	3.02
SiO₂	46.2	46.2	49.7	49.3	45.7	49.0～51.4	61.6	44.4
P₂O₅	1.01	0.85	1.09	0.91	1.1	0.6～1.5	0.2	0.16
SO₃	6.32	5.57	0	0	0	0.33～0.80	0.2	0
Cl	0.76	0.67	0	0	0	0.005～0.013	0.1	0.004
K₂O	0.46	0.48	0.49	0.51	0.7	0.06～0.25	2.6	0.037
CaO	6.37	7.15	6.85	7.63	7.1	10.0～11.0	5.4	2.45
TiO₂	0.95	0.97	1.02	1.03	1.1	0.8～1.8	0.7	0.14
Cr₂O₃	0.29	0.41	0.31	0.44	0.3	0.014～0.30	0.02	0.76
MnO	0.31	0.37	0.33	0.40	0.6	0.45～0.53	0.1	0.46
FeO	15.6	18.0	16.8	19.2	21.7	17.7～21.4	5.6	17.9
NiO	0.06	0.05	0.06	0.05		0.004～0.0083	0.007	0.051

其中：MER – A 表示位置在古瑟夫撞击坑；MER – B 表示位置在梅里迪亚尼平原；MPF 表示火星探路者号任务，位置在阿瑞斯谷（Ares Vallis）。

根据海盗号、探路者号和 MER 任务探测数据，相对于玄武质火星陨石成分，火土的主要元素成分特征表现在：1）流体环境中元素迁移导致缺损，比如钙元素；2）富集铁镁氧化物，但在古瑟夫地区，MgO 相对稀少；3）钾仅在局部地区有变化；4）贫铝；5）富硫和氯。火土中氯和硫可能是来自火山气溶胶、热液流体等过程，但是 CaO 的缺失成因仍是一个难题。麦斯威恩和 Keil（2000）研究结果表明，火土成分与含富 FeO、贫 CaO 的未风化玄武质火星陨石一致；热液过程可能是火土形成的一个合理成因，在这个过程中，Ca 可能会迁移到火土其他层位，或者火土形成过程中并不需要 Ca 的参与。因此，火土可能并未经历水蚀变的过程，但可能经历了有水参与的沉积作用，火土中的挥发性元素，例如 S、Cl、Br 等，可能有其他来源，包括火山喷发或热液流动。

9.3.4　次生矿物沉积

经过水热蚀变和风化最终形成的次生矿物主要有赤铁矿、层状黏土矿物、针铁矿、黄

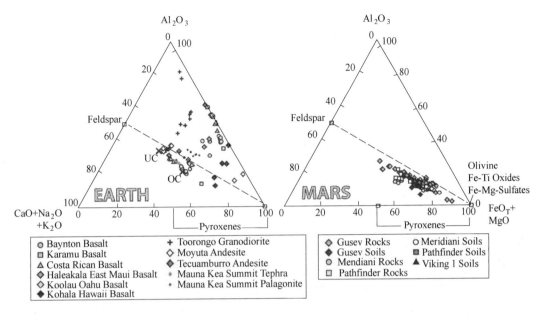

图 9-6　火星和地球表层主要成分对比

（图片来源：Hurowitz & McLennan，in press，见彩插）

钾铁矾、铁硫酸盐矿物、乳白色硅胶和石膏等，这些次生矿物在形成过程中，需要液态水的存在（水合矿物）。

乳白色石英和铁硫酸盐矿物主要形成于酸性（低 pH 值）环境内，在火星表面不同地点，如 Juventae Chasma、Ius Chasma、Melas Chasma、Candor Chasma、Ganges Chasma 等地区均有发现。这些矿物的生成，表明这些地区曾经有水存在（图 9-7）。蒙脱石（层状硅酸盐）是在近中性水域中形成的。页硅酸盐和碳酸盐的产生与有机质环境有

图 9-7　火星快车任务获得的含水矿物分布特征

关，它们的存在表明火星过去可能存在过生命。硫化物沉积有时类似于化石形貌特征，微生物形成的化石像赤铁矿[44]。硅是保持微生物存在的重要矿物之一，水热环境条件下，可以形成足够的乳白色硅胶物质。

9.3.5　火星表面沉积物结构特征

层状沉积岩石普遍存在于火星表面，这些沉积主要由沉积岩和未固结的松散风化物组成（图9-6和图9-9）。在机遇号着陆区，已经发现了侵蚀砂岩沉积剖面（Burns formation），如图9-10所示。在埃伯斯瓦尔德撞击坑和其他地方，也已经发现河流、三角洲沉积。火星全球地质影像图结果显示，在许多撞击坑、火山坑、南部高地的低洼地区，存在诺亚代的湖泊沉积物。

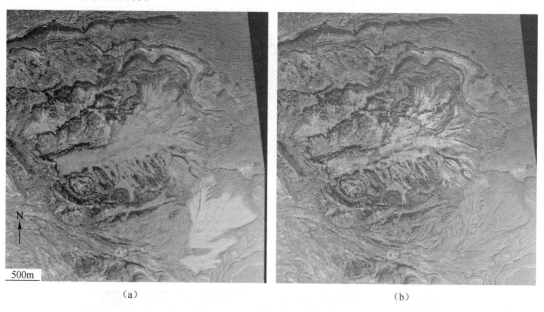

（a）　　　　　　　　　　　　　　　　（b）

图9-8　MGS任务获得的火星表面扇状沉积地貌特征

图9-9　火星表面风化堆积物

尽管火星上碳酸盐存在的可能已经引起了史前生物学家和地球化学家的兴趣，但是仍没有足够证据表明火星表面有大量碳酸盐沉积存在。2008 年夏，在凤凰号着陆地点的 TEGA 和 WCL 探测结果表明，存在质量分数为 3%～5% 的碳酸钙（$CaCO_3$）和碱性火土。2010 年，勇气号证实在哥伦比亚丘陵地区的撞击坑附近有镁铁碳酸盐（16%～34%），其形成和附近存在的水热条件有关，这可能与哥伦比亚火山的近中性 pH 值和火山喷发环境有联系[49]。

图 9-10 机遇号获得的疑似沉积物质影像特征

（图片来源：NASA/JPL-Caltech/Cornell，Sol 1341：Possible original surface material in Victoria Crater）

对火星开展环绕探测发现，火星表面的沉积可能有部分在水中沉积形成或受液态水控制[18]。对火星开展着陆巡视探测证实了这一结果，其分层沉积已经在机遇号降落点被发现（图 9-11）。如图 9-12 所示，这是目前在火星表面对火土和沉积层位获得的较为完整的垂直结构剖面，这一结果证实了火星在较早的历史期有液态水。

在机遇号着陆点的露头中，可将地层划分为三个单元（Burns formation），如图 9-12 所示。最下层为大型跨层状砂岩，为风成沙丘沉积相，与中间层位呈侵蚀接触，可能受到了地下水的控制。中间层为低角度交错层风积砂积岩席，存在少量的水下交错层理，表明该层位可能受到过潮湿环境影响；与上部层位接触带为再结晶成岩带，可能受到了地下水沉积作用。上部层位为风成沙积岩席和水下沙丘沉积相，向上过渡为水成砂积纹层，可见大量细小纹理结构，可能是地下水已经露出火星表面导致。从层序上看，这三个单元的划分主要是依据火星表面地下水和地表水沉积控制和地层结构特征。

9.3.6 火星岩石

岩石在所有着陆点都很常见（梅里迪亚尼除外），直径从几厘米到数米，大多数为悬

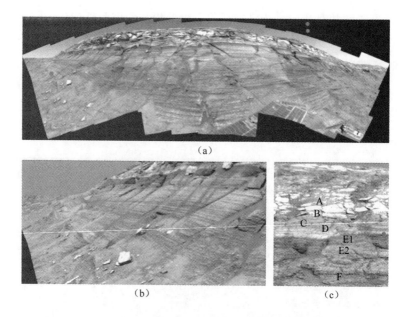

图 9-11　机遇号着陆点获得的沉积层位特征图

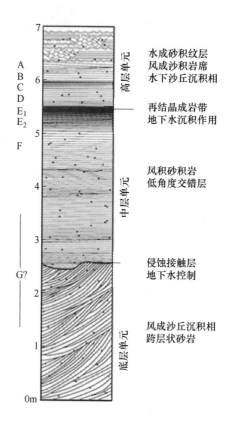

图 9-12　坚忍撞击坑获得的地层柱状图

（图片来源：Opportunity landing site - Meridiani Planum）

浮状或单独出现，并不伴随露头或岩石，表面落满了灰尘。岩石暴露在大气中，表面会生成风化物质。勇气号降落的地点是布满陨石坑的平原，其岩石组成为玄武岩。海盗号着陆点和古瑟夫陨石坑平原的很多岩石分布和形状，都说明火星表面经历了碎片的撞击。火星探路者号和海盗1号着陆点周围的很多岩石，被认为是发生特大洪涝灾害时在水中形成的浑圆砾石沉积[54]。火星探路者号降落点附近的一些岩石，看起来为层状结构，是火山爆发后沉积形成的；有类似枕状玄武岩，是由于水出现时熔岩迅速冷却形成的；有砾岩，圆润的鹅卵石镶嵌在细粒的基质中。在大多数着陆点，一些称为 ventifacts 的岩石，存在磨圆和凹槽，凹槽是由于风夹带沙粒对岩石进行冲击和侵蚀形成的[55]。

勇气号通过分析探测到的玄武岩矿物图像，显示包含的矿物有橄榄石、辉石和铁氧化物，以含铁和镁的矿物为主[29]。APXS测量了平原玄武岩的化学组成，发现存在橄榄石、辉石和氧化物，同时也存在大量长石（斜长石）和磷酸盐。在古瑟夫平原发现的玄武岩中（Adirondack class），橄榄石含量最高，其次为二氧化硅[27]。岩石孔隙中存在大量暗色晶体，认为也是橄榄石。岩石表面蚀变层说明岩石与水之间的相互作用有限。富橄榄石的玄武岩，是由来自地幔的熔融"原始岩浆"冷却形成，它们在向地表上升过程中，晶体从液体中分离并使液体成分逐步发生改变，因此，可以用来揭示地幔源区的性质。

勇气号在古瑟夫陨石坑一个角（promontory）的 Husband 山上，探测到山的露头与平原的玄武岩又有些不同。有块状、层状等结构，大部分被蚀变且风化严重（图 9-20）。岩石明显比平原岩石软，研究认为此类岩石是由于撞击或爆炸性火山喷发形成的混合物，并且随后受到了流体的影响。Husband 山西北翼的两类岩石大致显示出层状；下层岩石上，棱角状和浑圆的层状物质分布在基质中，有不同程度的蚀变；上层岩石为细粒的层状沉积岩，被硫酸盐固定，没有被水蚀变，保持了玄武岩堆积特征。山上的暗色玄武岩质岩石只有少量被水蚀变的痕迹。

勇气号越过 Husband 山顶到达底部后，发现了一个高空隙的岩石（矿渣）堆，初步判定为小火山造成的火山灰。在古瑟夫陨石坑中，发现了成分相对固定的火成岩，其富含二氧化硅，低碱，划归为碱性岩，这是在火星上发现的第一个碱性岩。

机遇号着陆点附近的岩石，大部分都暴露在撞击坑的峭壁上，表面布满薄的灰尘。对 Eagle 撞击坑露头进行详细研究表明，岩石中有细粒夹层，呈现交错层理，质地很软。在微观尺度上，这是由细粒胶结物在一起形成的沙粒带。灰色的小球粒称为蓝莓，镶嵌在岩石上（小球粒实际上是灰色，但假彩色图上显示偏蓝）。岩石中硫、氯和溴（高度溶于水的元素）的浓度非常高，可能由硫酸盐和卤化物组成。岩石中存在硫酸亚铁，光谱分析表明存在镁和硫酸钙。在梅里迪亚尼地区发现的小球至少有一半是赤铁矿，可能是砂岩经卤水环境侵蚀并经历风干、蒸发等反复循环过程，形成了玄武岩和含硫酸盐的蒸发岩，岩石沉积后又经历不同阶段、不同成分地下水的搬运、沉淀，最终形成了以赤铁矿小球（结核）形式存在的铁和高度可溶性矿物，并留下了空隙。

机遇号在着陆区也遇到了两类比较特殊的岩石。一是在梅里迪亚尼平原上,火星车退出 Eagle 陨石坑时,发现了一块被命名为"Bounce rock"的岩石,通过对其化学组成进行测量,发现它的组成与辉玻无球粒陨石的火星玄武岩类似,矿物组成主要为辉石和斜长石。显然,这块岩石可能是受到陨石撞击后溅射到此。二是一块被命名为"Heat Shield Rock"的岩石,它是一块铁陨石,由铁-镍合金组成,与坠落到地球上的一些铁陨石类似。

在火星探路者号着陆点附近存在类似安山岩的岩石,其不可能是地幔部分熔融后形成的。除非地幔中含有大量的含水矿物,且先前形成的玄武质地壳岩石(地壳在地幔外形成一个外层)也发生了部分熔融。另一种说法是,前面提到的岩石并不是真正的安山岩,而是富硅玄武岩的风化表层,可能是地表水携带沉积物随后沉积形成的,这个观点显然更为合理。如果这种猜测是正确的,就说明火星是一个玄武岩覆盖的世界,火星的大部分为原始的火山岩。

9.3.7　火土的未来开发和利用

火土中富含很多重要的元素,例如磷、钙、镁和硫。过去很多研究表明,地球上的植物能够在火土中生长。例如,加州大学洛杉矶分校研究人员发现,豆科类植物在类似于火土中生长,其中固态氮显著增加;在新西兰的一个实验室中,研究人员利用火星陨石中的火土,培育出了小芦笋和马铃薯。如果未来需要改造火土来加以利用,则必须增加其中的钾肥或氮肥(目前火土中的氮含量并不确定),同时减少铁的含量。根据下列方程式:$Fe_2O_3 + 3CO \longrightarrow 2Fe + 3CO_2$,可以有效地减少火土中铁氧化物,生成的金属铁可以利用磁性特征来去除。

海盗号测试结果表明,火土中含有丰富的过氧化物。其成因一般认为是,紫外线辐射作用分解了火星大气中的氧,形成负氧离子,当遇到火星表面呈碱性的火土时,二者结合形成过氧化物。这些过氧化物一旦遇到水,就能够迅速释放出氧气:$2O_2^- + H_2O \longrightarrow O_2 + H_2O^- + OH^-$。问题是目前火星表面环境条件并不允许存在液态水或水蒸气,即使有少量的水也不足以将这些过氧化物中的氧完全释放出来。海盗号实验中,还发现这些超氧化物的层位深度能达到火星表面 10cm 以下,能够同任何有机物进行反应。

使用火土的另一个问题是如何利用这些过氧化物,这些离子可能损害细胞或生物 DNA,因为它们能够损耗周围物质的电子。研究表明,植物中含有一种酶,称为超氧化物歧化酶,这种物质和温室中的水蒸气能够有效利用火土中的过氧化物。如果将温室设计成具有防紫外线辐射功能,一旦将火土置于温室中,其过氧化物将不再增加。

此外,火星表面火土中含有多种元素,可以为未来人类登陆火星就地利用(表 9-7)。火土中含有丰富的铁矿物,这也是火星表面颜色明显偏红的原因。火土中的铁含量不仅丰富,也很容易从火土中提取。已经证明,使用模拟火土,可用于制造非常好的"砖",其强度比常规混凝土更高。由于火星低重力,火星上铁的重量与地球上铝的重量大约相同,可以在未来火星开发中提供优质的建筑材料。铝和镁也可以从火土中提取,但比铁的提取需要耗费更多能量,也相对较为困难。

表9-7 火星表面火土的元素含量和可能的用途

元素	质量分数(%)	可能的用途
氧	40~45	呼吸,合成水,火箭的氧化剂
硅	18~25	计算机芯片
铁	12~15	建筑材料
钾	8	植物肥料合成
钙	3~5	生产石灰(水泥)等
镁	3~6	轻型结构材料
硫	2~5	各种化学过程
铝	2~5	轻型结构材料
铯	0.1~0.5	半导体和光电器件制造

9.4 火壳地球化学模型

9.4.1 全球地球化学单元

火星全球勘测者和火星奥德赛轨道器利用热辐射光谱仪测量到了两种不同的光谱类型,可解释为:类型1是玄武岩或由玄武岩形成的沙粒,类型2是安山岩或风化的玄武岩。在火星上,玄武岩普遍存在。但对类型2的物质类型有不同解释,即安山岩或部分风化的玄武岩。地球上的安山岩主要发生在俯冲带,包含的矿物为辉石(或角闪石)和长石,是玄武岩岩浆冷却过程中析出镁铁质晶体后,残留下的一种安山质液体,最后形成安山岩。类型2的光谱也可以理解为玄武岩与水发生反应,同时经历风化作用后产生的混合物。

火山岩通常是依据化学成分而不是矿物组成来分类,最常用的化学分类基于碱性元素(钠和钾,表示为氧化物的形式)与硅(二氧化硅)的含量。火山岩中的矿物很小且难以辨认,快速冷却的岩浆往往形成玻璃质而不是结晶质的矿物。

火星表面局部地区还出现赤铁矿的光谱特征。如前所述,铁的氧化物通常是与水反应形成的。从探测结果来看,梅里迪亚尼平原地区的赤铁矿含量最高,这也是早期讨论为何选择该区作为机遇号着陆点的原因。

火星的地球化学单元分布非常独特。南半球布满陨石撞击坑,说明它非常古老,主要分布着类型 1 的物质。北半球的地势较低，且非常平缓，表面的物质比南部高地要年轻，但表层下方的物质也很古老。北部盆地主要分布着类型 2 物质。火星表面约有一半的面积被灰尘覆盖，导致热辐射光谱仪探测不到灰尘以下的岩石成分。

9.4.2　镁铁质和长英质火成岩

火星表面不存在洋壳或板块俯冲作用。虽然含水辉玻无球粒陨石证实存在岩浆喷发，玄武质岩浆的分馏可产生安山岩，但其过程相当低效，且含水岩浆也需要进行分馏作用。因此，如何解释火星北半球出现安山质岩石仍存在很大争议。

图 9-13 中，方形符号代表南部高地玄武质成分岩石和北部平原安山质岩石，圆形分别代表玄武质辉玻无球粒陨石和辉橄无球粒陨石，火星探路者号任务获得的安山质成分也在图上显示为圆形[13,6,10,56]。

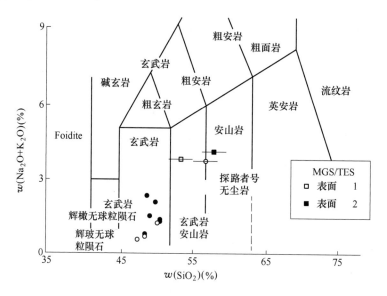

图 9-13　火星表面火山岩的化学分类图解

安山岩地也可能是玄武质岩石蚀变后的混合物（主要为黏土）。含有安山岩的区域大多被解释为一个古老的大洋盆地。因此，北部平原的地壳组成要么是安山岩，要么是风化玄武岩[55]。对火星探路者号获得的安山岩数据的可信度进行了分析，认为这些安山质成分可能是玄武岩硅质风化的外层。粒子激发 X 射线谱仪获得的数据中，大约有质量分数为 2% 的氧过剩，也可以支持硅质风化的设想。

如果 SNC 陨石代表着火壳的岩石，这些陨石可能来自火山中心位置，那么较为年轻的部分主要为玄武岩岩浆形成的玄武岩和超镁铁质堆积岩。

9.4.3　火星陨石中同化地壳成分

玄武质辉玻无球粒陨石中含有痕量元素和同位素，表明这可能是火星古老地壳同化的结果。这种同化过程富集了不相容元素，主要体现为高丰度不同轻重的稀土元素比值、较高的 Rb/Sr 和 Nd/Sm 比值，后者喻示着在同化前陨石具有较高的[87]Sr 初始值、较低的[143]Nd 初始值。同地幔分离岩浆相比，火壳的氧化程度可能更高。陨石中，氧同位素变化较小，基本与火壳同化程度不相关[57]。如果混合火壳同化对辉玻无球粒陨石形成有影响，那么其地球化学成分就需要考虑增加不同的痕量元素、放射性同位素和氧化物等系列数据。辉玻无球粒陨石与火壳同化过程中地球化学和同位素相关性如图 9-14 所示。

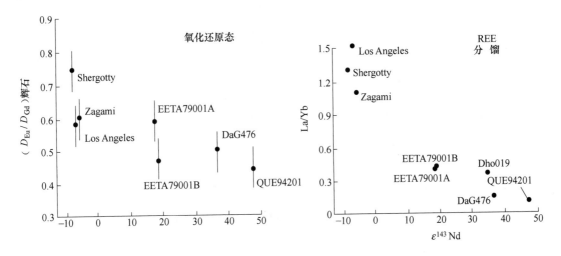

图 9-14　辉玻无球粒陨石与火壳同化过程中地球化学和同位素相关性[13,58]

9.4.4　火壳沉积物地球化学

在火星全球勘测者任务的影像中，发现普遍存在层状沉积。热辐射光谱仪数据显示，层状沉积大多由砂粒组成，表明火山物质（辉石和斜长石）在火星表面较为丰富，而易于被热辐射光谱仪探测的石英反而没有发现。火土和尘埃的光谱特征主要表现为架状硅酸盐，如长石或沸石[11,59]。

在海盗号和火星探路者号任务中，原位分析的火土地球化学数据与玄武质辉玻无球粒陨石在很多方面较为类似。虽然两者相隔数千公里，但火土成分基本一致，说明火土形成和沉积过程中经历过风沙同质化。利用光谱来识别火土中微细颗粒中是否存在铁氧化物，仍相对较为困难。因此，火成岩与蚀变矿物的比例仍存争议。火土的光谱特征显示最接近橙玄玻璃（火山玻璃蚀变产物）。海盗号探测的火土最初被解释为黏土矿物混合物，但最近的研究显示，火土主要是玄武岩和安山岩风化颗粒的物理混合物[10,54]，或是结晶较差的风化玄武岩。

尽管热辐射光谱仪（TES）和热辐射成像系统（THEMIS）对碳酸盐、硫酸盐的识别较为敏感，但目前探测结果并没有发现这些矿物质明显存在的证据。利用粒子激发 X 射线谱仪分析火土后发现，硫和氯是明显存在的，但碳的含量非常低。考虑到矿物热力学稳定性，硫酸盐和含铁碳酸盐应该是目前火星条件下最为稳定的矿物。目前，还不清楚火星表面的硫酸盐是否是在火山脱气作用或表面卤水蒸发作用下形成。在 Oxia Palus 地区，热辐射光谱仪显示了赤铁矿矿床的存在，喻示硫酸盐形成过程需要水的参与。火星着陆器对火星尘埃的磁性测量结果表明，铁氧化物的存在暗示火星表面存在高度氧化过程。

　　火星陨石并没有直接提供火星沉积物的地球化学信息。然而相比于火土，SNC 陨石中含有较高的 Ca/Si，说明火星表面的碳酸盐层存在全球去钙过程[15]。

9.5　火幔和火核地球化学特征和模型

9.5.1　火星陨石地球化学特征

　　火星陨石的地球化学特征基本能够反映其火幔源区特征。然而在某些情况下，例如上升或侵位过程中，火星陨石中部分成分会经分馏作用被同化。例如 SNC 陨石中，亲铁元素丰度较少，而锰、磷等元素具有相对较高的丰度。相对于地球岩石，火星陨石大多贫铝，这与火土以及火星探路者号获得的岩石成分特征一致（图 9-15）。火星陨石中挥发性难熔元素（如 K、La）的值相对不变，但高于地球或月球岩石（图 9-16）。

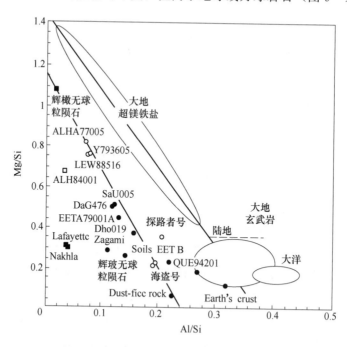

图 9-15　火星陨石、岩石和火土中 Mg/Si - Al/Si 图解[13,32]

与地球不同，火星陨石中的放射性同位素具有明显的异质性，显然是缺乏板块构造运动和地壳物质同化的地幔同质化过程。

　　对比 SNC 陨石和地球岩石中氧同位素的质量分馏线，火星物质中的氧同位素显然不同（图 9-17）。事实上，氧同位素通常用来定义或分类陨石是否为火星陨石。其他一些

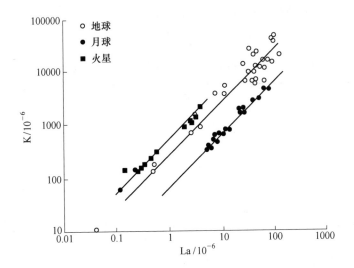

图 9-16　火星 SNC 陨石中挥发性元素 K/La 比值与地球、月球岩石对比图[60,61]

稳定同位素特征也表明火星内部具有脱气作用，但和火星大气具有明显的区别。

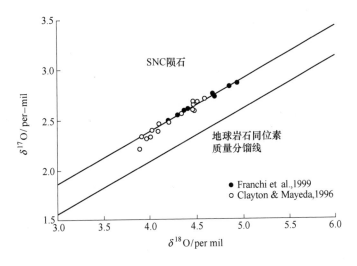

图 9-17　火星陨石中氧同位素特征与地球对比图

9.5.2　火幔和火核的地球化学模型

　　火幔和火核的地球化学模型，主要是基于对 SNC 陨石中的元素和同位素成分进行分析得到。Wanke 和 Dreibus 利用 SNC 陨石中的元素估算了火幔的成分[60]（表 9-8）。对于挥发性元素，火星比地球要高；对于亲铁元素，例如锰、铬、钨、磷等，在火星陨石中表现更为亲石，这可能和火核形成过程中的高挥发、强氧化以及富硫条件有关[61]。

　　此外，另有研究人员基于 SNC 陨石混合各种类型的球粒陨石，建立了其他两种火幔地球化学成分模型[57,62]。其主要特征是，基于普通球粒陨石，再根据碳质球粒陨石或顽火辉石球粒陨石中的氧同位素质量进行平衡（表 9-8）。这些地幔组成模型中的某些重要成分含量相似，本质区别在于高压标准矿物特征。

表 9-8　火幔＋火壳与火星核成分模型（质量分数，%）[57,60,62]

模型	WD88	LF97	S99
火幔			
SiO_2	44.4	45.4	47.5
Al_2O_3	2.9	2.9	2.5
MgO	30.1	29.7	27.3
CaO	2.4	2.4	2.0
Na_2O	0.5	0.98	1.2
K_2O	0.04	0.11	ND
TiO_2	0.13	0.14	0.1
Cr_2O_3	0.8	0.68	0.7
MnO	0.5	0.37	0.4
FeO	17.9	17.2	17.7
P_2O_5	0.17	0.17	ND
高压标准矿物			
辉石	37.8	42.6	63
橄榄石	51.9	50.9	26
石榴石	8.6	4.8	11
其他	1.4	1.6	ND
高压密度/(g/cm^3)	3.52	3.50	3.46
火核			
Fe	53.1	61.5	48.4
Ni	8.0	7.7	7.2
FeS	38.9	29.0	44.4
高压密度/$(g/cm)^3$	7.04	7.27	7.02
全火星			
火核	21.7	20.6	23.0
高压密度/$(g/cm)^3$	3.95	3.92	4.28
C/(MR^2)	0.367	0.367	0.361

　　上述三个地球化学模型中[33,57,62]，火核的质量大约占整个火星的 20.6%～23.0%，所有这些模型都富硫，但在描述火核的质量和硫的丰度上有显著不同（表 9 - 8）。亲铁元素在火星陨石中的丰度与高温高压条件下的含硫金属、硅酸盐一致[63]。

　　经过高压校正后，3 个模型中的平均密度见表 9 - 8，尽管 99 模型可能存在着一些差异，但几个模型与实测值基本吻合。Bertka 和 Fei（1997）利用实验验证了 WD88 模型的正确性[64]，该实验主要用于确定组成地幔矿物的稳定性。矿物稳定范围和相应的地幔密度分布、核幔边界一系列模式的核心密度和位置如图 9 - 18 所示。利用这些实验室计算值来计算火星的惯性力矩，与火星探路者号测量值基本一致。

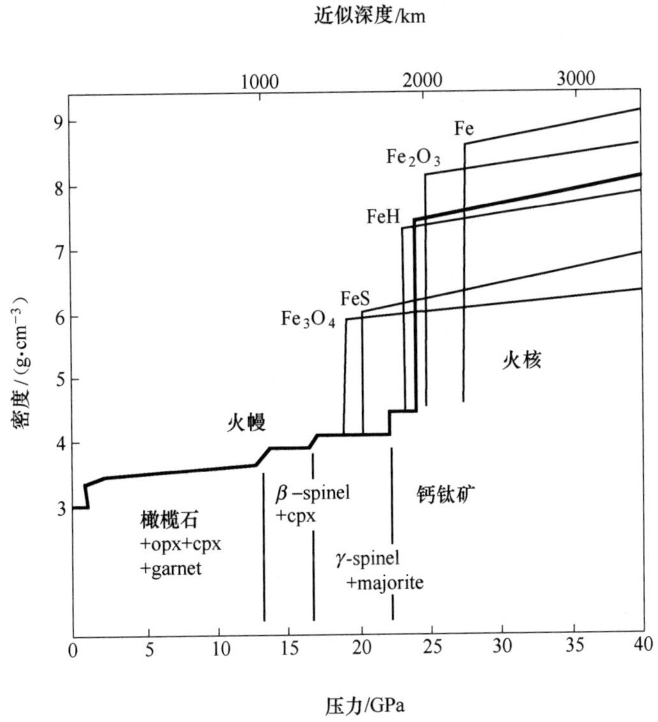

图 9 - 18　火幔和火核的密度分布特征及核幔边界位置

9.6　火星表面水及其分布

　　火星表面平均大气压为 0.6kPa，平均温度为 -55℃，勇气号测到古瑟夫撞击坑内表面温度在 -15～5℃ 之间变化。在火星表面，水的三相点温压条件分别为 0.01℃ 和 0.006atm（约 0.7kPa）。因此，除了在极地冰盖，液态水和裸露的固态水冰都不能在火星表面稳定存在。

　　理论上，火星上水冰存在最小深度。当火土中某一深度水冰的年平均水蒸气密度与大气中水蒸气的年平均密度相等时，即水冰和大气间的扩散达到平衡，该深度的水冰可稳定存在，这一深度称为平衡深度。当地下冰的深度高于平衡深度，火土中的水冰向大气扩散；反之，大气中的水蒸气向火土扩散，冻结形成水冰。在北半球 65°～75° 范围内，计算出地下冰深度为 2.6～18cm。

水在火星表面主要有 3 个储藏区：大气中的水蒸气（总含量为 10～17Pr·μm），南北极冰盖，以及中高纬度的地下水冰。

火星极区的冬季气温可降至零下 125℃ 以下，大气中很大部分 CO_2 凝结（约 30%）成为干冰降落在极区表面，形成较薄（约 22cm）的白色极冠。到了春天，干冰蒸发，极冠消融。在此过程中，除了 CO_2 外，也伴随水汽的凝结，形成水冰极冠。由于水的凝结温度较高，甚至到了夏天，水冰极冠也不会完全消融。

火星的南北两极都有由下层水冰（H_2O）和上层干冰（CO_2）构成的极地冰盖，水冰为主要成分，干冰层覆盖在水冰层之上。由于干冰在冰面上的积聚与挥发，造成冰盖呈现季节性的扩大和缩小。但是，北极几乎没有常年性的干冰层，当夏季来临时，季节性干冰层挥发完，暴露出下层的水冰；相比北极，南极的干冰层更厚，即便是夏季，季节性的干冰层之下还有一层 8m 厚的永久干冰层，在南半球即使夏季水冰层也不可见。根据"火星快车"上 MARSIS 的数据估计，南半球水冰深度达 3.7km，水冰含量为 $1.6 \times 10^6 m^3$，若按融化成液态水的体积折算，可覆盖火星全球 11m 厚。南极冰盖范围最大可达南纬 55°，这是目前水冰在火星表面存在的最低纬度。

在中高纬度（30°～60°），地下冰主要存在于舌状岩屑堆积（lobate debris aprons），即类似地球上的石冰川地貌中，分布在北半球的高原至平原过渡带和南半球的赫拉斯盆地附近，也已被 SHARAD 的探测数据所证实。最新的研究发现，在低至南纬 25° 的纬度带不到 1m 深度的局部地区，有水冰存在，可能是上一个冰期残留下来的。

火星探测结果显示，火星表面的流动通道很像地球上干枯的河床，即通常所说的古河网体系（图 9 - 19）。这些通道沿着分隔两大地形的边界线，而且很多最初从南部高地起源，最后消失在北方低矮的盆地之中。在南方高地上，也有很多小的树枝状河网。目前的火星表面热力学条件（温度和压力）不允许有液态水的存在，即使存在水，也只能以气态或固态的形式存在。上述古河网体系的存在，表明火星在过去某个时间段可能存在过大量的液态水。这些液态水在什么时间段存在，在火星表面持续了多久，最后何时及如何消失的呢？目前，这些问题都困惑着科学界，也激励着人类进一步去探测与研究。

水在火星表面矿物中存在的证据多年前已经被发现，但在次表层是否存在，一直是科学界争论不休的问题。"火星奥德赛"利用伽马谱仪和中子谱仪，首次获得了火星表面水分布特征，以及水在火星次表层下的垂直分布。水在火星表面不同时间的全区分布特征如图 9 - 20 所示。

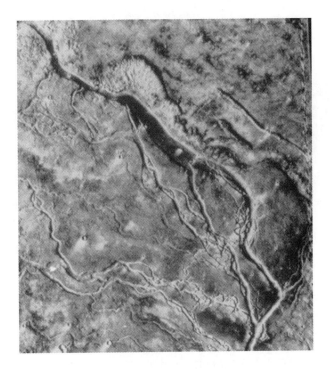

图 9 - 19　火星上古河道网体系

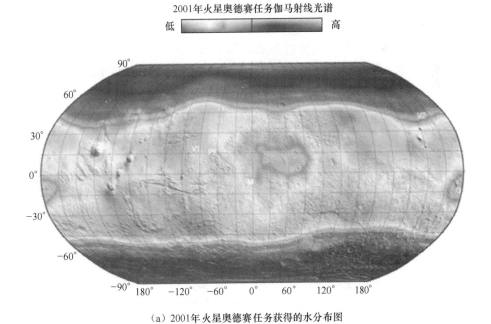

（a）2001年火星奥德赛任务获得的水分布图

图 9 - 20　奥德赛任务获得的不同时期火星表面水分布图

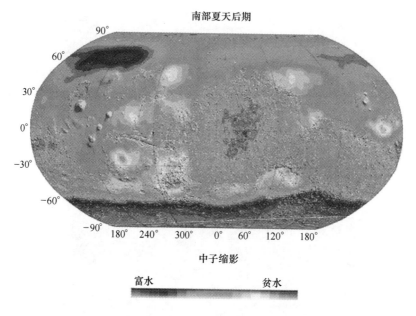

（b）2003年南部夏天获得的火星全球水分布图

图 9-20　奥德赛任务获得的不同时期火星表面水分布图（续，见彩插）

9.7　火星成分研究的问题

　　火星表面物质成分主要由硅酸盐和氧化物组成，这些物质表现为岩石、火土、沙尘等。根据探测结果，研究倾向以火星上富铁的火山物质为主。尘埃覆盖的明亮区域的组分难以确定，但氧化铁的存在暗示着它们多是富铁火山物质的风化物；低反照率区组分可以进一步划分为玄武岩（南部高地）和安山岩（北部平原）。安山岩可能是玄武岩浆经分馏后演化形成的，或者是玄武岩物质的风化产物。

　　海盗号获得的火星表面元素分布特征中，火土中镁铁质和硫的组分要高于地球地壳两个数量级水平。探路者号进一步分析了火土的成分，显示火土中的铁镁含量普遍要高于岩石，暗示火土成分可能不完全是由原地岩石物理风化产生[32]。

　　机遇号和勇气号分别在古瑟夫撞击坑和富赤铁矿的梅里迪亚尼平原发现火土分为3层：最上面一层是约1mm厚的细粒亮色粉尘沉积，亮色粉尘沉积分布于全火星表面；其下为黑色火土层，厚度约100mm；再下面一层是毫米级的细粒沉积。在这些层位中，还夹有大小不一的岩屑[47]。在撞击坑和平原区发现的黑色火土成分，可能只是火星表面的一个独特单元代表。从探测结果来看，其分布与玄武岩地形明显具有一致性，或许黑色火土主要来源于玄武岩的风化。两个着陆点的细粒火土或粉尘成分，并非源自原地岩石风化，有可能是风的作用导致全火星表面成分均一化。

探测结果显示火土中存在层状硅酸盐，说明火星早期历史上可能存在水，火壳的表面物质演化过程和水有很大关系。火星表面强烈的火山活动以及与表面水的相互作用，形成了火星表面岩石、矿物、火土、尘埃、大气等独特的地球化学特征。在过去约 30 亿年内，火星表面的风化作用主要在干燥条件下进行，表面水活动仅局限于局部地区。酸性硫酸盐至少在梅里迪亚尼平原，甚至在大部分火星表面起主导作用，导致碳酸盐在酸性环境下风化时易于分解、流失，这解释了为什么火星表面碳酸盐的含量较低甚至缺失。

火土类似于玄武质细粒风化物，主要元素成分特征表现在：流体交换导致部分元素流失，例如钙；富集铁镁氧化物，但在古瑟夫地区 MgO 相对稀缺；钾仅在局部地区分布有变化；贫铝；富硫和氯。目前的火土可能并未经历水蚀变过程，但可能经历了有水参与的沉积过程。火土中的挥发性元素，例如 S、Cl、Br 等，可能有其他来源，比如火山喷发或热液流动。

矿物的化学成分及其结构，反映了岩石形成时的物理、化学条件，可以确定岩石形成时的压力、温度、冷却速度，以及一些气体（比如氧、硫、一氧化碳等）的逃逸，从而反演火星基本的地质演化过程。火星探测的重要目标是利用和开发火星资源，因此，对物质成分和岩石矿物的全球调查是重点探测内容。有关火星的地球化学特征，仍未得到解决的问题有：

1）火壳主要组成是否为玄武质成分，或进一步演化到安山岩？

2）表面沉积是否经历过一定的化学风化，如果有，化学风化的结果如何？

3）相对较为年轻的火星陨石和火星古老地壳之间存在着哪些显著的地球化学差异？

4）如何利用火星陨石中地球化学和矿物学成分界定火幔的演化？

5）火壳是否在全球范围内存在水，储量和存储位置如何确定？

6）火星大气中独特的同位素组成如何解释？

7）火星上是否存在生命的痕迹？

参 考 文 献

[1] Boynton W V，Feldman W C，Squyres S W，et al. Distribution of hydrogen in the near surface of Mars：evidence for subsurface ice deposits [J]. Science，2002，297：81 - 85.

[2] Bandfield J L. Global mineral distribution on Mars [J]. Geophys Res，2002，107（E6）：5042.

[3] Feldman W C，Boynton W V，Rokar R L，et al. Global distribution of neutrons from Mars：results from Mars Odyssey [J]. Science，2002，297：75 - 78.

[4] Becker R H，Pepin R O. The case for a martian origin of the shergottites：nitrogen and noble gases in EETA79001 [J]. Earth Planet Sci Lett，1984，69：225 - 242.

[5] Trombka J I，Evans L G，Starr R，et al. Analysis of Phobos mission gamma ray spectra from Mars [J]. Proc. Lunar Planet Sci，1992，Conf 22：23 - 29. The Lunar and Planetary Institute，Houston.

[6] Hamilton V E，Wyatt M B，McSween H Y，et al. Analysis of terrestrial and martian volcanic compo-

sitions using thermal emission spectroscopy: 2. Application to martian surface spectra from the Mars global surveyor thermal emission spectrometer [J]. Geophys Res, 2001, 106: 14733 – 14746.

[7] Wyatt M B, Hamilton V E, McSween H Y, et al. Analysis of terrestrial and martian volcanic compositions using thermal emission spectroscopy: 1. Determination of mineralogy, chemistry, and classification strategies [J]. Geophys Res, 2001, 106: 14711 – 14732.

[8] Foley C N, Economou T, Clayton R N, Final chemical results from the Mars Pathfinder alpha proton X – ray spectrometer [J]. Geophys Res, 2003, 108 (E12): 8096.

[9] Clark B C, Baird A K, Weldon R J, et al. Chemical composition of martian fines [J]. J Geophys Res, 1982, 87: 10059 – 10067.

[10] Wanke H, Bruckner J, Dreibus G, et al. Chemical composition of rocks and soils at the Pathfinder site [J]. Space Sci, Rev, 2001, 96: 317 – 330.

[11] Bandfield J L. Smith M D. Multiple emission angle surface – atmosphere separations of Thermal Emission Spectrometer data [J]. Icarus, 2003, 161: 47 – 65.

[12] Bogard D D, Johnson P. Martian gases in an Antarctic meteorite? [J]. Science, 1983, 221: 651 – 654.

[13] McSween H Y. The rocks of Mars, from far and near [J]. Meteorit Planet Sci, 2002, 37: 7 – 25.

[14] Bridges J C, Catling D C, Saxton J M, et al. Alteration assemblages in martian meteorites: implications for near – surface processes [J]. Space Sci Rev, 2001, 96: 365 – 392.

[15] Rubin A E, Warren P H, Greenwood J P, et al. Los Angeles: the most differentiated basaltic martian meteorite [J]. Geology, 2000, 28: 1011 – 1014.

[16] Nyquist L E, Bogard D D, Shih C – Y, et al. Ages and geologic histories of martian meteorites [J]. Space Sci, 2001, Rev, 96: 105 – 164.

[17] Chevrier V, Mathe' P E, Rochette P, et al. Magnetic study of an antarctic weathering profile on basalt: implications for recent weathering on Mars [J]. Earth Planet Sci, Lett, 2006, 244: 501 – 514.

[18] Masson P, Carr M H, Costard F, et al. Geomorphic evidence for liquid water [J]. Space Sci, Rev, 2001, 96: 333 – 364.

[19] Baker V R. Water and the martian landscape [J]. Nature, 2001, 412: 226 – 228.

[20] Catling D C. A chemical model for evaporites on early Mars: possible sedimentary tracers of the early climate and implications for exploration [J]. Geophys Res, 1999, 104 (E7): 16453 – 16469.

[21] Bandfield J L, Hamilton V E, Christensen P R, et al. Identification of quartzofeldspathic materials on Mars [J]. Geophys Res, 2004, 109 (E10009).

[22] Bandfield J L, Hamilton V E, Christensen P R. A global view of martian surface compositions from MGS – TES [J]. Science, 2000, 287: 1626 – 1630.

[23] Christensen P R, Bandfield J L, Bell Ⅲ J F, et al. Morphology and composition of the surface of Mars: Mars Odyssey THEMIS results [J]. Science, 2003, 300: 2056 – 2061.

[24] Bibring J – P, Langevin Y, Gendrin A, et al. Mars surface diversity as revealed by the OMEGA/ Mars express observations [J]. Science, 2005, 307: 1576 – 1581.

[25] Hamilton V E, Christensen P R. Evidence for extensive, olivine rich bedrock on Mars [J]. Geology 2005, 33 (6): 433 - 436.

[26] Johnson J R, Staid M I, Titus T N, et al. Shocked plagioclase signatures in thermal emission spectrometer data of Mars [J]. Icarus, 2006, 180: 60 - 74.

[27] McSween Jr, H Y, Wyatt M B, et al. Characterization and petrologic interpretation of olivine - rich basalts at Gusev Crater, Mars [J]. Geophys Res, 2006, 111 (E02S10) .

[28] Morris R V, Klingelhöfer G, Bernhardt B, Schröder C, Rodionov D S, et al. Mineralogy at Gusev Crater from the Mössbauerspectrometer on the Spirit Rover [J]. Science, 2004, 305 (5685): 833 - 836.

[29] Mustard J F, Poulet F, Gendrin, A, et al. Olivine and pyroxene diversity in the crust of Mars [J]. Science, 2005, 307, 1594 - 1597. Nahon D B. Self - organization in chemical lateritic weathering. Geoderma, 1991, 51: 5 - 13.

[30] Chevrier V, Rochette P, Mathe' P - E, et al. Weathering of iron rich phases in simulated Martian atmospheres [J]. Geology, 2004, 32 (12): 1033 - 1036.

[31] Clark B C, Morris R V, McLennan S M, et al. Chemistry and mineralogy of outcrops at Meridiani Planum [J]. Earth Planet Sci, Lett, 2005, 240: 73 - 94.

[32] Rieder R, Economou T, Wanke H, et al. The chemical composition of martain soil and rocks returned by the mobile alpha proton X - ray spectrometer: preliminary results from the X - ray mode [J]. Science, 1997, 278: 1771 - 1774.

[33] Wdowiak T J, Klingelhöfer, G. , Wade, M. L. , Nuñez, J. I. , 2003. Extracting science from Mössbauer spectroscopy on Mars [J]. Geophys. Res. 108 (E12), #8097.

[34] Morris R V, Klingelhöfer G , Schröder C, Rodionov D S, et al. Mössbauer mineralogy of rock, soil, and dust at Gusev crater, Mars: Spirit' s journey through weakly altered olivine basalt on the Plains and pervasively altered basalt in the Columbia Hills [J]. Geophys Res, 2006, 111 (E02S13) .

[35] Moore J M. Blueberry fields for ever. Nature, 2004, 428 (6984), 711 - 712. Moore, J M, Bullock M A. , Experimental studies of Mars - analog brines [J]. Geophys Res, 1999, 104 (E9): 21925 - 21934.

[36] Morris R V, Golden D C, Bell Ⅲ J F, et al. Mineralogy, composition, and alteration of Mars pathfinder rocks and soils: evidence from multispectral, elemental, and magnetic data on terrestrial analogue, SNC meteorite, and Pathfinder samples [J]. Geophys Res, 2000, 105 (E1): 1757 - 1817.

[37] Glotch T D, Morris R V, Christensen P R, et al. Effect of precursor mineralogy on the thermal infrared emission spectra of hematite: application to Martian hematite mineralization [J]. Geophys Res 2004, 109 (E07003) .

[38] Zolotov M Y, Shock E L. Formation of jarosite - bearing deposits through aqueous oxidation of pyrite at Meridiani Planum, Mars [J]. Geophys Res Lett, 2005, 32 (L21203) .

[39] Schwertmann U, Friedl J, Stanjek H. From Fe (III) ions to ferrihydrite and then to hematite [J]. Colloid Interface Sci, 1999, 209: 215 - 223.

[40] Madsen M B, Bertelsen P, Goetz W, et al. Magnetic properties experiments on the Mars exploration rover mission [J]. Geophys Res, 2003, 108 (E12): 8069.

[41] Goetz W, Bertelsen P, Binau C S, et al. Indication of drier periods on Mars from the chemistry and mineralogy of atmospheric dust [J]. Nature, 2005, 436: 62 - 65.

[42] Hargraves R B, Knudsen J M, Bertelsen P, et al. Magnetic enhancement on the surface of Mars? [J]. Geophys Res, 2000, 105 (E1): 1819 - 1827.

[43] Cudennec Y, Lecerf A. Topotactic transformations of goethite and lepidocrocite into hematite and maghemite [J]. Solid State Sci, 2005, 7: 520 - 529.

[44] Regenspurg S, Brand A, Peiffer S, Formation and stability of schwertmannite in acidic minig lakes [J]. Geochim, Cosmochim, Acta, 2004, 68 (6): 1185 - 1197.

[45] King P L, McSween Jr, H Y. Effects of H_2O, pH, and oxidation state on the stability of Fe minerals on Mars [J]. Geophys Res, 2005, 110 (E12S10) .

[46] Lane M D, Dyar M D, Bishop J L. Spectroscopic evidence for hydrous iron sulfates in the Martian soil [J]. Geophys Res Lett, 2004, 31: 119702.

[47] Rieder R, Gellert R, Anderson R C, et al. Chemistry of rocks and soils at Meridiani Planum from the alpha particle X - ray spectrometer [J]. Science, 2004, 306: 1746 - 1749.

[48] Wang A, Haskin L A, Squyres S W, et al. Sulfate deposition in subsurface regolith in Gusev crater, Mars [J]. Geophys Res, 2006, 111 (E02S17) .

[49] Ming D W, Mittlefehldt D W, Morris R V, et al. Geochemical and mineralogical indicators for aqueous processes in the Columbia Hills of Gusev crater, Mars [J]. Geophys Res, 2006, 111 (E02S12) .

[50] Gendrin A, Mangold N, Bibring J - P, et al. Sulfates in martian layered terrains: the OMEGA/Mars express view [J]. Science, 2005, 307: 1587 - 1591.

[51] Vaniman D T, Bish D L, Chipera S J, et al. Magnesium sulphate salts and the history of water on Mars [J]. Nature, 2004, 431: 663 - 665.

[52] Bandfield J L, Glotch T D, Christensen P R, Spectroscopic identification of carbonate minerals in the Martian dust [J]. Science, 2003, 301 (5636): 1084 - 1087.

[53] Fairen A G, Fernandez - Remolar D, Dohm J M, et al. Inhibition of carbonate synthesis in acidic oceans on Early Mars [J]. Nature, 2004, 431: 423 - 426.

[54] Larsen K W, Arvidson R E, Jolliff B L, et al. Correspondence and least squares analyses of soil and rock compositions for the Viking Lander 1 and Pathfinder landing sites [J]. Geophys Res, 2000, 105: 29207 - 29221.

[55] McSween H Y, Murchie S L, Crisp J A, et al. Chemical, multispectral, and textural constraints on the composition and origin of rocks at the Mars Pathfinder landing site [J]. Geophys Res, 1999, 104: 8679 - 8715.

[56] Wyatt M B, McSween H Y. Spectral evidence for weathered basalt as an alternative to andesite in the northern lowlands of Mars [J]. Nature, 2002, 417: 263 - 266.

[57] Lodders K, Fegley B, Jr. An oxygen isotope model for the composition of Mars [J]. Icarus, 1997, 126: 373 - 394.

[58] Wadhwa M. Redox state of Mars' upper mantle and crust from Eu anomalies in shergottite pyroxenes

[J]. Science, 2001, 291: 1527 - 1530.

[59] McSween H Y, Hamilton V E, Hapke B W. Mineralogy of martian atmospheric dust inferred from spectral deconvolution of MGS TES and Mariner 9 IRIS data [J]. Lunar Planet Sci. XXXIV, 1233. The Lunar and Planetary Institute, Houston (CD - ROM), 2003.

[60] Wanke H, Dreibus G. Chemical composition and accretion history of terrestrial planets [J]. Phil. Trans. Roy. Soc. London A325: 545 - 557.

[61] Halliday A N, Wanke H, Birck J - L, et al. Accretion, composition and early differentiation of Mars [J]. Space Sci, Rev, 2001, 96: 197 - 230.

[62] Sanloup C, Jambon A, Gillet P. A simple chondritic model of Mars [J]. Earth Planet. Sci Lett, 1999, 112: 43 - 54.

[63] Righter K, Drake M J. Core formation in Earth's Moon, Mars, and Vesta [J]. Icarus, 1996, 124: 513 - 529.

[64] Bertka C M, Fei Y. Mineralogy of the martian interior up to core - mantle pressures [J]. Geophys Res, 1997, 102: 5251 - 5264.

第 10 章 内 部 结 构

10.1　火星地质结构

研究行星的内部结构，需要解答的主要问题包括：地壳的厚度和成分，地幔和地核的厚度、成分、活动性等。目前，对能够揭示火星内部结构有用的地震观测资料较少，因此，对火星内部的了解主要来自探测器的遥感数据，如火星的平均密度、质量、重力场数据、磁场数据和表面物质组分等[1,2]。大多数科学家认为，火星具有地壳、地幔、地核的分异结构（图 10-1）。由于部分火星陨石来自火幔，它们能在一定程度上反映火星内部地幔源区的性质。

火星地壳密度较低，厚度和密度的横向不均一性较强。与地球具有多板块和板块运动不同，火星表面只有一个板块，构成其岩石圈。火星地核的半径一般为 1300~2000km。

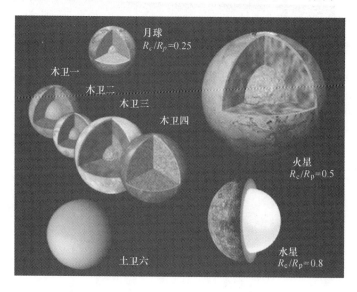

图 10-1　行星体内部结构比较，R_c/R_p 代表地核与行星半径比

（图片来源：NASA/JPL/DLR/RPIF）

火星地壳厚度主要依据火星地形模型和重力场测量相结合来推算。除此之外，地形的黏性松弛研究和火星化学模型也为地壳模型提供了约束[3]。基于 MGS 探测器所获得的地形数据和重力场数据，最早提出了关于火星地壳和上地幔的模型[4]。在此基础上，后人

根据重力场模型的优化对该地壳模型进行了修正，指出：火星的平均地壳厚度为 57 ±
24km；南半球较厚，平均为 80km；北半球较薄，平均为 30km；最薄的地壳位于 Isidis
平原中心，以及 Hellas 平原底部的西北部；最厚的地壳位于 Tharsis 火山区域（图 10 -
2）。图 10 - 3 为火星地壳厚度分布的柱状图。火星南极-北极地壳结构变化如图 10 - 4
所示。

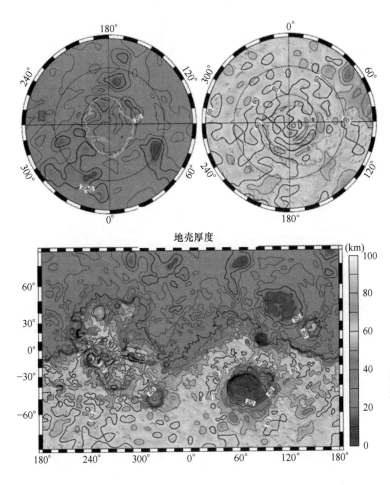

图 10 - 2 火星地壳厚度模型（5km 等值线）墨卡托投影和球极平面投影（见彩插）

目前，对火星内部结构的了解主要基于两个重要的基本参数：火星的平均密度 $\overline{\rho}$ 和转
动惯量（Moment of Inertia，MOI）。平均（未压缩）密度 $\overline{\rho}$ 反映了行星的总体化学成分，
可通过行星质量 M_p 和行星平均半径 R_p 计算得到：

$$\overline{\rho} = \frac{M}{\frac{4}{3}\pi R^3}$$

其中，火星质量 $M = 6.418552 \times 10^{23}\,\text{kg}$[5]，平均半径 $R = 3389.5\,\text{km}$[3]，得到火星的平均
密度 $\overline{\rho} = 3.935 \times 10^3\,\text{kg/m}^3$，介于月球和其他类地行星之间，见表 10 - 1。

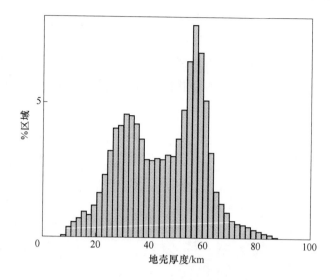

图 10-3　火星地壳厚度柱状图

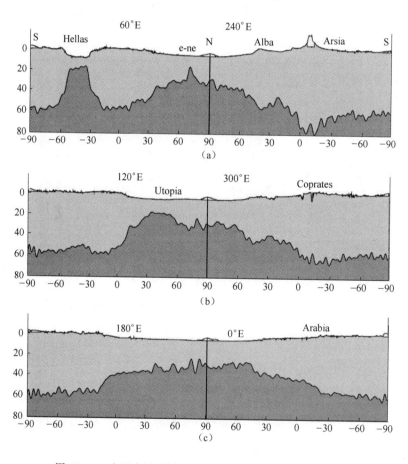

图 10-4　火星南极-北极地壳结构变化（垂向比例 60 : 1）

表 10 - 1　火星物理参数[1]

参　　数	值
行星中心常数 $GM_p/(km^3/s^2)$	$42828.371901 \pm 0.000074$
质量 M_p/kg	6.418552×10^{23}
平均半径 R_p/km	3389.5 ± 0.2
赤道半径 R_{equ}/km	3396.2 ± 0.1
极半径（南北极平均）R_{pol}/km	3376.2 ± 0.1
平均密度 $\rho/(kg/m^3)$	3935.0
极转动惯量系数 $C/M_p R_p^2$	0.3650 ± 0.0012
重力场极扁率 $J_2 = -C_{20}^e$	1.956607×10^{-3}
重力场系数	
C_{22}	$-0.5463208 \times 10^{-4}$
S_{22}	0.3158711×10^{-4}
重力场赤道椭圆率 $J_{22} = \{C_{22}^2 + S_{22}^2\}^{1/2}$	0.6310634×10^{-4}

　　行星的转动惯量系数（MOI factor）是我们了解行星内部结构的另一个重要参数，可提供关于行星的地壳厚度，以及地幔和地核的密度、厚度、活动性等方面信息。极转动惯量系数为 $C/M_p R_p^2$，其中 C 为极转动惯量。对于球对称模型，需要考虑基于平均转动惯量 I 的平均转动惯量系数，平均转动惯量系数为 $I/M_p R_p^2$，其中 I 为平均转动惯量。

　　对 MOI 的直接测量比较复杂，历史上一般是基于火星重力场 J_2 系数间接推导出 MOI。首先，计算火星重力位（geopotential）U：

$$U = \frac{GM}{R} \left[1 + \sum_{l=2}^{\infty} \left(\frac{a_e}{r} \right)^l \sum_{m=0}^{l} \{ \overline{C}_{lm} \cos m\lambda + \overline{S}_{lm} \sin m\lambda \} \overline{P}_{lm} (\sin\phi) \right]$$

其中，a_e 为参考赤道半径，$\overline{P}_{lm}$ 为 l 度 m 阶的归一化勒让德函数，r、λ、φ 分别为球坐标里的半径、经度、纬度，$\overline{C}_{lm}$、$\overline{S}_{lm}$ 为归一化系数。

　　根据火星的自转轴岁差（precession）速率，可直接计算出极转动惯量 C，1997 年，科学家首次直接得到极 MOI 系数为 0.3662 ± 0.0017[6]。近年来，基于火星全球勘测者、火星探路者、海盗号等的测距和多普勒数据，科学家们更准确地估算了火星的转动惯量系数[1]。算出火星的平均 MOI 系数为 0.3635 ± 0.0012[7]，算出极 MOI 系数为 0.3650 ± 0.0012，均低于前人测量的 0.3662 ± 0.0017。较低的 MOI 系数暗示火星内部更多的质量集中于中心。

　　通常，当行星地幔密度与体密度（bulk density）接近时，MOI 系数可为地幔密度提供约束；当行星地核密度与体密度接近，MOI 系数则可为地核密度提供约束。通过火星的 MOI 系数，我们对火星地幔的平均密度有了较准确的估算。类比行星、月球、木卫一的半径-密度关系比较如图 10 - 5 所示。

　　火星的极转动惯量和火星表面存在的剩磁，表明火星有一个较大的铁质内核，而且过去的内核曾为液态。行星内核大小是潮汐 Love 值 k_2 的函数，因此，对 k_2 的估算非常重要。根据 MGS 的无线电跟踪观测数据，算出 k_2 的值为 0.153 ± 0.017，由此推论火星的内核不可能为固态，起码外核是液态的，液态核的半径为 $1520\sim1840\text{km}$。基于 MGS 和奥德赛号更长时间的重力场测量数据估算出 k_2 为 $0.110\sim0.160$，支持火星有一个较大液态内核，并且在地幔底部存在钙钛矿层[8]。

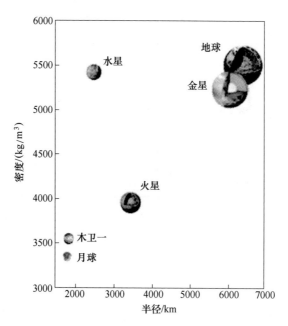

图 10-5　类地行星、月球、木卫一的半径-密度关系比较

10.2　火星地质活动

10.2.1　火星地震观测

海盗号探测器搭载的地震仪的科学目标是探测火星地震特性，并通过火星地震活动和陨石撞击活动产生的地震波了解火星内部结构[9]。

由于海盗号的主要科学目标集中在生命探测、有机化学和气象观测等方面，地震仪的设计在重量、能源供给和数据传输等方面均受到了限制，这就使得：

1）海盗号未能采用"阿波罗"级别的高灵敏度地震仪或宽带地震仪。

2）地震仪被设计安放在着陆器上，而不是火星表面，因此，严重受着陆器本体运行信号和风的干扰，噪声水平被放大了至少 3 倍。

3）地震观测数据被大幅压缩。海盗 1 号的地震仪没有取得任何地震观测资料。海盗 2 号着陆器着陆于火星乌托邦（Utopia）平原，着陆点位置为 47.9°N、225.9°W，在火星表面工作了 19 个月，未探测到超过着陆器上仪器阈值的火星地震。尽管如此，海盗号地震仪仍然为未来的火星地震观测提供了宝贵的经验[10]：

1）海盗号发现了 3 个噪声来源：着陆器活动、热噪声和风噪声，未来的地震仪设计要尽可能地避免这些噪声源或降低它们的干扰，应采用与着陆器分离安设的方案，最好埋在地下，如果有基岩，应安设于基岩之上。

2）海盗号表明火星如果有地震活动，其活动强度应低于地球，因此，未来的火星地震探测要求更灵敏的地震仪。比海盗号更宽频的地震仪，可探测到简正振型波、面波、潮汐载荷和钱德勒颤动。

3）未来的火星地震探测建议采用台网式布局[10]。从阿波罗计划可看出，尽管大部分月震震级很低，但采用"阿波罗"的 4 个地震仪联成的台网可研究月震和月球内部结构。由于火星比月球体积更大，地质活动和构造活动更丰富，因此，为了探测火星的内部结构和构造活动，既需要全球性的地震台网也需要区域性的地震台网。如果火星地震活动性真如科学家们所预测的那样介于地球与月球之间，未来的火星地震仪有可能探测到大量的火星地震[7]。

4）实现地面遥控地震仪。比如采用滤进（或滤出）感兴趣的（无用）的信号，通过感兴趣的带宽来控制采样率和数据压缩率等。

10.2.2 火星地震活动性分析

火星表面的火山和构造记录显示火星岩石圈在整个火星历史过程中都可能有地震活动。火星表面发现了地震年龄非常年轻的火山堆积，表明目前火星内部有可能有火山在继续活动，火星仍然可能是地震活跃的，虽然活跃度比过去降低。火星内部产生地震的来源可能有：

1）从区域尺度看，岩浆活动、滑坡、日照变化引起的岩石破裂，霜冻周期活动等引发的地震。

2）从更大尺度看，岩石圈因应力集中产生脆性破裂而引发地震，而应力集中的来源可能是火山活动引起地壳增厚、岩石圈浮力变化引起的垂向运动、地幔对流引起的岩石圈横向拉升等。此外，岩石圈的冷却、增厚，以及火星惯性矩的改变也可能引发地震。比如，火星全球地壳冷却每年可能诱发 12 次震矩大于 10^{23} dyn·cm 的地震和 2.5 次震矩大于 10^{24} dyn·cm 的地震，此大小的地震在地球上的体波记录中被常规性地观测到[4]。

除了火星地质活动引发的地震之外，陨石撞击（包括小行星碎片和彗星碎片）也可能引发地震。阿波罗月震仪记录到了 $10^2 \sim 10^6$ g 质量的陨石撞击月表引发的地震，大幅提高了科学家们对月球内部结构和地月系统附近小星体密度的认识。火星表面单位面积的撞击事件发生的频率可能与月表接近，但考虑到火星大气的影响、火星比月球更大的表面积、火星内部更高的地震波衰减率等，科学家们预测，和月球比起来，火星表面大撞击事件的地震记录可能会有所减少，而小撞击事件的地震记录可能会大幅减少。

参 考 文 献

[1] Sohl F, Schubert G, Spohn T. Geophysical constraints on the composition and structure of the Martian interior [J]. Geophys Res, 2005, 110, E12008, doi: 10. 1029/2005JE002520.

[2] Sohl F, G; Schubert. Interior Structure, Composition and Mineralogy of the Terrestrial Planets [J]. Treatise on Geophysics, Volume 10, Planets and Moons, 2007: 27 - 68.

[3] Neumann G A, Zuber M T, Wieczorek M A, et al. Crustal structure of Mars from gravity and topography [J]. Geophys Res, 2004, 109, E08002, doi: 10. 1029/2004JE002262.

[4] Zuber M T, et al. Internal structure and early thermal evolution of Mars from Mars Global Surveyor topography and gravity [J]. Science, 2000, 287: 1788 - 1793.

[5] Lemoine F G, D D Rowlands D E Smith, et al. An improved solution of the gravity field of Mars (GMM - 2B) from Mars Global Surveyor [J]. Geophys Res, 2001, 106 (23): 359 - 23, 376.

[6] Folkner W M, C F Yoder, D N Yuan, et al. Internal structure and seasonal mass redistribution of Mars from radio tracking of Mars Pathfinder [J]. Science, 1997, 278: 1749 - 1752.

[7] Yoder C F, A S Konopliv, D N Yuan, et al. Fluid core size of Mars from detection of the solar tide [J]. Science, 2003, 300: 299 - 303.

[8] Marty J C, Balmino G, Duron J, et al. Martian gravity field model and its time variations from MGS and Odyssey data [J]. Planet and Space Sci, 2000, 57: 350 - 363.

[9] Rivoldini A, van Hoolst T, Verhoeven O, et al. Geodesy constraints on the interior structure and composition of Mars [J]. Icarus, 20 (1) 213, 2: 451 - 472.

[10] Solomon S C, et al. Scientific Rationale and Requirements for a Global Seismic Network on Mars [J]. LPI Tech Rpt, 91 - OZ, Lunar and Planetary Institute, 1991.

第 11 章 火星探测器设计约束条件

火星探测器设计受到很多环境因素的限制，包括火星的物理特性、电离辐射环境、磁场、热环境、力学环境、大气环境、尘暴环境和地形地貌等，见表 11 - 1。

表 11 - 1 火星环境的主要影响

环 境		影 响	影响探测器的主要产品或主要功能
火星几何特征和运动		通信、姿轨控、发射窗口	总体设计、通信、姿轨控、推进设计
电离辐射环境		单粒子事件、总剂量效应	电子设备
磁场		基本上无影响	—
热环境		温度梯度大，深度温度交变	能源设计、热设计、温度敏感设备
力学环境	引力场	弹道轨道、弱重力、阻尼小	轨道设计、着陆设备
	流星体	撞击损伤	概率极低可不予考虑
	火星地震	振动	着陆设备
大气环境	大气密度	进入段导航、减速伞	进入段导航、减速装置
	风与大气环流	进入段导航	进入段导航
	大气层	高温、表面材料腐蚀、通信中断、信号衰减	进入段热设计、表面材料、通信，着陆设备通信
	电离层	信号衰减	进入段通信、着陆设备通信
尘暴		导航、化学反应、静电、温度、太阳能、信号衰减	进入段导航，着陆设备的表面材料、热设计、能源设计、通信
地形地貌		成像质量、着陆点选取、着陆缓冲、火表行走、信号衰减、	光学相机，着陆缓冲，着陆点选取，着陆设备的行走和通信
巡航段长期真空低温环境		温度、冷焊效应、脱气作用	热设计、温度敏感设备、材料、活动部件

注：为便于区分，表中着陆设备特指着陆到火星表面后开展探测工作的仪器设备，包括着陆器、巡视车和火星探测机器人，不包括进入段减速、着陆缓冲、热防护等装置。

11.1 火星几何特征和运动

（1）对通信和星上管理的影响[1]

火星和地球通信的单向延迟最长达 22min，并且当凌日现象出现时探测器上下行链路受太阳噪声干扰而恶化，地面测控站、应用站无法与探测器建立联系，因此，探测器必须具备较强的自主管理能力。

不同地面站对火星的可视时间不同，探测器和地球的通信需要根据地面站的可视时间进行设计。

火星和地球最近距离为 $5.5 \times 10^7 \, \mathrm{km}$，最远距离为 $4 \times 10^8 \, \mathrm{km}$，由于距离较远，需要考虑信号传递的自由空间损失。

自由空间的信号传递损失用 L_{FS} 表示：

$$(L_{FS})_{dB} = 10 \log \left(\frac{4\pi d}{\lambda} \right)^2 = 20 \log \left(\frac{4\pi d}{\lambda} \right)$$

式中，λ 为信号的频率；d 为火星和地球的距离。

根据计算，不同频段在自由空间的损失见表 11-2，越高的频段损失越大，设计师应考虑通过采用更高的天线增益来弥补部分信号损失。

表 11-2　不同频段的自由空间损失

	距离 d	VHF (100~500MHz)	S-频段 (2~4GHz)	X-频段 (10~12GHz)	Ka-频段 (30~38GHz)
最近距离	$5.5 \times 10^7 \, \mathrm{km}$	约237dB	约257dB	约267dB	约277dB
最远距离	$4 \times 10^8 \, \mathrm{km}$	约254dB	约274dB	约284dB	约294dB

（2）对姿轨控的影响

火星的岁差、章动、非球形摄动和火卫引力会对姿轨控产生影响，在姿轨控设计时需要考虑这些因素。

（3）对发射窗口的影响

地球和火星近似在同一平面内，最省能量的轨道过渡形式为霍曼转移轨道。为实现霍曼转移，地球和火星的初始相位须满足一定要求。理论霍曼转移初始相位为 44.57°，每 26 个月火星和地球的相位就会重复一次，应根据火星地球的相位角变化，来寻找合适的发射机会。

发射能量和到达时相对火星的 C3 能量是发射窗口的两个重要指标。发射能量对运载能力和探测器本身的变轨能力提出了要求，到达火星时的 C3 能量决定了捕获制动所需的燃料多少。应根据选定的发射窗口进行相应的运载能力、变轨能力、燃料方案设计。

11.2　电离辐射环境

火星主要的电离辐射来自银河宇宙射线和太阳能量粒子事件。敏感器件和仪器应该考虑屏蔽措施避免辐射伤害。对火星探测而言，尤其应重点考虑单粒子效应的影响，采取防护措施。

11.3　热环境

（1）地-火转移段[2]

在地球与火星转移段的行星际空间中，直接太阳光照与离太阳距离的平方成反比（在 1AU 距离为 1367W/m²）。因此，太阳辐射常数变化较大，能源和热控设计应能适应轨道热辐射环境的变化。

（2）火星轨道

由于火星距离太阳较地球远，太阳光照较弱，火星轨道上大气直接照射的太阳辐射常数在远日点 493W/m² 和近日点 717W/m² 之间变化（平均值为 589W/m²）[2]。能源和热控设计应考虑太阳辐射常数在远日点和近日点的变化。

在离火星 0.1 倍半径高度轨道上，无云的情况下红外辐射透过率很高，昼夜温度在 $-162\sim11℃$ 之间变化[3]，热控设计应能够适应最恶劣情况下的昼夜温度变化。

（3）火星表面

火星表面昼夜温度在 $-133\sim27℃$ 之间变化[2]。着陆设备的热控设计应能保证仪器工作在较好的温度环境下，同时能够适应更低范围的温度。为保证设计的合理性，着陆设备应模拟火星表面环境开展深度温度循环寿命试验。

11.4　力学环境

（1）引力场

火星重力加速度约为 3.7m/s²，约为地球的 1/3，着陆设备设计时应考虑仪器如何在火星弱重力加速度下运行；着陆设备在发生振动时由于没有明显的阻尼介质，应考虑如何消除振动的方法。

火星引力场的分布对环绕轨道与进入火星的弹道具有直接影响，轨道设计时应予以考虑。

（2）火星地震

科学分析表明火星还是地震活跃的，在设计设备和结构时需要考虑地震保护。表 11-3 给出了预测火星地震重现间隔信息[2]。

表 11-3　预测火星上地震重现间隔

地震量级（瞬间量级）	循环周期
6.7	35.6y
5.8	4.5y

续表

地震量级（瞬间量级）	循环周期
4.9	6.8m
4.0	0.9m
3.1	3.3d
2.2	9.8h
1.3	1.2h

除了火星地质活动引发的地震之外，陨石撞击（包括小行星碎片和彗星碎片）也可能引发地震。考虑到火星大气的影响，以及火星比月球更大的表面积和火星内部更高的地震波衰减率等，科学家预测，和月球相比，火星表面大撞击事件可能会有所减少，小撞击事件可能会大幅减少。

11.5　大气环境

（1）对进入段导航的影响

大气密度和风的不确定性，引起着陆设备进入大气轨迹发生变化，导致产生导航偏差[2]。应充分分析大气模型和风速影响，在重量允许条件下，应尽可能增加较多的辅助判断手段，提高辅助测量手段的测量精度，增强自主控制能力，具备通过加速度和高度等辅助条件修正由于地面仿真与真实情况不同带来的误差。

（2）对减速装置的影响

火星大气比地球大气稀薄，火星表面大气密度仅约为地球表面的 1.3%，对减速伞的设计有较大影响。

（3）对进入段热设计的影响

虽然火星大气比地球大气稀薄，但着陆设备在火星大气内以超声速飞行时会受到大气阻力而产生大量的热，因此，热防护系统应保护着陆设备在气动热环境中免遭烧毁。

（4）对表面材料的影响

火星大气成分以 CO_2 为主，与地球大气成分差异较大，且 CO_2 在与着陆设备高速摩擦情况下易电离，探测器应考虑火星大气电离后对表面材料的腐蚀问题。

（5）对进入段通信的影响[1]

当航天器高速进入火星大气时，由于飞行速度远远超过当地声音传播速度，在舱体前端会出现激波。大气受到剧烈压缩、加热，会产生等离子体区。舱体外的等离子体密度非常高，在着陆期间通信可能中断。在 20 世纪 60 年代阿波罗登月期间，NASA 对此做了大量的研究和地球大气再入试验，结果表明，高速舱体和密集地球大气的交互作用产生了

4～10min 的 X 频段通信中断。当通信频率（f）低于当地电磁频率（f_p）时，由于电磁波被反射或者吸收会导致通信中断；当通信频率（f）高于当地电磁频率（f_p）时，通信则不受影响。火星探路者号采用 X 频段，在进入火星大气时发生了 30s 中断，而海盗号（UHF）发生 1min 中断。表 11-4 列出了不同频率信号（UHF 到 Ka 频段）的临界等离子体密度。

表 11-4 临界等离子体密度和通信频率

信号频率	UHF 381MHz	S 频段 2.295GHz	X 频段 8.43GHz	Ka 频段 32GHz
等离子体密度/cm³	1.8×10^9	6.5×10^{10}	8.8×10^{11}	1.27×10^{13}

（6）对着陆设备通信的影响[1]

由于火星具有电离层和大气层，电磁波在穿过这些媒介时会遭受自由空间损失以外的额外损失，着陆设备应考虑补偿信号的衰减：

一是对流层。据估计，采用 Ka 频段时，在整个对流层的衰减大约 0.4dB，包括气体衰减、云、雾和对流层散射（火花和紊乱）等。因而，在正常情况下，尘暴和对流层对垂直电磁波的组合衰减大约为 1.4～2dB（地球约为 5dB）。在最坏情况下总衰减将达到 3.4dB。

二是电离层。火星电离层对 VHF 波传递具有吸收和闪烁效应，这与地球电离层一样。VHF 频段信号衰减为 0.5dB，频段更高衰减更小，精确的衰减还无法得到。在地球上，127MHz 频段的衰减约为 3.0～10dB。在火星上，这种类型的损失小得多，因为火星电离层薄 1 个数量级。VHF 波（400～500MHz）被曾用作着陆器和轨道器之间的中继通信。火星电离层仅影响低于 450MHz 的低频波，低于 4.5MHz 临界频率，电磁波无法穿透电离层。因为火星的磁场很小（约 50nT），它的旋转频率（f_B）对大于 1MHz 的波基本没有影响。

11.6 尘暴环境

（1）对进入段导航的影响

当雷达高度计测量时，充满灰尘的着陆区域会产生尘衣覆盖在设备和硬件上面，引起测量结果偏差，需要考虑设计防尘装置。

（2）对表面材料的影响[2]

沙尘的氧化特性可能引起密封、过滤、光学、生物材料在接触时产生化学反应，大气搬运作用还会使尘埃因碰撞携带静电，着陆设备在选择外表面材料时应考虑沙尘的化学反应和静电反应。

（3）对热设计的影响[2]

频繁的尘暴会显著地影响火星表面大气温度。灰尘阻止阳光射入，降低平均温度和最高温度，最高温度降低尤为明显。灰尘同样阻止火星表面热红外线散发，使最接近表面的气体温度上升。着陆设备应考虑尘暴对温度的影响，开展尘暴环境下的热设计。

（4）对能源设计的影响[2]

尘暴的存在削弱了着陆设备对太阳能的利用，灰尘减小了抵达火星表面的太阳光密度，尘暴削弱不同波长的太阳光传播。因灰尘对蓝色短波的削弱最强，更适合选用对红色光线和红外线等响应更好的太阳电池片材料，低带宽的半导体也更加适合在比地球正常温度低的温度条件下使用。能源设计应考虑太阳利用材料的选择。

在季节性全球尘暴条件下最合适产生电能的太阳电池与无尘暴条件下的技术有很大不同。在大气相对干净的时间段，大多数太阳光可以直接抵达火星表面，光束集中设备可以使用。当灰尘颗粒很多，基本上所有的光都被漫射掉了，即使有集中器也无法使用。能源设计应考虑季节性尘暴条件下如何产生电能。

火星探路者号测得灰尘覆盖率能够导致每天约 0.3% 的能量损耗，这潜在限制了太阳帆板的使用寿命，应考虑设计除尘装置定期清除累积的灰尘。

（5）对通信的影响[1]

在火星上，尘暴是通信信号的主要衰减因素。在最坏情况下（大质量负载），Ka 频段的衰减可以达到 3dB 或更高。但是，这种类型的尘暴极少发生。尘暴主要发生在南半球的春夏两个季节。在一般情况下，尘暴引起的衰减约为 1dB。着陆设备在通信时应考虑尘暴的信号衰减。

11.7　地形地貌

（1）对光学相机的影响

光学相机成像质量受火星反照率和星下点太阳高度角的影响，因此，光学成像工作模式设计应考虑这两个因素的影响。

（2）对着陆缓冲的影响

火星表面地势呈南高北低，并且南部崎岖、北部相对平坦，表面可能以玄武岩为主，部分地区覆盖浮尘，火星表面硬度和岩石分布对着陆缓冲方案的设计有较大影响。为避免气囊扎破或无法展开，应尽量选取岩石分布稀疏的平原地区。

为避免着陆和行走时卷起的灰尘导致仪器无法工作，需要在降落到一定高度时，关闭发动机，减少扬尘。同时，着陆设备行走的速度设计应较为缓慢，防止扬尘。仪器外层可设计防尘装置。

（3）对着陆点选取的影响

火星地形对于着陆点的选取具有十分重要的约束作用，特别是探测器的进入、降落和着陆系统能力限制了着陆点的最大地面坡度[2]。对于三腿式着陆器设计，表面坡度不能够超过 16°，或最长腿变形允许有 6° 的倾斜，且表面坡度最大值为 10°。

沙丘无法提供着陆的承载表面，存在潜在的风险。在着陆点选取时，应避开沙丘。

（4）对着陆设备行走的影响

火星的地貌比月球要复杂，着陆设备应具备较强的自主导航能力，可绕过大的撞击坑，并具备一定的爬坡能力，车轮和行走速度应满足火土的承压能力，保障在火星表面行走。

（5）对着陆设备通信的影响[1]

由于岩石和峡谷侧壁反射通信信号，会对火星表面通信产生衰减。假设火星和地球的岩石在衰减方面不存在重要区别，Goldhirsh 和 Vogel（1998）研究了峡谷和山峰环境的多次反射影响：对于 870MHz，衰减范围为 2～7dB；L 频段（1.7GHz），衰减范围为 2～8dB；在更高的频率范围，衰减更大。因而，表面岩石衰减是一个巨大的潜在衰减源，着陆设备在表面通信时应考虑岩石的信号衰减。为减少岩石对表面通信的影响，应尽量选取较平坦的着陆表面。

11.8　巡航段长期真空低温环境

（1）对热设计的影响

火星和地球的最近距离为 5.5×10^7 km，最远距离为 4×10^8 km[1]，从地球轨道到火星轨道的转移需要经历长时间的飞行，需要经历长时间的低温环境，探测器需要考虑组部件的热控设计。

（2）对材料和活动部件的影响

地-火转移段的真空度很高，为 $10^{-13} \sim 10^{-18}$ Pa[4]，在高真空下要考虑选取能够抵抗高真空下脱气的材料，考虑到达火星轨道才工作的电缆切割装置、分离装置和展开机构等活动部件的防冷焊设计。

参 考 文 献

[1] Propagation Issues for Communication Between Earth and Mars［OL］. http：//descanso. jpl. nasa. gov/Propagation/mars/Marspub _ sec7. pdf.

[2] M Alexander，Editor. Mars Transportation Environment Definition Document［J］. Marshall Space Filght Center，Alabama. NASA/TM - 2001 - 210935.

[3] 庄洪春，马瑞平，等. 宇航空间环境手册［M］. 北京：中国科学技术出版社，2000.

[4] 黄本诚，童靖宇. 空间环境工程学［M］. 北京：中国科学技术出版社，2010.

第12章 祝融号着陆区的地质特征

12.1 地形地貌

中国祝融号火星车于 2021 年 5 月 15 日成功着陆在火星乌托邦南部地区 (109.925°E, 25.066°N), 着陆点高程约 −4099.4m, 位于火星南部高地与北部低地分界线和推测的古海岸线附近 (图 12-1)[1]。在火星地质单元划分中属于晚西方纪低地单元 (lHl), 此单元被解译为水流作用、沉积作用及火山作用的综合产物, 水/冰-热源 (火山或岩浆等) 相互作用对该单元的地表重塑起着重要的作用[2]。祝融号着陆区的石块、撞击坑、方山、沟槽、脊状地貌、凹锥地貌和沙丘 (横向风成脊) 等多种类型的地貌特征, 为理解着陆区的地质演化过程提供了重要信息[3-7]。

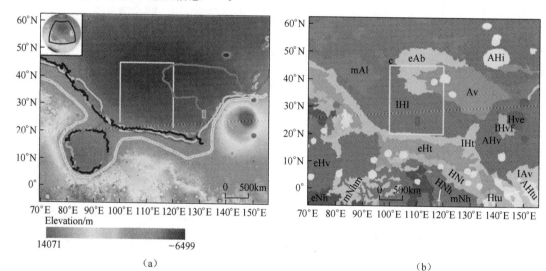

图 12-1 祝融号着陆区位置 (图中红色方框) 以及区域地质图 (见彩插)

(1) 土壤和石块

根据祝融号行走的车辙痕迹, 估算着陆区土壤的等效刚度约为 $1390 \sim 5872 \text{kPa/m}^N$, 相比玉兔二号着陆区月壤风化层具有更大的承压强度, 与地球沙壤土特性相似。同时着陆区的土壤内聚力相对较高, 与之前在北方低地的着陆点相比摩擦特性最低, 在 $1.5 \sim 6 \text{kPa}$ 的内聚力下, 其内摩擦角估计值约为 $21° \sim 34°$, 其剪切特性接近海盗 1 号和好奇号火星车着陆点的土壤特性 (图 12-2)[8]。

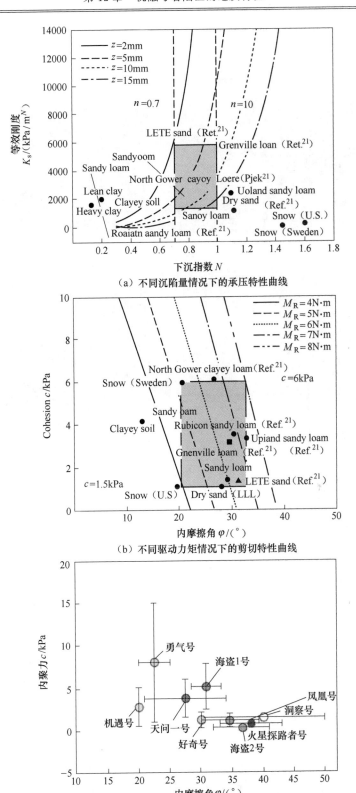

（a）不同沉陷量情况下的承压特性曲线

（b）不同驱动力矩情况下的剪切特性曲线

（c）祝融号着陆区土壤剪切参数与其他火星任务着陆点的比较

图 12-2　祝融号着陆区土壤的物理力学特性分析

　　利用天问一号环绕器上高分辨率相机获取的着陆区 0.7m/px 影像和祝融号火星车就位探测提取出的石块，着陆区的石块丰度约为 5%[9,10]。同时就位观测到石块表面呈现出多样化的纹理，表明可能经历了多种表面蚀变过程（图 12-3）[8]。

图 12-3　祝融号着陆区的各种岩石

(a~c：存在表面点蚀的岩石，d：分层结构的岩石，e：片状结构的岩石，f：风棱石形态的岩石)

　　（2）撞击坑

　　撞击坑大小-频率分布法广泛应用于行星表面绝对模式年龄估计。定年结果显示着陆区的地层主要形成于晚西方纪，绝对模式年龄约为 3.01~3.45Ga，在中亚马逊纪约 1.12~1.60Ga 发生了地表重塑事件（图 12-4）[3,4,7,9]。着陆区附近具有流纹状溅射毯的壁垒撞击坑，一般认为形成壁垒撞击坑的重要条件是表面被撞击目标物具备水/冰等易挥发性物质。

　　（3）方山

　　方山是一种平顶、侧面有斜坡凸出于地表的正地形地貌。着陆区附近的方山形态为：长约 2516~4215m，宽约 1570~3087m，高约 120~180m（图 12-5）[7]。方山具有从顶部向边缘层层剥蚀的现象，可能指示上地层的物质具有脆弱性[11]。

　　（4）沟槽

　　着陆区沟槽地貌丰富，长度约 1.2~10km，宽度约 90~840m，深度低于 20m（图 12-6）[3,4,7]。无数沟槽环结形成的多边形地貌是乌托邦平原显著的地貌特征之一，但着陆区的沟槽并没有环结形成多边形，而是多样化独立存在的。

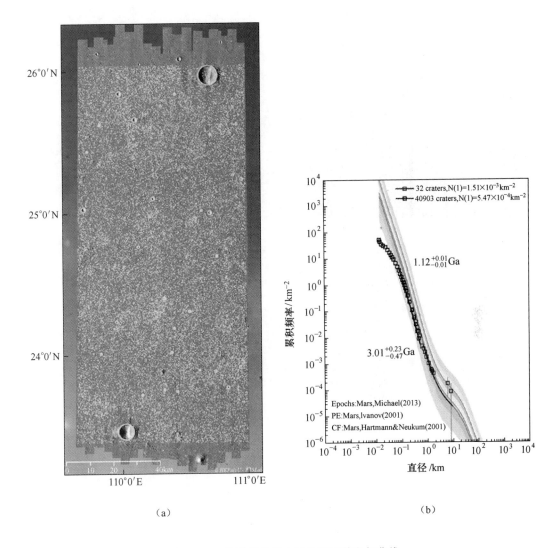

（a）　　　　　　　　　　　　　　　　（b）

图 12-4　着陆区的撞击坑分布及其定年曲线

（5）脊状地貌

着陆区分布的脊状地貌，长约为 164m～12.8km，高约数米（图 12-7）。多种地质过程可以形成这种线性地貌，如水/冰活动、岩浆侵入岩墙等[3,4,7]。

（6）凹锥地貌

凹锥地貌在着陆区广泛分布，大部分分布在着陆点以南的区域。在形态上，基底直径为 178.9～1206.6m，坑口直径为 58～687.9m，高为 10.5～90.8m。在空间分布上，有孤立分布的，有集群成簇的，也有链状分布的（图 12-8）。形成这种凹锥地貌的成因可以归结为冰核丘、泥火山和火成产物。通过对着陆区锥体形态学参数、空间分布以及表面热惯性的分析，着陆区的凹锥地貌更可能是泥火山的成因[6,12]。

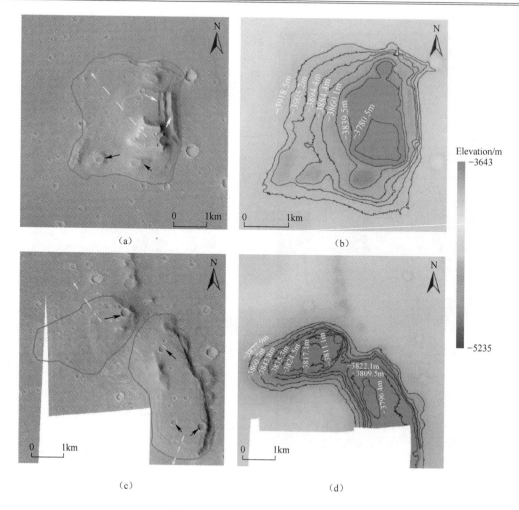

图 12-5　着陆区的方山地貌影像及其对应的地形（见彩插）

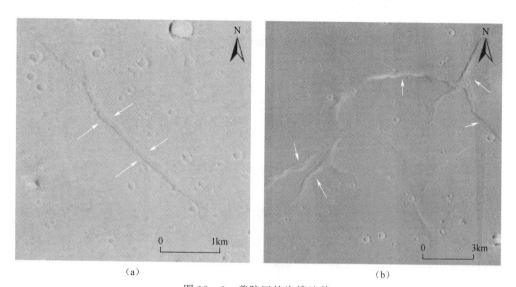

图 12-6　着陆区的沟槽地貌

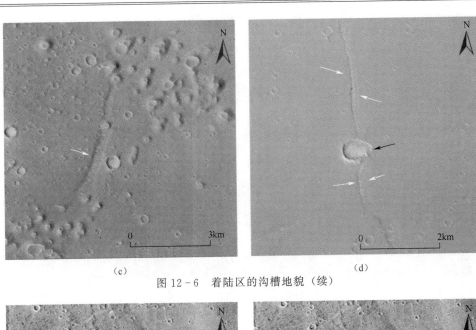

(c)　　　　　　　　　　　　　　　　　(d)

图 12 - 6　着陆区的沟槽地貌（续）

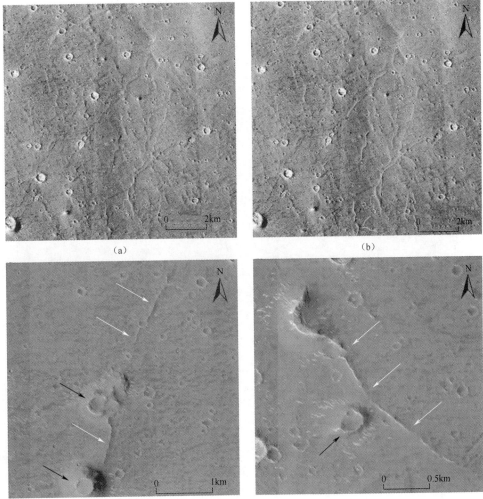

(a)　　　　　　　　　　　　　　　　　(b)

(c)　　　　　　　　　　　　　　　　　(d)

图 12 - 7　着陆区的脊状地貌

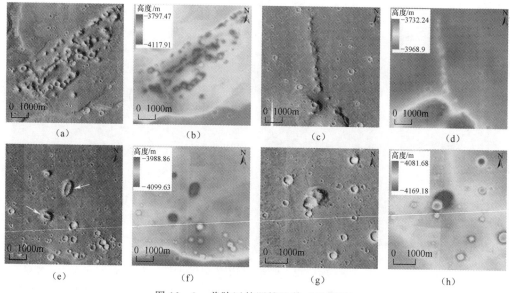

图 12-8　着陆区的凹锥地貌（见彩插）

（7）横向风成脊

着陆区沙丘从遥感影像上看，表现为具有较高反照率，形态上体积小、呈对称结构特征的横向风成脊，其走向主要呈现西北-东南，从而指示盛行风向为东北向（图 12-9）。

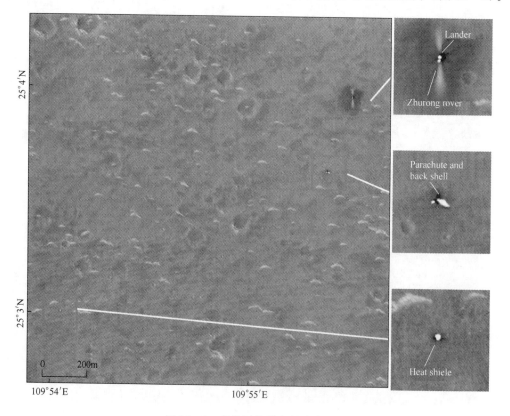

图 12-9　着陆区的横向风成脊

祝融号就位观测结果进一步揭示每个横向风成脊表面可以分为亮色调和暗色调两种沙丘，其表面发生了不同过程的后期改造作用（图 12 - 10）。通过对着陆区横向风成脊的研究能够为火星古气候研究提供重要信息[13,14]。

图 12 - 10　祝融号对着陆区横向风成脊的就位观测

12.2　物质成分

祝融号火星车上搭载的火星表面成分探测仪（MarSCoDe）有激光诱导击穿光谱（LIBS）、短波红外光谱（SWIR）和显微相机（MI）三个功能，能够分析祝融号着陆区表面的化学成分和矿物组成。

利用祝融号获取的着陆区高分辨率影像，发现一种在形貌上类似沉积岩的岩石类型——板状的亮色岩石（图 12 - 11）。利用 SWIR 在这些亮色板状岩石中探测到了之前轨道数据在该区域没有识别到的含水矿物，这些光谱具有约 $1.9\mu m$ 和约 $2.2\mu m$ 的吸收特征，可能含有含水硅或含水硫酸盐[15]。

这些亮色岩石与海盗 1 号火星着陆器原位观察到的破碎岩石在形貌上相似，是一层本地发育的硬壳。但海盗 1 号着陆区的硬壳层相对脆薄，可能是由大气中的水汽长期与火星表面土壤相互作用胶结而成。祝融号着陆点的硬壳似乎更耐侵蚀，并在周围松散的土壤中形成厚层，这需要大量的液态水，而单靠大气中的水蒸气无法形成。同时，并未发现着陆区存在明显的地表径流或河道留下的痕迹，在巡视路线周围并未发现由水体蒸发形成的松脆表面和盐霜残留物，从而排除了表面大规模水体活动的可能。一种可能的形成机制是，沉积期前的土壤风化层在富含盐类的地下水上升或渗透期间经历了胶结和岩化作用，形成了观察到的板状岩石。盐类胶结物从毛细孔隙或靠近潜水面的地下水中沉淀，发生活跃的蒸发和聚集。地下水位的间歇性波动可能会使硬壳进一步增厚，并形成层状结构。随后覆盖在硬壳上的表土受到侵蚀作用而流失，使得抗侵蚀的硬壳层暴露出来。

另外短波红外光谱在 980nm 附近表现出较宽较深的吸收特征，1600～2000nm 反射率随波长增加而降低，表明可能还含有高钙辉石。联合 LIBS 数据反演出火星表面主量元素（Si、Al、Fe、Mg、Ca、Ti、Na、K 等）的含量，结果表明着陆区岩石和土壤主要为玄

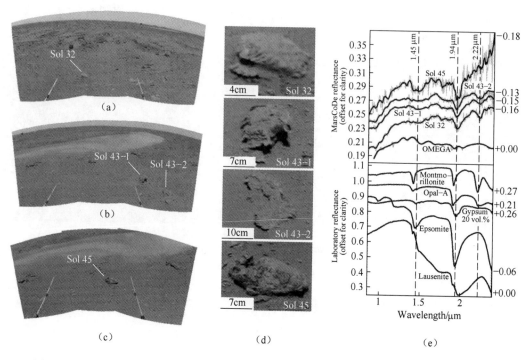

图 12-11　导航地形相机拍摄的板状亮色岩石图像和短波红外光谱仪获取的目标岩石光谱

武质,与其他火星着陆点相比,天问一号着陆区的化学风化指数(CIA)偏小,揭示其水蚀变程度较低,可能主要由广泛存在的火星尘埃和富钙贫镁的局域物质混合形成(图 12-12)[16]。祝融号所发现的无定型含水硅可能由火山碎屑物质在低温、弱酸性和低水岩比等

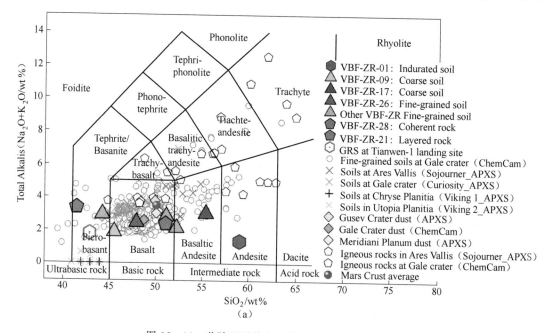

图 12-12　着陆区石块和土壤的地球化学成分特征

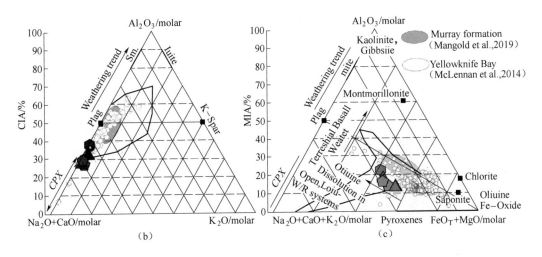

图 12-12　着陆区石块和土壤的地球化学成分特征（续，见彩插）

条件下蚀变而成，估计参与水岩相互作用的水量可能较少或短期存在。结合 VBF 地质成因的推测，VBF 很有可能形成于短期冰冻弱酸性海洋的沉积和挥发作用过程。

12.3　浅层结构

到目前为止，人类在地外天体上共开展了四次巡视雷达探测。其中，我国嫦娥三号和嫦娥四号首次实现了对月球正面和背面浅表结构的精细探测。毅力号和祝融号搭载的次表层探测雷达于 2021 年开启了火星雷达巡视探测的新纪元。毅力号的探测区域为杰泽罗撞击坑边缘，受限于雷达主频（150～1200MHz），其实际最大探测深度仅为 15m。与毅力号雷达相比，祝融号雷达具有两种探测模式、高频雷达（450～2150MHz）和低频雷达（15～95MHz），高频雷达对 0～5m 深度的浅表目标能够看得更"细致"，低频雷达对地下目标看得更"深入"，最大实际探测深度达 80m。

根据雷达数据反射模式特征和估计的介电常数，祝融号着陆区浅表层地下结构可以分为 4 层（图 12-13）[17]。第一层深度小于 10m，平均介电常数为 3～4，为最表层的火壤层。第二层的深度为 10～30m，该层中反射能量随深度增加逐渐增强，但未出现清晰连续的反射界面，平均介电常数为 4～6。数值模拟表明，这些反射特征代表该层含有较多石块，其粒径随深度增加逐渐增大。可能是着陆区中晚亚马逊纪火表改造事件的结果，短时洪水、长期风化或重复陨石撞击作用可能形成了这一层中向上变细的沉积层序。第三层的深度为 30～80m，反射能量与第二层类似，但反射相对更强，平均介电常数更高（6～7），这表明第三层中的石块粒径更大（可达米级）且分布更为杂乱，可能反映着陆区更古老、更大规模的火表改造事件。基于撞击坑定年结果，估计这次改造事件可能发生在 32 亿～35 亿年前的晚西方纪到早亚马逊纪，可能与乌托邦平原南部的大型洪水活动有关。

此外，未观测到清晰的第三层底界面，或是因为该层底部不存在介电常数对比明显的介质物性变化，抑或是雷达反射能量在约 80m 的深度已经非常微弱，达到了探测极限。

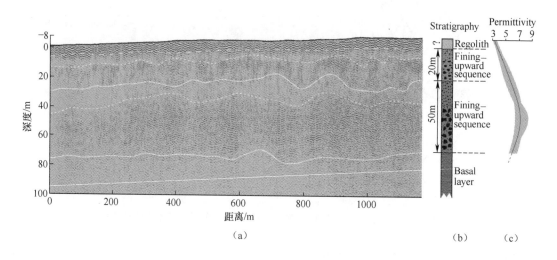

图 12-13　祝融号低频雷达数据成像结果、解译以及反演出的介电常数

除了分层特征之外，雷达剖面的另一个重要结构特征是各层之间的平滑过渡。这表明，在祝融号着陆区下方 80m 深度范围内，来自埃律西昂火山喷发或某些晚期火山作用产生的原始玄武岩层可能缺失或太薄，以至无法在随后的火表改造事件中保留下来。否则，由于玄武岩与沉积岩介电常数存在显著差异，雷达剖面上将出现强反射界面。这一解释也得到介电常数估算结果的支持。着陆区的介电常数（3～7）明显低于亚马逊纪埃律西昂火山单元的浅表介电常数（约为 9），但与火星快车上搭载的火星地下和电离层探测高级雷达估计的类似深度范围内 VBF 的介电常数值（约为 5）一致。

祝融号火星车次表层探测雷达主要探测目标之一是探测乌托邦平原南部现今是否存在地下水/冰。如果存在富水层，雷达信号强度会大幅衰减，降低雷达探测深度。低频雷达成像结果显示，0～80m 深度范围内雷达信号强度稳定，不存在富水层。此外，祝融号雷达反演约束介质的介电常数较低（不超过 9），不同于含水物质通常具有高介电常数（大于 15），排除了巡视路径下方含有富水层的可能。热模拟结果也进一步表明，液态水、硫酸盐或碳酸盐卤水难以在祝融号着陆区浅表 100m 以上稳定存在。由于硫酸盐或碳酸盐盐冰的介电常数（2.5～8）与岩性材料相当，目前还无法排除浅层存在盐冰的可能。

参 考 文 献

[1] Liu J，Li C，Zhang R，et al. Geomorphic contexts and science focus of the Zhurong landing site on Mars [J]. Nature Astronomy，2022，6（1）：65-71.

[2] Tanaka K L，Skinner Jr J A，Dohm J M，et al. Geologic map of Mars [J]. 2014.

[3] Wu X，Liu Y，Zhang C，et al. Geological characteristics of China's Tianwen-1 landing site at Utopia

Planitia，Mars［J］. Icarus，2021，370：114657.

［4］ Zhao J，Xiao Z，Huang J，et al. Geological characteristics and targets of high scientific interest in the Zhurong landing region on Mars ［J］. Geophysical Research Letters，2021，48（20），e2021GL094903.

［5］ Mills M M，McEwen A S，Okubo C H，A Preliminary Regional Geomorphologic Map in Utopia Planitia of the Tianwen－1 Zhurong Landing Region ［J］. Geophysical Research Letters，2021，48（18），e2021GL094629.

［6］ Ye B，Qian Y，Xiao L，et al. Geomorphologic exploration targets at the Zhurong landing site in the southern Utopia Planitia of Mars ［J］. Earth and Planetary Science Letters，2021，576：117199.

［7］ Huang H，Wang X，Chen Y，et al. Observations and interpretations of geomorphologic features in the Tianwen－1 landing area on Mars by using orbital imagery data ［J］. Earth Planet. Phys，2023，7（1）：1－16.

［8］ Ding L，Zhou R，Yu T，et al. Surface characteristics of the Zhurong Mars rover traverse at Utopia Planitia ［J］. Nature Geoscience，2022，15（3）：171－176.

［9］ Wu B，Dong J，Wang Y，et al. Landing Site Selection and Characterization of Tianwen－1（Zhurong Rover）on Mars ［J］. Journal of Geophysical Research：Planets，2022，127（4），e2021JE007137.

［10］ Chen Z，Wu B，Wang Y，et al. Rock Abundance and Erosion Rate at the Zhurong Landing Site in Southern Utopia Planitia on Mars ［J］. Earth and Space Science，2022，9（8），e2022EA002252.

［11］ Ivanov M A，Hiesinger H，Erkeling G，et al. Mud volcanism and morphology of impact craters in Utopia Planitia on Mars：Evidence for the ancient ocean ［J］. Icarus，2014，228：121－140.

［12］ Huang H，Liu J，Wang X，et al. The Analysis of Cones within the Tianwen－1 Landing Area ［J］. Remote Sensing，2022，14（11）：2590.

［13］ Lu Y，Edgett K S，Wu B，et al. Aeolian disruption and reworking of TARs at the Zhurongrover field site，southern Utopia Planitia，Mars ［J］. Earth and Planetary Science Letters，2022，595：117785.

［14］ Gou S，Yue Z，Di K，et al. Transverse aeolian ridges in the landing area of the Tianwen－1 Zhurong rover on Utopia Planitia，Mars ［J］. Earth and Planetary Science Letters，2022，595：117764.

［15］ Liu Y.，Wu X.，Zhao Y Y S，et al. Zhurong reveals recent aqueous activities in Utopia Planitia，Mars ［J］. Science advances，2022，8（19），eabn8555.

［16］ Liu C，Ling Z，Wu Z，et al. Aqueous alteration of the Vastitas Borealis Formation at the Tianwen－1 landing site ［J］. Communications Earth & Environment，2022，3（1）：1－11.

［17］ Li C，Zheng Y，Wang X，et al. Layered subsurface in Utopia Basin of Mars revealed by Zhurong rover radar ［J］. Nature，2022，610（7931）：308－312.

第 13 章　天问一号火星全球彩色影像图

2021 年 11 月 17 日至 2022 年 7 月 25 日，历时 8 个多月天问一号环绕器中分辨率相机（以下简称"中分相机"）在近火弧段（800km 轨道高度以下）进行了 284 轨次遥感成像，共获得 14757 幅火星影像图，实现了火星全覆盖。经处理、镶嵌，制作了空间分辨率 76m 的火星全球彩色影像图，比目前国际普遍使用的 232m 彩色图像分辨率有大幅提升，是目前世界已公布的分辨率最高的火星全球彩色影像图，将为国际同行开展火星探测和科学研究提供质量更高的基础底图和原始数据。

中国首次火星探测火星全球彩色影像图是"真彩色"影像图，建立了利用多光谱数据对中分相机色彩进行校正的方法。利用天问一号环绕器搭载的矿物光谱仪多光谱数据建立火星地表颜色标准，采用 CIE 相关标准，对火星表面的真实颜色进行了严格测量，以此为标准对中分相机的彩色图像进行了颜色校正。同时，为了消除中分相机在拍摄过程中受到大气、沙尘、云、太阳高度角等成像条件变化引起的图像质量显著不同的影响，建立了适用的大气校正、光度校正、全球匀色等处理模型和算法，消除单幅中分相机图像之间的色差和亮度差，使得这些图像的亮度与色调更加一致和统一，提高了火星全球"一张图"的整体品质。最后经过大气校正、光度校正、全球匀色、颜色校正等处理过程，获得的全球彩色影像图最大限度地接近了火星的真实颜色，提高了人类对火星真实颜色的定量化认识。

13.1　火星全球彩色影像图研究现状

人类对火星的观测，早在地基望远镜时期就已开始。1609 年，伽利略首次使用原始的望远镜观测了火星。在随后的 200 多年间，卡西尼、惠更斯、赫谢尔等多位天文学家均对火星进行了望远镜观测，对其自转周期以及南极极冠等形貌特点开展了研究，使人们对这颗红色星球有了基本的理性认识。但受技术条件的限制，当时无法获取火星影像数据，仅能通过手绘方法制作简单的火星表面图。随着技术的不断发展，地基望远镜的观测能力大幅提高。2020 年，NASA 发布了可能是迄今为止用地面望远镜数据所能绘制的最佳的火星全球影像图（图 13-1，NASA，2020）。该图覆盖了火星表面北纬 45°以南的区域，所使用的影像数据由法国南峰天文台（Pic du Midi mountaintop observatory）的口径 1m、焦距 17m 的望远镜（Gentilli Dome）于 2020 年 10 月 8 日到 11 月 1 日期间的 6 个晚上获取。在 NASA 的阿波罗登月任务中，该望远镜同样被用于寻找合适的着陆点。

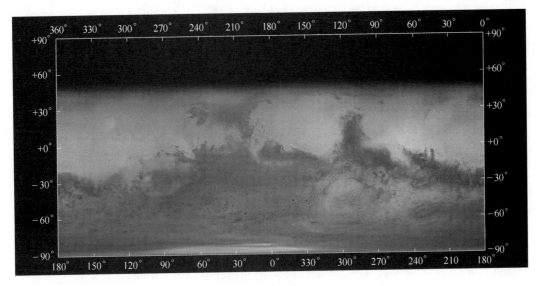

图 13 - 1　火星全球影像图（地基观测，见彩插）

为了获得更好的视宁度，同时消除地面观测难以解决的大气散射造成的背景光影响，哈勃、詹姆斯·韦伯等空间望远镜的发展逐渐成为天文学领域关注的焦点。其中，哈勃空间望远镜运行期间拍摄了多幅火星彩色影像。图 13 - 2 由哈勃空间望远镜搭载的宽视场相机 3[1] 拍摄于 2016 年 5 月 12 日，WFC3 由紫外线和可见光（UVIS）、近红外（NIR）两个通道组成，其中 UVIS 通道光谱范围覆盖 200～1000nm，包含 47 个滤光片，NIR 通道光谱范围覆盖 800～1700nm，包含 14 个滤光片。该图成像过程中，通过切换滤光片使得特定波长的光照射到探测器上进行成像，并利用蓝色（410nm）、红色（502nm）、绿色（673nm）滤光片的图像合成真彩色的图像[2]。

图 13 - 2　哈勃空间望远镜拍摄的火星彩色影像（拍摄于 2016 年 5 月 12 日，见彩插）

　　高水平地基光学望远镜和空间望远镜的飞速发展，使人们可以看清楚火星的更多细节，但即便是口径 2.5m、光学分辨率约为 0.05″ 的哈勃望远镜，在地球大气层之外也仅能拍摄到最高空间分辨率约为 13km 的火星彩色影像[2]。因此，空间探测仍然是获取高分辨率火星全球彩色影像图最有效的手段。

　　自 1965 年水手 4 号（Mariner 4）首次实现火星探测以来，人类已开展了 50 多次火星探测任务[3]，对火星进行了全球性的综合遥感普查和高分辨率遥感观测，获取了火星表面的大量遥感影像，广泛应用于火星科学研究[4-10]。其中，20 世纪 90 年代以前，海盗号（Viking）任务获取的影像数据最多。1976 至 1982 年，海盗-1 和海盗-2 轨道器共获取了 5 万多幅可见光彩色影像，覆盖火星全球，分辨率为 7～1400m，超过一半的图像分辨率优于 100m。20 世纪 90 年代以后，火星探测技术逐渐走向成熟，工程成功率和科学探测价值均有显著提升，仅火星全球勘探者号（MGS）获取的数据已远超之前所有任务的数据总和。在 1997 年 9 月至 2006 年 11 月的在轨探测期间，MGS 上搭载的火星轨道器相机（MOC）获取了多次重复覆盖了火星全球的宽角相机影像（全色、分辨率为 240～7500m），而其窄角相机影像分辨率为 1.5～12m，覆盖了火星表面的 5.45%（全色）；火星轨道器激光高度计（MOLA）测距分辨率为 37.5cm，垂直精度优于 1m，激光点间距沿轨道方向为 300m，跨轨方向为 4000m，由 MOLA 数据生成的火星全球地形模型是目前测量精度最高且被广泛使用的火星高程基准[11-12]。此外，火星探测轨道器（MRO）携带了高分辨率成像科学实验相机（HiRISE）和背景相机（CTX）等光学相机。截至 2023 年，CTX 以最高 4.93m/pixel 的空间分辨率覆盖了火星表面 88°S～88°N 之间 99.5% 的区域（全色）[13]，HiRISE 获取了局部区域的高分辨率影像（全色/彩色）；欧空局（ESA）的火星快车（MEX）任务配备了高分辨率立体相机（HRSC），分辨率达 10m，其超分辨率通道分辨率可达 2m，用于获取火星表面可见光和近红外 9 个波段的影像数据，截至 2015 年已获取了 12334 轨数据，其中分辨率在 54m 以内的图像覆盖度已达到火星表面的 99%；火星奥德赛号（MO）搭载了热辐射成像系统（THEMIS），可获取火星表面的可见光（5 个波段，分辨率 18m）和红外（10 个波段，分辨率 100m）影像数据。

　　利用上述影像数据已经完成了火星全球中、小比例尺遥感制图和测绘工作，数据产品的空间分辨率和定位精度约几百米到几公里，极大地丰富了人们对火星的认识。目前，被 NASA 任务和其他行星数据用户广泛采用，并可能在十年或更长时间内继续使用的火星全球影像图是 2009 年制作的海盗号火星全球彩色数字影像镶嵌图 V2[14]，空间分辨率为 256pixel/(°)（火星赤道处约为 232m/pixel）。该影像镶嵌图通过将早期的海盗号彩色镶嵌图与最新的黑/白火星数字图像模型（MDIM 2.1）进行融合处理而成，平面位置精度约 300m。同时，该影像镶嵌图基于 MOLA 地形数据进行了正射纠正，消除了早期版本中存在的视差畸变[14]。其他常见的火星影像图还包括：MOC 宽角相机影像镶嵌图（全色），分辨率为 256pixel/(°)（火星赤道处约为 232m/pixel），定位精度约 300m，全火星表面覆盖率为 100%。同时，马林空间科学系统公司（Malin Space Science System，MSSS）利用 1999 年四月北半球夏季获取的 24 轨蓝色（400～500nm）和红色（575～675nm）谱段 MOC 影像合成了火星彩色图像，覆盖了火星表面 60°S 以北的区域[15]；CTX 影像镶嵌图（全色），覆盖了 88°S～88°N 之间 99.5% 的区域，空间分辨率 5m/pixel，但该镶嵌图仅依靠 SPICE 数据进行位置参考，尚未完成基于 MOLA 地形数据等基准的严格地理控制，部分区域位置偏差较大[13,16]；ESA 正在利用 HRSC 影像制作全球 50m 空间分辨率的数字地形模型（DTM）和 12.5m 的数字正射影像图（DOM），目前基于 MOLA 地形数据完成了南北纬 30° 之间的 DOM 生产（全色，Level 3 产品），基于 HRSC DTM 完成了 MC-11E、MC-20W 和 MC-13E（USGS 火星产品分幅）的区域 DOM 生产（全色/彩色，Level 5 产品[17]）；此外，NASA 还分别在 2006 年与 2010 年发布了 256pixel/(°) 与 593pixel/(°)（火星赤道处约为 232m/pixel 和 100m/pixel）的白天和夜晚 THEMIS 热红外波段（12.57μm）全火星影像镶嵌图，但该镶嵌图局部区域存在覆盖缝隙[18]。

火星全球遥感影像与制图情况统计见表 13-1。

综上所述，地基天文望远镜和空间望远镜虽然能够获取火星的彩色影像，但受火星大气层遮挡，以及拍照时光照几何条件等因素的影响，拍摄影像难以反映火星的真实颜色，不同影像图之间存在颜色差异；同时，由于观测距离远，影像空间分辨率有限，即便是超高分辨率的哈勃空间望远镜，观测火星时的最高分辨率也仅为 13km，无法获取火星表面地形细节，而且难以获取空间分辨率相当的、覆盖火星全球的彩色影像数据。

对于火星探测轨道器影像制作的火星全球彩色影像图，目前使用最为广泛的是海盗号火星全球彩色数字影像镶嵌图 V2。然而，由于在轨期间相机在波长大于 600nm 时光谱响应明显下降，在 650nm 时灵敏度不到其最大值的 5%。因此，海盗号影像无法准确地再现人眼所能感知的红色光谱范围。目前得到的彩色影像为利用中心波长为 440nm、529nm 和 591nm 的三个多光谱数据校正、合成的数据，是一种近似的颜色，并非火星的真实颜色。MOC 火星彩色图像仅由蓝色（400～500nm）和红色（575～675nm）两个谱段图像合成，非真彩色图像。HRSC 的谱段范围涵盖蓝（440nm±40nm）、绿（540nm±45nm）、红（750nm±25nm）和近红外（955nm±40nm）四个波段，其 Level 5 产品为真彩色影像，但全火星覆盖率还非常有限；而其他火星全球影像图则主要以全色、单波段的影像为主，并非彩色影像（表 13-2）。空间分辨率方面，全火星彩色影像图的空间分辨率最高仅限于 256pixel/(°)，对应火星赤道处约为 232m/pixel，而且由于主要是基于 MOLA 地形数据作为地理控制制作而成，现有的影像图和地形数据之间难以实现空间位置的完全匹配，影像图的位置精度有待进一步改善。

表 13-1　火星全球遥感影像与制图情况统计表

探测任务	主要遥感制图与测绘载荷	空间分辨率	数据获取与制图情况
海盗1/海盗2（美国，1975）	电视摄像机，焦距为475mm，视场角为12.5°×14.0°，像素数为1056×1182	7～1400m	两次探测任务共获取了51500幅影像，覆盖了火星表面100%的区域。USGS利用其中的4600多幅制作了火星全球数字镶嵌影像图（Mars Digital Image Mosaic，MDIM），其最新版本是2014年发布的MDIM 2.1，分辨率为256pixel/(°)（在赤道处约232m/pixel），定位精度约200m[14]
火星全球勘探者（MGS）（美国，1996）	MOC窄角相机，焦距为3.5m，线阵扫描成像，宽度为2048像素	1.41m@380km，分辨率范围为1.5～12m	获取了97097幅影像，空间分辨率优于3m，覆盖了火星表面5.45%的区域[11]
	MOC宽角相机（蓝波段），焦距11.4mm，线阵推扫成像，宽度为3456像素	233m@380km，分辨率范围为240～7500m	获取了146571幅影像，覆盖了火星表面70°S～90°N区域（97%）。MOC研制单位马林空间科学系统公司（Malin Space Science System，MSSS）利用这些数据制作了火星全球镶嵌影像图，定位精度约300m[19-23]
	MOC宽角相机（红波段），焦距11.0mm，线阵推扫，宽度为3456像素	242m@380km，分辨率范围为240～7500m	256pixel/(°)（在赤道处约232m/pixel）
	MOLA激光高度计	激光脉冲频率为10Hz，测距精度为37.5cm，星下点足印大小约为168m，星下点沿迹方向足印点间距约为300m，垂直星下点轨迹方向足印间距约为4km	NASA GSFC及相关团队利用MOLA在1999至2001年获取的6亿多个激光测高点，制作了火星全球数字高程模型（DEM），分辨率为128pixel/(°)（在赤道处约463m/pixel），平面位置精度为100m，高程精度约为10m[11]；在此基础上，结合HRSC影像，制作了空间分辨率为200m的DEM数据[12]
火星奥德赛号（MO）（美国，2001）	THEMIS（热辐射成像系统）	可见光共5个波段，分辨率为18m/pixel；红外10个波段，分辨率为100m/pixel	NASA在2006年与2010年发布了256pixel/(°)与593pixel/(°)（对应赤道处为232m/pixel和100m/pixel）的白天和晚上THEMIS热红外波段（12.57μm）全火星影像镶嵌图
火星探测轨道器（MRO）（美国，2006）	HiRISE相机	最高空间分辨率为0.5m/pixel	局部区域高分辨率影像
	CTX相机	最高空间分辨率为4.93m/pixel	CTX影像镶嵌图，覆盖了88°S～88°N之间99.5%的区域，空间分辨率为5m/pixel[13,16]
火星快车（MEX）（欧洲空间局，2003）	高分辨率立体相机（HRSC），采用9条线阵推扫成像，焦距为175mm，每条线阵宽度为5184像元	10m@250km	目前仍在工作，截至2015年已获取了12334轨数据，其中分辨率在54m以内的图像覆盖度已达到火星全球表面的99%，正在利用HRSC影像制作全球50m空间分辨率的数字地形模型（DTM）和12.5m的DOM[17]

表 13 - 2　火星全球彩色影像图特点

图像数据产品	发布时间	数据源	图像数据分辨率	产品分辨率	全火星覆盖率	谱段范围	是否彩色
Mars Viking Colorized Global Mosaic 925m v1	2001	Viking1/2	7~1400m	925m	100%	中心波长440nm、529nm和591nm的三个谱段	近似彩色
The MGS MOC Wide Angle Map of Mars	2003	MGS MOC	230~7500m	232m	100%	蓝色（400~500nm）和红色（575~675nm）	灰度图
					60°S以北的区域		近似彩色
Viking MDIM2.1 Grayscale Global Mosaic 232m	2003	Viking1/2	7~1400m	232m	100%		灰度图
		MGS MOLA				—	
Mars Viking Colorized Global Mosaic 232m v2	2009	Viking1/2	7~1400m	232m	100%	中心波长为440nm、529nm和591nm的三个谱段	近似彩色
		MGS MOLA					
中国首次火星探测火星全球影像图	2023	中分辨率相机	57~197m	76m	100%	Bayer格式 400~1100nm	真彩色
		矿物光谱分析仪	265~800m			0.45~1.05μm	
The Global CTX Mosaic of Mars	2023	MRO CTX	4.93~6m	5m	88°S~88°N之间99.5%	全色	灰度图
The HRSC Mars Charts (HMC-30)	2023	Mex HRSC	10m@250km	12.5m	南北纬30°之间	蓝（440nm±40nm）、绿（540nm±45nm）、红（750nm±25nm）和近红外四个波段（955±40nm）	灰度图（Level 3）
	2021	MGS MOLA		12.5m	南北纬30°之间的3个USGS制图分幅	—	灰度图/真彩色（Level 5）
		Mex HRSC	10m@250km			蓝（440nm±40nm）、绿（540nm±45nm）、红（750nm±25nm）和近红外四个波段（955±40nm）	

13.2　天问一号数据获取情况

2020 年 7 月 23 日，首次火星探测任务天问一号探测器于海南文昌发射场成功发射，在经历近六个半月的地火转移段星际飞行之后，探测器于 2021 年 2 月 10 日进入火星捕获轨道。通过数次轨道机动，天问一号探测器于 2021 年 2 月 24 日进入停泊轨道，并于 2 月 26 日开展了高分辨率相机对着陆区的立体成像，用于支撑火星车着陆点选取和火星表面科学探测规划等工程和科研任务。2021 年 5 月 15 日，祝融号成功着陆，环绕器开始了为期三个月的中继轨道，负责火星车探测数据的数传中继任务。2021 年 11 月 8 日，顺利完成停泊轨道段、中继轨道段有效载荷科学探测任务之后，天问一号环绕器进入遥感使命轨道段，开展火星全球遥感探测任务，同时兼顾火星车中继通信。

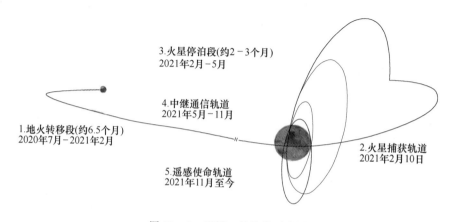

图 13 - 3　天问一号轨道示意图

火星全球遥感探测最重要的一个目标是获取全火星彩色影像图。全火星彩色影像图是开展火星表面形貌特征、矿物与岩石分布、地质构造及演化等科学研究，以及着陆点选取、着陆器和火星车火星表面定位与导航等工程应用的重要基础数据。天问一号环绕器配备了中分相机、矿物光谱分析仪、高分辨率相机等光学载荷，用于在轨道高度 800km 以下的轨道近火弧段对火星表面进行成像，实现研究火星形貌与地质构造特征的科学目标。

北京时间 2021 年 11 月 17 日，中分相机完成对火星表面第一轨次正式成像，截至 2022 年 7 月 25 日，中分相机在遥感使命段共完成 284 轨次遥感成像，获取影像 14757 幅，实现了火星表面影像全覆盖。利用上述中分相机影像数据和矿物光谱分析仪多光谱数据，建立了利用多光谱数据对中分辨率相机色彩进行校正的方法，制作了空间分辨率 76m 的中国首次火星探测火星全球影像图。

火星全球影像图的主要数据源是中分辨率相机影像和矿物光谱分析仪探测数据，其数据获取情况如下。

（1）中分相机影像

中分相机是搭载在天问一号环绕器上的主要载荷之一，采用凝视成像的原理获取火星表面的彩色影像，可进行自动曝光和手动调节曝光，在轨道高度 800km 以下，太阳高度角不小于 10°时，具备成像能力（太阳高度角不小于 5°时，力争具备成像能力）。中分相机单幅影像大小为 265km×199km（@265km），空间分辨率为 66m/像素（@265km），图像空间分辨率、幅宽与环绕器轨道高度成正比。其主要技术指标见表13 - 3[24]。

表 13 - 3　中分相机技术指标

序号	指标名称	指标要求
1	颜色	彩色（标准 RGB，真彩色）
2	波段范围	可见光，400～1100nm
3	地元分辨率	98m@400km
4	成像幅宽	401km@400km
5	有效像元数量	4096×3072
6	像元尺寸	5.5μm×5.5μm
7	焦距	22.52mm
8	视场角	53.3°×41.2°
9	量化值	12bit
10	信噪比 S/N	51.9dB（目标反射率为 0.2，太阳高度角为 30°）
11	系统静态传函	0.37（全视场）

天问一号环绕器遥感使命轨道是一个近火点轨道高度约为 262.7km，远火点轨道高度约为 10737.2km，轨道周期约为 7.08h 的大椭圆轨道，即每个地球日绕火星飞行约 3.38 圈。为了绘制火星全球遥感影像图，要求中分相机影像能够实现全火星立体覆盖，相邻轨道间获取图像的重叠率达到 15％以上，同时沿探测器飞行方向获取的相邻图像的重叠率达到 60％以上。综合遥感使命轨道段近火点自北向南逐渐"漂移"的特点以及不同轨道高度处对应中分相机图像幅宽的变化情况的分析结果表明，中分相机每三圈中选择一个固定轨次的近火弧段进行对火遥感成像（约每个地球日成像 1 次），即可实现对火星表面的全覆盖，且全球覆盖后，火星表面任一位置相邻两轨覆盖图像之间的重叠率均大于 15％（图 13 - 4），满足利用中分相机影像进行火星全球制图的要求；另一方面，设计了不等间隔拍照的在轨成像策略，即根据成像时刻环绕器的轨道高度、速度、中分相机影像的幅宽等，计算每次成像的间隔时间，保证沿探测器飞行方向相邻两幅图像的重叠率达到 60％。轨道分析结果表明，相邻两幅图像之间的成像时间间隔的变化范围为 19～66s（图 13 - 4）。

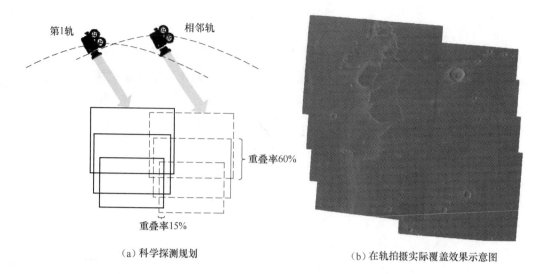

　　（a）科学探测规划　　　　　　　　　　　　　　（b）在轨拍摄实际覆盖效果示意图

图 13-4　中分相机全火星覆盖成像策略（见彩插）

　　基于上述成像策略，北京时间 2021 年 11 月 17 日，中分相机完成了对火星表面的第一次正式成像，获取 48 幅影像，成像间隔 23～65s；随着时间的推移，遥感使命段近火点逐渐南移，近火点轨道高度降低，环绕器速度加快，2021 年 12 月 20 日，将单轨成像数量调整为 49 幅，成像间隔调整为 21～65s；2022 年 3 月 17 日，再次将单轨成像数量调整为 55 幅，成像间隔调整为 19～65s，并一直持续至中分相机影像全火星覆盖。

　　截至 2022 年 7 月 25 日，中分相机在遥感使命段共完成 284 轨次遥感成像，获取影像 14757 幅，实现了火星表面影像立体全覆盖，表明制定的中分相机全火星立体成像策略是有效的。影像数据空间分辨率范围为 57～197m，平均分辨率 76m，其中，空间分辨率优于 120m 的影像（共 11596 幅）全火星表面覆盖率达到 100%，平均每个区域能够实现 2.668 幅中分相机影像的覆盖（图 13-5）。

　　中分相机影像数据由首次火星探测任务地面应用系统（Ground Research and Application System，GRAS）负责接收，利用地面定标试验获取的校正系数进行辐射校正（2A 级）、几何定位（2B 级）、彩色校正（2C 级）等预处理，生成以 PDS4（Planetary Data System）格式存储的科学数据产品[25-26]。其中，2C 级科学数据产品作为火星全球影像图制作的输入数据。

　　（2）矿物光谱分析仪

　　火星矿物光谱分析仪搭载于我国首次火星探测的环绕器平台，在环火飞行过程中对火星表面进行光谱遥感探测，实现火星表面物质成分调查、分析的科学探测任务，旨在获取火星表面光谱信息以分析火星的矿物组成与分布，研究火星的化学成分及化学演化历史。火星矿物光谱分析仪包含可见近红外（0.45～1.05μm）以及近中波红外（1.00～3.40μm）两个探测器。全球影像图制作过程中，应用可见近红外探测数据对中分相机影

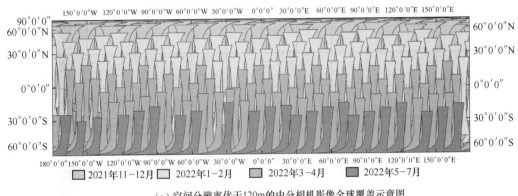

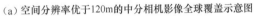

（a）空间分辨率优于120m的中分相机影像全球覆盖示意图

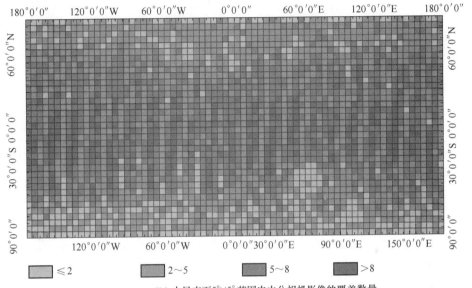

（b）火星表面5°×5°范围内中分相机影像的覆盖数量

图 13-5　中分相机影像全火星覆盖情况（见彩插）

像进行了颜色校正，其技术指标见表 13-4。

表 13-4　火星矿物光谱分析仪主要技术指标

序号	参数和技术指标名称	可见近红外探测器技术指标
1	光谱范围/μm	0.45~1.05
2	光谱分辨率/nm	≤10
3	视场/(°)	视场采样探测点≥3；每探测点视场≤0.6°，对应空间分辨率为 2.8km@265km
4	数据压缩比	具备不压缩、压缩比 2∶1（可选）
5	灵敏度 S/N	≥30（太阳高度角为 45°，反照率为 15%）
6	量化值/bit	≥12
7	系统静态传函 MTF	>0.1（可见近红外谱段）

火星矿物光谱分析仪主要有 2 种工作模式，即定标模式和探测模式。其中，探测模式依据像元选取和像元合并方式的不同，主要分为空间不连续 3 单元光谱探测、空间连续 26 单元光谱探测、空间连续 52 单元光谱探测、空间连续 104 单元光谱探测、空间连续 208 单元光谱探测等模式，详见表 13 - 5。

表 13 - 5　火星矿物光谱分析仪工作模式

序号	工作模式	定义	工作模式种类
1	定标模式	处于加电状态，进行在轨定标	对日定标：空间维 1 像元，光谱维 576 波段
			对冷空间定标：空间维 512 像元，光谱维 576 波段
			对定标灯定标：空间维 1 像元，光谱维 576 波段
2	探测模式	处于开机获取探测数据状态	空间不连续 3 单元光谱探测：空间维 3 像元，光谱维 576 波段
			空间连续 26 单元光谱探测：空间维 26 像元，光谱维 576 波段
			空间连续 52 单元光谱探测：空间维 52 像元，光谱维 72 波段，6 种谱段组合
			空间连续 104 单元光谱探测：空间维 104 像元，光谱维 72 波段，6 种谱段组合
			空间连续 208 单元光谱探测：空间维 208 像元，光谱维 72 波段，6 种谱段组合
			在轨几何标定模式：空间维 416 像元，光谱维 2 波段（可见波段和红外波段各 1 个）

在遥感使命段，火星矿物光谱分析仪进入全球探测模式，每三圈中选择一个固定轨次（与中分相机同轨次），采用 208 单元探测模式在近火弧度对火星表面进行探测，其中可见近红外 23 个谱段，近中波红外 48 个谱段；此外，当环绕器过境层状硅酸盐富集区、硫酸盐富集区等感兴趣区时，同样采用 208 单元探测模式进行了探测。

2021 年 11 年 18 日至 2022 年 7 月 31 日，矿物光谱分析仪共获取 325 轨可见近红外波段数据，每轨探测时间约 26min。探测数据覆盖情况如图 13 - 6、图 13 - 7 所示，数据空间分辨率为 265～800m，优于 OMEGA（350m～4.1km），但低于 CRISM（18～200m）；光谱范围低于 OMEGA 和 CRISM，波段数方面与 CRISM 相当，优于 OMEGA；光谱采样间隔和光谱分辨率方面，火星矿物光谱分析仪高光谱模式与 CRISM 相当，均优于 O-MEGA，但火星矿物光谱分析仪多光谱模式略优于 CRISM。

数据预处理方面，火星矿物光谱分析仪上天前进行了详细地面定标，内容主要包括光谱定标、辐射定标和定标源定标等内容。其中，光谱定标主要用于确定火星矿物光谱分析仪各谱段中心波长和光谱分辨率，光谱范围覆盖 450～1050nm，各谱段光谱定标误差分别为：0.396nm（0.99‰λ）@ 0.45～0.9μm，0.528nm（0.59‰λ）@ 0.9～1.4μm，均满足光谱定标误差＜±0.001λ 的要求。辐射定标主要用于确定火星矿物光谱分析仪探测

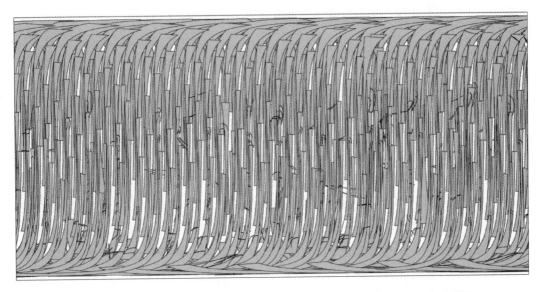

图 13 - 6　火星矿物光谱分析仪数据覆盖情况（截至 2022 年 7 月 31 日，见彩插）

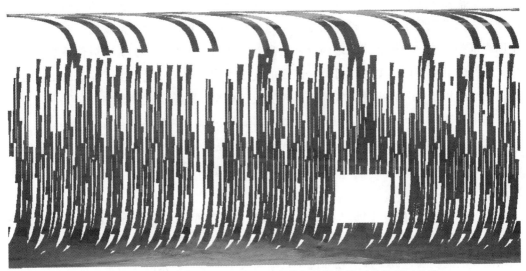

图 13 - 7　火星矿物光谱分析仪用于中分相机颜色校正的数据（经过
大气校正、光度校正、亮度归一化和异常数据剔除等处理，见彩插）

器辐射响应函数、响应范围、响应非均匀性等内容。火星矿物光谱分析仪各谱段辐射定标
精度测试结果为：优于 6.6%@450~1050nm，满足辐射定标精度优于 10% 的要求。定标
源定标主要用于对火星矿物光谱分析仪携带的在轨定标源进行辐射亮度或辐照度定标，要
求精度优于 5%@450~2400nm。火星矿物光谱分析仪定标源辐射亮度定标测试结果为优
于 3.4%@450~2500nm。

　　火星矿物光谱分析仪上天后，根据数据质量进行了在轨校正，保证可见近红外探测数
据满足颜色校正需求。火星矿物光谱分析仪在遥感使命段（2021 年 11 年 18 日至 2022 年
7 月 31 日）获取的数据作为火星表面真实的光谱数据，用来校正中分相机的影像数据，

使得火星全球彩色影像图的颜色最大限度地接近火星的真实颜色。

13.3 关键技术与解决方法

（1）关键问题分析

截至目前，人类缺乏火星颜色的定量化认识。科学家普遍认为火星为一颗"红色"星球，并利用海盗号轨道器遥感数据制作了空间分辨率为 232m 的火星全球"彩色"影像图，这是目前使用最广泛的火星全球彩色影像图。该彩色图像采用 violet（$0.35 \sim 0.47\mu m$）、green（$0.50 \sim 0.60\mu m$）与 red（$0.55 \sim 0.70\mu m$）三个多光谱数据合成。因探测器透过率问题，并未获取 650nm 以上波长的有效数据，无法准确地再现人眼能够感知的红色光谱范围，该彩色图像并不是严格意义上的"真彩色"图像。火星的准确颜色到底是什么，我们并没有准确的概念。

火星周围笼罩着大气层，经常伴随有各种沙尘活动，还会出现云等天气现象，这使得中分相机图像中包含了大气、沙尘和云等的反射信息；另外，由于拍摄的时间不同，成像时刻的太阳高度角也不同，这些因素使得原始图像的颜色、亮度、清晰度、对比度等受到不同程度的影响，在相邻图像之间存在明显差异，而且这些差异会随着成像季节、地理纬度、成像时刻的不同而变化。可见，多变的成像条件对成像质量产生了显著的影响，我们通过建立适用于中分相机的大气校正和光度校正模型，改善了这些影响。

综上所述，天问一号中分相机颜色处理需要解决以下主要关键问题。

1）建立火星地表颜色标准，对中分相机的图像数据进行了颜色校正，使得全球影像图的颜色最大限度地接近火星表面的真实颜色，提高了人类对火星真实颜色的定量化认识。

2）建立适用于中分相机的大气校正、光度校正模型和匀色处理方法，改善多变的成像条件对成像质量产生的显著的影响，消除单幅中分相机图像之间的色差和亮度差，使得这些图像的亮度与色调更加一致和统一，提高火星全球"一张图"的整体品质。

（2）中分相机图像大气与光度校正

①大气校正

对于中分相机可见光波段图像而言，火星大气气溶胶（主要是尘埃以及少量的水冰）的散射作用会干扰中分相机接收到来自火星表面反射的辐射能量，大气散射会使暗地物变亮，亮地物变暗；同时，大气中的尘埃颗粒对红光的散射能力更强，从而导致中分相机获取的图像偏红。为了解决大气散射对图像的影响，就需要利用辐射传输模型来模拟入射辐射与大气的单次和多次散射过程，进行大气校正。目前，常用的火星大气校正模型包括 DISORT 模型和蒙特卡洛模型。但这两种模型十分复杂，校正过程需要构建查找表，计算量大，校正效率较低。因此，对于中分辨率相机图像的大气校正我们采用了一种简洁高

效的模型，即解析大气散射模型。该模型已经成功应用于 Viking MDIM 2.1 数据产品。此模型公式可以表示为

$$p(\mu_0, \mu, \alpha) = p_{std}(\mu_0, \mu, \alpha) + \frac{\rho A_h(\mu_0)\mu_0 T(\mu_0, \mu, \alpha)}{1 - \rho s A_b}$$
$$+ T_0(\mu_0, \mu, \alpha)\rho[p_{surf}(\mu_0, \mu, \alpha) - A_h(\mu_0)\mu_0]$$

式中，μ_0、μ 和 α 分别表示太阳入射角余弦、出射角余弦和相位角；等式右边第一项 p_{std} 表示大气程辐射；第二项为太阳辐射经大气散射到达火星表面，然后与火星表面及大气发生多次相互作用后接收到的辐射，其中 A_h 是火星表面的半球反照率（hemispheric albedo），A_b 是火星表面的双半球反照率（bihemispheric albedo），T 是上下行辐射总的透过率，s 是大气半球反照率，ρ 是真实反照率与模型反照率的偏离系数；第三项是太阳辐射经大气衰减被火星表面反射再经出射方向衰减后观测到的辐射能量，T_0 是未被散射的透过率，p_{surf} 为火星表面的光度模型。

该大气校正模型已经集成在 Integrated Software for Imagers and Spectrometers (ISIS) 软件的 PHOTOMET 模块中。大气校正时需首先假设火星表面为朗伯体，输入中分相机每个通道的辐亮度值，以及对应的入射角、出射角和方位角信息，同时还需要输入大气参数，包括大气尘埃的单次散射反照率、散射相函数和大气光学厚度。尘埃颗粒在每个通道下的单次散射反照率和散射相函数（Henyey - Greenstein 相函数）系数来源于 Tomasko。大气光学厚度可根据中分相机每次成像时间和图像中心点的经纬度坐标，利用火星气候数据库（Mars Climate Database，MCD）模拟得到。在模拟过程中会用到参数 Hnorm，该参数为火星大气标高与半径的比值，主要用于修正角度得到更加准确的传输路径，目前，对于火星大气标高为 11km，因此参数 Hnorm 值近似为 0.003。

对中分相机，输入数据是 2B 级 GBRG Bayer 格式的 DN 值灰度图像数据，首先将其拆分成 RGB 三个波段的灰度图像数据，每个灰度图像除以曝光时间和辐射定标系数（R：0.92，G：0.81，B：0.97；单位：$DN/(\mu s \cdot W \cdot m^{-2})$，转换成对应 RGB 三个波段的辐亮度数据，进而输入到 ISIS 软件，按照上述方法和参数做大气校正，得到大气校正后的辐亮度数据。

②光度校正

中分相机图像数据除受到火星大气影响外，还会受到成像时不同光照条件带来的影响。因成像时光照条件不同，同一轨图像的不同位置或者不同轨图像数据之间会出现亮度不均匀现象，还可能在小相位处出现热点效应（图 13 - 8），因此需要进行光度校正。我们借鉴 Hiller 对 Clementine 图像数据的处理经验，采用 Lommel - Seeliger 经验光度模型（LS 模型）对中分相机图像数据进行光度校正。采用的光度模型如下

$$I \propto I/F = \frac{\mu_0}{\mu_0 + \mu}f(\alpha) \tag{13-1}$$

其中，μ_0 是入射角的余弦，μ 是出射角的余弦，LS 模型假设地物反射率对入射角和出射角

的依赖性由 LS 因子 $\dfrac{\mu_0}{\mu_0+\mu}$ 解释，对相角的依赖用相函数 $f(\alpha)$ 表达，借鉴 Clementine 图像光度校正经验，$f(\alpha)$ 采用四次多项式形式，并且增加了一个指数项用于解释热点效应：

$$f(\alpha)=b_0\mathrm{e}^{-b_1\alpha}+a_4\alpha^4+a_3\alpha^3+a_2\alpha^2+a_1\alpha+a_0 \tag{13-2}$$

式中，α 是相角，b_0、b_1、$a_0\sim a_4$ 是模型系数，可以通过拟合得到。

对于大气校正后的中分辨率相机 RGB 三波段的辐亮度数据，我们首先将三波段图像数据中所有像素的辐亮度数据除以其对应的 LS 因子，并以 1° 相函数范围内的数据取平均，依照式（13-2）对 RGB 波段进行分别拟合，得到模型系数 b_0、b_1、$a_0\sim a_4$。然后按照式（13-3）进行光度校正。

$$I_i^c=I_i\,\frac{LS(i_c,\ \mathrm{e}_c)}{LS(i_i,\ \mathrm{e}_i)}\frac{f(g_c)}{f(g_i)} \tag{13-3}$$

因为中分相机每幅图像的相位范围不一致，我们没有将不同幅图像都校正到相同的光照角度下，而是校正到各自中心点（像素坐标 1537，2049）对应的入射角度下（$i_c=i_{1537,\,2049}$，$\mathrm{e}_c=0$，$g_c=i_{1537,\,2049}$）。

经上述光度校正后，对单幅图像，其亮度变得均匀，但不同幅之间仍存在亮度差异，根据式（13-4）的亮度指标可以将所有图像的平均亮度设定为统一值。

$$\mathrm{Brightness}=0.299R+0.587G+0.114B \tag{13-4}$$

光度校正相函数拟合示意图如图 13-8 所示，大气校正、光度矫正效果图如图 13-9 所示。

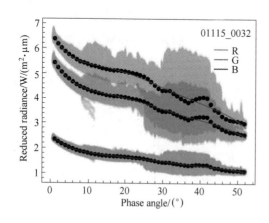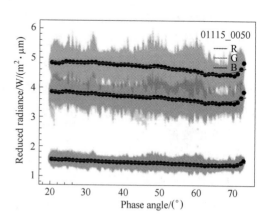

图 13-8　光度校正相函数拟合示意图（见彩插）

（3）中分相机图像全球匀色

利用全球范围内单幅图像之间重叠区域的图像 $\mathrm{DN_{R,G,B}}$ 值作为测量值，采用最小二乘平差计算每幅图像的亮度改正量 $\mathrm{OFFSET_{R,G,B}}$ 和对比度改正数 $\mathrm{GAIN_{R,G,B}}$，利用这两个

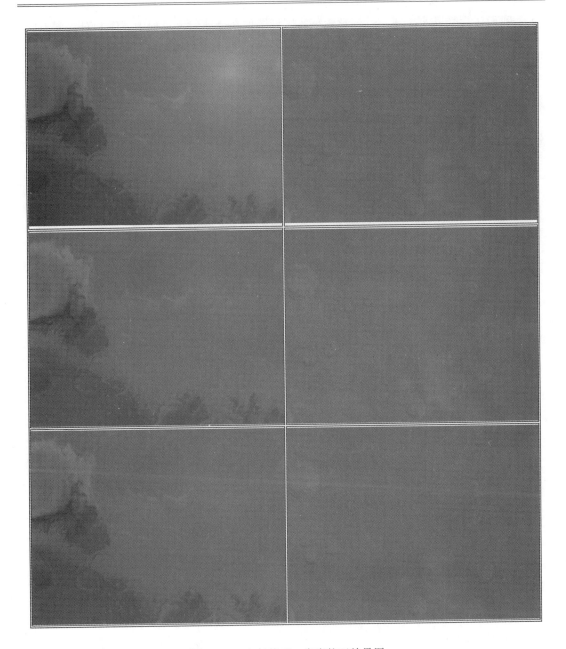

图 13 - 9　大气校正、光度校正效果图

[数据左列是 01115 _ 0032（有热点效应），右列是 01115 _ 0050（无热点效应），从上到下依次是原图、
仅光度校正后的图像、大气＋光度校正后的图像，见彩插]

参数对每幅图像的 R、G、B 通道分别进行处理，得到新 RGB 图像。计算模型如下：

$$\begin{cases} newDN_R = oldDN_R - Avg_R \times GAIN_R + Avg_R + OFFSET_R \\ newDN_G = oldDN_G - Avg_G \times GAIN_G + Avg_G + OFFSET_G \\ newDN_B = oldDN_B - Avg_B \times GAIN_B + Avg_B + OFFSET_B \end{cases}$$

我们认为受风沙活动、云等影响小的区域图像在全球匀色过程中亮度和对比度不应该被改变，平差处理时这些区域图像的 $OFFSET_{R,G,B}=0.0$ 和 $GAIN_{R,G,B}=1.0$ 被设置为固定值，其他区域图像的亮度和对比度将以此为参考进行平差调整。

中分相机全球匀色效果示意图如图 13-10 所示。

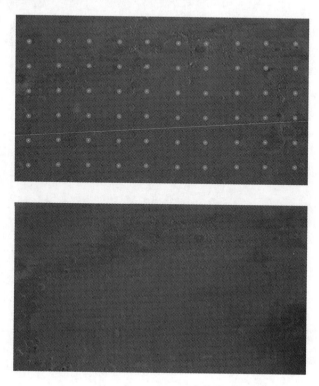

图 13-10　中分相机全球匀色效果示意图

(上图为匀色前，下图为匀色后，图中圆点为匀色控制点，见彩插)

(4) 火星地表颜色标准建立

颜色的测量是颜色科学最重要的工程应用之一，国际照明委员会（International Commission on illumination，CIE）和全国颜色标准化技术委员会推荐了相关的测色标准，并推荐了三种颜色的测量方法：比较测量法、分光光度法及光电积分法，分光光度法颜色测量最准确。采用分光光度法测量颜色的仪器叫分光光度计，通过测量物体本身的光谱反射率或光度特性，然后根据标准色度观察者的色匹配函数，计算物体的颜色值。

参照 CIE 分光光度法，可以采用天问一号环绕器上搭载的 MMS 实现对火星地表的颜色测量。MMS 可类比为一台分光光度计，在中分相机拍摄火星全球期间，也同步获取了火星地表可见谱段范围的光谱数据，利用这些光谱数据，根据 CIE1931 标准色度观察者的色匹配函数，计算火星地表的颜色。也就是说，我们可以利用 MMS 测量火星地表的颜色值。首先利用 MMS 光谱数据，计算获得可见光谱段范围内 CIE1931 标准色度观察者

"所能看到的" RGB 图像，然后以此作为火星地表颜色标准图像，实现中分相机图像颜色的校正。

与 MoRIC 图像获取过程类似，受大气、沙尘、云、太阳高度角等成像条件的影响，由 MMS 光谱数据计算得到的颜色标准图像质量也受到了显著影响，也需要对这些图像数据进行大气校正、光度校正等处理，以改善火星地表颜色标准图像的质量。

①火星地表颜色标准图像获取

CIE1931 标准色度观察者的色匹配函数（2°视场观测条件下）的谱段范围为 380～780nm，谱段间隔为 5nm，而 MMS 在可见谱段覆盖该波段范围的多光谱数据有 23 个谱段，二者在可见谱段范围内的谱段位置和数量并不是完全对应的，需要根据色匹配函数进行重采样（图 13-11），并根据色匹配相加法计算颜色值，生成 RGB 图像。

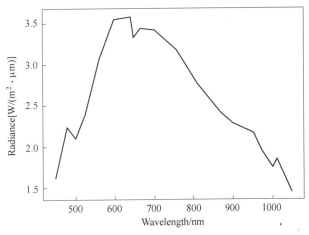

图 13-11　MMS 23 波段多光谱辐亮度数据
（以图像中某一像素的辐亮度光谱数据为例）

在重采样过程中，我们首先对 MMS 光谱图像中每一个像素的辐亮度光谱数据进行插值，获得可见光光谱范围内的（从 380～780nm）连续光谱图像。针对 MMS 上每个像素点，取其在所有 23 光谱波段中的辐亮度值作为插值节点，每间隔 5nm 进行线性插值，获得 5nm 分辨率的连续光谱图像。插值公式如下

$$L = L_1 + (L_2 - L_1)(\lambda - \lambda_1)/(\lambda_2 - \lambda_1)$$

其中 L_1 和 L_2 为插值节点的辐亮度值，λ_1 和 λ_2 插值节点对应的光谱波长，L 和 λ 为插值所得的光谱辐亮度值和对应的波长。

然后，根据 CIE 标准，计算 MMS 光谱图像中每个像元处辐亮度光谱对应的可见光范围内的 XYZ 三刺激值（可以理解为 RGB 三个波段的积分辐亮度），得到 CIE XYZ 色彩空间下的彩色图像。根据 CIE 标准中的色匹配相加法，可见光范围内 XYZ 三刺激值可由各光谱波段的三刺激值积分得到。每个像元在可见光范围内的 XYZ 三刺激值计算公式

如下

$$X = \int_\lambda L_{ij}(\lambda)\,\overline{x}(\lambda)\,\mathrm{d}\lambda$$

$$Y = \int_\lambda L_{ij}(\lambda)\,\overline{y}(\lambda)\,\mathrm{d}\lambda$$

$$Z = f_\lambda L_{ij}(\lambda)\,\overline{z}(\lambda)\,\mathrm{d}\lambda$$

式中，$L_{ij}(\lambda)$ 为图像位置 i 行 j 列的像元且波长 λ 的光谱辐亮度值，$\overline{x}$、$\overline{y}$、$\overline{z}$ 为 CIE 1931 颜色匹配函数，采用下述近似公式替代 CIE1931 颜色匹配函数，相比查找 CIE1931 颜色匹配函数表，采用近似公式使用起来更灵活，也更方便编程实现。

$$\overline{x}(\lambda) = \sum_{i=0}^{2} a_{xi} \exp\left(-\frac{1}{2}\left[(\lambda - \beta_{xi})S(\lambda - \beta_{xi}),\ \gamma_{xi},\ \delta_{xi}\right]^2\right)$$

$$\overline{y}(\lambda) = \sum_{i=0}^{1} a_{yi} \exp\left(-\frac{1}{2}\left[(\lambda - \beta_{yi})S(\lambda - \beta_{yi}),\ \gamma_{yi},\ \delta_{yi}\right]^2\right)$$

$$\overline{z}(\lambda) = \sum_{i=0}^{1} a_{zi} \exp\left(-\frac{1}{2}\left[(\lambda - \beta_{zi})S(\lambda - \beta_{zi}),\ \gamma_{zi},\ \delta_{zi}\right]^2\right)$$

上式中，$S(x,\ y,\ z)$ 函数中的系数参考见表 13-6。

表 13-6　CIE 1931 颜色匹配近似公式系数表

	$\overline{x}_0$	$\overline{x}_1$	$\overline{x}_2$	$\overline{y}_0$	$\overline{y}_1$	$\overline{z}_0$	$\overline{z}_1$
α	0.362	1.056	−0.065	0.821	0.286	1.217	0.681
β	442.0	599.8	501.1	568.8	530.9	437.0	459.0
γ	0.0624	0.0264	0.0490	0.0213	0.0613	0.0845	0.0385
δ	0.0374	0.0323	0.0382	0.0247	0.0322	0.0278	0.0725

利用上表中的系数，可以得到 CIE RGB 三波段的光谱响应函数，如图 13-12 所示。

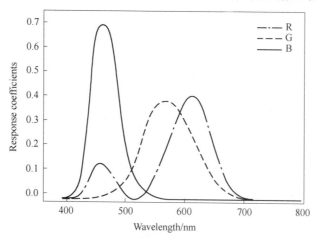

图 13-12　CIE RGB 三波段光谱响应函数

经上述光谱重采样后，我们将 MMS 可见近红外 23 波段的辐亮度数据重采样为可见
光范围内的 XYZ 三刺激值。进一步将彩色图像由 XYZ 色彩空间转换到 RGB 色彩空间，
可得到对应的 RGB 彩色图像。

②MMS 大气校正

将 MMS 可见近红外 23 个波段的辐亮度图像数据按照 CIE 标准重采样为 RGB 三个波
段的辐亮度数据后，MMS 大气校正的方法及过程与前述方法相同，这里不再赘述。

③MMS 光度校正

MMS 单轨数据相位范围有限，不存在热点效应，因此采用朗伯体光度模型来进行光
度校正。模型公式如下。

$$I_{\text{corr}} = \frac{I}{\cos i}$$

式中，I 是光度校正之前的辐亮度值，i 是太阳入射角，I_{corr} 是光度校正之后的辐亮度值。

（5）中分相机图像颜色校正

①分区颜色校正

火星地表物质成分差异，也会表现不同的颜色特征，严密的 MoRIC 光度校正模型需
要考虑火星地表物质成分特征，但是这方面的建模工作国内外学术界还在研究。本节采用
的模型是基于统计方法建立的模型，未考虑物质成分的影响，为了减少火星地表物质成分
对光度校正结果的影响，从而最终降低对颜色校正的影响，在火星全球选取了物质成分明
显差异的区域作为标准区，利用前述方法测量了这些标准区的 RGB 颜色值，作为中分相
机在轨颜色校正的依据。

具体处理步骤如下：

1）图像数据彩色复原：对 Bayer 格式的图像数据进行颜色插值，得到每个图像像素
的 R、G、B 分量值。

2）颜色校正，利用彩色定标系数对图像进行颜色校正，校正方法如公式（13 - 5），
其中，R_0、G_0、B_0 为彩色校正前的图像，R_c、G_c、B_c 是经过彩色校正后的图像：

$$R_c = A_{11} \times R_0 + A_{12} \times G_0 + A_{13} \times B_0$$
$$G_c = A_{21} \times R_0 + A_{22} \times G_0 + A_{23} \times B_0 \quad (13 - 5)$$
$$B_c = A_{31} \times R_0 + A_{32} \times G_0 + A_{33} \times B_0$$

式中，$A_{ij} (i = 1, 2, 3; j = 1, 2, 3)$ 为利用颜色标准区建立的中分相机颜色校正矩阵的
元素值，每个标准区建立一个颜色矩阵。

②白平衡校正

考虑的上述建立颜色标准和颜色校正过程必然会存在一定的误差，为了进一步提高中
分辨率图像色调的真实性，我们选取了火星地表上一处颜色已知的地物作为参考地物。火
星北极科罗廖夫坑在中分辨率相机数据获取期间完全被冰雪覆盖，从图 13 - 13 中可知具
有非常纯净的"白色"，可以设定在该处的图像数据 $R = G = B$，由此可以计算得到中分

相机彩色图像的 R、G、B 颜色的白平衡校正系数，从而实现全球其他地区图像的白平衡校正，进一步提高彩色图像色调的真实性。校正公式如下

$$[R_w，G_w，B_w]^T = \begin{bmatrix} W_1 \\ W_2 \\ W_3 \end{bmatrix} \cdot [R_c，G_c，B_c]$$

式中，R_c、G_c、B_c 是经过彩色校正后的图像，R_w、G_w、B_w 是经过白平衡后的图像。

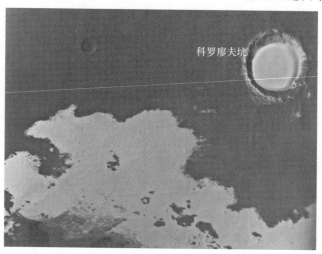

图 13-13　中分辨率图像白平衡校正参考地物示意图（见彩插）

13.4　火星全球制图颜色处理结果

（1）图像数据筛选和处理

遥感使命段，中分相机共获取 248 轨 14757 幅影像数据（截至 2022 年 7 月 25 日），实现了火星表面立体全覆盖。然而，受成像条件差异等因素的影响，并非所有中分相机影像都适用于全火星制图。主要体现在：

1）由于中分相机的实验室标定环境和在轨工作期间火星的大气环境差异较大，导致使用地面白平衡系数的中分相机 2C 级数据产品的校正颜色偏红，如图 13-14（a），需要优化图像白平衡系数。

2）部分影像因成像时环绕器星下点太阳高度角过小，拍摄到了火星表面晨昏线附近的区域，造成图像明暗差异较大，表面地物被阴影遮挡或曝光过度，如图 13-14（b）所示；与之相反，部分影像由于成像时环绕器星下点太阳高度角过大，影像中因光学镜头热点效应会出现亮斑，如图 13-14（c）所示，造成图像中地物的纹理较弱，影响图像色调一致性。

3）受火星季节性沙尘活动的影响，部分中分相机影像中会拍摄到明显的沙尘、云雾现象，尤其是 2021 年 11 月至 2022 年 3 月，北半球 40°N～85°N 区域的中分相机影像中频

繁出现沙尘现象，如图 13 - 14 (d)，其他区域的影像也会出现零星的沙尘现象，约占图像数据总量的 5%。沙尘活动造成火表地物被掩盖，降低图像质量。

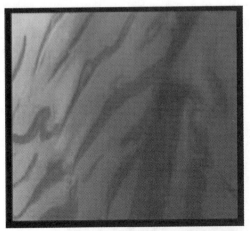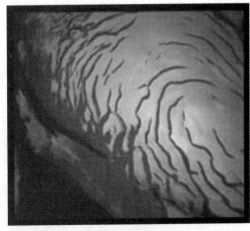

(a) 中分相机图像地面白平衡系数校正效果(左)与Mars Express彩色影像(右)对比图

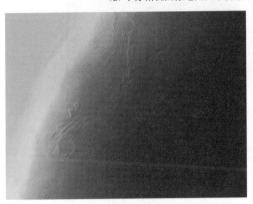

(b) 晨昏线区域影像　　　　　　　　　　　(c) 沙尘活动影像

(d) 热点效应影像　　　　　　　　　　　(e) 低对比度影像

图 13 - 14　中分相机问题数据示意图 (见彩插)

4) 受成像时相角较小、火星表面反射率较高以及大气折射等因素的影响，南半球部分图像（特别是希腊平原及以南区域）对比度不强，撞击坑等地形轮廓不清晰，需对图像进行增强处理，如图 13 - 14（e）。

可见，需要对原始图像数据进行筛选和处理，在此过程中应综合考虑的图像数据的全球覆盖性、图像清晰度以及色调均一性等因素。具体筛选和处理要求如下：

1）以中分相机影像中火星北极区域科罗廖夫坑的雪地颜色为参考，优化相机地面标定的白平衡系数，对中分相机 2C 级数据产品再次进行白平衡校正，改善原始 2C 级数据产品颜色偏红的现象（图 13 - 15）。

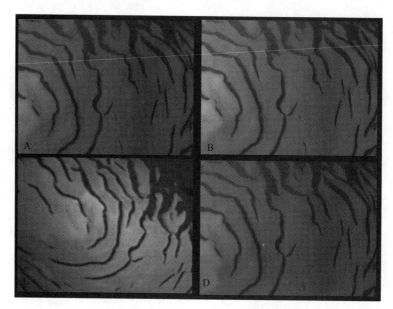

图 13 - 15　中分相机白平衡校正效果与其他型号数据比较

A：未校正；B：冰盖系数校正结果；C：火星快车彩色影像；D：地面白平衡系数校正结果（见彩插）

2）针对因拍摄到晨昏线区域造成影像明暗差异较大的情况，根据中分相机影像 2C 级科学数据产品中的几何定位信息，提取并删除图像中心点星下点太阳高度角小于 5°的影像数据。

3）针对沙尘覆盖的情况，删除沙尘、云雾覆盖超过 50% 图幅面积的影像数据，对于影像中仅有局部区域受沙尘影响的影像数据，制作该影像对应的掩膜（图 13 - 16），遮盖受沙尘影响部分，最大限度保留影像中的地形纹理信息。

4）进行影像数据大气校正，消除因大气散射造成的图像质量退化现象。

5）进行影像数据光度校正，消除图像色调的非均一性。

6）采用 Photoshop 的 USM 锐化工具对原始图像进行了批量增强处理，提高图像数据的对比度（图 13 - 17），同时，消除单幅中分相机图像噪声及探测器相应产生的横条纹现象。该工具通过原图叠加边缘图（图像边缘）的方法实现锐化，确保增强图像中撞击坑等地物肉眼清晰可见。

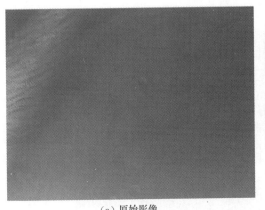

（a）原始影像　　　　　　　　　　　　　　（b）对应的掩膜版

图 13-16　中分相机影像掩膜版示意图（见彩插）

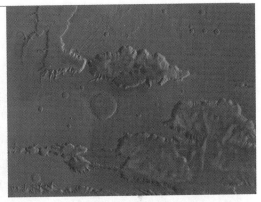

（a）原始影像　　　　　　　　　　　　　　（b）增强影像

图 13-17　中分相机影像增强效果示意图（见彩插）

根据上述原则进行筛选和处理后，总共选取了 13337 幅中分相机影像进行数据处理，占所有影像数量的 90.4%，所选影像依然能够覆盖全火星表面。以上数据将作为火星全球制图颜色校正处理的输入数据。

（2）颜色处理流程及方法

整个颜色处理流程如图 13-18 所示，包括两个方面：

1）利用 MMS 光谱数据测量火星表面的真实颜色，并作 MoRIC 彩色图像颜色校正的基准。

2）利用标准颜色对中分辨率图像进行颜色校正。

（3）颜色处理结果

①中分相机原始影像颜色

图 13-19 展示了利用中分相机原始影像（2C 级科学数据产品）制作的全球影像图。可以看出，尽管 2C 级科学数据产品已根据地面定标结果完成了相对辐射校正、颜色复

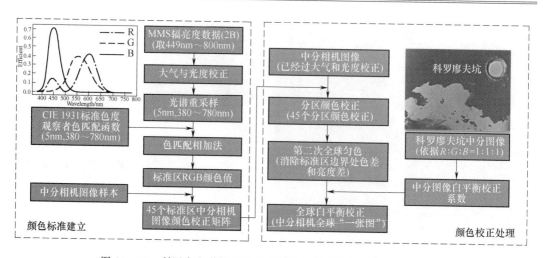

图 13-18　利用多光谱数据对中分相机色彩进行校正的方法流程图

原、颜色校正等预处理，但受火星大气影响，全球影像图颜色整体偏红；另一方面，由于相邻轨次中分相机影像的成像光照几何条件不同，全球影像图中呈现出与环绕器星下点轨迹明显相关的颜色差异，同时，存在明显的因镜头热点效应造成的图像亮点现象。因此，需在中分相机 2C 级科学数据产品基础上进行进一步颜色处理，消除上述因素对全球影像图颜色的影响。

图 13-19　中分相机原始影像颜色（见彩插）

②大气校正及光度校正

通过大气校正，能够有效校正每一幅中分相机影像由于大气厚度、成分、颗粒物等的差异产生的散射和光深差别，改善中分相机原始影像颜色偏红的现象（图 13-20）；通过光度校正，可将每一幅中分相机校正到相同的入射角、出射角和相位角条件下，从而消除镜头热点效应和图像色调的非均一性（图 13 - 21）。大气校正及光度校正后的中分相机影像为全球影像图的制作提供了色调一致的影像数据，有效改善了原始影像对全球影像图颜色的影响（图 13 - 22）。

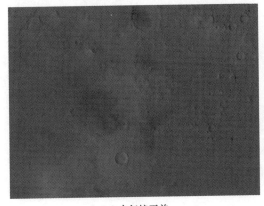

　　　　（a）大气校正前　　　　　　　　　　　　　　（b）大气校正后

图 13 - 20　中分相机影像大气校正前、后效果对比图，校正后红色明显减弱（见彩插）

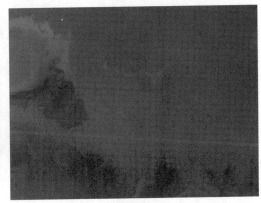

　　　　（a）光度校正前　　　　　　　　　　　　　　（b）光度校正后

图 13 - 21　中分相机影像光度校正前、后效果对比图

校正后场景亮度均匀、明显消除星下点热点效应（见彩插）

　　③全球匀色（第一次）

　　虽然大气校正和光度校正保证了单幅中分相机影像内部色调的一致性，但全球影像图中仍然存在因成像条件不同等因素引起的单幅中分相机图像之间的色差和亮度差，需要对全球覆盖的中分相机影像进行全球匀色处理，使得这些图像色调更加一致和统一，提高火星全球"一张图"的整体品质。处理效果如图 13 - 23 所示，可以看出，全球影像图中拍摄轨迹造成的条纹已得到明显的消除。

　　④颜色校正处理

　　在中分图像拍摄和处理过程中，成像条件、实验室参数不适用在轨条件等，使得 2C

图 13 - 22　中分相机影像光度校正和大气校正后颜色（见彩插）

图 13 - 23　中分相机影像第一次全球匀色后颜色（见彩插）

级科学数据产品的图像颜色偏离真实颜色，需要进行颜色校正处理，使图像颜色视觉上更加准确和自然，更好地反映真实场景颜色。

　　根据火星地表物质成分差异，选取了 45 个物质成分明显差异的区域作为标准区（图 13 - 24），利用火星矿物光谱仪测量了这些标准区的 RGB 颜色值，作为中分相机在轨颜色校正的依据，开展了颜色校正处理，处理结果如图 13 - 25 所示，校正颜色能够反映火星表面的真实颜色。

　　⑤全球匀色（第二次）

　　由于全球颜色校正是分区进行的，分区之间仍存在颜色差异、颜色过渡不自然等问

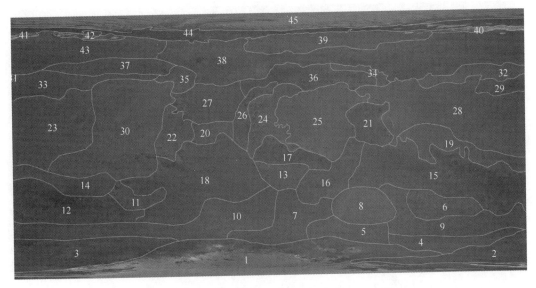

图 13-24　颜色校正标准区划分示意图（见彩插）

图 13-25　中分相机影像分区颜色配准后颜色（见彩插）

题，为此，对颜色校正后的单幅中分相机影像开展了第二次全球匀色处理，确保颜色校正后的全球影像图颜色一致。第二次全球匀色后效果如图 13-26 所示。

⑥全球白平衡校正

除了颜色校正系数，中分相机地面标定的白平衡系数同样不适用于在轨影像处理。为此，选取在轨拍摄的火星北极区域科罗廖夫坑的雪地颜色进行了白平衡系数校正，校正效果如图 13-27 所示。可以看出，校正后全球影像图的整体亮度得到了明显改善，影像中南北极冰盖颜色更加自然、真实。

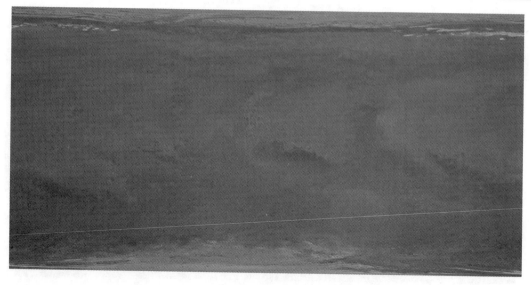

图 13-26　中分相机影像第二次全球匀色后颜色（见彩插）

图 13-27　中分相机影像白平衡校正后颜色（见彩插）

⑦全球增强处理

经过两次全球匀色，全球影像图的颜色、色调一致性得到了有效改善。然而，全球影像图中仍然残留部分因拍摄轨迹造成的条带痕迹，无法通过处理单幅中分相机影像进行消除。针对这一现象，在制作完成的全球影像图基础上进行了滤波处理，在保证颜色一致性的基础上消除了上述条带痕迹，处理结果如图 13-28 所示；同时，对全球影像图进行了USM 锐化处理，提高影像图的对比度和显示效果。

经过上述数据处理，制作完成了中国首次火星探测火星全球彩色影像图（图 13-29）。

图 13 - 28　中分相机影像全球增强处理后（去条纹处理）颜色（见彩插）

图 13 - 29　中国首次火星探测火星全球彩色影像图（见彩插）

参 考 文 献

[1] NASA. WFC3 - Hubble's Next Evolution [D]. 2012. https：//wfc3. gsfc. nasa. gov/.

[2] NASA. Hubble Takes Mars Portrait Near Close Approach [OL]. 2016，https：//mars. nasa. gov/news/1909/hubble - takes - mars - portrait - near - close - approach/.

[3] Robbins S J，Kirchoff M R，Hoover R H. Fully controlled 6 meters per pixel mosaic of Mars's south polar region [J]. Earth and Space Science，2020，7，e2019EA001054. https：//doi. org/10. 1029/2019EA001054.

[4] Masursky H. An overview of geological results from Mariner 9 [J]. Journal of Geophysical Research, 1973, 78 (20): 4009 - 4030.

[5] Mutch T A, Binder A B, Huck F O, et al. The Surface of Mars: There View from the Viking 1 Lander [J]. Science, 1976a, 193 (4255): 791 - 801.

[6] Mutch T A, Grenander S U, Jones K L, et al. The surface of Mars: The view from the Viking 2 lander [J]. Science, 1976b, 194 (4271): 1277 - 1283.

[7] Soffen G A. The Viking project [J]. Journal of Geophysical Research, 1977, 82 (28): 3959 - 3970.

[8] Albee A L, Arvidson R E, Palluconi F, et al. Overview of the Mars global surveyor mission [J]. Journal of Geophysical Research, 2001, E, 106 (E10): 23291 - 23316.

[9] Chicarro A, Martin P, Trautner R. The Mars Express mission: an overview [J]. In Mars Express: The Scientific Payload, 2004, 1240: 3 - 13.

[10] Malin M C, Edgett K S, Cantor B A, et al. An overview of the 1985 - 2006 Mars Orbiter Camera science investigation [J]. Mars, 5: 1 - 60, doi: 10. 1555/mars. 2010. 0001.

[11] Smith D E, Zuber M T, Frey H V, et al. Mars obiter laser altimeter: experiment summary after the first year of global mapping of Mars [J]. Geophys Res, 2001, 106 (E10): 23689 - 23722.

[12] Fergason R L, Hare T M, Laura J. HRSC and MOLA Blended Digital Elevation Model at 200m v2. Astrogeology PDS Annex, U. S. Geological Survey [OL]. 2018. http: //bit. ly/HRSC _ MOLA _ Blend _ v0.

[13] Dickson J L, Ehlmann B L, Kerber L H, et al. Release of the global CTX mosaic of Mars: an experiment in information - preserving image data processing [J]. 54th Lunar and Planetary Science Conference, 2023.

[14] USGS. Mars Viking Colorized Global Mosaic 232m v2, 2014. https: //astrogeology. usgs. gov/ search/map/Mars/Viking/MDIM21/Mars _ Viking _ MDIM21 _ ClrMosaic _ global _ 232m.

[15] MSSS. Mars Global Weather Monitoring, MGS MOC Release No. MOC2 - 143, 19 July 1999 [OL]. https: //www. msss. com/mars _ images/moc/7 _ 19 _ 99 _ fifthMars/01 _ daymap/.

[16] Dickson L A, Kerber C I, Fassett, et al. A global, blended CTX mosaic of Mars with vectorized seam mapping: a new mosaicing pipeline using principles of non - destructive image editing [J]. 49th Lunar and Planetary Science Conference, 2018.

[17] Zuschneid W, Michael G G, Walter S H G, et al. The HRSC Level 3 Mosaic of Mars: Equatorial regions, Mid - Latitudes - Improvements and Outlook [J]. 54th Lunar and Planetary Science Conference 2023.

[18] ASU. Mars Global Data Sets [OL] . 2017. http: //www. mars. asu. edu/data/.

[19] MSSS (Malin Space Science System) . Mars Global Surveyor Mars Orbiter Camera Geodesy Campaign Mosaic [OL]. 2002. http: //www. msss. com/mgcwg/mgm/ [2013 - 05 - 10].

[20] Caplinger M A. Mars Orbiter Camera Global Mosaic [J]. 33rd Lunar and Planetary Science Conference, 2002, March 11 - 15, Huston, Abst. ♯1405.

[21] Baratoux D, Delacourt C, Allemand P. High - resolution digital elevation models derived from Viking

Orbiter images: Method and comparison with Mars Orbiter Laser Altimeter Data [J]. Journal of Geophysical Research: Planets, 2001, 106 (E12): 32927 - 32941.

[22] Rosiek M R, Kirk R L, Archinal B A, et al. Utility of Viking Orbiter images and products for Mars mapping [J] . Photogrammetric Engineering & Remote Sensing, 2005, 71 (10): 1187 - 1195.

[23] Malin M C, Danielson G E, Ingersoll A P, et al. Mars observer camera [J]. Journal of Geophysical Research E, 1992, 97 (E5): 7699 - 7718.

[24] Yu G B, Liu E H, Liu G L, et al. Moderate Resolution Imaging Camera (MoRIC) of China's First Mars Mission Tianwen - 1 [J]. Earth Planet Phys, 2020, 4 (4): 364 - 370.

[25] Li C, Zhang R, Yu D. et al. China's Mars Exploration Mission and Science Investigation [J]. Space Sci Rev, 2021, 217: 57.

[26] Tan X, Liu J, Zhang X, et al. Design and Validation of the Scientific Data Products for China's Tianwen - 1 Mission [J]. Space Sci Rev, 2021, 217: 69.

附录 A 火星轨道电离总剂量计算表

入轨时间	屏蔽厚度/mm	总剂量/rad（Si）					
		1个火星年	2个火星年	3个火星年	4个火星年	5个火星年	6个火星年
	0.05	1.617E+05	1.617E+05	2.493E+05	4.646E+05	6.136E+05	7.349E+05
	0.1	8.190E+04	8.190E+04	1.274E+05	2.369E+05	3.306E+05	4.019E+05
	0.2	4.315E+04	4.315E+04	6.738E+04	1.250E+05	1.779E+05	2.193E+05
	0.3	3.008E+04	3.008E+04	4.689E+04	8.689E+04	1.219E+05	1.515E+05
	0.4	2.259E+04	2.259E+04	3.516E+04	6.498E+04	8.987E+04	1.124E+05
	0.5	1.760E+04	1.760E+04	2.738E+04	5.033E+04	6.840E+04	8.606E+04
	0.6	1.388E+04	1.388E+04	2.160E+04	3.932E+04	5.216E+04	6.611E+04
	0.8	1.022E+04	1.022E+04	1.587E+04	2.884E+04	3.769E+04	4.809E+04
	1	8.510E+03	8.510E+03	1.317E+04	2.420E+04	3.197E+04	4.082E+04
	1.5	5.921E+03	5.921E+03	9.103E+03	1.707E+04	2.293E+04	2.936E+04
	2	4.430E+03	4.430E+03	6.773E+03	1.293E+04	1.765E+04	2.264E+04
	2.5	3.506E+03	3.506E+03	5.334E+03	1.034E+04	1.430E+04	1.838E+04
2016-10-3	3	2.846E+03	2.846E+03	4.309E+03	8.482E+03	1.190E+04	1.531E+04
	4	1.927E+03	1.927E+03	2.884E+03	5.887E+03	8.527E+03	1.101E+04
	5	1.435E+03	1.435E+03	2.130E+03	4.456E+03	6.592E+03	8.534E+03
	6	1.210E+03	1.210E+03	1.795E+03	3.769E+03	5.595E+03	7.246E+03
	7	1.059E+03	1.059E+03	1.574E+03	3.292E+03	4.872E+03	6.308E+03
	8	9.390E+02	9.390E+02	1.397E+03	2.913E+03	4.303E+03	5.571E+03
	9	8.464E+02	8.464E+02	1.261E+03	2.623E+03	3.870E+03	5.009E+03
	10	7.615E+02	7.615E+02	1.135E+03	2.357E+03	3.472E+03	4.494E+03
	12	6.403E+02	6.403E+02	9.564E+02	1.978E+03	2.906E+03	3.761E+03
	14	5.445E+02	5.445E+02	8.147E+02	1.679E+03	2.461E+03	3.184E+03
	16	4.737E+02	4.737E+02	7.098E+02	1.459E+03	2.133E+03	2.759E+03
	18	4.202E+02	4.202E+02	6.304E+02	1.292E+03	1.885E+03	2.439E+03
	20	3.716E+02	3.716E+02	5.582E+02	1.141E+03	1.662E+03	2.149E+03

入轨时间	屏蔽厚度/mm	总剂量/rad（Si）					
		1 个火星年	2 个火星年	3 个火星年	4 个火星年	5 个火星年	6 个火星年
2019-2-15	0.05	0	1.497E+05	3.476E+05	4.849E+05	6.023E+05	6.220E+05
	0.1	0	7.606E+04	1.836E+05	2.695E+05	3.359E+05	3.468E+05
	0.2	0	4.012E+04	9.802E+04	1.466E+05	1.856E+05	1.921E+05
	0.3	0	2.796E+04	6.739E+04	9.973E+04	1.286E+05	1.335E+05
	0.4	0	2.098E+04	4.984E+04	7.287E+04	9.552E+04	9.949E+04
	0.5	0	1.635E+04	3.809E+04	5.486E+04	7.322E+04	7.653E+04
	0.6	0	1.289E+04	2.921E+04	4.116E+04	5.623E+04	5.903E+04
	0.8	0	9.484E+03	2.118E+04	2.945E+04	4.099E+04	4.317E+04
	1	0	7.889E+03	1.793E+04	2.521E+04	3.492E+04	3.674E+04
	1.5	0	5.475E+03	1.281E+04	1.836E+04	2.528E+04	2.656E+04
	2	0	4.089E+03	9.820E+03	1.432E+04	1.960E+04	2.057E+04
	2.5	0	3.230E+03	7.929E+03	1.174E+04	1.598E+04	1.675E+04
	3	0	2.617E+03	6.566E+03	9.868E+03	1.337E+04	1.400E+04
	4	0	1.764E+03	4.654E+03	7.254E+03	9.706E+03	1.014E+04
	5	0	1.310E+03	3.572E+03	5.696E+03	7.563E+03	7.885E+03
	6	0	1.104E+03	3.032E+03	4.845E+03	6.430E+03	6.702E+03
	7	0	9.673E+02	2.647E+03	4.207E+03	5.595E+03	5.835E+03
	8	0	8.579E+02	2.343E+03	3.709E+03	4.940E+03	5.154E+03
	9	0	7.735E+02	2.111E+03	3.330E+03	4.442E+03	4.635E+03
	10	0	6.962E+02	1.897E+03	2.984E+03	3.984E+03	4.159E+03
	12	0	5.858E+02	1.593E+03	2.490E+03	3.333E+03	3.481E+03
	14	0	4.985E+02	1.353E+03	2.104E+03	2.822E+03	2.948E+03
	16	0	4.339E+02	1.175E+03	1.819E+03	2.445E+03	2.555E+03
	18	0	3.850E+02	1.041E+03	1.605E+03	2.160E+03	2.259E+03
	20	0	3.407E+02	9.197E+02	1.412E+03	1.904E+03	1.991E+03

入轨时间	屏蔽厚度/mm	总剂量/rad（Si）					
		1个火星年	2个火星年	3个火星年	4个火星年	5个火星年	6个火星年
2021-4-27	0.05	1.875E+05	3.735E+05	5.059E+05	6.207E+05	6.222E+05	6.222E+05
	0.1	9.434E+04	1.996E+05	2.820E+05	3.461E+05	3.464E+05	3.464E+05
	0.2	4.957E+04	1.073E+05	1.543E+05	1.917E+05	1.925E+05	1.925E+05
	0.3	3.460E+04	7.307E+04	1.043E+05	1.332E+05	1.329E+05	1.329E+05
	0.4	2.601E+04	5.421E+04	7.669E+04	9.924E+04	9.961E+04	9.961E+04
	0.5	2.028E+04	4.104E+04	5.741E+04	7.632E+04	7.621E+04	7.621E+04
	0.6	1.599E+04	3.120E+04	4.291E+04	5.885E+04	5.860E+04	5.860E+04
	0.8	1.178E+04	2.271E+04	3.094E+04	4.303E+04	4.315E+04	4.315E+04
	1	9.836E+03	1.920E+04	2.642E+04	3.662E+04	3.662E+04	3.662E+04
	1.5	6.874E+03	1.366E+04	1.910E+04	2.648E+04	2.625E+04	2.625E+04
	2	5.165E+03	1.057E+04	1.500E+04	2.051E+04	2.045E+04	2.045E+04
	2.5	4.101E+03	8.492E+03	1.222E+04	1.671E+04	1.653E+04	1.653E+04
	3	3.341E+03	7.016E+03	1.023E+04	1.396E+04	1.374E+04	1.374E+04
	4	2.281E+03	5.029E+03	7.579E+03	1.011E+04	9.997E+03	9.997E+03
	5	1.708E+03	3.835E+03	5.901E+03	7.865E+03	7.696E+03	7.696E+03
	6	1.442E+03	3.235E+03	4.988E+03	6.685E+03	6.499E+03	6.499E+03
	7	1.260E+03	2.808E+03	4.309E+03	5.820E+03	5.630E+03	5.630E+03
	8	1.116E+03	2.479E+03	3.790E+03	5.141E+03	4.962E+03	4.962E+03
	9	1.005E+03	2.202E+03	3.357E+03	4.623E+03	4.402E+03	4.402E+03
	10	9.037E+02	1.975E+03	3.003E+03	4.148E+03	3.944E+03	3.944E+03
	12	7.589E+02	1.654E+03	2.502E+03	3.472E+03	3.295E+03	3.295E+03
	14	6.446E+02	1.375E+03	2.071E+03	2.940E+03	2.735E+03	2.735E+03
	16	5.602E+02	1.186E+03	1.780E+03	2.548E+03	2.355E+03	2.355E+03
	18	4.964E+02	1.024E+03	1.531E+03	2.253E+03	2.030E+03	2.030E+03
	20	4.386E+02	8.980E+02	1.339E+03	1.986E+03	1.778E+03	1.778E+03

入轨时间	屏蔽厚度/mm	总剂量/rad（Si）					
		1个火星年	2个火星年	3个火星年	4个火星年	5个火星年	6个火星年
2023-6-10	0.05	2.498E+05	4.144E+05	5.270E+05	5.270E+05	5.270E+05	7.744E+05
	0.1	1.241E+05	2.251E+05	2.942E+05	2.942E+05	2.942E+05	4.174E+05
	0.2	6.489E+04	1.214E+05	1.610E+05	1.610E+05	1.610E+05	2.253E+05
	0.3	4.539E+04	8.295E+04	1.100E+05	1.100E+05	1.100E+05	1.550E+05
	0.4	3.419E+04	6.094E+04	8.068E+04	8.068E+04	8.068E+04	1.146E+05
	0.5	2.667E+04	4.618E+04	6.100E+04	6.100E+04	6.100E+04	8.746E+04
	0.6	2.102E+04	3.499E+04	4.600E+04	4.600E+04	4.600E+04	6.686E+04
	0.8	1.552E+04	2.520E+04	3.307E+04	3.307E+04	3.307E+04	4.848E+04
	1	1.302E+04	2.145E+04	2.829E+04	2.829E+04	2.829E+04	4.121E+04
	1.5	9.181E+03	1.548E+04	2.059E+04	2.059E+04	2.059E+04	2.970E+04
	2	6.952E+03	1.197E+04	1.605E+04	1.605E+04	1.605E+04	2.294E+04
	2.5	5.557E+03	9.740E+03	1.315E+04	1.315E+04	1.315E+04	1.866E+04
	3	4.558E+03	8.129E+03	1.105E+04	1.105E+04	1.105E+04	1.557E+04
	4	3.165E+03	5.870E+03	8.114E+03	8.114E+03	8.114E+03	1.125E+04
	5	2.395E+03	4.559E+03	6.367E+03	6.367E+03	6.367E+03	8.739E+03
	6	2.023E+03	3.874E+03	5.415E+03	5.415E+03	5.415E+03	7.420E+03
	7	1.765E+03	3.374E+03	4.704E+03	4.704E+03	4.704E+03	6.452E+03
	8	1.560E+03	2.981E+03	4.147E+03	4.147E+03	4.147E+03	5.692E+03
	9	1.403E+03	2.681E+03	3.724E+03	3.724E+03	3.724E+03	5.114E+03
	10	1.259E+03	2.406E+03	3.337E+03	3.337E+03	3.337E+03	4.585E+03
	12	1.055E+03	2.015E+03	2.786E+03	2.786E+03	2.786E+03	3.831E+03
	14	8.940E+02	1.707E+03	2.354E+03	2.354E+03	2.354E+03	3.240E+03
	16	7.754E+02	1.480E+03	2.036E+03	2.036E+03	2.036E+03	2.805E+03
	18	6.858E+02	1.308E+03	1.797E+03	1.797E+03	1.797E+03	2.476E+03
	20	6.048E+02	1.153E+03	1.581E+03	1.581E+03	1.581E+03	2.180E+03

续表

入轨时间	屏蔽厚度/mm	总剂量/rad（Si）					
		1个火星年	2个火星年	3个火星年	4个火星年	5个火星年	6个火星年
	0.05	2.498E+05	3.836E+05	3.836E+05	4.193E+05	6.523E+05	8.109E+05
	0.1	1.241E+05	2.060E+05	2.060E+05	2.253E+05	3.400E+05	4.392E+05
	0.2	6.489E+04	1.106E+05	1.106E+05	1.210E+05	1.808E+05	2.366E+05
	0.3	4.539E+04	7.578E+04	7.578E+04	8.295E+04	1.248E+05	1.618E+05
	0.4	3.419E+04	5.582E+04	5.582E+04	6.114E+04	9.268E+04	1.189E+05
	0.5	2.667E+04	4.244E+04	4.244E+04	4.657E+04	7.115E+04	9.021E+04
	0.6	2.102E+04	3.232E+04	3.232E+04	3.557E+04	5.489E+04	6.844E+04
	0.8	1.552E+04	2.333E+04	2.333E+04	2.570E+04	3.999E+04	4.931E+04
	1	1.302E+04	1.981E+04	1.981E+04	2.173E+04	3.380E+04	4.195E+04
	1.5	9.181E+03	1.423E+04	1.423E+04	1.551E+04	2.412E+04	3.024E+04
	2	6.952E+03	1.096E+04	1.096E+04	1.188E+04	1.847E+04	2.336E+04
	2.5	5.557E+03	8.888E+03	8.888E+03	9.592E+03	1.490E+04	1.899E+04
2025-7-9	3	4.558E+03	7.392E+03	7.392E+03	7.943E+03	1.233E+04	1.584E+04
	4	3.165E+03	5.290E+03	5.290E+03	5.634E+03	8.735E+03	1.141E+04
	5	2.395E+03	4.087E+03	4.087E+03	4.328E+03	6.701E+03	8.849E+03
	6	2.023E+03	3.472E+03	3.472E+03	3.673E+03	5.682E+03	7.520E+03
	7	1.765E+03	3.028E+03	3.028E+03	3.207E+03	4.954E+03	6.551E+03
	8	1.560E+03	2.678E+03	2.678E+03	2.838E+03	4.381E+03	5.789E+03
	9	1.403E+03	2.411E+03	2.411E+03	2.556E+03	3.942E+03	5.208E+03
	10	1.259E+03	2.165E+03	2.165E+03	2.297E+03	3.540E+03	4.675E+03
	12	1.055E+03	1.816E+03	1.816E+03	1.928E+03	2.967E+03	3.916E+03
	14	8.940E+02	1.540E+03	1.540E+03	1.637E+03	2.515E+03	3.318E+03
	16	7.754E+02	1.337E+03	1.337E+03	1.422E+03	2.183E+03	2.878E+03
	18	6.858E+02	1.183E+03	1.183E+03	1.260E+03	1.931E+03	2.545E+03
	20	6.048E+02	1.044E+03	1.044E+03	1.112E+03	1.704E+03	2.245E+03

入轨时间	屏蔽厚度/mm	总剂量/rad（Si）					
		1 个火星年	2 个火星年	3 个火星年	4 个火星年	5 个火星年	6 个火星年
2027-8-5	0.05	1.809E+05	1.809E+05	2.458E+05	4.683E+05	6.215E+05	7.443E+05
	0.1	9.117E+04	9.117E+04	1.254E+05	2.366E+05	3.328E+05	4.057E+05
	0.2	4.794E+04	4.794E+04	6.621E+04	1.244E+05	1.787E+05	2.208E+05
	0.3	3.345E+04	3.345E+04	4.610E+04	8.669E+04	1.226E+05	1.524E+05
	0.4	2.514E+04	2.514E+04	3.458E+04	6.501E+04	9.052E+04	1.130E+05
	0.5	1.960E+04	1.960E+04	2.693E+04	5.049E+04	6.901E+04	8.646E+04
	0.6	1.545E+04	1.545E+04	2.124E+04	3.959E+04	5.275E+04	6.634E+04
	0.8	1.138E+04	1.138E+04	1.561E+04	2.911E+04	3.818E+04	4.822E+04
	1	9.498E+03	9.498E+03	1.297E+04	2.442E+04	3.236E+04	4.094E+04
	1.5	6.631E+03	6.631E+03	8.979E+03	1.721E+04	2.318E+04	2.946E+04
	2	4.977E+03	4.977E+03	6.692E+03	1.302E+04	1.782E+04	2.272E+04
	2.5	3.948E+03	3.948E+03	5.278E+03	1.041E+04	1.443E+04	1.845E+04
	3	3.214E+03	3.214E+03	4.271E+03	8.533E+03	1.199E+04	1.537E+04
	4	2.190E+03	2.190E+03	2.870E+03	5.915E+03	8.570E+03	1.107E+04
	5	1.638E+03	1.638E+03	2.126E+03	4.473E+03	6.614E+03	8.580E+03
	6	1.382E+03	1.382E+03	1.792E+03	3.781E+03	5.613E+03	7.286E+03
	7	1.208E+03	1.208E+03	1.570E+03	3.301E+03	4.889E+03	6.341E+03
	8	1.070E+03	1.070E+03	1.393E+03	2.921E+03	4.319E+03	5.599E+03
	9	9.643E+02	9.643E+02	1.256E+03	2.629E+03	3.884E+03	5.033E+03
	10	8.671E+02	8.671E+02	1.131E+03	2.362E+03	3.486E+03	4.515E+03
	12	7.283E+02	7.283E+02	9.522E+02	1.981E+03	2.918E+03	3.777E+03
	14	6.188E+02	6.188E+02	8.106E+02	1.681E+03	2.472E+03	3.197E+03
	16	5.380E+02	5.380E+02	7.059E+02	1.459E+03	2.143E+03	2.770E+03
	18	4.768E+02	4.768E+02	6.266E+02	1.292E+03	1.895E+03	2.448E+03
	20	4.213E+02	4.213E+02	5.546E+02	1.140E+03	1.670E+03	2.157E+03

续表

入轨时间	屏蔽厚度/mm	总剂量/rad（Si）					
		1个火星年	2个火星年	3个火星年	4个火星年	5个火星年	6个火星年
2029-9-1	0.05	0	9.151E+04	3.056E+05	4.540E+05	5.752E+05	/
	0.1	0	4.751E+04	1.568E+05	2.500E+05	3.209E+05	
	0.2	0	2.526E+04	8.287E+04	1.355E+05	1.767E+05	
	0.3	0	1.753E+04	5.744E+04	9.233E+04	1.218E+05	
	0.4	0	1.311E+04	4.285E+04	6.762E+04	9.012E+04	
	0.5	0	1.020E+04	3.305E+04	5.105E+04	6.875E+04	
	0.6	0	8.050E+03	2.567E+04	3.846E+04	5.247E+04	
	0.8	0	5.897E+03	1.878E+04	2.759E+04	3.806E+04	
	1	0	4.867E+03	1.583E+04	2.357E+04	3.247E+04	
	1.5	0	3.328E+03	1.125E+04	1.710E+04	2.355E+04	
	2	0	2.453E+03	8.582E+03	1.329E+04	1.829E+04	
	2.5	0	1.916E+03	6.901E+03	1.086E+04	1.494E+04	
	3	0	1.535E+03	5.693E+03	9.100E+03	1.252E+04	
	4	0	1.006E+03	4.002E+03	6.639E+03	9.124E+03	
	5	0	7.328E+02	3.054E+03	5.190E+03	7.127E+03	
	6	0	6.166E+02	2.587E+03	4.413E+03	6.060E+03	
	7	0	5.424E+02	2.257E+03	3.837E+03	5.270E+03	
	8	0	4.826E+02	1.997E+03	3.385E+03	4.651E+03	
	9	0	4.362E+02	1.797E+03	3.042E+03	4.180E+03	
	10	0	3.936E+02	1.614E+03	2.727E+03	3.748E+03	
	12	0	3.326E+02	1.353E+03	2.279E+03	3.133E+03	
	14	0	2.841E+02	1.148E+03	1.928E+03	2.650E+03	
	16	0	2.482E+02	9.965E+02	1.669E+03	2.295E+03	
	18	0	2.210E+02	8.820E+02	1.474E+03	2.027E+03	
	20	0	1.961E+02	7.784E+02	1.298E+03	1.785E+03	

续表

入轨时间	屏蔽厚度/mm	总剂量/rad（Si）					
		1个火星年	2个火星年	3个火星年	4个火星年	5个火星年	6个火星年
2031-10-8	0.05	1.204E+05	3.261E+05	4.691E+05	5.884E+05	/	
	0.1	6.177E+04	1.698E+05	2.595E+05	3.282E+05		
	0.2	3.270E+04	9.021E+04	1.409E+05	1.810E+05		
	0.3	2.274E+04	6.228E+04	9.594E+04	1.251E+05		
	0.4	1.704E+04	4.625E+04	7.018E+04	9.274E+04		
	0.5	1.327E+04	3.551E+04	5.291E+04	7.092E+04		
	0.6	1.047E+04	2.740E+04	3.978E+04	5.429E+04		
	0.8	7.687E+03	1.996E+04	2.850E+04	3.948E+04		
	1	6.372E+03	1.686E+04	2.437E+04	3.365E+04		
	1.5	4.394E+03	1.202E+04	1.771E+04	2.439E+04		
	2	3.262E+03	9.187E+03	1.379E+04	1.893E+04		
	2.5	2.563E+03	7.403E+03	1.128E+04	1.545E+04		
	3	2.067E+03	6.119E+03	9.473E+03	1.293E+04		
	4	1.376E+03	4.319E+03	6.938E+03	9.406E+03		
	5	1.013E+03	3.306E+03	5.436E+03	7.339E+03		
	6	8.534E+02	2.803E+03	4.623E+03	6.240E+03		
	7	7.490E+02	2.447E+03	4.017E+03	5.428E+03		
	8	6.651E+02	2.165E+03	3.542E+03	4.791E+03		
	9	6.004E+02	1.949E+03	3.182E+03	4.307E+03		
	10	5.410E+02	1.752E+03	2.852E+03	3.863E+03		
	12	4.561E+02	1.470E+03	2.382E+03	3.230E+03		
	14	3.888E+02	1.247E+03	2.013E+03	2.733E+03		
	16	3.390E+02	1.083E+03	1.742E+03	2.368E+03		
	18	3.012E+02	9.591E+02	1.538E+03	2.092E+03		
	20	2.669E+02	8.469E+02	1.353E+03	1.843E+03		

续表

入轨时间	屏蔽厚度/mm	总剂量/rad（Si）					
		1个火星年	2个火星年	3个火星年	4个火星年	5个火星年	6个火星年
2034－1－18	0.05	2.498E＋05	4.144E＋05	5.407E＋05	/	/	/
	0.1	1.241E＋05	2.251E＋05	3.018E＋05			
	0.2	6.489E＋04	1.214E＋05	1.654E＋05			
	0.3	4.539E＋04	8.295E＋04	1.133E＋05			
	0.4	3.419E＋04	6.094E＋04	8.334E＋04			
	0.5	2.667E＋04	4.618E＋04	6.317E＋04			
	0.6	2.102E＋04	3.499E＋04	4.781E＋04			
	0.8	1.552E＋04	2.520E＋04	3.446E＋04			
	1	1.302E＋04	2.145E＋04	2.946E＋04			
	1.5	9.181E＋03	1.548E＋04	2.142E＋04			
	2	6.952E＋03	1.197E＋04	1.668E＋04			
	2.5	5.557E＋03	9.740E＋03	1.365E＋04			
	3	4.558E＋03	8.129E＋03	1.146E＋04			
	4	3.165E＋03	5.870E＋03	8.398E＋03			
	5	2.395E＋03	4.559E＋03	6.581E＋03			
	6	2.023E＋03	3.874E＋03	5.597E＋03			
	7	1.765E＋03	3.374E＋03	4.863E＋03			
	8	1.560E＋03	2.981E＋03	4.289E＋03			
	9	1.403E＋03	2.681E＋03	3.852E＋03			
	10	1.259E＋03	2.406E＋03	3.452E＋03			
	12	1.055E＋03	2.015E＋03	2.884E＋03			
	14	8.940E＋02	1.707E＋03	2.437E＋03			
	16	7.754E＋02	1.480E＋03	2.109E＋03			
	18	6.858E＋02	1.308E＋03	1.861E＋03			
	20	6.048E＋02	1.153E＋03	1.638E＋03			

附录 B 火星大气模型

附表 B1 Mars - GRAM2001

高度/km	大气温度/K	气压/mbar	大气密度/(g/cm³)
−10	214.0	1.57E+01	3.85E−05
−9	214.0	1.44E+01	3.52E−05
−8	214.0	1.31E+01	3.21E−05
−7	214.0	1.20E+01	2.94E−05
−6	214.0	1.09E+01	2.68E−05
−5	214.0	1.00E+01	2.45E−05
−4	214.0	9.16E+00	2.24E−05
−3	214.0	8.36E+00	2.04E−05
−2	214.0	7.63E+00	1.87E−05
−1	214.0	6.96E+00	1.70E−05
0	214.0	6.36E+00	1.55E−05
1	213.9	5.80E+00	1.42E−05
2	213.8	5.30E+00	1.30E−05
3	213.6	4.84E+00	1.18E−05
4	213.4	4.41E+00	1.08E−05
5	212.9	4.03E+00	9.90E−06
6	212.4	3.68E+00	9.06E−06
7	210.8	3.35E+00	8.32E−06
8	209.2	3.06E+00	7.65E−06
9	207.1	2.79E+00	7.04E−06
10	205.0	2.54E+00	6.47E−06

高度/km	大气温度/K	气压/mbar	大气密度/(g/cm³)
11	203.2	2.31E+00	5.94E-06
12	201.4	2.09E+00	5.44E-06
13	199.6	1.90E+00	4.99E-06
14	197.8	1.73E+00	4.56E-06
15	196.2	1.56E+00	4.17E-06
16	194.6	1.42E+00	3.81E-06
17	193.0	1.28E+00	3.48E-06
18	191.5	1.16E+00	3.17E-06
19	189.9	1.05E+00	2.89E-06
20	188.3	9.47E-01	2.63E-06
21	186.8	8.54E-01	2.39E-06
22	185.2	7.70E-01	2.18E-06
23	183.8	6.94E-01	1.97E-06
24	182.5	6.25E-01	1.79E-06
25	181.2	5.62E-01	1.62E-06
26	180.0	5.05E-01	1.47E-06
27	178.7	4.54E-01	1.33E-06
28	177.5	4.07E-01	1.20E-06
29	176.2	3.66E-01	1.09E-06
30	175.0	3.28E-01	9.80E-07
31	173.7	2.94E-01	8.84E-07
32	172.5	2.63E-01	7.97E-07
33	171.2	2.35E-01	7.19E-07
34	170.0	2.10E-01	6.47E-07
35	168.7	1.88E-01	5.82E-07
36	167.5	1.68E-01	5.24E-07

高度/km	大气温度/K	气压/mbar	大气密度/(g/cm³)
37	166.1	1.49E-01	4.71E-07
38	164.8	1.33E-01	4.23E-07
39	163.6	1.19E-01	3.79E-07
40	162.4	1.06E-01	3.40E-07
41	161.2	9.38E-02	3.04E-07
42	160.0	8.33E-02	2.72E-07
43	159.0	7.39E-02	2.43E-07
44	158.0	6.56E-02	2.17E-07
45	157.0	5.81E-02	1.94E-07
46	156.0	5.15E-02	1.73E-07
47	155.0	4.56E-02	1.54E-07
48	154.1	4.03E-02	1.37E-07
49	153.1	3.56E-02	1.22E-07
50	152.2	3.15E-02	1.08E-07
51	151.2	2.78E-02	9.60E-08
52	150.3	2.45E-02	8.52E-08
53	149.5	2.16E-02	7.55E-08
54	148.7	1.90E-02	6.69E-08
55	147.9	1.67E-02	5.92E-08
56	147.2	1.47E-02	5.23E-08
57	146.4	1.30E-02	4.63E-08
58	145.7	1.14E-02	4.09E-08
59	144.9	1.00E-02	3.61E-08
60	144.2	8.78E-03	3.18E-08
61	143.6	7.70E-03	2.80E-08
62	143.0	6.75E-03	2.47E-08

续表

高度/km	大气温度/K	气压/mbar	大气密度/(g/cm³)
63	142.5	5.92E−03	2.17E−08
64	142.0	5.19E−03	1.91E−08
65	141.5	4.54E−03	1.68E−08
66	141.0	3.98E−03	1.48E−08
67	140.5	3.48E−03	1.30E−08
68	140.0	3.04E−03	1.14E−08
69	139.7	2.66E−03	9.97E−09
70	139.5	2.33E−03	8.73E−09
71	139.2	2.04E−03	7.65E−09
72	139.0	1.78E−03	6.70E−09
73	139.0	1.56E−03	5.85E−09
74	139.0	1.36E−03	5.12E−09
75	139.0	1.19E−03	4.47E−09
76	139.0	1.04E−03	3.91E−09
77	139.0	9.09E−04	3.42E−09
78	139.0	7.95E−04	2.99E−09
79	139.0	6.95E−04	2.62E−09
80	139.0	6.08E−04	2.29E−09
81	139.0	5.32E−04	2.00E−09
82	139.0	4.65E−04	1.75E−09
83	139.0	4.07E−04	1.53E−09
84	139.0	3.56E−04	1.34E−09
85	139.0	3.11E−04	1.17E−09
86	139.0	2.72E−04	1.03E−09
87	139.0	2.38E−04	8.97E−10
88	139.0	2.09E−04	7.85E−10

续表

高度/km	大气温度/K	气压/mbar	大气密度/(g/cm³)
89	139.0	1.83E－04	6.87E－10
90	139.0	1.60E－04	6.01E－10
91	139.0	1.40E－04	5.26E－10
92	139.0	1.22E－04	4.61E－10
93	139.0	1.07E－04	4.03E－10
94	139.0	9.39E－05	3.53E－10
95	139.0	8.22E－05	3.09E－10
96	139.0	7.20E－05	2.71E－10
97	139.0	6.30E－05	2.37E－10
98	139.0	5.52E－05	2.08E－10
99	139.0	4.83E－05	1.82E－10
100	139.0	4.23E－05	1.59E－10
101	140.0	3.71E－05	1.39E－10
102	141.1	3.26E－05	1.21E－10
103	142.1	2.86E－05	1.05E－10
104	143.2	2.52E－05	9.17E－11
105	144.2	2.21E－05	8.01E－11
106	145.2	1.95E－05	7.01E－11
107	146.3	1.72E－05	6.13E－11
108	147.3	1.52E－05	5.38E－11
109	148.4	1.34E－05	4.72E－11
110	149.4	1.19E－05	4.14E－11
111	150.4	1.05E－05	3.64E－11
112	151.5	9.33E－06	3.21E－11
113	152.5	8.28E－06	2.82E－11
114	153.5	7.35E－06	2.49E－11

续表

高度/km	大气温度/K	气压/mbar	大气密度/(g/cm³)
115	154.6	6.53E−06	2.20E−11
116	155.6	5.81E−06	1.94E−11
117	156.6	5.18E−06	1.72E−11
118	157.7	4.61E−06	1.52E−11
119	158.7	4.11E−06	1.35E−11
120	159.7	3.67E−06	1.19E−11
121	160.8	3.28E−06	1.06E−11
122	161.8	2.94E−06	9.41E−12
123	162.8	2.63E−06	8.36E−12
124	163.8	2.35E−06	7.44E−12
125	164.9	2.11E−06	6.63E−12
126	165.9	1.89E−06	5.91E−12
127	166.9	1.70E−06	5.27E−12
128	167.9	1.53E−06	4.70E−12
129	169.0	1.37E−06	4.20E−12
130	170.0	1.23E−06	3.76E−12
140	245.1	5.20E−07	1.09E−12
150	288.6	2.70E−07	4.73E−13
160	314.0	1.53E−07	2.43E−13
170	328.8	9.04E−08	1.35E−13
180	337.5	5.52E−08	7.90E−14
190	342.6	3.45E−08	4.74E−14
200	345.6	2.19E−08	2.92E−14
210	346.4	1.43E−08	1.80E−14
220	347.3	9.53E−09	1.14E−14
230	348.1	6.49E−09	7.42E−15

高度/km	大气温度/K	气压/mbar	大气密度/(g/cm³)
240	348.9	4.51E−09	4.92E−15
250	349.7	3.19E−09	3.33E−15
260	349.8	2.30E−09	2.24E−15
270	349.8	1.71E−09	1.55E−15
280	349.9	1.29E−09	1.10E−15
290	349.9	9.93E−10	7.94E−16
300	350.0	7.77E−10	5.87E−16
310	350.0	6.17E−10	4.39E−16
320	350.0	4.97E−10	3.34E−16
330	350.0	4.06E−10	2.59E−16
340	350.0	3.35E−10	2.03E−16
350	350.0	2.79E−10	1.61E−16
360	350.0	2.35E−10	1.30E−16

附表 B2　通用夏季中纬火星大气模型

z/km	T/K	p/p_0	北半球夏天			南半球夏天	
			$p/mbar$ ($p_0=6.36mbar$)	$\rho/(kg/m^3)$	$g/(m/s^2)$	$p/mbar$ ($p_0=7.3mbar$)	$\rho/(kg/m^3)$
0	214	1.000	6.36	1.56×10^{-2}	3.730	7.30	1.78×10^{-2}
2	213.8	0.833	5.30	1.30	3.725	6.08	1.49
4	213.4	0.694	4.41	1.08	3.720	5.07	1.24
6	212.4	0.579	3.68	9.07×10^{-3}	3.716	4.23	1.04
8	209.2	0.481	3.06	7.65	3.712	3.51	8.78×10^{-3}
10	205	0.399	2.54	6.47	3.708	2.91	7.42
12	201.4	0.330	2.10	5.45	3.703	2.41	6.25
14	197.8	0.2715	1.73	4.57	3.699	1.98	5.24
16	194.6	0.2229	1.42	3.81	3.695	1.63	4.37

z/km	T/K	p/p_0	北半球夏天			南半球夏天	
			p/mbar ($p_0=6.36$mbar)	$\rho/(kg/m^3)$	$g/(m/s^2)$	p/mbar ($p_0=7.3$mbar)	$\rho/(kg/m^3)$
18	191.4	0.1825	1.16	3.17	3.690	1.33	3.64
20	188.2	0.1489	9.47×10^{-1}	2.63	3.686	1.09	3.02
22	185.2	0.1211	7.70	2.18	3.686	8.84×10^{-1}	2.50
24	182.5	9.82×10^{-2}	6.25	1.79	3.678	7.17	2.05
26	180	7.95	5.06	1.47	3.673	5.81	1.69
28	177.5	6.41	4.08	1.20	3.669	4.68	1.38
30	175	5.16	3.28	9.81×10^{-4}	3.664	3.76	1.13
32	172.5	4.14	2.63	7.98	3.660	3.02	9.16×10^{-4}
34	170	3.31	2.11	6.48	3.656	2.42	7.44
36	167.5	2.637	1.68	5.24	3.652	1.93	6.01
38	164.8	2.095	1.33	4.23	3.648	1.53	4.86
40	162.4	1.660	1.06	3.40	3.643	1.22	3.90
42	160	1.310	8.33×10^{-2}	2.72	3.638	9.56×10^{-2}	3.12
44	158	1.032	6.56	2.17	3.634	7.53	2.49
46	156	8.10×10^{-3}	5.15	1.73	3.630	5.91	1.99
48	154.1	6.34	4.03	1.37	3.626	4.63	1.57
50	152.2	4.95	3.15	1.08	3.622	3.62	1.24
52	150.3	3.86	2.45	8.54×10^{-5}	3.618	2.81	9.80×10^{-5}
54	148.7	2.99	1.90	6.69	3.614	2.18	7.68
56	147.2	2.319	1.47	5.24	3.609	1.69	6.01
58	145.7	1.792	1.14	4.09	3.605	1.31	4.69
60	144.2	1.382	8.79×10^{-3}	3.19	3.601	1.01	3.66
62	143	1.063	6.76	2.47	3.597	7.76×10^{-3}	2.84
64	142	8.17×10^{-4}	5.20	1.91	3.592	5.97	2.19

续表

z/km	T/K	p/p_0	北半球夏天			南半球夏天	
			p/mbar ($p_0=6.36$mbar)	ρ/(kg/m³)	g/(m/s²)	p/mbar ($p_0=7.3$mbar)	ρ/(kg/m³)
66	141	6.26	3.98	1.48	3.588	4.57	1.70
68	140	4.79	3.04	1.14	3.584	3.49	1.31
70	139.5	3.67	2.33	8.75×10^{-6}	3.580	2.67	1.00
72	139	2.80	1.78	6.70	3.576	2.04	7.69×10^{-6}
74	139	2.141	1.36	5.12	3.572	1.56	5.88
76	139	1.637	1.04	3.92	3.568	1.19	4.50
78	139	1.252	7.96×10^{-4}	3.00	3.564	9.14×10^{-4}	3.44
80	139	9.57×10^{-5}	6.09	2.29	3.559	6.99	2.63
82	139	7.32	4.66	1.75	3.555	5.35	2.01
84	139	5.61	3.57	1.34	3.551	4.10	1.54
86	139	4.29	2.73	1.03	3.547	3.13	1.18
88	139	3.29	2.09	7.87×10^{-7}	3.543	2.40	9.03×10^{-7}
90	139	2.518	1.60	6.03	3.539	1.84	6.92
92	139	1.929	1.23	4.62	3.535	1.41	5.30
94	139	1.479	9.41×10^{-5}	3.54	3.531	1.08	4.06
96	139	1.134	7.21	2.71	3.527	8.28×10^{-5}	3.11
98	139	8.70×10^{-6}	5.53	2.08	3.523	6.35	2.39
100	139	6.67	4.24	1.60	3.519	4.87	1.84

附录 C 火星引力场模型

火星引力场模型 GMM－2 的归一化球谐系数（80 阶、80 次）：带谐项、田谐项和扇谐项，其中，$GM = 42828.371901284001 \text{km}^3/\text{s}^2$，$R_\text{m} = 3397 \text{km}$。

阶	次	数 值	
n	m	$\bar{C}_{nm}$	$\bar{S}_{nm}$
2	0	−8.7450547081842009E−04	0.0000000000000000E+00
2	1	1.3938449166781359E−10	1.7044280642328221E−10
2	2	−8.4177519807822603E−05	4.9605348841412452E−05
3	0	−1.1886910646015641E−05	0.0000000000000000E+00
3	1	3.9053442315700724E−06	2.5139324037413419E−05
3	2	−1.5863411026265399E−05	8.4857987158792132E−06
3	3	3.5338541142774030E−05	2.5113984262622799E−05
4	0	5.1257987175465586E−06	0.0000000000000000E+00
4	1	4.2271575054702128E−06	3.7413215027228718E−06
4	2	−1.0253884110275679E−06	−8.9622951629187374E−06
4	3	6.4461288728918093E−06	−2.7297790313231990E−07
4	4	9.6384334824044650E−08	−1.2861361694339760E−05
5	0	−1.7242068505338999E−06	0.0000000000000000E+00
5	1	4.9155252614409601E−07	2.1179750719200639E−06
5	2	−4.3015486989529303E−06	−1.1283599363068411E−06
5	3	3.3106878341316730E−06	2.3024139448590119E−07
5	4	−4.6889658986047850E−06	−3.2997722093047299E−06
5	5	−4.3640801168293771E−06	3.8656154098344251E−06
6	0	1.3448267510621481E−06	0.0000000000000000E+00

续表

阶	次	数　　　值	
n	m	$\bar{C}_{nm}$	$\bar{S}_{nm}$
6	1	1.7926701548423649E−06	−1.5234122376020040E−06
6	2	8.7185360387643135E−07	1.4592318487313359E−06
6	3	9.5816746766165918E−07	3.2022418522315923E−07
6	4	1.0503162831989909E−06	2.6170003356585492E−06
6	5	1.6880399538737750E−06	1.5853762547290531E−06
6	6	2.7768427868541821E−06	7.5170270469872722E−07
7	0	1.0566966079621890E−06	0.0000000000000000E+00
7	1	1.3714218129129991E−06	−2.3256794873473699E−07
7	2	2.8033764459323890E−06	−6.5173659805380695E−07
7	3	8.7336552189929800E−07	−4.0675705536590699E−07
7	4	2.4566369021535799E−06	−4.6224291975934719E−07
7	5	−2.1930690076858139E−07	−1.3515575270662830E−06
7	6	−6.0515930653241116E−07	−1.8832018842058270E−06
7	7	3.8833580001392989E−07	−1.7838625631807321E−06
8	0	1.4442117457414669E−07	0.0000000000000000E+00
8	1	−1.2904533441152021E−07	7.4942490031393760E−07
8	2	1.8100214820539061E−06	4.9096335865112556E−07
8	3	−1.2207784549871089E−06	−1.3230871310063700E−06
8	4	1.5866931019861380E−06	1.2166283194289211E−07
8	5	−2.8183735255990001E−06	−1.5681467772892050E−06
8	6	−9.5599877920939645E−07	−1.7626582142154601E−06
8	7	−4.2471893831892682E−07	1.6540404534478641E−06
8	8	−3.1783805703279631E−07	−2.3919729926160170E−07
9	0	−2.8745593244289322E−07	0.0000000000000000E+00
9	1	4.1743298827892820E−07	−4.9042273171692781E−07

阶	次	数　　　　　值	
n	m	$\bar{C}_{nm}$	$\bar{S}_{nm}$
9	2	1.1385495484935660E−06	3.7160680928003798E−07
9	3	−1.0035199183447020E−06	−9.9277210221517757E−07
9	4	3.2079095125258889E−07	1.6143044902574391E−06
9	5	−2.2970171000700119E−06	−1.4984195288745289E−06
9	6	8.2020744110463016E−07	5.5634131644082519E−07
9	7	−5.9128904319118457E−07	8.8413812925584658E−07
9	8	1.1992792300607110E−06	−1.8558235185992101E−07
9	9	−1.1923241516342979E−06	−6.1225374183571644E−07
10	0	7.2586970184033398E−07	0.0000000000000000E+00
10	1	9.2212003081492357E−07	2.1871853125250699E−07
10	2	−2.1698263972956060E−09	−1.1128765713995101E−06
10	3	−2.9275595477379353E−07	4.4574364384326100E−07
10	4	−1.2112906007513811E−06	−4.9501526389811057E−08
10	5	3.9839975982150670E−07	−1.0683891523420349E−06
10	6	6.9499178396903159E−07	1.0970214333048109E−06
10	7	2.9911814611399940E−07	−6.2740746269725919E−07
10	8	5.6556749448508493E−07	7.9979384590180545E−07
10	9	−1.5064865665416510E−06	−1.4044666157341789E−06
10	10	−2.4277051735088178E−07	7.6193623951414320E−07
11	0	−2.6649003866535410E−07	0.0000000000000000E+00
11	1	−8.1519392894443437E−07	−2.1751302948038430E−07
11	2	−3.2104320936602609E−07	−9.8790735061236510E−07
11	3	−1.2892409568787179E−06	7.7876627497924496E−07
11	4	−1.5791909175600400E−06	−6.1657941677816327E−07
11	5	1.3703809961827519E−06	8.6845829243624667E−07

阶	次	数　　　　值	
n	m	$\overline{C}_{nm}$	$\overline{S}_{nm}$
11	6	$-2.4320602261743078\mathrm{E}-07$	$2.6287975442268369\mathrm{E}-08$
11	7	$6.3312547465221262\mathrm{E}-07$	$-8.8124580630580818\mathrm{E}-07$
11	8	$-1.1526216305062039\mathrm{E}-06$	$8.0289109851342910\mathrm{E}-07$
11	9	$-4.2887218833226868\mathrm{E}-07$	$-4.0266826541827498\mathrm{E}-07$
11	10	$4.1248741283895690\mathrm{E}-07$	$1.9449054488648321\mathrm{E}-06$
11	11	$-5.9129125196024682\mathrm{E}-08$	$-3.2013461955227138\mathrm{E}-07$
12	0	$2.5901010973447811\mathrm{E}-07$	$0.0000000000000000\mathrm{E}+00$
12	1	$-1.1232760242154771\mathrm{E}-06$	$-4.6597501385511642\mathrm{E}-08$
12	2	$-9.3180509514092405\mathrm{E}-08$	$5.3208625826598304\mathrm{E}-07$
12	3	$-1.4328437159904669\mathrm{E}-06$	$3.3094328849604699\mathrm{E}-07$
12	4	$-9.8989762948794809\mathrm{E}-08$	$1.2477384606767650\mathrm{E}-07$
12	5	$7.3841719085192487\mathrm{E}-07$	$9.8313706759767646\mathrm{E}-07$
12	6	$-4.4199660810539768\mathrm{E}-07$	$-1.6138324546284839\mathrm{E}-06$
12	7	$3.9950015269219688\mathrm{E}-07$	$-1.2420962147609649\mathrm{E}-07$
12	8	$-1.6103036177638721\mathrm{E}-06$	$-3.3390142111388809\mathrm{E}-07$
12	9	$7.2319162327703644\mathrm{E}-07$	$4.4834612822914618\mathrm{E}-07$
12	10	$5.4275397597080196\mathrm{E}-07$	$1.3521153280272900\mathrm{E}-06$
12	11	$7.8624501327329339\mathrm{E}-07$	$-1.6864131081620689\mathrm{E}-06$
12	12	$-1.0856558755016089\mathrm{E}-08$	$-8.8551160240718884\mathrm{E}-08$
13	0	$-4.8952404831803390\mathrm{E}-07$	$0.0000000000000000\mathrm{E}+00$
13	1	$-5.6648398354796893\mathrm{E}-07$	$2.2788663120968919\mathrm{E}-07$
13	2	$1.9841104168070469\mathrm{E}-07$	$8.4834357183256708\mathrm{E}-07$
13	3	$2.1672220813221301\mathrm{E}-07$	$1.7831477048833361\mathrm{E}-07$
13	4	$1.8222961512093351\mathrm{E}-07$	$6.8437925412020000\mathrm{E}-07$
13	5	$-2.1635837716555661\mathrm{E}-09$	$-4.0358226801550021\mathrm{E}-07$

阶	次	数　　　值	
n	m	$\bar{C}_{nm}$	$\bar{S}_{nm}$
13	6	2.0889697822006498E−08	−9.2963519094536122E−07
13	7	−7.5633516483173801E−07	4.1816002573524902E−07
13	8	−2.3166748437483840E−07	1.2030332905113710E−09
13	9	1.1327419797014090E−06	7.6091981962187019E−07
13	10	−1.8420690773034191E−07	−6.3834053349287647E−07
13	11	7.2152491396419184E−07	−8.5419916802722339E−07
13	12	−1.4713308304428070E−06	−3.5633994441531591E−07
13	13	4.7249117577621590E−07	8.4684144373715813E−07
14	0	3.0219271864045722E−07	0.0000000000000000E+00
14	1	7.5309548515849434E−07	3.0659939197390379E−07
14	2	4.4431057610504009E−07	−5.2539256378857698E−07
14	3	4.2086425064021988E−07	−3.1613141949167798E−07
14	4	2.1086607659015601E−07	−9.6126046924893883E−07
14	5	−4.7256009813144700E−07	−9.5209040368264479E−07
14	6	−6.8240005934222495E−08	−8.1255730199729201E−08
14	7	−4.3833797637763461E−07	2.5344830630813670E−07
14	8	8.2760862524879536E−07	3.4542413026249739E−07
14	9	2.5206510270110481E−07	1.1412035615165890E−06
14	10	−4.0006125111822032E−08	−1.5805411521501649E−06
14	11	−9.1756400631668835E−07	2.0181206830551511E−07
14	12	−4.6098789395114132E−07	−2.8123541924842100E−07
14	13	8.6159647817875325E−07	2.0166474791487490E−06
14	14	4.0566294949909653E−09	−7.4397446155337985E−07
15	0	4.9338119977619251E−07	0.0000000000000000E+00
15	1	2.3504085774446549E−07	2.5814277194372382E−07

阶	次	数　　值	
n	m	$\overline{C}_{nm}$	$\overline{S}_{nm}$
15	2	$-3.5877664452026991E-07$	$-7.7775370918244422E-07$
15	3	$-5.6235428831306517E-07$	$-2.9119276531665789E-07$
15	4	$-7.3107741433901826E-07$	$-8.2291945418793019E-07$
15	5	$-9.4418999262905104E-07$	$-4.5309344036893439E-07$
15	6	$-4.6569424928889101E-08$	$6.3181043403389908E-07$
15	7	$9.3252509300585759E-07$	$3.3367910077558299E-07$
15	8	$1.1713557431122270E-06$	$4.3397393082264647E-07$
15	9	$-3.1361197239010152E-07$	$-3.6130776998697968E-07$
15	10	$-1.6617979177073590E-07$	$-1.4989148710418020E-07$
15	11	$-7.4449581533426630E-07$	$6.0499732095853779E-07$
15	12	$1.0125729414718300E-06$	$7.0744643143345193E-07$
15	13	$2.1632945779220320E-07$	$6.9692452639138542E-07$
15	14	$1.4287311615973200E-07$	$-1.3675794263071820E-06$
15	15	$-3.2983911020273521E-07$	$1.4679301357791700E-07$
16	0	$6.2492272251973242E-07$	$0.0000000000000000E+00$
16	1	$-2.3576455388861381E-07$	$-5.5301461123008231E-07$
16	2	$-4.8128515175366109E-07$	$-8.3798338110112221E-08$
16	3	$-5.2884584512722868E-07$	$4.3179535117818742E-07$
16	4	$-7.7524880882120419E-07$	$-4.1236194296459131E-08$
16	5	$-3.3156669814606880E-07$	$5.9447709629048816E-07$
16	6	$1.4873519233098461E-07$	$2.1995105650212950E-07$
16	7	$3.9540191879011490E-07$	$2.9924170216304151E-07$
16	8	$2.4726774880144362E-07$	$3.8194759694030728E-07$
16	9	$-3.9083254186985018E-07$	$-9.2091247731411718E-07$
16	10	$-4.9887892959809643E-07$	$3.6222033033373808E-07$

续表

阶	次	数　　　值	
n	m	$\bar{C}_{nm}$	$\bar{S}_{nm}$
16	11	$-8.0503692776153824E-08$	$-3.0833185246732417E-07$
16	12	$4.4116504364058009E-07$	$6.4720068684209609E-07$
16	13	$-9.6676684214209105E-08$	$-5.9086298237427453E-07$
16	14	$-2.2346863154783541E-07$	$-9.2646534797515104E-07$
16	15	$-8.3320558932387890E-07$	$3.7522848734954839E-07$
16	16	$2.1693483565260650E-07$	$1.0572655635748210E-07$
17	0	$-5.4709542986930998E-08$	$0.0000000000000000E+00$
17	1	$-3.7399137381517438E-07$	$-6.3489366161239067E-07$
17	2	$-2.0004915070624970E-07$	$1.4769821786575250E-07$
17	3	$-4.4054829757514781E-08$	$1.9182219078222199E-07$
17	4	$4.5617658067346931E-07$	$-1.7248528799716611E-08$
17	5	$7.0352057270776358E-07$	$2.9716758199903928E-07$
17	6	$6.2735688086993120E-07$	$-3.2424361898797991E-07$
17	7	$3.3067607545801760E-07$	$-2.4963319407555199E-07$
17	8	$-3.7638667604706180E-07$	$-1.9171388957514899E-07$
17	9	$-2.0630975795240439E-07$	$-3.2050677363791618E-07$
17	10	$-5.5645632584498266E-07$	$2.8962148266298910E-07$
17	11	$3.5243509929602669E-07$	$3.5354260317607713E-08$
17	12	$2.0025673973076780E-07$	$-1.3079093383117499E-08$
17	13	$-4.8612342952491358E-07$	$-7.7483339436755765E-07$
17	14	$-3.8008064670123599E-07$	$-4.4794294782534088E-07$
17	15	$-3.3804523377146830E-07$	$4.2775478707706719E-07$
17	16	$1.1049431287614231E-06$	$4.9309080047218621E-07$
17	17	$7.4847480457838662E-08$	$2.8783514545524541E-07$
18	0	$-3.1250064729225039E-07$	$0.0000000000000000E+00$

阶	次	数 值	
n	m	$\overline{C}_{nm}$	$\overline{S}_{nm}$
18	1	$-1.8296324000412531\mathrm{E}-07$	$-5.7769470567911306\mathrm{E}-07$
18	2	$-1.0412207107656000\mathrm{E}-07$	$4.5344370424782177\mathrm{E}-08$
18	3	$-2.9939186240254088\mathrm{E}-07$	$-4.5784264171329838\mathrm{E}-07$
18	4	$8.7501712948002529\mathrm{E}-07$	$1.1649861097786980\mathrm{E}-07$
18	5	$1.9313905997574150\mathrm{E}-07$	$-6.2249966128910834\mathrm{E}-07$
18	6	$2.0688943917981149\mathrm{E}-07$	$-6.8437607860474299\mathrm{E}-07$
18	7	$-2.0217971073446040\mathrm{E}-07$	$-1.6356127281011639\mathrm{E}-07$
18	8	$5.2056773524533092\mathrm{E}-08$	$-2.6360703691128459\mathrm{E}-07$
18	9	$7.7969026722603824\mathrm{E}-08$	$2.5552919560177530\mathrm{E}-07$
18	10	$6.6329434317302129\mathrm{E}-07$	$-9.4810465055948729\mathrm{E}-08$
18	11	$2.6059961095133892\mathrm{E}-07$	$-3.1345741040837309\mathrm{E}-07$
18	12	$6.8911605863124401\mathrm{E}-08$	$-1.0399482958457250\mathrm{E}-07$
18	13	$-3.1271776039499141\mathrm{E}-07$	$-2.5122404024047290\mathrm{E}-07$
18	14	$-3.5413778761107888\mathrm{E}-07$	$2.1245035795232279\mathrm{E}-07$
18	15	$4.0427231994548502\mathrm{E}-07$	$7.2717527650255237\mathrm{E}-07$
18	16	$4.2540458121371041\mathrm{E}-07$	$1.9491720533030481\mathrm{E}-07$
18	17	$-6.6185211446951153\mathrm{E}-09$	$-1.1055839853856400\mathrm{E}-06$
18	18	$4.9076799412949712\mathrm{E}-07$	$3.0810258604566902\mathrm{E}-07$
19	0	$5.9593471480895979\mathrm{E}-09$	$0.0000000000000000\mathrm{E}+00$
19	1	$4.7984786635487607\mathrm{E}-08$	$5.0606657054152741\mathrm{E}-07$
19	2	$-5.2810415618861903\mathrm{E}-08$	$8.7643122788538723\mathrm{E}-08$
19	3	$-5.4861024791885132\mathrm{E}-08$	$-1.9930153462648481\mathrm{E}-07$
19	4	$1.4263562742559671\mathrm{E}-07$	$2.5044457390705712\mathrm{E}-07$
19	5	$-2.9276850316067513\mathrm{E}-07$	$-4.3895607578845078\mathrm{E}-07$
19	6	$-2.7765506917946031\mathrm{E}-07$	$-1.4472759335102671\mathrm{E}-07$

阶	次	数 值	
n	m	$\bar{C}_{nm}$	$\bar{S}_{nm}$
19	7	$-4.8276286290870036E-07$	$2.0107368970881271E-07$
19	8	$4.2212800997513992E-07$	$-1.4536614945671280E-07$
19	9	$2.2422934903485960E-07$	$3.8573458502090812E-07$
19	10	$5.9754731714712053E-07$	$-1.0349337739528020E-07$
19	11	$2.6748761625195819E-08$	$-3.9238448990827910E-07$
19	12	$-1.1353985029612160E-07$	$-1.5548311289263989E-08$
19	13	$-2.0231048781492040E-07$	$-2.9076960333033691E-08$
19	14	$1.8370489788655959E-07$	$5.0561428737075958E-07$
19	15	$8.5469937506493990E-07$	$4.5122259786035062E-07$
19	16	$-1.5178564199107839E-08$	$-1.3538949530565789E-07$
19	17	$-1.4691049019410600E-07$	$-4.2595464334983788E-07$
19	18	$-6.7605472888485071E-07$	$6.4337251024823409E-07$
19	19	$-4.2895397427418769E-07$	$-8.0085248199827081E-07$
20	0	$2.9881260537936598E-07$	$0.0000000000000000E+00$
20	1	$1.8580341470164049E-07$	$5.5166467757316584E-07$
20	2	$6.7077484529405142E-08$	$-2.3854889220809512E-07$
20	3	$4.2629483620741551E-07$	$2.0444588490030209E-07$
20	4	$-3.5522136272433662E-07$	$2.1259491309390880E-07$
20	5	$1.6924862463125410E-07$	$1.1045333324553961E-08$
20	6	$2.0998547236303271E-07$	$3.7356644384240269E-07$
20	7	$7.0244713844181063E-08$	$3.7898258389081973E-08$
20	8	$3.2136235256075510E-07$	$3.0592253100467350E-07$
20	9	$6.5192996480357300E-08$	$1.7864588537008961E-07$
20	10	$-4.2083149137409152E-07$	$-1.0435247651158750E-08$
20	11	$-1.6114641023949900E-07$	$2.7220617299528919E-08$

阶	次	数 值	
n	m	$\bar{C}_{nm}$	$\bar{S}_{nm}$
20	12	$-4.7994489225668577\text{E}-07$	$-1.4795540504238811\text{E}-07$
20	13	$1.8109737849233900\text{E}-08$	$3.4234017008717649\text{E}-07$
20	14	$2.9344108002153201\text{E}-07$	$2.1671360097310811\text{E}-07$
20	15	$6.0208708189420820\text{E}-08$	$-2.9039462561300382\text{E}-07$
20	16	$2.8414172567249571\text{E}-08$	$-2.7761158323091630\text{E}-07$
20	17	$-5.1094548886474557\text{E}-07$	$-3.4292939751667268\text{E}-07$
20	18	$8.9167321908967871\text{E}-08$	$7.1919662036032088\text{E}-07$
20	19	$1.7333602608012730\text{E}-07$	$-3.2472457615893582\text{E}-08$
20	20	$-4.6655014134911748\text{E}-07$	$1.0747723767163330\text{E}-07$
21	0	$1.2347586822151001\text{E}-07$	$0.0000000000000000\text{E}+00$
21	1	$-1.4966915629923551\text{E}-07$	$-4.2489275995067721\text{E}-07$
21	2	$-9.7221100336762922\text{E}-08$	$-5.5509403173538134\text{E}-07$
21	3	$-1.5552364970400649\text{E}-07$	$2.4876536599425881\text{E}-07$
21	4	$-4.0097666230990929\text{E}-07$	$-1.3425496908502699\text{E}-07$
21	5	$3.2870712432165809\text{E}-07$	$1.5936242888488789\text{E}-07$
21	6	$6.9079939553383232\text{E}-08$	$2.7488485498799867\text{E}-07$
21	7	$2.3320857354459750\text{E}-07$	$-3.0863895600893129\text{E}-07$
21	8	$5.1570907658035643\text{E}-08$	$3.0886698315441479\text{E}-07$
21	9	$-1.8008202114286151\text{E}-07$	$-9.4958964606421974\text{E}-08$
21	10	$-2.7938955389263798\text{E}-07$	$1.1820439495967310\text{E}-07$
21	11	$-2.8796500726804299\text{E}-07$	$-1.5823916152800439\text{E}-07$
21	12	$2.5731362205597250\text{E}-07$	$6.4541115316012470\text{E}-08$
21	13	$8.3708645895450682\text{E}-09$	$1.0116864535512461\text{E}-07$
21	14	$1.1134161192369960\text{E}-07$	$-3.9795307952092191\text{E}-07$
21	15	$-3.6470794043294531\text{E}-07$	$-5.5740534092566497\text{E}-07$

阶	次	数　　　值	
n	m	$\bar{C}_{nm}$	$\bar{S}_{nm}$
21	16	$-2.8556691172751940E-07$	$5.5442768395247233E-09$
21	17	$-2.8525352941551792E-07$	$-3.0837599867540438E-07$
21	18	$2.8317542188568368E-07$	$5.2143158077609181E-07$
21	19	$1.2069812234460869E-07$	$-7.8399759298237206E-07$
21	20	$-1.4923345109938631E-07$	$-3.0137302609478931E-07$
21	21	$6.9990179109415883E-07$	$3.3555798221123139E-07$
22	0	$-1.1264028279608120E-07$	$0.0000000000000000E+00$
22	1	$-4.0208656684925192E-07$	$-1.1826221354554750E-07$
22	2	$1.0381732434953100E-07$	$7.4421453554010241E-08$
22	3	$-3.7677474476696823E-07$	$2.0395835626638869E-08$
22	4	$1.8933663793100171E-07$	$-3.8145043638466721E-07$
22	5	$7.3369812805457375E-08$	$3.0105913448950862E-08$
22	6	$-2.8170834311131842E-07$	$-5.2344037555341106E-07$
22	7	$2.6177231161258758E-07$	$5.6295008574609990E-09$
22	8	$-3.7895979428661201E-07$	$-1.9937087713119211E-07$
22	9	$-1.9429436459151098E-09$	$-3.0284890893445682E-08$
22	10	$-2.4257445288973869E-07$	$2.8902128641733269E-07$
22	11	$-9.3715993038994807E-08$	$-1.5687894061080690E-07$
22	12	$3.7559620252873468E-07$	$-8.9063527407004070E-08$
22	13	$-1.7940313993881491E-07$	$-1.6316979104796981E-07$
22	14	$-1.7537860033055239E-07$	$-5.0922917414207737E-07$
22	15	$-4.0193319616745418E-07$	$2.8477577528598978E-07$
22	16	$-2.0310502853512480E-07$	$-2.8750227028928629E-08$
22	17	$3.4627242633572500E-07$	$2.1188159428630770E-07$
22	18	$-1.1210259579021690E-07$	$6.0333782848045594E-08$

阶	次	数　　　　值	
n	m	$\bar{C}_{nm}$	$\bar{S}_{nm}$
22	19	3.7629022242182029E−07	−4.4970927422294212E−07
22	20	−4.3042697908639468E−07	9.2797413487135024E−08
22	21	2.7695836337858037E−07	5.6231669757848327E−07
22	22	−1.4347583619729300E−07	−3.1326857604805262E−07
23	0	4.7326423023179462E−08	0.0000000000000000E+00
23	1	2.4374408042259629E−07	7.3494112778137450E−08
23	2	1.9843225742036479E−07	4.6791638769017139E−07
23	3	9.9820782624612770E−08	−1.3263849456797489E−07
23	4	4.4503832725168122E−07	6.6478968884065293E−08
23	5	−3.1144276467443448E−07	1.9519929635273781E−07
23	6	3.6992172443827102E−07	−5.0612553610889074E−07
23	7	−2.8487071785549231E−07	2.9122642661273411E−07
23	8	−2.2579336399057979E−07	−2.7709320642165849E−07
23	9	2.7359227298597801E−08	1.0347913896544291E−07
23	10	−9.5790812490446192E−08	−1.4405809987966211E−07
23	11	3.2113423215861948E−07	−3.2797563249356841E−07
23	12	7.3832375707856811E−08	−1.2217476464311631E−08
23	13	−2.3140846208712029E−07	−8.4294987746199942E−08
23	14	−1.0224728887818180E−07	−3.1770480727318979E−07
23	15	−2.3223458029351269E−07	7.1651363037084832E−07
23	16	4.4498981004519351E−07	1.0929769880668740E−07
23	17	3.6670408070543000E−07	7.6096781011156177E−07
23	18	−1.7642610439993799E−07	−5.9165257242252639E−07
23	19	4.1926005181402358E−07	5.6605058404973177E−08
23	20	−4.8862524724287533E−07	4.5045545106160693E−08

续表

阶	次	数　　　值	
n	m	$\bar{C}_{nm}$	$\bar{S}_{nm}$
23	21	4.9604626390305803E−07	6.1353338185901423E−07
23	22	1.5353129714946131E−07	−2.0327835563482890E−07
23	23	−5.2692420718805256E−07	2.7878783895039369E−07
24	0	2.6873303650461098E−07	0.0000000000000000E+00
24	1	1.9057622150479901E−07	1.6690861715652519E−07
24	2	1.7280977634451560E−08	−1.3850302464473820E−07
24	3	3.2921208881991352E−07	−2.9176290248854039E−07
24	4	5.9218617620265157E−08	1.1739532630109240E−07
24	5	−3.5012008481587548E−07	−1.5733433810897421E−07
24	6	3.1642695265316869E−07	2.9276330519769568E−08
24	7	−3.9264498823450741E−07	5.1879797911087025E−07
24	8	1.8933598874193869E−07	1.1078479731924260E−07
24	9	1.2527409470495221E−07	3.2842814568059190E−07
24	10	−1.3450041125559309E−07	−3.0140135882258529E−07
24	11	1.0843022480946701E−08	3.0915504653432879E−07
24	12	−3.1255874794963632E−07	−3.0429281336725132E−07
24	13	7.5599798100225250E−08	−2.7849631860020731E−08
24	14	2.6270393549553840E−08	3.9848536131460611E−07
24	15	2.1284441845550539E−07	−4.2522142616756123E−08
24	16	6.2126031993091466E−07	2.8516896440125381E−07
24	17	−1.0668238261122960E−07	−1.5743112235114869E−08
24	18	3.1846210628267689E−07	−5.7222896549097009E−07
24	19	−2.5065325932672343E−07	4.2087828662401751E−07
24	20	−9.3603719702306670E−08	−1.4150417744732959E−07
24	21	5.0245562931673793E−09	4.9620199514226188E−07

阶	次	数 值	
n	m	$\overline{C}_{nm}$	$\overline{S}_{nm}$
24	22	$-1.6939863171226771E-07$	$-6.9209106756932092E-07$
24	23	$-5.8779889641222291E-07$	$4.1208495271270067E-08$
24	24	$2.8572403319338679E-07$	$1.0611983382256000E-07$
25	0	$-1.3915637435630249E-07$	$0.0000000000000000E+00$
25	1	$-7.7127738215862221E-08$	$-1.7543650003502259E-08$
25	2	$-1.7403806696811899E-07$	$-3.5958046277900300E-07$
25	3	$1.0709464053995960E-07$	$-1.4852699810844249E-07$
25	4	$-6.1577275010244243E-07$	$1.6531831359390281E-07$
25	5	$2.7870987142976032E-07$	$-3.2513243257401430E-07$
25	6	$-1.5069102202669251E-07$	$3.5398705137297831E-07$
25	7	$1.2745235340382241E-07$	$2.5722461498610012E-07$
25	8	$2.5188727311854308E-07$	$1.4987704009305059E-07$
25	9	$8.8548350659178343E-08$	$2.0918083387298929E-07$
25	10	$2.0459340707431701E-07$	$-2.5755712172913070E-07$
25	11	$-4.0208525901293581E-07$	$4.2193640157022459E-07$
25	12	$-3.4108004488017230E-07$	$-2.2236094344922479E-07$
25	13	$-3.3913589664341351E-09$	$2.7928595832259351E-07$
25	14	$-6.0081500302783250E-08$	$2.6920677556667728E-07$
25	15	$4.3084430524138863E-07$	$-1.7103728129146550E-07$
25	16	$-7.2389572160777240E-08$	$2.4780679724823610E-07$
25	17	$-4.0812396698157091E-07$	$-7.9124914881614433E-07$
25	18	$1.3039868082469749E-07$	$3.7143279380405901E-08$
25	19	$-6.7379262122205607E-07$	$-3.2745841267601822E-09$
25	20	$5.7252513267242740E-07$	$6.8581143753309572E-08$
25	21	$-6.7333893396917305E-07$	$1.8939175435100679E-07$

阶	次	数　　　　值	
n	m	$\bar{C}_{nm}$	$\bar{S}_{nm}$
25	22	2.9662492388194308E−07	−4.3844233143149069E−07
25	23	−4.7106093096747168E−07	4.7197829147459941E−07
25	24	3.3585277049000689E−07	7.1057634707613332E−08
25	25	1.0811211693401540E−07	−2.9679761935162980E−07
26	0	−1.7628448725189109E−07	0.0000000000000000E+00
26	1	−1.9213755004800671E−07	−3.8315999458061602E−07
26	2	−2.0175674235327581E−07	1.4205464154316201E−08
26	3	−1.4909954219721411E−07	1.2804480855375901E−07
26	4	−3.6897114728500608E−07	2.1670066344322219E−07
26	5	2.0844964305891050E−07	2.2188350902353279E−07
26	6	−3.2567066782868078E−07	6.5494767739468042E−08
26	7	1.1641740455968710E−07	−2.3553518937132420E−07
26	8	8.6298428878060334E−08	2.0973525309858609E−08
26	9	−7.2025186638855130E−08	−5.0879344685424231E−07
26	10	1.4853026076295599E−07	3.8012335713704092E−08
26	11	−4.7167856753693068E−07	−1.9898237971716059E−07
26	12	2.2527623574358020E−07	−6.9385296018421442E−08
26	13	5.1145042075150622E−08	−1.0433026848759240E−08
26	14	1.2480011835258409E−07	−8.9757900507323339E−08
26	15	9.0209718719096993E−08	−5.4776152943267738E−08
26	16	−5.0820149849512781E−07	−8.4248120896246461E−08
26	17	−2.4657849080845568E−07	−3.7013988183926381E−08
26	18	−2.3290580440167000E−07	5.3888816219307701E−07
26	19	−2.5970273573784249E−08	−1.6653485548744791E−07
26	20	1.5281466506169339E−07	3.5290024176266420E−07

阶	次	数 值	
n	m	$\bar{C}_{nm}$	$\bar{S}_{nm}$
26	21	$-3.1201209295350659E-07$	$-5.5170201263527412E-07$
26	22	$4.0844874037237719E-07$	$4.5750616882189957E-08$
26	23	$-2.4275552862587361E-07$	$2.2709480739465239E-07$
26	24	$7.3201075677302809E-07$	$-2.8419292894155149E-09$
26	25	$2.3151452106338080E-07$	$-4.4013918971703292E-07$
26	26	$-1.1007952809534780E-07$	$4.4794368613723358E-07$
27	0	$-2.2429133670940241E-07$	$0.0000000000000000E+00$
27	1	$5.6344813457961528E-08$	$-4.2301208758475378E-08$
27	2	$-6.5365457782954078E-10$	$2.6901356144063480E-07$
27	3	$1.2627092149005500E-07$	$3.1206623710871861E-07$
27	4	$3.4424611315322562E-07$	$8.5273684327321170E-08$
27	5	$1.0222231504240270E-07$	$2.8166455549002169E-07$
27	6	$2.6324849166294649E-07$	$-3.2786198801969991E-07$
27	7	$-9.7211844450005550E-10$	$-1.1172236487931330E-07$
27	8	$-3.4547432643060329E-07$	$6.5907866839411809E-08$
27	9	$-5.6074328514253417E-08$	$-3.8503746456282642E-07$
27	10	$-3.0969727349976250E-07$	$3.6473955062594962E-08$
27	11	$-2.0254335758159719E-07$	$-2.1423176515356401E-07$
27	12	$6.0235142746719770E-08$	$-8.8460963500726847E-09$
27	13	$-7.4459935135365112E-08$	$-1.0590711498148070E-07$
27	14	$1.7173555188447300E-07$	$-4.1929659570348682E-08$
27	15	$-4.5952114701047252E-08$	$8.8451767953049423E-08$
27	16	$-1.1942685337678140E-07$	$-2.2375526433632609E-07$
27	17	$2.4581814647318210E-07$	$3.4807209403586919E-07$
27	18	$-2.0923914984464690E-08$	$1.5127172664997909E-07$

阶	次	数 值	
n	m	$\bar{C}_{nm}$	$\bar{S}_{nm}$
27	19	7.5026181480599506E−07	1.2894024808243501E−07
27	20	−2.5269557479531271E−07	−5.4762440538989093E−08
27	21	2.5817973151245719E−07	−3.1039157162723509E−07
27	22	−1.9717193142012019E−07	3.9791824063853078E−07
27	23	1.2012853555960479E−07	−2.7057833944663443E−07
27	24	1.6193138480660450E−07	4.6200158477059414E−09
27	25	−1.5582978599656841E−07	−5.7300191246279213E−07
27	26	−2.5066768488364009E−07	3.5159123462776440E−07
27	27	4.9198392164878586E−07	−8.9847065707103033E−08
28	0	3.7688556434609083E−08	0.0000000000000000E+00
28	1	1.5783700928634909E−07	1.0124148940442520E−07
28	2	3.1017655862825947E−07	2.4849703134892952E−07
28	3	1.9313510743590381E−07	−2.7948778667318201E−07
28	4	4.0313724493949629E−07	1.3956437835763860E−08
28	5	−4.8400167777080632E−08	−3.6928288502624842E−08
28	6	4.5375184117556701E−07	−2.7356671662511559E−07
28	7	−1.6823684799278519E−07	2.0162811309386700E−07
28	8	−2.4710103415387870E−07	4.2320818316738424E−09
28	9	1.0710413315087720E−07	4.2063510832961999E−07
28	10	−8.2870261985355222E−08	1.5609810208320571E−08
28	11	2.2512128014213121E−07	2.7273955283408457E−07
28	12	8.9524747741376861E−08	−2.0457909203691569E−08
28	13	−1.2787142340077051E−07	4.2619780444182797E−08
28	14	8.9051930235575579E−08	1.2467634316901960E−07
28	15	−7.9032732095102051E−08	1.3383638181939430E−07

阶	次	数 值	
n	m	$\overline{C}_{nm}$	$\overline{S}_{nm}$
28	16	1.7615849583248601E−07	5.3584124607366892E−08
28	17	1.8637754507548990E−07	3.6837259317905662E−07
28	18	2.5127844343473148E−07	−3.5746993951465539E−07
28	19	3.1908355132650678E−07	2.3285527480023169E−08
28	20	−2.9898302714105848E−07	−3.9848909033499608E−07
28	21	2.2935452901297270E−07	1.3419423339194680E−07
28	22	−3.6507274474573752E−07	1.0399280108543280E−07
28	23	3.9683452222884022E−07	9.8249634583056008E−08
28	24	−2.7695608240874400E−07	2.0151109007883150E−07
28	25	−6.1515040223357603E−08	−1.0472751263353350E−07
28	26	−3.2090104339849368E−07	5.5288152018396721E−07
28	27	5.5931795695475683E−08	3.5884049270198863E−08
28	28	−2.0401164017886030E−07	−5.6962748687958568E−07
29	0	9.3702846930364048E−08	0.0000000000000000E+00
29	1	7.1348817189583361E−08	2.0184784435221219E−07
29	2	8.0655382026096740E−08	1.7215589308587210E−09
29	3	9.6836190539040183E−08	−3.0816637609178689E−07
29	4	−1.8680363369921000E−07	4.9832426947715548E−08
29	5	−1.2983945214640070E−07	−1.6917412913966779E−07
29	6	−9.0422606023952042E−08	9.4101032299517958E−09
29	7	−2.5192143983259911E−07	1.7464531562866890E−07
29	8	−4.2698625836007993E−08	−8.9228824142963896E−09
29	9	1.0183111147610990E−07	3.2809139697703049E−07
29	10	1.3883747261810520E−07	−3.1141217839033688E−08
29	11	2.9691958578528659E−07	4.5742929551007871E−08

阶	次	数 值	
n	m	$\bar{C}_{nm}$	$\bar{S}_{nm}$
29	12	$-1.3427538075769189E-07$	$1.0946619933814260E-07$
29	13	$1.7506798719067500E-07$	$1.7575001570676170E-08$
29	14	$7.7837043194376414E-08$	$1.3395399821071559E-07$
29	15	$5.2109845392902077E-08$	$1.3384672333717210E-07$
29	16	$1.4794412969211669E-07$	$1.4792180554770010E-08$
29	17	$-3.3745554673021112E-08$	$-7.0045295120893890E-08$
29	18	$2.1418855086524331E-08$	$-9.4109030401293733E-08$
29	19	$-1.9709952597879409E-07$	$-1.3505178388051149E-08$
29	20	$-1.3550431404915160E-07$	$-8.6822470688634973E-08$
29	21	$-1.5030267724421009E-07$	$2.6509414861913419E-07$
29	22	$7.6578317345497392E-08$	$-2.0680632146692670E-08$
29	23	$9.6924765746032127E-08$	$3.1356707917145092E-07$
29	24	$-1.4005500648212799E-07$	$-3.0469382582476341E-07$
29	25	$1.3633949923828659E-07$	$2.7162645618812211E-07$
29	26	$1.6797261963368699E-08$	$2.6538690568921410E-07$
29	27	$4.7933639268462252E-07$	$1.7349828302600341E-08$
29	28	$-6.3045061240640739E-08$	$-2.1918930385312251E-07$
29	29	$-1.3377254772957059E-07$	$1.7717530296083961E-07$
30	0	$1.1145099036532529E-08$	$0.0000000000000000E+00$
30	1	$-1.4654000712290799E-07$	$-1.1060675702898149E-09$
30	2	$-1.8998886339668401E-07$	$-4.2452925690369157E-08$
30	3	$-3.5270525533382182E-08$	$8.3431426027651058E-09$
30	4	$-2.5787459990413612E-07$	$2.1727062750581659E-07$
30	5	$-9.1733739134503762E-08$	$1.4967249746880319E-07$
30	6	$-1.3497060122031410E-07$	$3.6547714193666440E-07$

续表

阶	次	数　　　　值	
n	m	$\bar{C}_{nm}$	$\bar{S}_{nm}$
30	7	$-8.1965937969819072E-08$	$3.0984720440641203E-08$
30	8	$5.5483344343330702E-08$	$9.4218169495485086E-08$
30	9	$-7.5045838407190513E-08$	$-1.4151056355603200E-08$
30	10	$5.6994847624024508E-08$	$-2.4088907113550531E-07$
30	11	$1.2792396133672280E-07$	$-1.2025161217794699E-07$
30	12	$-2.9831960575819447E-07$	$1.2135602798176551E-07$
30	13	$1.0057243261066830E-07$	$5.6318659207429081E-08$
30	14	$-1.3508582102988071E-07$	$4.3938012671177198E-08$
30	15	$1.2018251166455231E-07$	$-2.5325824294089910E-08$
30	16	$7.1709898974243120E-08$	$5.8193859688772242E-08$
30	17	$-1.4436063445509550E-07$	$-1.7785010375395631E-07$
30	18	$-7.2068360221388700E-08$	$1.1056105864779130E-08$
30	19	$-2.5431419252392298E-07$	$6.2142940580670450E-08$
30	20	$1.3779199405606101E-07$	$1.7379509825482029E-07$
30	21	$-2.6415079885543231E-08$	$7.8131348871576513E-08$
30	22	$2.0178394500258259E-07$	$-2.0456347280951610E-08$
30	23	$-1.5461409754925761E-07$	$9.5584411231037844E-08$
30	24	$9.0729028915191664E-08$	$-2.3643420072473279E-07$
30	25	$-1.5661849280927401E-07$	$2.7613822597114260E-07$
30	26	$8.1106286134173940E-08$	$-3.3710802783892099E-07$
30	27	$2.8782192752951719E-07$	$-2.4198363506992220E-07$
30	28	$-2.6001883652509370E-07$	$-3.0907353476336140E-07$
30	29	$2.6054562193385649E-08$	$7.8234963744760744E-08$
30	30	$8.1528975676899342E-08$	$-1.7506214508672120E-08$
31	0	$1.1287170200725720E-07$	$0.0000000000000000E+00$

阶	次	数　　　值	
n	m	$\bar{C}_{nm}$	$\bar{S}_{nm}$
31	1	$-6.1861543402132000E-08$	$-8.2210099378316832E-08$
31	2	$8.5025844206685978E-08$	$1.3393507846428070E-08$
31	3	$-3.2918743216093827E-08$	$5.3573643937370072E-08$
31	4	$-3.0693415303256343E-08$	$7.5885563450514509E-09$
31	5	$9.5050316393459869E-08$	$1.7269202062704191E-07$
31	6	$6.2956324201030600E-08$	$1.1345288369187270E-07$
31	7	$2.3776715964544131E-07$	$-1.4083684406008409E-07$
31	8	$-1.9589863816685069E-09$	$5.8341997617833577E-08$
31	9	$-1.3343953784693900E-07$	$-3.7881113773361707E-08$
31	10	$-9.2896662432773253E-08$	$-2.1821071986276781E-07$
31	11	$-1.8542966166663171E-07$	$1.9907916992782680E-07$
31	12	$-8.7291074490033562E-08$	$-4.1802616371664442E-08$
31	13	$3.8305025124044411E-08$	$1.4128537412595329E-07$
31	14	$-2.8077518866457709E-08$	$-1.1716735262040720E-07$
31	15	$8.7898315698478590E-08$	$1.0936478913889840E-08$
31	16	$-1.3012232974639761E-07$	$1.1169673736089499E-09$
31	17	$-4.4201481315247582E-08$	$5.1536615322554183E-08$
31	18	$4.1257417256225502E-08$	$1.5114884345532379E-07$
31	19	$7.4906796232949318E-08$	$9.4773927006365372E-08$
31	20	$4.1356034912852518E-07$	$1.3257915418875509E-07$
31	21	$-1.1142387105448830E-08$	$2.7003529896595820E-08$
31	22	$1.2393827079206459E-07$	$-1.5723930552253350E-07$
31	23	$-1.3879734508950121E-07$	$-1.6740283644819311E-07$
31	24	$2.9885747457820662E-08$	$1.1444246279427569E-07$
31	25	$2.6975995832007031E-09$	$-8.8502450553843264E-09$

阶	次	数 值	
n	m	$\bar{C}_{nm}$	$\bar{S}_{nm}$
31	26	1.7125913226196099E−07	−4.8176107290494673E−08
31	27	−1.0794395833441440E−07	−1.2083786428134781E−07
31	28	−3.9968578077814322E−07	−1.3145215370927559E−07
31	29	−5.1366359009729553E−08	2.1177654546929961E−07
31	30	4.8898788635706623E−08	2.0043669526703350E−07
31	31	−1.8770411750075860E−07	1.0366944991723379E−07
32	0	1.4199164415066540E−07	0.0000000000000000E+00
32	1	−6.9008301003050204E−08	−1.8450978973317849E−07
32	2	1.3571452247432001E−07	1.8175786246893730E−07
32	3	−1.5237958885822189E−07	3.8103547315772572E−08
32	4	2.0243538484911449E−07	6.5322199228227312E−08
32	5	9.2088695039827188E−08	−6.6707883167499961E−08
32	6	4.2216120461878249E−09	−2.0955403475299489E−07
32	7	1.5998118485636949E−07	−1.7096554939386519E−07
32	8	−2.3903048512526019E−07	−3.2727968772223782E−08
32	9	−7.2496327817676861E−09	−9.8134727164149334E−08
32	10	−1.8918870004901241E−08	1.1086350047943871E−07
32	11	−5.6222017412753783E−08	8.3747710742040034E−08
32	12	6.8589675912041462E−08	2.2521676724264161E−08
32	13	4.9231679841695092E−08	1.6695087709746542E−08
32	14	1.0886511036796810E−08	−1.8631661731997840E−07
32	15	5.1757708843862072E−08	7.4475120792676999E−08
32	16	−1.8517999711912979E−07	−4.9124912903018692E−08
32	17	1.0058940344279920E−08	−2.1331055075556621E−08
32	18	7.7932779460410839E−08	1.9222315559475072E−09

阶	次	数　　　值	
n	m	$\bar{C}_{nm}$	$\bar{S}_{nm}$
32	19	2.1076515801856930E－07	－1.1451202158152390E－07
32	20	1.6275293059884601E－07	3.6307007193329441E－08
32	21	－8.7015122326974829E－08	－2.2006564172550320E－07
32	22	－1.3141983548181709E－07	－6.5706171114170411E－08
32	23	－2.8311552278668531E－08	1.3422778859965351E－07
32	24	－1.4042290961879799E－08	1.5566011198718880E－07
32	25	9.2227713951455806E－08	－1.2956988000446940E－07
32	26	2.5640567067651571E－08	－6.8537066416396170E－08
32	27	－6.2037265088381082E－08	－1.0238839881171219E－07
32	28	－2.5102619712448360E－08	2.7652198344327742E－07
32	29	6.4823341316124624E－08	1.8604827587785851E－07
32	30	1.5376018182582620E－07	－8.0341209408402635E－08
32	31	1.1600838970022609E－07	4.0321705631569283E－08
32	32	9.8814690692256247E－08	7.7107073389659512E－08
33	0	－9.3041161995794731E－08	0.0000000000000000E＋00
33	1	－3.9155619476503921E－08	－9.5472951755738484E－08
33	2	6.0495095617281389E－08	2.0388444611356801E－07
33	3	－1.2635136701065109E－07	－1.1722570873242300E－07
33	4	9.3039604687992252E－08	3.0724477493342641E－08
33	5	－1.5065698613803810E－07	5.6365977329365531E－08
33	6	－1.4655889148091281E－07	－2.5737195557073528E－07
33	7	－8.2933999034545262E－08	2.9017505639063501E－07
33	8	－1.1613016656396209E－07	－1.5174951296085281E－07
33	9	8.9989753058879369E－08	1.0568950686966560E－07
33	10	5.9820199909105688E－09	－1.0939147720901480E－08

阶	次	数 值	
n	m	$\bar{C}_{nm}$	$\bar{S}_{nm}$
33	11	1.6713370934542750E−07	−1.6807661092338261E−07
33	12	1.7300030910776801E−07	−4.3788526045533312E−08
33	13	−2.8840622092309700E−09	−1.9834544529064040E−08
33	14	5.8856684519502652E−08	−1.8654676706815480E−08
33	15	−1.2161177303677400E−07	1.0667577514684720E−07
33	16	2.4639424579856639E−08	−5.9001777810272968E−08
33	17	4.3606539106569017E−08	2.4765101992831768E−08
33	18	−1.2190341059056400E−07	4.9682588850084671E−08
33	19	2.0067276583451190E−07	−2.1213398184407039E−07
33	20	−1.6804639835150579E−07	−3.7630183697907902E−08
33	21	−6.7127255683312121E−08	−2.3457283311142829E−07
33	22	−5.3737111456736953E−08	1.1984305878437651E−07
33	23	−5.3045917259878153E−09	1.1866956881209659E−07
33	24	1.5343563704200659E−07	1.3675531038335189E−07
33	25	4.3550430286284293E−08	−5.8632154795252263E−08
33	26	−3.7299578526325522E−08	−1.2038348936563821E−07
33	27	−4.8200608425042718E−08	4.6056492187872341E−08
33	28	−5.1790687097832173E−08	1.9390406026864819E−07
33	29	1.6008323713881899E−07	1.1772951094374950E−08
33	30	1.0982620523421721E−07	−1.6664622274891639E−07
33	31	−1.6505664906862919E−07	−3.0499920741683240E−09
33	32	−1.1726664325540211E−08	−4.0000930060880048E−07
33	33	4.5174402586025787E−08	−1.0160378841311640E−07
34	0	−1.0632887732392461E−07	0.0000000000000000E+00
34	1	7.1415401897142285E−08	−4.9939191989393053E−08

阶	次	数　　　　　值	
n	m	$\overline{C}_{nm}$	$\overline{S}_{nm}$
34	2	$-1.0503626578362790\mathrm{E}-07$	$4.8735766498620773\mathrm{E}-08$
34	3	$8.7426691656420210\mathrm{E}-08$	$-1.6024833581982230\mathrm{E}-07$
34	4	$-2.6225259217101110\mathrm{E}-08$	$1.0118550795607580\mathrm{E}-07$
34	5	$-1.4176810909249629\mathrm{E}-07$	$-5.5390063209572447\mathrm{E}-08$
34	6	$-1.0099938127383279\mathrm{E}-08$	$2.8211816113405839\mathrm{E}-08$
34	7	$-1.7057769281099299\mathrm{E}-07$	$2.3369066516504980\mathrm{E}-07$
34	8	$2.2798882443566892\mathrm{E}-08$	$3.7760690705900123\mathrm{E}-08$
34	9	$4.0136265384011702\mathrm{E}-08$	$1.2008488518940759\mathrm{E}-07$
34	10	$-2.6202192746739029\mathrm{E}-08$	$-1.0944880314150940\mathrm{E}-07$
34	11	$1.1353548626252819\mathrm{E}-07$	$-2.1864018671670321\mathrm{E}-07$
34	12	$-7.3683620428852475\mathrm{E}-08$	$-4.6168471565229713\mathrm{E}-08$
34	13	$-4.7579850021928781\mathrm{E}-08$	$-1.2081902098228350\mathrm{E}-07$
34	14	$4.1492210791192372\mathrm{E}-08$	$7.4710644016103333\mathrm{E}-08$
34	15	$-1.0997482077328889\mathrm{E}-07$	$7.6542996763054433\mathrm{E}-08$
34	16	$2.3015340938087661\mathrm{E}-07$	$-2.0105444760175092\mathrm{E}-08$
34	17	$-7.8588215654433869\mathrm{E}-08$	$7.3834738497796672\mathrm{E}-08$
34	18	$-3.4445364411745752\mathrm{E}-08$	$-9.4177461860616565\mathrm{E}-08$
34	19	$2.6527544728216930\mathrm{E}-08$	$1.9789558549789850\mathrm{E}-07$
34	20	$-1.7884929132645501\mathrm{E}-07$	$-7.6271520420408341\mathrm{E}-08$
34	21	$4.3553071302506183\mathrm{E}-08$	$1.3735028836628479\mathrm{E}-07$
34	22	$-5.6480634178509722\mathrm{E}-08$	$1.2819809899443320\mathrm{E}-07$
34	23	$1.2445272972257441\mathrm{E}-07$	$-5.9915928409727871\mathrm{E}-08$
34	24	$1.1122139510232851\mathrm{E}-07$	$-2.8476237200761750\mathrm{E}-08$
34	25	$-1.2252918749598119\mathrm{E}-07$	$-8.9601300097711192\mathrm{E}-08$
34	26	$6.19712546185336 61\mathrm{E}-08$	$-1.1079395498102480\mathrm{E}-07$

阶	次	数　　　值	
n	m	$\bar{C}_{nm}$	$\bar{S}_{nm}$
34	27	$-9.7315257931023134\text{E}-08$	$1.2697196806340269\text{E}-07$
34	28	$7.8424659353231952\text{E}-08$	$-2.4000607220929259\text{E}-08$
34	29	$1.1085126465880940\text{E}-07$	$5.5038737301195307\text{E}-08$
34	30	$8.2084920456087813\text{E}-09$	$-2.3302196924809060\text{E}-07$
34	31	$-2.6560926919225028\text{E}-07$	$1.1935975196949980\text{E}-07$
34	32	$1.3459906830385611\text{E}-07$	$9.7368420389679973\text{E}-08$
34	33	$-3.7864802372635139\text{E}-07$	$5.5371199259954147\text{E}-08$
34	34	$1.2899929461847120\text{E}-08$	$5.6821952047653063\text{E}-08$
35	0	$3.4024288438553658\text{E}-08$	$0.0000000000000000\text{E}+00$
35	1	$7.1144467291398490\text{E}-08$	$1.5644291900712211\text{E}-07$
35	2	$-4.0982271089152203\text{E}-08$	$-5.8861114697072292\text{E}-08$
35	3	$7.1213409593184471\text{E}-08$	$-5.8377933040032508\text{E}-08$
35	4	$-1.7929286223617721\text{E}-07$	$8.1282437672105923\text{E}-08$
35	5	$7.5843741150327531\text{E}-08$	$-2.1312335468172129\text{E}-07$
35	6	$1.6604305607685219\text{E}-07$	$1.8345312607409969\text{E}-07$
35	7	$3.4327777754990443\text{E}-08$	$-1.0628024552178880\text{E}-07$
35	8	$1.8581591771855159\text{E}-07$	$8.6471564877470363\text{E}-08$
35	9	$-3.9190194801627102\text{E}-08$	$-4.4365185019594807\text{E}-08$
35	10	$-5.7246798699595002\text{E}-08$	$-6.8053676100103979\text{E}-08$
35	11	$-5.5866176479524723\text{E}-08$	$3.4259711168244792\text{E}-08$
35	12	$-1.5404403505834219\text{E}-07$	$4.9679959830521061\text{E}-08$
35	13	$-6.1235114141357142\text{E}-08$	$1.5237402884358111\text{E}-08$
35	14	$-5.7581877683415301\text{E}-08$	$1.0354562488116990\text{E}-07$
35	15	$6.8613484166470630\text{E}-08$	$-1.7424767158547829\text{E}-07$
35	16	$1.1821256289905221\text{E}-07$	$6.9364285159169428\text{E}-08$

阶	次	数　　　　　值	
n	m	$\bar{C}_{nm}$	$\bar{S}_{nm}$
35	17	$-1.4970719875700659E-07$	$-7.9225958874616963E-08$
35	18	$1.1065358799911551E-07$	$-6.7618308230379339E-08$
35	19	$-1.0512687252784650E-07$	$8.1662940248482451E-08$
35	20	$1.3408159324450509E-07$	$-1.0208799230801030E-07$
35	21	$6.8286897314518651E-08$	$2.2539568227638071E-07$
35	22	$6.2016696429319921E-08$	$-1.0509548000082010E-07$
35	23	$3.6318691474751922E-08$	$5.2156564624231831E-08$
35	24	$-1.4111667891907559E-07$	$-4.8081363517502137E-10$
35	25	$-5.8129176179972783E-08$	$-4.2444888159175283E-08$
35	26	$6.5991573606637773E-09$	$3.8245564679828872E-08$
35	27	$-9.5783609026223032E-08$	$1.5875449157598520E-09$
35	28	$1.5153677193595010E-07$	$-9.4181481113138865E-09$
35	29	$-1.3530417563280879E-07$	$-5.3988464378971132E-08$
35	30	$8.8716100802109765E-08$	$-1.2639213420519021E-07$
35	31	$-5.8321007488984718E-08$	$2.8790343528139821E-08$
35	32	$2.5531808292070540E-07$	$2.2268803718401721E-07$
35	33	$-1.1265421756798219E-07$	$-2.0937342975520031E-07$
35	34	$1.8927628048535371E-07$	$3.3038614834541960E-07$
35	35	$1.0998534272364330E-07$	$2.0758703611699020E-09$
36	0	$1.7352345802700461E-07$	$0.0000000000000000E+00$
36	1	$-9.2007856008371074E-08$	$-3.0952448936565900E-08$
36	2	$1.0530738484892290E-07$	$-1.2561437941773701E-07$
36	3	$-1.1771852403467630E-07$	$5.2985466285570571E-08$
36	4	$-1.5313565372215140E-07$	$-1.9696456884033421E-08$
36	5	$8.1541689411796423E-08$	$8.3350902398881584E-09$

阶	次	数 值	
n	m	$\bar{C}_{nm}$	$\bar{S}_{nm}$
36	6	$-1.1711756774511030E-07$	$8.9199564709527033E-09$
36	7	$1.0130108131381110E-07$	$-1.2028864718113240E-07$
36	8	$6.5650983855326063E-08$	$-4.8429664321144141E-08$
36	9	$-4.6052228595997172E-08$	$-6.4211098547860040E-08$
36	10	$7.7793593779078320E-08$	$3.1354655672475727E-08$
36	11	$-7.5941886551186470E-08$	$4.0196531745606541E-08$
36	12	$-3.2144990107619147E-08$	$8.1338662401160021E-09$
36	13	$1.6000633386291669E-07$	$1.7591776430693591E-07$
36	14	$-1.0071815566570820E-07$	$-4.4889184763151842E-08$
36	15	$2.4731013684687929E-07$	$-9.7021649942600052E-08$
36	16	$-1.4505743301733001E-07$	$-6.3431374593812647E-09$
36	17	$-1.4215542344097820E-08$	$-1.1551738332249510E-07$
36	18	$-2.1878663531801221E-08$	$1.5112603824599780E-07$
36	19	$-1.0375681711073870E-07$	$-7.0982295220271862E-08$
36	20	$1.9031547678995510E-07$	$7.8676120875159915E-08$
36	21	$7.8982338009706250E-08$	$-4.1706629246173578E-08$
36	22	$4.3102414379775842E-08$	$-1.0495857453142480E-07$
36	23	$1.0009537462456780E-08$	$9.0614876441402204E-08$
36	24	$-1.3926800128973271E-07$	$-5.7741876862596088E-08$
36	25	$3.8683102481227643E-08$	$1.1124132178198440E-07$
36	26	$1.1689001881252919E-08$	$7.5888958007031610E-08$
36	27	$5.8596021799722803E-08$	$-7.0293939734974430E-08$
36	28	$1.5076159933213461E-08$	$1.9367461081613100E-07$
36	29	$-1.6405335298419641E-07$	$-1.6850176167800510E-07$
36	30	$-7.4254465455895331E-08$	$2.0300350645333650E-07$

阶	次	数　　　　　值	
n	m	$\overline{C}_{nm}$	$\overline{S}_{nm}$
36	31	$-1.3240823573794790E-07$	$-1.5088055722480529E-07$
36	32	$2.0674945258381269E-07$	$1.5594694820138731E-08$
36	33	$5.2539661504874101E-08$	$-3.0051816790934441E-07$
36	34	$-6.9262542472925794E-08$	$1.5200865678709570E-07$
36	35	$1.6192670968369651E-07$	$-2.1443667465336801E-07$
36	36	$-1.0044992897759140E-07$	$-1.8993104225368830E-07$
37	0	$-6.3741046289057150E-08$	$0.0000000000000000E+00$
37	1	$-1.0611777630949591E-07$	$-1.8632051812706290E-07$
37	2	$5.6009815733753203E-08$	$-2.2446207229091391E-08$
37	3	$-1.1842092807006070E-07$	$6.2856719350806839E-08$
37	4	$1.0005914273016900E-07$	$2.0014500256915651E-09$
37	5	$7.2264811073958769E-08$	$1.2268383979687680E-07$
37	6	$-1.8449611937997360E-07$	$-1.1901884817943060E-07$
37	7	$1.7391050683384140E-08$	$-2.1457643848063579E-08$
37	8	$-2.5558233195870249E-07$	$-8.8206213756179182E-08$
37	9	$-1.0620157770467470E-07$	$-4.8196020181185413E-08$
37	10	$-2.7260453085020112E-09$	$5.3806932218296873E-08$
37	11	$7.4034346997526069E-08$	$-5.1020913506620543E-08$
37	12	$7.5141166617708072E-08$	$-8.7603429403916834E-08$
37	13	$7.9209639967711802E-08$	$3.9366188437952202E-08$
37	14	$-8.1065694344038970E-09$	$-2.1589652872834841E-07$
37	15	$4.6533599379558117E-08$	$3.9027411416846491E-08$
37	16	$-1.3461496804365910E-07$	$7.2253579465040884E-09$
37	17	$6.9995333268277029E-08$	$1.1342404950751620E-07$
37	18	$-1.0608247963127480E-07$	$1.5337671225312510E-07$

阶	次	数　　值	
n	m	$\overline{C}_{nm}$	$\overline{S}_{nm}$
37	19	1.1576736332664570E－07	－7.7020622970688632E－08
37	20	7.5075036055401461E－08	8.7057509818666982E－08
37	21	－1.4994230264514201E－08	－1.1213963263696450E－07
37	22	4.4451651515338033E－08	4.7873051414468217E－08
37	23	－1.2391483089678131E－07	3.2318312861779412E－08
37	24	4.1417378852924142E－08	－1.9111012269063280E－08
37	25	7.7326621210856984E－08	5.2528174298109912E－08
37	26	－5.2153906481778981E－08	－8.1641095176670622E－08
37	27	1.3504069301523100E－07	－7.9539227844172039E－08
37	28	－1.7512993499676440E－07	1.2705491672337340E－08
37	29	7.1470482599722573E－08	－1.0656217876793470E－07
37	30	－5.2602301530057247E－08	3.1382247811784079E－07
37	31	1.3582137005274120E－07	－1.3247281712944691E－07
37	32	－4.4326791130363873E－09	9.9824161505700014E－08
37	33	－2.5639009814894070E－07	－1.6915326937568349E－07
37	34	－1.2681810372529520E－07	4.6625600984098993E－08
37	35	2.2560076674541489E－07	7.1822320072323871E－08
37	36	－3.1953116760542538E－07	－1.4063251761484349E－07
37	37	－7.1841285233563025E－08	9.5724111685223512E－08
38	0	－1.5405998574156460E－07	0.0000000000000000E＋00
38	1	－1.8725150453835798E－08	－9.1583448966180298E－09
38	2	－1.6539765166918122E－08	1.1561106188445949E－07
38	3	－9.1462668167888710E－08	－1.0809767167287560E－08
38	4	1.7191699432976051E－07	5.9753324011347201E－08
38	5	－5.3649166964855931E－08	－3.4281153285803283E－08

阶	次	数　　值	
n	m	$\bar{C}_{nm}$	$\bar{S}_{nm}$
38	6	9.9768326570849770E−08	−1.2193059030373480E−07
38	7	−5.1102547958078612E−08	1.5558891893238221E−07
38	8	−7.5344401017860512E−08	7.1912481545413382E−08
38	9	−2.8346125209541060E−08	1.4022018233298871E−07
38	10	−5.0959358077642622E−08	4.1315098657821473E−09
38	11	4.3019144239984183E−08	−9.7559862884989775E−08
38	12	−1.7129305870774869E−08	−8.6008156272069162E−08
38	13	−5.4530742921943897E−08	−8.6074144792288493E−08
38	14	3.3067505299285671E−08	−2.9537328778986109E−08
38	15	−7.4733537259586694E−08	−7.2978104750845752E−08
38	16	−5.7136955760144062E−08	2.2557039578988329E−08
38	17	6.7089470986150363E−08	7.4411490243961630E−08
38	18	−3.4841800828916690E−08	−9.0175956331260211E−08
38	19	1.2084635693765930E−07	−6.5001652205626020E−08
38	20	1.4193912751912891E−08	−3.5504919380974737E−08
38	21	−1.9782468811196401E−08	−7.4871070662501524E−08
38	22	−9.7071896873553566E−08	6.8387130079837683E−08
38	23	−4.6197364882310861E−08	−1.0098875200363020E−07
38	24	5.9689555035904404E−08	4.0277524559842673E−08
38	25	−3.0551847724494910E−08	−3.8968966243183198E−08
38	26	3.0444961811857902E−08	−1.1656011692344250E−07
38	27	−5.6550019523513930E−09	1.0425749062421010E−07
38	28	−1.2783776427157491E−07	−1.2301460525967901E−07
38	29	1.5421865195310449E−07	2.0412514096121941E−07
38	30	−1.3929808499773699E−07	−9.0603406745824274E−08

阶	次	数 值	
n	m	$\bar{C}_{nm}$	$\bar{S}_{nm}$
38	31	3.0879633377199652E−07	1.6708915299764249E−08
38	32	−1.2075088880431910E−07	2.7990428119870291E−08
38	33	8.2116489399665752E−08	5.2458046954483246E−09
38	34	−4.1154829117260563E−08	1.8964669066459271E−07
38	35	1.3762911451233519E−07	4.7481109769087227E−08
38	36	−1.3108468771968021E−07	−1.6947905597121030E−07
38	37	7.2116642160146979E−08	3.1912563596010080E−07
38	38	1.3659382787784400E−07	6.6003276570958289E−09
39	0	5.3300296518817847E−08	0.0000000000000000E+00
39	1	1.3292094229078051E−07	1.1341140325640750E−07
39	2	1.5266323043110379E−09	8.9367826520247134E−08
39	3	1.1544697443314651E−08	−2.2416832893452210E−08
39	4	−1.3943081704577660E−08	3.7147422269354681E−08
39	5	−1.1318742467645000E−07	−1.8968885023875070E−07
39	6	7.5952483998406942E−08	−5.3033608789881273E−09
39	7	−7.9199947776868484E−08	−1.4270267969447910E−09
39	8	1.3404990452028629E−07	2.3597949828772129E−08
39	9	1.0291991059300560E−07	1.6248764726980340E−08
39	10	8.7014607494870442E−08	8.8965744828152320E−09
39	11	5.1496874808932923E−08	−2.8020956341249119E−08
39	12	−8.1395430631224550E−08	−2.3161127924717901E−08
39	13	−2.5737302795979229E−08	−9.0315047807128653E−08
39	14	−2.3273029493648630E−08	5.7524655688520962E−08
39	15	−4.4139258526118877E−08	2.5426920730707720E−08
39	16	6.5978882881334969E−08	−2.1611023131836550E−08

阶	次	数　　值	
n	m	$\bar{C}_{nm}$	$\bar{S}_{nm}$
39	17	4.3832121189280372E−08	1.9101381207184771E−08
39	18	5.0596479080772032E−08	−1.8299313978655771E−07
39	19	−7.6265510349001780E−08	7.1684168850240922E−08
39	20	−9.7369681679613324E−09	−1.0481196667219839E−07
39	21	−2.6240002446651179E−08	6.9020629660380632E−08
39	22	−6.6994970937120112E−08	−1.1029185616235130E−08
39	23	8.9542132971258069E−08	−1.1968974262989280E−09
39	24	−1.7041397913174399E−08	−1.1366060449154550E−08
39	25	−5.1927520782573713E−08	−8.6672589942709914E−08
39	26	−1.7081179165595821E−08	−3.7483879524688449E−09
39	27	−8.1205253651218911E−08	1.2890360457968621E−07
39	28	1.9062945992975649E−07	−5.5199168562401373E−08
39	29	−4.5299166976803431E−08	2.2098597271240089E−07
39	30	9.1090715649129804E−08	−2.5138211429178671E−07
39	31	6.4382994407110405E−08	1.5852724149788030E−07
39	32	−1.1029173844851870E−07	−2.4387905056924291E−07
39	33	1.7112465675371320E−07	1.1879831889164030E−07
39	34	−4.7767683725477561E−08	−6.6998431683726150E−08
39	35	1.4071716839129849E−07	9.0275121736172926E−08
39	36	−4.6308462864084007E−08	−6.4841144849370293E−08
39	37	−4.8600314891556532E−08	9.0444427821184413E−08
39	38	2.1996393733324770E−07	−1.5314143963627541E−07
39	39	−5.1597207682441097E−08	−2.2609837027806909E−07
40	0	1.1431642571856310E−07	0.0000000000000000E+00
40	1	3.1647660364933687E−08	−1.2315860111016490E−08

阶	次	数　　　　　值	
n	m	$\bar{C}_{nm}$	$\bar{S}_{nm}$
40	2	$-3.3315541741577042E-08$	$-9.2243360499731132E-08$
40	3	$1.8701581254687180E-08$	$-1.0205576486770170E-08$
40	4	$-9.0846175675476103E-08$	$5.2977246889948087E-08$
40	5	$5.0177116883188513E-08$	$-1.2588819373650590E-07$
40	6	$-1.1217077677067280E-07$	$7.8338895154592315E-08$
40	7	$2.1718041200904621E-08$	$-4.0624066538334683E-08$
40	8	$5.0790711991283391E-08$	$-7.5782032686181212E-08$
40	9	$5.4145072508608202E-08$	$-1.1988569027936910E-07$
40	10	$5.2353949617784162E-09$	$-1.1620105031857129E-07$
40	11	$9.2282346940739848E-08$	$-6.2717455970037551E-08$
40	12	$-1.5666361601992489E-09$	$1.3994069734621220E-08$
40	13	$9.2899519041465608E-09$	$3.2590936643575061E-08$
40	14	$9.2560115363515330E-09$	$5.1913782086675288E-08$
40	15	$-9.7810519581017463E-08$	$-2.6810746744726531E-08$
40	16	$1.3511476653449830E-07$	$-1.5392095664508581E-08$
40	17	$-7.4151417465336532E-08$	$-3.1231163152071722E-08$
40	18	$6.4803210962662469E-08$	$5.7378266470393187E-08$
40	19	$-1.0626163688162100E-07$	$7.6350083673886074E-09$
40	20	$4.4546605643986383E-08$	$-3.6682748646973609E-09$
40	21	$1.2842102102267159E-08$	$7.4625674210358361E-08$
40	22	$3.7840203669831671E-08$	$-3.3115310471431442E-08$
40	23	$8.6159655778415223E-08$	$7.8277455659345510E-08$
40	24	$4.5210104573282512E-08$	$-5.9931342692569679E-11$
40	25	$-7.5734740408267544E-08$	$-4.7314574994362781E-08$
40	26	$2.7047726198364879E-08$	$1.2100929081666580E-07$

阶	次	数 值	
n	m	$\bar{C}_{nm}$	$\bar{S}_{nm}$
40	27	4.6492553931192713E−09	−1.7294019656837769E−08
40	28	1.7634915939065211E−07	1.1870827729518299E−07
40	29	−8.9324278875407614E−08	−1.4283544336856740E−07
40	30	1.5463854684447579E−07	−6.1857317940726088E−08
40	31	−2.1632223442408729E−07	−1.1714023769748050E−08
40	32	9.9384010028091922E−08	−5.6395574493421521E−08
40	33	−7.3948282093979442E−08	1.2896122476894400E−07
40	34	5.8934031083069974E−09	−2.1542192002439329E−07
40	35	−7.5750529510708973E−08	8.2091206778419993E−08
40	36	−1.8911941880542261E−08	−6.1202906971342760E−08
40	37	−1.9229968816438468E−08	1.1666544956875890E−07
40	38	1.0377193592993050E−07	−4.2416003480273973E−08
40	39	−1.3635697439148091E−07	−8.8373941074185891E−09
40	40	−2.7101100513344118E−07	8.5026569722694621E−08
41	0	7.9871997105759519E−08	0.0000000000000000E+00
41	1	−4.1043764165845303E−08	−6.6196153339955633E−08
41	2	4.9179249652509597E−08	−1.1013450301150640E−07
41	3	−8.2312573526092829E−08	6.8022061285030301E−08
41	4	3.8617443674673813E−08	−9.1090743411112681E−09
41	5	1.1298131071200550E−07	8.5119144101046612E−08
41	6	−4.4944522954060142E−08	4.0965479663067913E−08
41	7	7.6006661332476222E−08	1.1381524181573270E−07
41	8	9.6423737198694305E−09	−6.0828607290153702E−08
41	9	−7.0898379878253088E−08	−1.9501451859426580E−08
41	10	−7.9036251409471309E−08	−6.9977959671344712E−08

阶	次	数 值	
n	m	$\bar{C}_{nm}$	$\bar{S}_{nm}$
41	11	$-2.5332751859082841E-08$	$-7.2000149507426119E-09$
41	12	$-8.3779834167687820E-08$	$1.6107004253650731E-08$
41	13	$4.3832520518013943E-08$	$2.3343830710948490E-09$
41	14	$-5.2387436526443118E-08$	$5.4724464684394042E-08$
41	15	$9.2140921844138248E-08$	$-5.7358728216130062E-08$
41	16	$-3.9377891900435567E-08$	$-4.5074798336150379E-09$
41	17	$1.2925635359866230E-08$	$-9.9882784338163854E-08$
41	18	$-1.0515459741048680E-07$	$1.1322243917026700E-07$
41	19	$9.1774661613064660E-09$	$1.6920261273236539E-08$
41	20	$3.9632674215208358E-08$	$5.8044464641165463E-08$
41	21	$1.0178759866291400E-07$	$7.6103953767527410E-09$
41	22	$6.2787577838306609E-08$	$-3.0790208864839737E-08$
41	23	$-5.1007543902693572E-08$	$-3.2075425395985773E-08$
41	24	$-3.3047895443993861E-08$	$-8.3378097064279612E-08$
41	25	$1.6129623177286039E-08$	$-6.0558536238174062E-08$
41	26	$-1.5002838254841810E-08$	$9.4476752114376612E-08$
41	27	$1.2136530532977621E-07$	$-6.5520567463968040E-08$
41	28	$-8.7029992414525354E-08$	$5.3360448749159223E-08$
41	29	$-4.3867782895983341E-08$	$-9.9875722628776192E-08$
41	30	$-1.4172518633341620E-08$	$1.0689722703554319E-07$
41	31	$-7.5750796045780452E-08$	$-1.0859777542615310E-07$
41	32	$1.0990067595226921E-07$	$1.5469110921301549E-07$
41	33	$-1.4856416031271959E-07$	$-2.8927228186120179E-08$
41	34	$1.3058340922204921E-07$	$-7.6364501320176865E-08$
41	35	$-1.8715593868844011E-07$	$4.7505811923597722E-08$

阶	次	数　　　　值	
n	m	$\bar{C}_{nm}$	$\bar{S}_{nm}$
41	36	2.2862299407007860E−08	−5.0383898653871342E−08
41	37	8.6528038465078909E−08	9.5184082798041005E−08
41	38	2.0697875088996049E−08	−1.1672670545989641E−07
41	39	−5.5167197888632668E−08	−2.2343651058036722E−08
41	40	9.6016911042050594E−08	1.4806586193813390E−07
41	41	9.4297429823070367E−08	1.5006966941898189E−07
42	0	−1.7137556396439459E−08	0.0000000000000000E+00
42	1	−3.1085555217210388E−08	−2.0747224762365502E−08
42	2	5.8839602375953784E−09	8.9574906805196080E−08
42	3	−1.1164560247900809E−07	2.4325083281381339E−08
42	4	1.3329878375203610E−07	4.4277868919749381E−08
42	5	4.3066671070897467E−08	−4.1939709906210613E−08
42	6	5.1967204239964987E−08	−1.8241878220335150E−08
42	7	7.1622019173744901E−08	−1.9140139720980339E−08
42	8	5.8311147114710313E−08	−1.1124493316667720E−08
42	9	−1.9001578573782611E−08	5.1369916410424927E−08
42	10	−1.3435375341139611E−08	3.9066754006329112E−08
42	11	−1.0622266046405760E−07	9.8714521861853553E−08
42	12	−2.9156055296528991E−08	8.4347934667656576E−09
42	13	3.8083233571807552E−10	4.2895604594033143E−09
42	14	−6.7339003570920022E−08	−9.1892312588592614E−08
42	15	9.7413956855713262E−08	7.8081651424869584E−09
42	16	−1.4850282586143070E−07	1.5002549465408500E−08
42	17	3.4946457205504107E−08	3.8312943419232140E−08
42	18	−7.2182285726355242E−08	3.2160647815427140E−08

阶	次	数 值	
n	m	$\bar{C}_{nm}$	$\bar{S}_{nm}$
42	19	7.1998416423079081E−08	−4.8876387429211362E−08
42	20	2.9311588475205901E−08	1.2032268815139301E−08
42	21	3.2595107644244431E−08	−7.6504405037729211E−08
42	22	−2.4316022333933020E−08	−7.7247148133218600E−08
42	23	−5.7432782183942077E−08	−9.5532279488757758E−09
42	24	−6.0236532348569551E−08	−1.6040599693174530E−08
42	25	2.8551297372567519E−08	7.0413032253180312E−08
42	26	6.0661485042093622E−09	−9.0879720173483327E−08
42	27	4.1464973076392673E−08	−5.3325049336206543E−08
42	28	−1.3537264895830711E−07	−3.6903252119608633E−08
42	29	3.9770580211219934E−09	−2.0070711819112278E−08
42	30	−8.9197805112631992E−08	1.0456360005424260E−07
42	31	9.7777844196337413E−08	3.3107553848855677E−08
42	32	1.8825796918954612E−09	1.0264434234318540E−07
42	33	9.9393773922422288E−08	−1.8640078621906360E−07
42	34	6.6586344005882209E−10	3.7258492673236861E−08
42	35	−1.2443040460240540E−07	−2.7676663690450339E−08
42	36	8.2552359862342170E−08	6.7052447146477134E−08
42	37	1.7102320914112520E−08	1.8757472258333540E−08
42	38	7.0150903623199802E−09	−1.3743831882202600E−07
42	39	−1.2087952580800200E−08	9.4783993450608066E−10
42	40	−1.9957656394902161E−08	1.4256046084825890E−07
42	41	7.4550314984643260E−08	−1.5665030746893270E−07
42	42	7.5785726183163979E−08	−1.0699873237628981E−07
43	0	3.7471842745203072E−08	0.0000000000000000E+00

阶	次	数　　　值	
n	m	$\bar{C}_{nm}$	$\bar{S}_{nm}$
43	1	1.0940925204293170E−07	−4.6518061672389871E−08
43	2	−2.7502886464458809E−08	1.5472351168609571E−07
43	3	−5.6634453941805927E−08	1.6876664552559672E−08
43	4	5.8773884977798221E−08	7.1322115880910800E−08
43	5	−5.7211615963801272E−08	−9.2086521843098551E−08
43	6	−2.8183841998379459E−08	−5.2794268166107312E−08
43	7	−1.5109491761491501E−08	−5.0671082746500437E−08
43	8	−4.7414250585318121E−09	−4.9040619502658312E−08
43	9	5.6927781297715258E−08	3.6408462864318533E−08
43	10	5.7090865770674262E−08	2.7299785311151939E−08
43	11	1.1870731193889190E−08	9.2961007340671258E−09
43	12	9.0647226275979881E−08	8.0403021621620174E−09
43	13	−4.9130097206984682E−08	1.6668650379244290E−09
43	14	2.6217930541455741E−09	−2.3469552074918950E−08
43	15	−6.4975709624341304E−09	7.5480018508543451E−08
43	16	−8.2163284341294182E−08	−8.3266185026719411E−08
43	17	5.7724632602488273E−09	1.0443482734608840E−07
43	18	1.7307091838774720E−08	−2.4085970491631841E−08
43	19	−1.0235890752631530E−08	−8.2465781317579683E−08
43	20	−3.4230932223467940E−09	−6.2505704725977740E−08
43	21	−3.7149548149485632E−08	−1.0040409706186210E−07
43	22	−6.3001129932942259E−08	3.7076901982693737E−08
43	23	−1.0723202701120561E−07	3.9852254590481537E−08
43	24	−2.0456039931410390E−08	−6.2013653216909018E−09
43	25	4.3550529045118801E−08	5.8145896737270153E−08

续表

阶	次	数　值	
n	m	$\bar{C}_{nm}$	$\bar{S}_{nm}$
43	26	$3.5068242081835120E-08$	$-8.7607428576049401E-08$
43	27	$-3.5308164199753332E-08$	$1.0433673431789490E-07$
43	28	$-8.4334891546169632E-08$	$-3.9205747691987771E-08$
43	29	$1.8714465002736638E-08$	$1.4882653996220990E-07$
43	30	$2.8212679299797081E-08$	$-3.7809465777908942E-08$
43	31	$1.4028441313329869E-07$	$6.5448088623924091E-09$
43	32	$-3.6540133060966673E-08$	$-6.5907204135334644E-08$
43	33	$1.2489740204139020E-07$	$-6.6456338416773170E-08$
43	34	$-1.8086846948942510E-07$	$1.9156392792913430E-08$
43	35	$1.1616167578339940E-07$	$1.2850018242570830E-08$
43	36	$2.0183663109732231E-08$	$1.1234884428783500E-07$
43	37	$3.8750508202634828E-08$	$-5.8657085637391073E-08$
43	38	$-6.3244673688973899E-08$	$2.9648542185686360E-08$
43	39	$-7.4635923836723781E-08$	$5.6817100944223847E-08$
43	40	$9.9875709287124122E-09$	$6.3582318152205199E-08$
43	41	$8.7613415840494159E-08$	$-3.4307045255616830E-08$
43	42	$-1.4901347533796320E-07$	$-5.1742819938211677E-08$
43	43	$-1.1566099896650800E-07$	$3.1341189801872529E-09$
44	0	$8.5524329039863840E-08$	$0.0000000000000000E+00$
44	1	$8.3850034826364461E-08$	$1.5996922284384351E-09$
44	2	$-4.7383539368391223E-08$	$-1.1429095402858490E-08$
44	3	$8.6781111274101510E-08$	$-2.8057002814233372E-08$
44	4	$4.2635426081388002E-08$	$1.4930471391427640E-08$
44	5	$2.2842110478575401E-08$	$-5.0239429063942463E-08$
44	6	$-1.0455791021996280E-07$	$5.6878315588005877E-08$

阶	次	数　　值	
n	m	$\bar{C}_{nm}$	$\bar{S}_{nm}$
44	7	$-1.0353451878592160E-07$	$8.9155653753268193E-09$
44	8	$-5.0553512133621493E-08$	$5.6768249086620301E-08$
44	9	$1.2305416456194189E-08$	$6.1245464372566503E-09$
44	10	$2.8702632299081250E-08$	$-4.5126972323724348E-08$
44	11	$5.8117779943790087E-08$	$-1.4470231349996529E-07$
44	12	$3.8619109743098307E-08$	$2.4118475635070741E-09$
44	13	$-2.6946599755023951E-08$	$-5.4019276646471498E-08$
44	14	$5.2781117875213477E-08$	$5.6331461585802138E-08$
44	15	$-4.1425424068052802E-08$	$3.1662857675478171E-08$
44	16	$1.1381667483408540E-07$	$-1.2975366283877720E-08$
44	17	$1.4242528464987590E-08$	$-1.6798474881229641E-08$
44	18	$5.4584165288354497E-08$	$-2.4186520246601400E-08$
44	19	$-5.4594231664254258E-09$	$-5.6998281404251623E-09$
44	20	$-7.3487034811141202E-08$	$-4.4555136940010121E-08$
44	21	$-4.1189532928050653E-08$	$6.1390113598152640E-08$
44	22	$9.0384080620170283E-09$	$2.5931095822628839E-08$
44	23	$-5.5985903118507084E-09$	$-3.7199475467357619E-10$
44	24	$9.9954947413291572E-08$	$2.2522892183270111E-08$
44	25	$-3.6462773242078573E-08$	$-2.8243651922494430E-08$
44	26	$-6.6483391857885573E-09$	$-5.3173451362795557E-08$
44	27	$-6.1870101571911623E-08$	$4.7515448598952557E-08$
44	28	$-8.8922453061693363E-09$	$4.3288168671051990E-09$
44	29	$-9.2701585348725802E-09$	$7.8290546289377349E-08$
44	30	$1.0070698114291090E-07$	$-5.4711399155709687E-08$
44	31	$6.4874257654950712E-09$	$5.6696368420009374E-09$

阶	次	数 值	
n	m	$\overline{C}_{nm}$	$\overline{S}_{nm}$
44	32	$-3.9507976334654172E-08$	$-1.1480721203835839E-07$
44	33	$-1.0068234422754279E-07$	$6.8675085783054870E-08$
44	34	$-5.3958221083960017E-08$	$-3.1219946448202773E-08$
44	35	$9.3310092392370870E-08$	$8.5294851784949574E-08$
44	36	$3.2480357689670010E-09$	$-5.3999135982482587E-08$
44	37	$6.9878965021720259E-08$	$-4.3287315369110178E-08$
44	38	$-1.0698171160101250E-07$	$4.4964159828214733E-08$
44	39	$5.2216479475137063E-08$	$3.5305334520983051E-08$
44	40	$1.0020580028866940E-07$	$1.3256528091229689E-08$
44	41	$-3.1576137868590563E-08$	$-5.9021595782638833E-08$
44	42	$5.8575368170156192E-08$	$-3.1841242105327440E-08$
44	43	$-6.8395396577632181E-10$	$1.0253780798043329E-07$
44	44	$5.0469092624835337E-08$	$1.9157201867454991E-07$
45	0	$7.0816882022473439E-09$	$0.0000000000000000E+00$
45	1	$-1.3296976582754729E-08$	$6.6534684936877042E-08$
45	2	$-7.5859988876592400E-08$	$-5.9366772604899227E-08$
45	3	$-3.1288336452636682E-08$	$1.3994387397176570E-09$
45	4	$4.4801136225444247E-08$	$-1.3327022127010760E-08$
45	5	$5.5782576243611607E-08$	$1.4549561383987430E-08$
45	6	$3.0991118828510422E-08$	$4.4211678959369152E-08$
45	7	$3.9204071905402442E-08$	$9.0555599872658693E-08$
45	8	$1.2025282909251610E-09$	$2.5768597646997800E-08$
45	9	$-4.1689886151007030E-08$	$6.8031942837560232E-08$
45	10	$-9.4904206100350488E-08$	$-9.3789931341861924E-08$
45	11	$-3.4612560624975093E-08$	$-2.9884315131893713E-08$

阶	次	数　　值	
n	m	$\bar{C}_{nm}$	$\bar{S}_{nm}$
45	12	$-1.0900885608370560E-07$	$-1.2408142589623951E-08$
45	13	$-6.1089332147779283E-08$	$-2.0836777079938710E-08$
45	14	$-4.2805435245291702E-10$	$6.3067690646383739E-08$
45	15	$-1.0093677530041090E-08$	$-1.1425541970500419E-07$
45	16	$7.2495705193027511E-08$	$3.5989321277322470E-08$
45	17	$8.5104685390003286E-09$	$-6.2755562162705310E-08$
45	18	$6.0500033515889764E-08$	$-3.1282446374317503E-08$
45	19	$2.3247088768756169E-08$	$-8.9575735474308089E-09$
45	20	$-3.1738876652873501E-09$	$-2.9464093916811920E-08$
45	21	$4.7755250994173034E-09$	$5.5020158294225963E-08$
45	22	$5.7477301802602071E-08$	$-1.0082689121919501E-08$
45	23	$4.3160171732370847E-08$	$-4.2464669436463657E-08$
45	24	$-8.6949120978425074E-09$	$2.2566936447842442E-08$
45	25	$4.8261549571777717E-08$	$-6.3145875372852851E-08$
45	26	$-1.3781083666783460E-08$	$2.2072431906074442E-08$
45	27	$-4.6343005056650343E-08$	$-3.7589942916291363E-09$
45	28	$7.8148187644440609E-08$	$3.7010142461081297E-08$
45	29	$-1.6483929470657571E-08$	$-1.5000358657275531E-08$
45	30	$3.6480077514276101E-08$	$-4.3632243838042597E-08$
45	31	$-9.6047661469233808E-08$	$-3.0622063205300112E-08$
45	32	$-3.0754307390408008E-08$	$4.6331145159682542E-08$
45	33	$-9.7621921347122933E-08$	$6.5918633199269810E-08$
45	34	$5.0261918034275291E-08$	$1.8605801408433561E-08$
45	35	$-3.0535133943112557E-08$	$2.2722675079391121E-08$
45	36	$3.0922367051313182E-08$	$-7.9941687861232612E-08$

阶	次	数　　　　　值	
n	m	$\bar{C}_{nm}$	$\bar{S}_{nm}$
45	37	$-1.1239119887232200E-07$	$5.1675783240508652E-08$
45	38	$-2.9880709851304671E-08$	$-3.7096821704852383E-08$
45	39	$9.0423983289436129E-08$	$-1.6802746784832989E-08$
45	40	$2.0771503371137012E-09$	$-5.0700473636701027E-08$
45	41	$-9.1701384497857444E-08$	$-1.2205899401810210E-07$
45	42	$-4.2217657939705328E-08$	$7.9912712116935674E-08$
45	43	$-1.0311655878126590E-08$	$-9.3263166085774407E-08$
45	44	$2.7671029844338330E-08$	$-9.2947130324559163E-09$
45	45	$1.2207329320214070E-07$	$-1.3131956375791811E-07$
46	0	$7.5987367097924869E-08$	$0.0000000000000000E+00$
46	1	$-2.5915102522951452E-08$	$2.7471214407565709E-08$
46	2	$-1.9650576990196731E-08$	$3.9340574054676623E-08$
46	3	$-4.9506857631354971E-08$	$4.3105646467268897E-08$
46	4	$-1.5782825623008170E-09$	$2.6671432486938089E-08$
46	5	$1.7502450665273479E-08$	$3.8338098547694833E-09$
46	6	$1.5814069559538240E-08$	$-5.2784424123614487E-08$
46	7	$4.7768073377267318E-09$	$2.4809146636188650E-08$
46	8	$7.6139431128016741E-08$	$-1.8629588565592900E-08$
46	9	$5.0854819120122321E-08$	$1.4526835821870110E-08$
46	10	$2.8101249933856340E-08$	$-1.0860961990170790E-08$
46	11	$-3.8525417399715807E-08$	$6.0365548089748078E-08$
46	12	$-1.2884142131903131E-07$	$7.0348185116721761E-08$
46	13	$4.5803597678275481E-08$	$7.2435849038390361E-08$
46	14	$-1.0104159353350031E-07$	$4.1296463071040362E-08$
46	15	$1.1226059133059190E-07$	$-3.4913567682375041E-09$

阶	次	数　　　　值	
n	m	$\bar{C}_{nm}$	$\bar{S}_{nm}$
46	16	$-8.4220283407263993E-08$	$2.8839133016602710E-08$
46	17	$1.3135319549772810E-08$	$-6.1969901416681331E-08$
46	18	$-4.0650277090905087E-08$	$4.7434479194609827E-08$
46	19	$-6.2657249028578554E-08$	$-4.0167648416253761E-09$
46	20	$5.0371007082258712E-08$	$4.2177565690707537E-08$
46	21	$-1.6105832537482660E-08$	$-1.7033245141205689E-08$
46	22	$3.2107379207394822E-08$	$-5.1936442954534707E-08$
46	23	$-3.2155530442314387E-08$	$-3.8418176892369747E-08$
46	24	$-6.0076479141730190E-08$	$-6.9435840605643939E-08$
46	25	$-9.3487152177013471E-10$	$-4.0034290714103322E-08$
46	26	$-1.2871097130107059E-08$	$3.3678749728784060E-08$
46	27	$1.4742517463960399E-08$	$-3.2339406308604701E-08$
46	28	$3.6138205300870661E-09$	$7.6558797730435231E-08$
46	29	$-5.0684867347837111E-08$	$-8.2175164374130581E-08$
46	30	$-2.5515291809644268E-08$	$-4.1661066427301202E-08$
46	31	$-9.0500065907009915E-09$	$5.6963804443523647E-08$
46	32	$2.9220048537814631E-08$	$5.7653353868610242E-08$
46	33	$2.3061921547064679E-08$	$1.2546490744583380E-08$
46	34	$6.6128195828951323E-08$	$-2.8573074141846971E-08$
46	35	$-3.3832021781669332E-08$	$-6.8719335366843424E-08$
46	36	$-8.7462068973516514E-09$	$5.9510942291544211E-08$
46	37	$-1.2365684344913969E-07$	$3.8299187959994572E-08$
46	38	$5.1064888612002412E-08$	$3.3655627843064681E-08$
46	39	$-2.7508648084207650E-08$	$8.6354543160772033E-09$
46	40	$-7.3551417071972269E-08$	$-3.1395531557854011E-08$

阶	次	数 值	
n	m	$\bar{C}_{nm}$	$\bar{S}_{nm}$
46	41	$-1.7118756362328690E-08$	$-7.3069559603513099E-08$
46	42	$-6.1193128608632982E-08$	$1.6768805906150490E-07$
46	43	$5.0418991655279243E-08$	$-3.8740377358284123E-08$
46	44	$-8.9823856959702204E-09$	$5.4720559910589031E-08$
46	45	$1.7942334640991878E-08$	$2.0342167500590872E-08$
46	46	$-1.5459355307663359E-07$	$-6.1676338688784440E-08$
47	0	$1.5614301951303130E-08$	$0.0000000000000000E+00$
47	1	$2.3609025745226040E-08$	$-1.0388620820807531E-07$
47	2	$2.9646393062244212E-09$	$5.6639972735709062E-08$
47	3	$5.2704918819669973E-08$	$-1.3794245411362680E-09$
47	4	$8.1851609676822241E-08$	$6.6168165171316149E-08$
47	5	$-3.7402201275496719E-09$	$-3.0625354541469449E-09$
47	6	$-2.0413793975060600E-09$	$-1.7822421928175191E-08$
47	7	$-2.6096874623112950E-08$	$-1.1144131567663740E-07$
47	8	$1.3818880298297440E-08$	$-3.3102612010965580E-08$
47	9	$1.9372544607452760E-08$	$-6.8453890897754640E-08$
47	10	$3.8836813477129413E-08$	$-2.5974803105918101E-08$
47	11	$1.1656363575311950E-08$	$4.2575337716427072E-08$
47	12	$6.5057914860563920E-08$	$-1.9250824541312060E-08$
47	13	$1.1995568065751530E-08$	$1.1701764231398260E-07$
47	14	$2.1456691067849820E-08$	$-4.7139713071279618E-08$
47	15	$1.7524858871249200E-08$	$6.1399267272348140E-08$
47	16	$-1.1249604113748950E-08$	$-1.7713757486640639E-08$
47	17	$-2.1454349663442841E-09$	$3.7108029914748192E-08$
47	18	$-5.6041038707306787E-08$	$7.6481633006867533E-08$

阶	次	数　　　值	
n	m	$\bar{C}_{nm}$	$\bar{S}_{nm}$
47	19	5.2653009475560343E−08	−4.9927921104807953E−08
47	20	−6.4701501854907848E−09	5.3749854165845902E−08
47	21	1.7267930904419589E−08	−4.9606225509938342E−08
47	22	−6.4399127634675531E−08	−2.0592778131918201E−08
47	23	−6.1265781995959141E−08	5.3791358775832221E−08
47	24	−6.0731889860468238E−08	−5.4278119146964663E−08
47	25	−2.4833438094629802E−08	2.7271716452670110E−08
47	26	1.1324794090940210E−09	−1.9916398660419091E−08
47	27	2.5162579317479261E−08	−1.2885048781083690E−08
47	28	−6.7332273243277863E−08	1.1681170810699170E−08
47	29	−9.5616818536305902E−09	−1.1275646948486110E−07
47	30	−4.8655336502165643E−08	4.4966992296574312E−08
47	31	3.2232108668396122E−08	−8.7299695372077168E−09
47	32	5.9907918671449982E−08	1.3308402668684691E−08
47	33	4.1878874831374902E−08	−2.0952992929531140E−08
47	34	−8.5950044430708048E−09	−1.0430897798193800E−07
47	35	2.8934072637661000E−08	−3.4453397542848681E−08
47	36	−2.6326153823111859E−08	5.3982163209910893E−08
47	37	5.7671174914856917E−08	−6.3325244439165243E−09
47	38	1.7891910708106471E−08	6.3276885864226668E−08
47	39	7.0311880456086892E−08	−4.8770149122363111E−08
47	40	−1.6027597113483761E−08	3.3173933296197851E−08
47	41	−1.6628981842619978E−08	5.5436772513276471E−08
47	42	5.7797659469229983E−09	5.8593961667630912E−08
47	43	1.3859206998216579E−07	2.9646485641977078E−09

阶	次	数 值	
n	m	$\bar{C}_{nm}$	$\bar{S}_{nm}$
47	44	$-1.9102331435626339\text{E}-08$	$9.8336413661396019\text{E}-10$
47	45	$-2.0243580815915009\text{E}-08$	$1.1855552840696251\text{E}-08$
47	46	$-5.0494110664638594\text{E}-09$	$-5.9960208767685802\text{E}-08$
47	47	$3.9016634733085787\text{E}-08$	$1.4013084125490451\text{E}-07$
48	0	$-6.3750241134827699\text{E}-08$	$0.0000000000000000\text{E}+00$
48	1	$-1.9762579165320080\text{E}-08$	$-7.1935622896234082\text{E}-08$
48	2	$-6.7394142368719490\text{E}-08$	$-3.6465683234284137\text{E}-08$
48	3	$3.1501252776408332\text{E}-08$	$-1.7251413095420339\text{E}-08$
48	4	$8.7113213298670963\text{E}-08$	$1.4822951110727410\text{E}-08$
48	5	$-1.8438600405829319\text{E}-08$	$-2.7758658523185819\text{E}-08$
48	6	$2.2167200974868909\text{E}-10$	$6.3690413352121522\text{E}-08$
48	7	$2.4290147206032891\text{E}-08$	$4.1319260120170911\text{E}-09$
48	8	$-5.4724685141463572\text{E}-08$	$1.6965723165524921\text{E}-08$
48	9	$-2.6484662888791281\text{E}-08$	$1.9297319491991659\text{E}-08$
48	10	$-2.7412167214822730\text{E}-08$	$-2.7440515466141559\text{E}-08$
48	11	$-1.6168441375188821\text{E}-08$	$-8.6346984004787953\text{E}-08$
48	12	$1.0729327872635720\text{E}-07$	$-4.5846866530718681\text{E}-08$
48	13	$-4.4650408335363178\text{E}-09$	$-5.8636496229109702\text{E}-08$
48	14	$5.7722413946988117\text{E}-08$	$3.5568091087407127\text{E}-08$
48	15	$-9.7569047018103591\text{E}-10$	$1.9261911766125070\text{E}-08$
48	16	$7.3595596989960582\text{E}-08$	$-3.3891614405056541\text{E}-08$
48	17	$-1.9339901087533729\text{E}-08$	$5.4579615546871717\text{E}-08$
48	18	$3.1243176920553012\text{E}-08$	$-3.6656109603871737\text{E}-08$
48	19	$7.9703081102276183\text{E}-08$	$5.6803461722788712\text{E}-09$
48	20	$-1.0017600934077501\text{E}-09$	$-6.5581858147522963\text{E}-08$

阶	次	数　　　　值	
n	m	$\bar{C}_{nm}$	$\bar{S}_{nm}$
48	21	2.5460022420247709E−08	3.3248858049502239E−09
48	22	−3.4140412149492301E−08	−4.9924233757748613E−09
48	23	−3.8433009085633043E−08	6.4918412890670270E−08
48	24	2.3229396021088109E−08	3.3357193677674663E−08
48	25	6.0057041403143620E−09	6.0435785326037792E−08
48	26	3.6040279595973920E−08	−5.8091946101487402E−08
48	27	−1.2785461164684380E−08	4.5379759717073297E−08
48	28	−4.2663598426513397E−08	−9.8472372395266584E−09
48	29	7.5456155750597337E−09	4.6154199826600671E−08
48	30	−3.8421961280628443E−08	8.7862016596813804E−09
48	31	9.6022131165956568E−08	−2.6932469663205360E−08
48	32	−1.7141580496130462E−08	1.1830337989638490E−08
48	33	−2.9458560564814932E−09	−6.5394256683156383E−08
48	34	−3.6433567418369152E−08	−3.9284748074609782E−08
48	35	−1.0809840538152090E−08	1.7315051787370481E−08
48	36	−4.4599978135483233E−08	9.5828716675089686E−09
48	37	8.6617633062467059E−08	−9.6995202952304684E−09
48	38	2.1414062279445689E−10	−6.9569369141697913E−08
48	39	4.0488623371387732E−08	3.0377216890451748E−08
48	40	−2.8874987367371591E−08	−3.5603438761853533E−08
48	41	5.1180716729067438E−11	4.0577891870018696E−09
48	42	1.2344088160826949E−07	2.9193576849276589E−08
48	43	1.6155109205826309E−08	−1.1546514332246049E−08
48	44	−3.9025840695115792E−08	−1.4568607931726140E−07
48	45	3.7749362680766513E−08	6.3010509122220051E−08

阶	次	数　值	
n	m	$\bar{C}_{nm}$	$\bar{S}_{nm}$
48	46	$-4.6298426798492982\mathrm{E}-08$	$-2.6796519091463439\mathrm{E}-08$
48	47	$-5.5160436640001762\mathrm{E}-08$	$-2.5423993864680618\mathrm{E}-09$
48	48	$1.2771364094735550\mathrm{E}-07$	$-3.2473999675112073\mathrm{E}-08$
49	0	$-2.4331222300097099\mathrm{E}-08$	$0.0000000000000000\mathrm{E}+00$
49	1	$-4.2165875083441413\mathrm{E}-08$	$6.9326640864386959\mathrm{E}-08$
49	2	$-4.0787318991428403\mathrm{E}-08$	$-1.4485001510092071\mathrm{E}-08$
49	3	$-3.5424948755476082\mathrm{E}-08$	$4.5842173279045727\mathrm{E}-08$
49	4	$-1.6375765390998910\mathrm{E}-08$	$-1.7169242814551180\mathrm{E}-08$
49	5	$-1.4320990741186261\mathrm{E}-08$	$-6.1774980609956594\mathrm{E}-09$
49	6	$4.6681329671375091\mathrm{E}-08$	$-3.7779336068049242\mathrm{E}-08$
49	7	$4.5394108538369321\mathrm{E}-08$	$7.0940107173856414\mathrm{E}-08$
49	8	$9.6480660913728943\mathrm{E}-09$	$5.0978431524877972\mathrm{E}-08$
49	9	$1.4046426722771679\mathrm{E}-08$	$9.1241896197010133\mathrm{E}-08$
49	10	$-7.2810281401773550\mathrm{E}-09$	$5.8187739726673613\mathrm{E}-08$
49	11	$1.3885509441237339\mathrm{E}-08$	$-3.5712294965069268\mathrm{E}-09$
49	12	$-3.6000634499406313\mathrm{E}-08$	$4.3808379732011712\mathrm{E}-08$
49	13	$-1.5741494034640448\mathrm{E}-08$	$-8.3960012704327122\mathrm{E}-08$
49	14	$-6.6257106865837234\mathrm{E}-08$	$1.2424856734831949\mathrm{E}-07$
49	15	$-1.7857708005444810\mathrm{E}-08$	$-1.3708029051145311\mathrm{E}-08$
49	16	$4.1730099054416340\mathrm{E}-08$	$3.2514403827523411\mathrm{E}-08$
49	17	$-2.6757273808305139\mathrm{E}-08$	$-1.8634423688545310\mathrm{E}-08$
49	18	$4.8511057886281938\mathrm{E}-08$	$-5.7418690964179212\mathrm{E}-08$
49	19	$-3.7159318539262001\mathrm{E}-09$	$-9.1865210832788195\mathrm{E}-09$
49	20	$-3.6481146158293942\mathrm{E}-08$	$-2.8303741666207851\mathrm{E}-08$
49	21	$-3.4098631562893672\mathrm{E}-08$	$1.2958362047488291\mathrm{E}-08$

阶	次	数　　　值	
n	m	$\bar{C}_{nm}$	$\bar{S}_{nm}$
49	22	$-2.4433338455858041E-08$	$2.5669387356113341E-08$
49	23	$4.1673657485320868E-08$	$-1.5824983437764751E-08$
49	24	$2.0141023271968491E-08$	$3.4757300406351107E-08$
49	25	$1.9459015678262761E-08$	$2.0867319047319191E-08$
49	26	$3.8516365473709210E-08$	$-2.6967572635483520E-08$
49	27	$-3.9670960758801481E-08$	$2.5448201469517290E-08$
49	28	$4.9114401080034791E-08$	$2.4976605015527830E-09$
49	29	$1.8999776588324139E-10$	$9.3229817405744326E-08$
49	30	$3.5213090409624863E-08$	$-3.1789697680608412E-08$
49	31	$5.2590207307942507E-08$	$1.6147468022602829E-08$
49	32	$-5.6956279664886933E-08$	$-2.8996340502817620E-08$
49	33	$2.0967857635557160E-08$	$-2.1375051060920139E-08$
49	34	$-3.8317462542831381E-08$	$4.4978986938763873E-08$
49	35	$-2.4824498682147762E-09$	$1.2600487390317820E-08$
49	36	$-7.0874264428959780E-09$	$-2.5978606803980960E-08$
49	37	$7.8179489380899363E-09$	$6.4085105242359808E-09$
49	38	$-2.5967217013353081E-08$	$-8.1934023027526323E-08$
49	39	$-4.9024037418913212E-08$	$7.2450723366859531E-08$
49	40	$-6.2710985808800299E-09$	$-3.8441943156038417E-08$
49	41	$-1.7518318450902211E-08$	$1.2185790948282380E-08$
49	42	$2.5884031949442859E-08$	$-1.8558769655220920E-08$
49	43	$-2.7887373814444430E-08$	$-7.8158379468500980E-08$
49	44	$-4.5700968887527781E-08$	$-4.3979653544466968E-08$
49	45	$-7.7171616902294059E-08$	$6.6129588102413759E-08$
49	46	$4.6336356352455108E-08$	$-8.8822820888147182E-08$

阶	次	数 值	
n	m	$\bar{C}_{nm}$	$\bar{S}_{nm}$
49	47	$-2.9101571862767379E-08$	$6.2689944831698471E-08$
49	48	$1.4530398741670231E-08$	$3.8905623266605453E-08$
49	49	$-1.0120468302635470E-07$	$-9.5048582292414182E-08$
50	0	$5.5518316183221382E-08$	$0.0000000000000000E+00$
50	1	$-8.9146895385472082E-09$	$3.5516031480898243E-08$
50	2	$3.2929035769255971E-08$	$5.1659029521868433E-08$
50	3	$-2.5459565398316901E-08$	$1.6146472722275330E-08$
50	4	$-1.4219443845740400E-08$	$-9.5051567762534860E-09$
50	5	$-4.3864879845661912E-08$	$1.7470830600592629E-08$
50	6	$4.9009673284828942E-08$	$-3.3186764017648152E-08$
50	7	$-1.2112504086960641E-08$	$-3.2168636180768721E-08$
50	8	$4.8350478013820593E-08$	$-3.8834493493167811E-09$
50	9	$3.9596880587795677E-08$	$-1.3518411780585161E-08$
50	10	$-2.7647989802063939E-08$	$-2.4268348504982711E-08$
50	11	$1.6424064699651550E-08$	$7.8566205443877140E-08$
50	12	$-5.4725277778664452E-08$	$-1.5712145980743479E-08$
50	13	$3.1639905362049999E-09$	$8.4168853825395041E-08$
50	14	$-5.8205650492157793E-08$	$7.6394323676880621E-08$
50	15	$3.3743293316659063E-08$	$2.3929876088189739E-08$
50	16	$-2.2172186144013370E-08$	$4.1873047424387163E-08$
50	17	$-6.6914992091900333E-09$	$-8.1120443195919680E-08$
50	18	$-4.2969424993123567E-08$	$3.9802656858974972E-08$
50	19	$-4.9307579503998542E-08$	$5.2911081209436636E-09$
50	20	$-5.78441689936209\,31E-08$	$-1.3151307173354939E-08$
50	21	$-3.9428044790698978E-08$	$4.5053087140207853E-08$

阶	次	数　　　值	
n	m	$\bar{C}_{nm}$	$\bar{S}_{nm}$
50	22	2.2083169662579771E−08	5.5110709458346997E−09
50	23	−2.9476540976816099E−09	−2.4761393210521561E−08
50	24	−2.3167380785832789E−08	−2.1843917543260049E−08
50	25	−1.5149295783642759E−08	−2.9214677020141229E−08
50	26	3.1525034017933167E−08	−4.3600221408865610E−09
50	27	−1.9637544899872369E−09	−2.9879265242401342E−08
50	28	3.7760142501198012E−08	2.2345745664451401E−08
50	29	−3.3379962195498513E−08	−1.6147016813120740E−08
50	30	5.5626822040388273E−08	−6.4943913200274539E−08
50	31	−1.3183561849283790E−08	−1.6651967391241049E−08
50	32	3.3014021158889700E−08	−1.4714356587998761E−09
50	33	−3.0397622393980882E−08	6.0367040462299743E−08
50	34	−1.3876658697445199E−08	5.4049742497374843E−08
50	35	−1.6061381334190741E−08	1.1444145848826811E−08
50	36	3.8460501215838288E−08	2.0165185707331649E−08
50	37	−2.2900232600051399E−08	−1.7093082517859330E−08
50	38	−1.3077862187704181E−08	3.5588033623319080E−08
50	39	−3.0798378590850622E−08	4.4230857411351352E−08
50	40	5.7326599062175503E−08	−3.0659745719022300E−08
50	41	−1.0191812185934289E−08	9.3692087639537567E−09
50	42	−1.3088127341329980E−08	−4.2668539015090678E−08
50	43	−6.4205845483577124E−08	2.8128874072328060E−08
50	44	1.7331881280579619E−08	4.5832344442830367E−08
50	45	−5.4902599234380482E−08	2.8644337935898591E−08
50	46	7.7656580301768369E−08	−1.3772036351399739E−10

阶	次	数　值	
n	m	$\bar{C}_{nm}$	$\bar{S}_{nm}$
50	47	$-8.3828906326495605E-08$	$-3.1106957533502582E-08$
50	48	$8.5158050861342004E-08$	$6.3548965974157246E-09$
50	49	$2.7467922569274171E-08$	$-1.3942102845328860E-08$
50	50	$-6.1739297428029809E-08$	$7.7790588732529842E-08$
51	0	$-1.4040563887360571E-08$	$0.0000000000000000E+00$
51	1	$-2.5807225837876931E-08$	$-3.9502450870680833E-08$
51	2	$-1.0426422018221650E-08$	$-2.4233504694116291E-08$
51	3	$4.1289145072110287E-08$	$-3.4950981016614383E-08$
51	4	$3.1731977629578743E-08$	$-1.1510435654774860E-08$
51	5	$-2.0374747295268731E-08$	$1.8336636626905089E-08$
51	6	$-1.1842505205910181E-08$	$1.8899193568128690E-08$
51	7	$-4.6910135166158802E-08$	$-3.9728889660761183E-09$
51	8	$-5.3334369559299073E-08$	$4.1863687795779367E-09$
51	9	$4.1061575767198101E-09$	$-3.4744177361346277E-08$
51	10	$-2.4682452132809930E-08$	$-5.0630330784990428E-08$
51	11	$-1.9516148426216509E-08$	$-2.7020393197178559E-09$
51	12	$2.8497967307574241E-08$	$-6.4052101808591779E-08$
51	13	$-5.1042199599653271E-08$	$6.8485976934800199E-08$
51	14	$2.4822824666958461E-08$	$-3.7680007439771747E-08$
51	15	$5.6901186025051113E-08$	$3.3954835076779923E-08$
51	16	$4.7821133590500438E-08$	$-1.0500741483096220E-08$
51	17	$2.0888245398168282E-08$	$-2.9670983222235501E-08$
51	18	$-3.3494304644702041E-08$	$2.7629980493199201E-08$
51	19	$-2.4963244811027319E-08$	$2.2213790963872059E-08$
51	20	$-7.0543879987064577E-09$	$1.1757663548559910E-08$

阶	次	数　　　值	
n	m	$\bar{C}_{nm}$	$\bar{S}_{nm}$
51	21	5.5155275750198432E−09	1.6349508815493969E−08
51	22	4.6871183054180362E−08	2.4760657365816029E−08
51	23	−4.7674186708854723E−08	−1.4813259309489511E−09
51	24	−6.4295535384703913E−09	−5.1854019646573983E−08
51	25	−4.7085096350693112E−08	−3.7467561377730562E−08
51	26	7.4858689380451180E−09	5.3314459228113828E−09
51	27	−1.3505131178303649E−08	−1.9852236137281241E−08
51	28	−3.5192140516645377E−08	1.6920317449100161E−08
51	29	−3.5806469551034971E−08	−2.0193105116909719E−08
51	30	−6.8474702779974490E−10	−2.5076180409702710E−08
51	31	−2.7433494685854750E−08	−6.7320675345394953E−08
51	32	3.2706290050604787E−08	4.3010231385512021E−08
51	33	1.5338866864197060E−08	8.2100122128362807E−09
51	34	4.7999191903997334E−09	3.6916920243981263E−08
51	35	6.3995124607836612E−08	−4.1549355480916761E−09
51	36	6.3904682931446001E−09	−3.7784328066977954E−09
51	37	1.5992212894221629E−08	1.1973753049613980E−08
51	38	−3.5635931632274437E−08	5.8339751611619868E−08
51	39	2.4002563695187451E−08	−6.6061487225216589E−08
51	40	7.8430934246473202E−08	−1.1274386844345250E−08
51	41	−5.2848798399566121E−08	−3.2427449885975748E−08
51	42	2.0655749951342261E−09	2.5624789120520449E−08
51	43	−3.4224859595931832E−08	1.3403953523998609E−08
51	44	9.3323835413447984E−08	−1.2249138182468249E−09
51	45	−3.5977175181172987E−08	3.4007573246534718E−09

阶	次	数 值	
n	m	$\bar{C}_{nm}$	$\bar{S}_{nm}$
51	46	4.5427812368221218E−08	9.9185446152200238E−09
51	47	−2.0109373300981450E−08	−6.1566528039729332E−08
51	48	3.9671130193403781E−08	4.8539180962100123E−08
51	49	−9.6295313432649808E−09	−4.8216941875681473E−08
51	50	−8.2743608048787692E−08	−9.2491009408480114E−09
51	51	6.5513195149778882E−08	−1.2609497913451269E−08
52	0	−4.6998043401862638E−08	0.0000000000000000E+00
52	1	−7.3125989249548971E−08	1.3193446981940500E−08
52	2	−3.9162440267123392E−08	−3.0872193571645832E−08
52	3	−1.0380686456439971E−08	−3.7915243521455307E−08
52	4	2.9543026038369640E−08	−1.0176165347588820E−08
52	5	2.1364265555602461E−08	−3.3221184222899608E−08
52	6	−5.0212916735820923E−09	−3.8084824156320584E−09
52	7	2.4097352531784110E−09	1.8867550334226561E−08
52	8	−2.4699904721744941E−08	2.5120589995064679E−08
52	9	−6.2582358849204104E−08	2.6980792694704350E−08
52	10	1.9006405217994720E−08	2.9767073874791761E−09
52	11	−7.6623875539400899E−08	−3.5848238837530522E−08
52	12	3.2480711743471650E−08	−4.8000496597705417E−09
52	13	−4.5011134897040232E−08	−2.8345539286740270E−08
52	14	4.5519445887034017E−08	−3.1377455745158911E−08
52	15	−1.5734315541709421E−08	−2.7031519649153559E−08
52	16	4.9300208757767551E−08	−4.9808563646618357E−08
52	17	6.4400954141947939E−09	−6.1332286620946051E−09
52	18	−1.8891032342919400E−08	−2.8948337399279530E−08

阶	次	数　　　　值	
n	m	$\bar{C}_{nm}$	$\bar{S}_{nm}$
52	19	4.6431841068943923E－08	－5.1366181075607742E－08
52	20	4.2906868844164661E－08	－1.4568512056101220E－08
52	21	4.3849106348132181E－08	－2.7487078212542670E－08
52	22	2.2129641912034591E－08	6.0857862853891006E－09
52	23	－2.7291304341374759E－08	－2.6816692934692270E－08
52	24	－5.7325459793046452E－08	2.0998148353659600E－08
52	25	－8.8543516677016567E－09	－1.6492631853621202E－08
52	26	－2.8298020291289359E－08	4.0144029279420067E－08
52	27	－4.8630297725006997E－09	1.6679124128243080E－09
52	28	－5.4708722719589192E－08	1.2937493059482590E－08
52	29	9.2450643784572275E－09	4.4347180119491128E－08
52	30	－2.5366126298359571E－08	5.1725472523159881E－09
52	31	1.3767739772072860E－08	1.8768516178763520E－08
52	32	5.4227866572063518E－09	4.5000864495489661E－08
52	33	3.2968499233536213E－08	－8.6751857754775080E－10
52	34	2.4486825471471770E－08	－2.3811771190500061E－08
52	35	1.0527840310867370E－08	－3.3082861291913313E－08
52	36	－1.8757070788135729E－08	－1.2182129829691790E－08
52	37	1.3727245216935850E－08	－1.0521111213145380E－08
52	38	－4.4175843590176847E－08	－1.8981307305971281E－08
52	39	3.1903296115492062E－08	－4.7119939331212922E－08
52	40	－4.7331716245612263E－08	3.8104193011362067E－08
52	41	－4.5447411640280422E－08	－7.0018698154348914E－08
52	42	－5.3922308897598753E－08	8.0875190816934851E－08
52	43	4.6428064903514002E－08	－6.3339090052245010E－08

阶	次	数　　　值	
n	m	$\bar{C}_{nm}$	$\bar{S}_{nm}$
52	44	4.4192270666107401E−08	1.8836035822316309E−08
52	45	−4.8120400099369153E−08	−2.7835380437460419E−08
52	46	−6.6899199735992966E−09	−6.1489118191177341E−08
52	47	1.7392768758844169E−08	−1.9114839621822230E−08
52	48	−6.8888508194770691E−08	5.2472384269907173E−08
52	49	2.0389298546465718E−08	−4.9792721449842987E−08
52	50	−8.1668415940390269E−08	4.1129950546979502E−08
52	51	2.7881484013889271E−08	6.4810513354435554E−08
52	52	−2.7400623323859001E−08	−6.5761673085644410E−08
53	0	−1.6691019592369758E−08	0.0000000000000000E+00
53	1	−1.5666102397789839E−08	3.5566327968041421E−08
53	2	−1.4954443187894230E−09	2.6854082131425410E−08
53	3	−3.2251236580078892E−08	6.5728992936600433E−09
53	4	−9.3863432195234914E−09	3.4991411194196657E−08
53	5	−3.0712799637772112E−08	−1.0582243302834779E−08
53	6	−2.3553763041211711E−08	−3.9126633818855677E−08
53	7	4.0104995854707551E−08	−2.4112294204052810E−08
53	8	2.6431132552206969E−08	1.3608243955304149E−08
53	9	3.7004888408355613E−08	1.3661920051187479E−09
53	10	5.1230315465902433E−08	2.7687070539827611E−08
53	11	1.8340782129712009E−09	−1.0336489964999799E−08
53	12	−6.2052775075369532E−08	6.8850250959663399E−08
53	13	2.0460460601186171E−08	−6.1855946586193251E−08
53	14	−6.2425954044582042E−09	1.9837492840787200E−08
53	15	−6.9601572151115273E−09	7.9164254347134379E−09

阶	次	数　　值	
n	m	$\bar{C}_{nm}$	$\bar{S}_{nm}$
53	16	$-9.2892990909516953E-09$	$-6.9883458666884686E-09$
53	17	$-4.8668807783869368E-09$	$1.1532899564587510E-08$
53	18	$-2.0537468213377050E-08$	$-6.1370744313838980E-08$
53	19	$9.6975161538131114E-09$	$-2.9024852370221798E-10$
53	20	$2.2703555087580229E-08$	$-1.9281952576269900E-08$
53	21	$2.7869736922404999E-08$	$-3.3167635854992492E-08$
53	22	$-1.5409270683423080E-08$	$-2.9204187712910168E-08$
53	23	$7.2927962340971284E-09$	$2.5346054928181650E-08$
53	24	$-1.1673750352504509E-08$	$-9.4429903721035365E-09$
53	25	$-1.5844787546178970E-09$	$3.7764159239042003E-08$
53	26	$7.8433956440027791E-09$	$2.8567991100722241E-08$
53	27	$2.8723603650376988E-09$	$2.3794926127698481E-08$
53	28	$-1.5065759696539081E-08$	$4.3597313937908353E-08$
53	29	$4.5722543860343827E-08$	$-1.2570866714267290E-08$
53	30	$-3.2657372209199011E-08$	$1.1295809029677430E-08$
53	31	$6.2565668631466469E-08$	$4.2217634282961531E-08$
53	32	$2.8766150712279080E-08$	$2.0837229500576491E-09$
53	33	$-1.8879650637938542E-08$	$2.0658673297021081E-08$
53	34	$-4.1190753717460562E-08$	$-4.8163347805704682E-08$
53	35	$-5.5230420819605743E-08$	$1.6631180477438700E-10$
53	36	$1.2979922422761800E-08$	$-1.1324425121402990E-08$
53	37	$-3.2126589158522942E-08$	$-8.0698840294973879E-09$
53	38	$2.1769774829099241E-08$	$3.8218859146666479E-09$
53	39	$3.4298154117308892E-08$	$-9.2248762677727159E-09$
53	40	$-8.0785510927542902E-08$	$1.1507172316275580E-08$

续表

阶	次	数 值	
n	m	$\bar{C}_{nm}$	$\bar{S}_{nm}$
53	41	7.1393641780884312E－08	3.7640346461293821E－08
53	42	－4.9654165937185422E－08	－1.9909290496673799E－09
53	43	1.1101972682468910E－07	8.8740828524389599E－09
53	44	－3.5459649991908157E－08	1.5132009128550950E－08
53	45	4.9121650219101452E－08	－2.6337973614609719E－08
53	46	－2.0202586161871480E－08	3.0033066282118739E－09
53	47	3.5392682181632917E－08	1.7741904918560880E－08
53	48	－6.7414254293143934E－08	－3.3033971734706463E－08
53	49	8.4262361165395812E－08	3.5386699332998772E－08
53	50	－6.1889922005387833E－08	7.4290427012850204E－09
53	51	3.6218637647528652E－08	9.9883624817707802E－09
53	52	9.4627620407400127E－08	－6.7933921620453271E－08
53	53	－6.4701085775140611E－08	3.0103050032314503E－08
54	0	4.3926231289027848E－08	0.0000000000000000E＋00
54	1	1.2008783927256970E－08	4.2223927127308491E－08
54	2	7.0721778187372190E－08	1.4556630222110619E－08
54	3	5.0819804558331778E－08	6.3753171488066512E－08
54	4	－4.5444717490999721E－08	2.4100147675497140E－08
54	5	－1.7671380390997081E－08	3.1896528569287528E－09
54	6	－4.6023216069339603E－08	2.6165267500894481E－08
54	7	4.3196250016040070E－09	－4.9795966203032011E－08
54	8	－2.8565227288765071E－09	9.0807265433742420E－09
54	9	3.5778312217087382E－08	－2.5491524087210481E－08
54	10	－9.0250277755164568E－09	1.3219702757062211E－08
54	11	5.2751760058383094E－09	6.8078249497292209E－10

阶	次	数　　　值	
n	m	$\bar{C}_{nm}$	$\bar{S}_{nm}$
54	12	$-3.8354913258106977E-08$	$-4.6295397867577959E-09$
54	13	$3.7734928592909871E-08$	$2.7734951045143369E-08$
54	14	$-4.1300802134345663E-08$	$1.9162059350642602E-08$
54	15	$6.3531836160298633E-09$	$3.1690672606606553E-08$
54	16	$-2.6533856826950400E-08$	$3.2689845798466007E-08$
54	17	$6.3847421477796457E-09$	$3.5476438521018430E-08$
54	18	$2.9457193534100790E-08$	$-9.0053222874719414E-09$
54	19	$-6.2958073111271251E-08$	$-1.0892345287920950E-08$
54	20	$3.1377467824839969E-09$	$1.5773711905280180E-08$
54	21	$-6.2671446988217480E-08$	$3.4691725769198473E-08$
54	22	$-4.1647315232253212E-08$	$3.0534599352053147E-08$
54	23	$2.2193135458412811E-08$	$-2.5389799084360941E-08$
54	24	$2.5841093437669669E-08$	$-2.4814116718005610E-08$
54	25	$2.0868551734792011E-08$	$1.7696057564614001E-08$
54	26	$5.0548419143542632E-08$	$-2.1998531847733900E-08$
54	27	$1.5357905368815240E-09$	$1.6401679484838179E-08$
54	28	$1.0042633471445060E-08$	$-3.6734959695416671E-08$
54	29	$-2.2556636069232699E-08$	$-1.5692683795595120E-09$
54	30	$3.7943330926536668E-08$	$-2.3211084483853620E-08$
54	31	$1.7965066655535941E-08$	$-2.1952950141070021E-08$
54	32	$3.8241477061397297E-08$	$-8.4353849684386816E-09$
54	33	$-3.0495857681777542E-08$	$1.7699225827790901E-08$
54	34	$-4.4975769991237369E-09$	$-6.9519469040710451E-09$
54	35	$-1.5923034361737749E-08$	$4.4077387687169632E-08$
54	36	$-1.0143969383951411E-08$	$2.2585998261804580E-08$

续表

阶	次	数　　　　值	
n	m	$\bar{C}_{nm}$	$\bar{S}_{nm}$
54	37	$-1.5926314244131182E-08$	$-2.6543053317284340E-08$
54	38	$7.0379785462622013E-09$	$1.6539475858318622E-08$
54	39	$2.2843731988396330E-08$	$4.2417810100264172E-08$
54	40	$1.6737942477516070E-08$	$-1.0395016022966039E-08$
54	41	$3.3759743587776683E-08$	$5.2252867723500112E-08$
54	42	$6.5788129576289293E-09$	$-6.4474262502821200E-08$
54	43	$4.8989325907204272E-08$	$5.0841173313952951E-08$
54	44	$-3.7290913064637728E-08$	$-4.5201177079201752E-08$
54	45	$5.4855305925634923E-08$	$9.0262906458967249E-10$
54	46	$-4.0292437380047853E-08$	$-3.9202232531853606E-09$
54	47	$4.1085250062970322E-08$	$3.3799518536846038E-08$
54	48	$-2.0721760942411529E-08$	$1.3236234765934920E-08$
54	49	$-8.8057281168314134E-11$	$4.0803002647829001E-08$
54	50	$-1.9754983881252422E-08$	$-8.0973487380146494E-08$
54	51	$1.8546289446097100E-08$	$4.9335150932487057E-08$
54	52	$5.6815670289527632E-08$	$-3.4894938614014332E-08$
54	53	$-7.4771215181302731E-08$	$-3.0461013444809292E-08$
54	54	$3.7194903778081370E-08$	$4.8179833074196091E-08$
55	0	$1.4848553196557169E-08$	$0.0000000000000000E+00$
55	1	$-1.4058680232162451E-08$	$-3.4121066246251741E-08$
55	2	$2.6671590937996058E-10$	$-5.2375271382274752E-08$
55	3	$1.7479439344560511E-08$	$1.7671698679507189E-08$
55	4	$-1.6232198893426281E-08$	$-3.0768856418781013E-08$
55	5	$1.2491194101443860E-09$	$8.3006511625410902E-09$
55	6	$2.9546032548126461E-08$	$2.7956920139482280E-08$

阶	次	数　　　值	
n	m	$\bar{C}_{nm}$	$\bar{S}_{nm}$
55	7	$-6.2934723803025273E-09$	$5.5289281214079848E-09$
55	8	$-2.8699604371125241E-08$	$3.3020725983130329E-09$
55	9	$-2.0114994683042280E-10$	$2.8976341698270351E-08$
55	10	$-4.1892554273674942E-08$	$-2.7527005140683249E-08$
55	11	$-3.1690494713281462E-08$	$1.2398804275623759E-08$
55	12	$2.5812554277739821E-08$	$-6.1806826407082310E-08$
55	13	$-2.2304345023907789E-08$	$2.8416596899984020E-08$
55	14	$1.6368014467583660E-08$	$-9.9109789184268809E-09$
55	15	$-7.9280371320809353E-10$	$5.7235755682308870E-09$
55	16	$3.7519218913759983E-08$	$2.4135902934264331E-09$
55	17	$3.0564895086805630E-08$	$-1.6781151368446430E-08$
55	18	$6.7344323797808717E-09$	$4.1021444845145523E-08$
55	19	$-2.2214234476372539E-08$	$2.0680173720233402E-09$
55	20	$1.6052408128393140E-08$	$2.1700891663986469E-08$
55	21	$1.8403081882094350E-08$	$8.2710599665939083E-09$
55	22	$8.3646738693678966E-09$	$6.1478809221210555E-08$
55	23	$8.2019882925412967E-09$	$1.9500420525503821E-09$
55	24	$2.1085316689551190E-08$	$4.7283409137414814E-09$
55	25	$-2.4855216013693911E-08$	$-4.4899706894485623E-08$
55	26	$2.3109032210127469E-08$	$1.3427998748024830E-08$
55	27	$-3.3069769476958191E-08$	$-4.6824943394393022E-08$
55	28	$-1.4806325832099880E-08$	$-1.2152113069977260E-08$
55	29	$-6.8087291176056211E-08$	$-3.4052741707478109E-09$
55	30	$-1.7703627645540731E-08$	$1.2777650262624090E-08$
55	31	$-2.2530898560832640E-08$	$-5.3537321388998152E-08$

阶	次	数　　值	
n	m	$\bar{C}_{nm}$	$\bar{S}_{nm}$
55	32	$-2.4260286387374811E-08$	$-2.6321663663961160E-08$
55	33	$-2.2815566601572171E-08$	$1.7596417593771229E-08$
55	34	$2.7723247133203460E-08$	$5.8653335485771483E-08$
55	35	$1.3326506650698069E-08$	$8.0248811749605771E-08$
55	36	$3.0284425469817513E-08$	$2.5544260213064941E-08$
55	37	$-4.9923156277013099E-09$	$1.4389704726578880E-08$
55	38	$5.6736176497116823E-08$	$-2.7966911140070791E-08$
55	39	$1.1734236676501950E-08$	$-2.2729261446815979E-08$
55	40	$1.3063950959503171E-08$	$-6.3495321759772328E-09$
55	41	$-6.0493167978568252E-08$	$-2.5592644443257859E-08$
55	42	$6.3287282201381362E-08$	$-3.6519512963966728E-08$
55	43	$-8.2097749359317121E-08$	$-1.0044070806770400E-08$
55	44	$-2.8286364381684259E-08$	$-1.7516756461603471E-08$
55	45	$-3.0409410590102023E-08$	$2.3862032000979189E-08$
55	46	$-1.3749244330251250E-08$	$-8.3976645580965546E-09$
55	47	$2.7127207716497369E-09$	$5.1386942076275433E-08$
55	48	$-2.1853760565014311E-08$	$-3.2412205573666843E-08$
55	49	$-4.4266785150122721E-10$	$-8.4213337921105733E-09$
55	50	$1.2732568684082210E-08$	$3.2676249140723782E-08$
55	51	$-1.6354635258231271E-08$	$1.1478872642360911E-08$
55	52	$2.4702648434862821E-08$	$-3.6279101597158313E-08$
55	53	$8.7170999765779012E-09$	$-1.4905022368989959E-08$
55	54	$-2.9323227972810941E-08$	$8.3961247778335282E-08$
55	55	$-2.2086028018406869E-08$	$-5.1715417671369101E-08$
56	0	$-1.1932734881648851E-08$	$0.0000000000000000E+00$

阶	次	数 值	
n	m	$\bar{C}_{nm}$	$\bar{S}_{nm}$
56	1	$-7.0871225166908844E-08$	$3.8641681074455722E-08$
56	2	$-3.3603114782430217E-08$	$-4.7810606698333273E-08$
56	3	$-3.3107320973744453E-08$	$-7.7656091678670951E-08$
56	4	$5.0032577285218290E-09$	$-5.6364326409146962E-08$
56	5	$-4.1777382095886552E-08$	$-2.3067342111362549E-08$
56	6	$1.4020291048802770E-08$	$-6.8608717175948577E-09$
56	7	$7.5007086637424902E-09$	$-2.2723812623338340E-09$
56	8	$-3.1252495535718451E-08$	$2.8481841194410902E-08$
56	9	$-3.7267895693270583E-08$	$2.7542771131781479E-08$
56	10	$2.0871073005265238E-09$	$9.7938082753904023E-09$
56	11	$-1.5843361391065881E-08$	$3.7504777927324182E-08$
56	12	$2.2483076910337769E-08$	$1.8187539859300521E-08$
56	13	$-4.0230969929810147E-08$	$-1.1531456784441490E-08$
56	14	$3.5750146104206479E-09$	$8.5054419800780475E-09$
56	15	$-1.9876841997635318E-09$	$-2.8213920063283041E-09$
56	16	$4.3726535566161811E-08$	$8.7421769261966627E-09$
56	17	$-1.4453560619039120E-09$	$1.2478197972131130E-08$
56	18	$-3.9915110550761733E-09$	$3.2846884773427170E-09$
56	19	$9.1004280092814276E-09$	$-1.1343487087107269E-08$
56	20	$5.9467812860131087E-09$	$-4.9051441307418334E-10$
56	21	$4.0464759336384773E-09$	$-7.1913020853953971E-08$
56	22	$2.0179510382623661E-08$	$-2.0974262127494669E-08$
56	23	$2.8219825636949951E-08$	$2.4809049714962229E-09$
56	24	$-8.8109793002204936E-09$	$3.7236044785029432E-08$
56	25	$-1.8687261149443490E-08$	$-1.2841939650031820E-08$

阶	次	数　值	
n	m	$\bar{C}_{nm}$	$\bar{S}_{nm}$
56	26	$-2.4872429987073328E-08$	$8.4491242196578232E-09$
56	27	$-1.0400714598861700E-09$	$2.3027757067652129E-09$
56	28	$5.9634217450002092E-09$	$1.1238310074177161E-08$
56	29	$-3.1170168903600581E-08$	$1.3229671714463281E-08$
56	30	$-2.2352617740292561E-09$	$4.2704496018687501E-08$
56	31	$8.5790000981193572E-09$	$3.1481391012758888E-09$
56	32	$-2.7030611553292609E-08$	$1.5205317543233561E-08$
56	33	$1.4394403067515250E-08$	$2.5560662073070188E-08$
56	34	$-9.3467365009604126E-09$	$1.2773264421065540E-08$
56	35	$4.1855439251139450E-09$	$-2.0392997489899030E-08$
56	36	$4.9531426593927456E-09$	$9.7498403503221794E-09$
56	37	$-2.5591660178739770E-08$	$-1.8711256485878950E-08$
56	38	$1.5322101548935169E-08$	$-2.2656447180228591E-08$
56	39	$-3.5472632100994032E-08$	$-1.0413181972359199E-08$
56	40	$-1.4287698737672810E-08$	$7.8674679510912097E-09$
56	41	$-1.7404832757375981E-08$	$-3.6160379984470752E-08$
56	42	$-2.4155919176973871E-08$	$6.1534629543356289E-08$
56	43	$-5.7955662029208043E-08$	$-4.0353626301948603E-08$
56	44	$3.3684164125439371E-08$	$6.7358317295381854E-08$
56	45	$-5.8165632480347277E-08$	$2.9008239805475479E-09$
56	46	$8.0045538387696621E-08$	$4.6678779795698002E-08$
56	47	$-3.6829432969901267E-08$	$7.2071325153694886E-09$
56	48	$1.9956809546781731E-08$	$-1.9519964262933199E-08$
56	49	$5.1503280793249212E-08$	$1.4271643703674220E-08$
56	50	$-4.4689067536612654E-09$	$-3.0807798627173160E-08$

阶	次	数　　　　　值	
n	m	$\bar{C}_{nm}$	$\bar{S}_{nm}$
56	51	2.5790077262080708E−08	−3.2111733449172441E−08
56	52	1.8554812559999950E−09	−1.9993621847970261E−08
56	53	−3.3530514139558771E−08	−2.9119325437705201E−08
56	54	6.5078969513961821E−09	1.5740387258520900E−09
56	55	1.2738552004149509E−07	−4.5105162324429591E−08
56	56	−2.1919178373421420E−08	6.5491351160329483E−08
57	0	−2.1243891495712241E−08	0.0000000000000000E+00
57	1	4.1531225927031417E−10	1.9873894089602499E−08
57	2	4.3417614569583733E−09	5.5426278662686363E−08
57	3	7.2763017113695284E−09	1.9890550601183790E−08
57	4	2.8352091228297479E−08	1.0671273735474990E−08
57	5	−4.9042245170945766E−10	−8.4411285598917464E−09
57	6	−1.0691815038230210E−08	−8.3303307735296533E−09
57	7	−2.5327314704575740E−08	−2.5739017197925340E−08
57	8	−1.3070032685694571E−08	1.9360114067206479E−08
57	9	−1.1660168794217701E−08	−1.6806979599113609E−08
57	10	3.0903583289763373E−08	4.2775007179188453E−08
57	11	3.2685671623017221E−08	2.2829537397021192E−08
57	12	3.1556048497262832E−08	2.0189978026834209E−08
57	13	−8.9845618401068049E−09	2.7880872789146231E−08
57	14	2.4442288598510530E−08	1.3110467479758710E−08
57	15	5.4949748479115807E−10	1.3578456246447679E−08
57	16	−2.6828947713793100E−09	5.9707039337331236E−09
57	17	9.4349779495163113E−10	1.4042789694091400E−08
57	18	−6.6511240894019173E−09	5.7368744895617897E−09

阶	次	数 值	
n	m	$\bar{C}_{nm}$	$\bar{S}_{nm}$
57	19	1.5910348372004039E−08	−9.3713262858116040E−09
57	20	−5.0618387304031450E−09	−1.0019795285925850E−08
57	21	−2.6967703819319900E−08	−3.1315575291156651E−08
57	22	−3.5344404747113392E−08	−5.5929039885978847E−08
57	23	−5.6686179805740703E−08	−1.1844040442389340E−08
57	24	−1.7020233517005648E−08	−1.7125111627194060E−09
57	25	3.6562394595858423E−08	1.5692134192673700E−09
57	26	−4.8634076130040093E−08	9.1834642026123978E−09
57	27	4.6130375797864207E−08	3.2556492901524107E−08
57	28	5.4689481576062600E−09	4.6599773260688833E−08
57	29	3.6745930719475888E−08	−1.5119394103802420E−08
57	30	7.7900543131802443E−09	−8.5013810612921877E−09
57	31	1.8504594464247911E−08	−3.8052555878795892E−09
57	32	3.5475679313498653E−08	3.3085574203563761E−08
57	33	1.4726033412290410E−08	−2.2567664250473270E−08
57	34	−4.3056322345365841E−08	−5.9240379288160653E−09
57	35	1.4552897679796521E−08	−7.3424145857240362E−09
57	36	−4.9282339815758892E−08	−8.8800324746045985E−09
57	37	−1.5213122638216710E−10	−3.0109872919255591E−08
57	38	−4.1249824189076837E−08	1.7627589382168950E−08
57	39	−3.9129168006424116E−09	1.2749240438007280E−09
57	40	−1.8941950991629269E−08	2.8549012200682050E−08
57	41	−2.2113855580287060E−09	7.4195491414365042E−09
57	42	5.1678198013408821E−09	6.2487645468054121E−08
57	43	−1.4575337182998440E−08	1.5424311548276471E−09

阶	次	数 值	
n	m	$\bar{C}_{nm}$	$\bar{S}_{nm}$
57	44	1.3216504009769249E−09	3.0557632023929763E−08
57	45	5.8638050373894228E−08	−4.4585190276121127E−08
57	46	5.3921909888683872E−08	6.1019881645414481E−08
57	47	−1.5886993766328458E−08	−6.3739364556579840E−08
57	48	3.2355174011437509E−09	1.9891566410252481E−08
57	49	−1.6635479735933390E−08	−1.4990982908636769E−08
57	50	−1.0138335766194510E−08	−1.1696632609939420E−08
57	51	1.3666576278193531E−09	−7.5584952917716056E−09
57	52	2.4540445362470070E−09	5.0538999901756037E−08
57	53	−5.4284527060827491E−08	−6.2108950701615569E−09
57	54	−1.3647378052313160E−08	6.6573613126338164E−08
57	55	−1.3048754707484809E−08	−3.0174525200948582E−08
57	56	−6.6601689101884101E−08	−9.2417367195420845E−08
57	57	7.6691153671404511E−08	4.5059601692362497E−08
58	0	1.2047513260901750E−09	0.0000000000000000E+00
58	1	1.8823657610989730E−08	−1.1569274748816460E−08
58	2	6.6137421776539104E−09	−1.1193037962724350E−08
58	3	3.8047284062618281E−08	4.1794160984964171E−08
58	4	5.5737543807119143E−08	2.9800174574788202E−08
58	5	2.5055862915150868E−09	3.0012350802429448E−10
58	6	1.1726187366599299E−08	9.3511389743938401E−09
58	7	−6.1739502710402631E−09	3.2225289379238009E−09
58	8	−2.2337933506376671E−08	1.7903454140434040E−08
58	9	−2.0217869838145092E−09	−2.1435894067361030E−10
58	10	3.7303900856690607E−08	−1.8138281549426479E−08

阶	次	数　　　值	
n	m	$\bar{C}_{nm}$	$\bar{S}_{nm}$
58	11	2.5380019538382131E−09	−1.2625375602838040E−09
58	12	1.9190552835155001E−09	−2.5326884839777791E−08
58	13	4.3349935657125041E−08	−5.5039857107314157E−09
58	14	2.6400208518652658E−09	−5.5199832398728522E−09
58	15	2.2896118562855858E−08	−6.7167294601887563E−09
58	16	−1.8814575065865669E−08	1.1681224069162469E−08
58	17	−1.2918549972594160E−08	−3.6447320615214430E−09
58	18	1.7610499348107371E−08	1.9426009155064079E−08
58	19	1.7472656472487431E−09	1.6190316469249129E−08
58	20	−1.8627153910916749E−08	1.3661725487086760E−08
58	21	−2.0974739804714060E−08	1.6783131812981899E−08
58	22	−3.0029943880694499E−09	2.2584725860829389E−08
58	23	−4.5605096042276997E−08	6.1863124735647972E−08
58	24	−1.1172942407539200E−08	4.3210625972034012E−09
58	25	2.4901249666543930E−08	3.9213295773485751E−08
58	26	−3.5074484593944872E−08	−2.3026039630124899E−08
58	27	2.4936154099689351E−08	−2.6145367340125850E−09
58	28	−3.4510547743000031E−08	−3.3592497547361561E−08
58	29	1.9908993362642989E−08	−2.9174410008416009E−08
58	30	−1.2495981031819341E−08	−3.1093920172654300E−08
58	31	−1.8705067364975680E−08	−5.4283131902508492E−08
58	32	2.5565181696173861E−08	−1.6915591003628391E−08
58	33	−2.6439019069162840E−08	3.0067905518930157E−08
58	34	−1.5246597035486791E−08	−1.9786593599663089E−08
58	35	1.2793002485075790E−09	9.3491926090917502E−10

阶	次	数　　值	
n	m	$\bar{C}_{nm}$	$\bar{S}_{nm}$
58	36	$-4.6691491419155172E-08$	$2.3502395496399610E-08$
58	37	$1.3087725087608799E-08$	$2.8977138289796159E-08$
58	38	$-4.1402226929529901E-08$	$1.5078509727562809E-08$
58	39	$4.4214687863619512E-08$	$-7.6762173132433868E-09$
58	40	$-3.0990227692192272E-09$	$-1.4164079832113559E-08$
58	41	$2.0990087804697419E-08$	$2.5570376925147250E-09$
58	42	$3.3703528780648941E-08$	$-1.4487124682240640E-08$
58	43	$1.4021584496293430E-08$	$-1.2582895918467361E-08$
58	44	$3.2567836769240513E-08$	$-3.6295402617081532E-08$
58	45	$4.2916409929425503E-08$	$-1.8036956983188720E-08$
58	46	$-7.1144538258152400E-08$	$3.2872365133388802E-08$
58	47	$9.5521659354754124E-09$	$-6.3597445424838331E-08$
58	48	$-4.7810928558461138E-08$	$7.4243998925716279E-09$
58	49	$-1.1742980318201830E-08$	$-1.1000940432308250E-08$
58	50	$-9.3381588076665514E-09$	$2.5630718719408970E-08$
58	51	$1.6319329828924680E-09$	$1.4570838989938131E-08$
58	52	$1.8271757614159821E-09$	$5.8032807572724532E-08$
58	53	$2.5546615691538040E-08$	$3.7894814319004807E-08$
58	54	$1.5635265611709542E-08$	$2.6840692699293371E-08$
58	55	$1.9961030200840940E-08$	$2.8679403475494671E-09$
58	56	$2.6822056952802661E-08$	$-6.4701730814571170E-09$
58	57	$-4.8004650079194133E-08$	$7.5216170477841512E-08$
58	58	$2.9862851975805060E-09$	$-7.1622010981229529E-08$
59	0	$-7.5091581591094091E-08$	$0.0000000000000000E+00$
59	1	$-1.9038071578597198E-09$	$-2.3483280674136780E-08$

阶	次	数　　　值	
n	m	$\overline{C}_{nm}$	$\overline{S}_{nm}$
59	2	2.0318680730819010E−08	−4.9375869395951407E−08
59	3	2.3185171040539781E−08	−1.7057122867018701E−08
59	4	−2.0501298053190071E−08	−7.1577687868231148E−09
59	5	4.1831845702114471E−09	9.6073912894566784E−09
59	6	3.5221516357942591E−08	1.6661748674528059E−09
59	7	3.2000972955992507E−08	3.8829937775706441E−09
59	8	2.5430958332904771E−08	−6.7540867044082994E−09
59	9	−1.4493939798645620E−08	1.5891521408192990E−08
59	10	1.2874284962696370E−09	4.9885131653795834E−09
59	11	−3.2806495147442693E−08	−9.4803948887888155E−09
59	12	−7.8136808023975637E−09	−3.0069108831890848E−08
59	13	4.0228082095788072E−08	−1.2762531030684760E−08
59	14	−5.9028641583681418E−09	1.1634597752272309E−08
59	15	−3.2508033424529872E−08	−3.7505592204065928E−08
59	16	−5.2234996422991854E−09	2.8758974462518200E−09
59	17	−1.201023357195546−08	−2.1938299757070819E−08
59	18	5.1868305551150567E−09	4.2225453930158641E−09
59	19	5.8747968733477918E−10	1.4066593209169590E−08
59	20	−3.7582430819860744E−09	7.0336643826736384E−09
59	21	−7.8952599520638866E−09	2.4664626335780549E−08
59	22	−4.6400764232985528E−10	4.1486787053903252E−08
59	23	1.8873261728867758E−08	1.0337249402667921E−08
59	24	1.7712504152170731E−08	2.1450436035769050E−08
59	25	−2.2263659735897861E−08	2.6412184918243660E−08
59	26	1.6413954634663330E−08	−2.5609734872547449E−08

阶	次	数 值	
n	m	$\bar{C}_{nm}$	$\bar{S}_{nm}$
59	27	$-1.9828682667067850E-08$	$-1.0496627129445150E-08$
59	28	$-2.8285367913793619E-08$	$-3.2686185070609621E-08$
59	29	$-1.4577962014205940E-08$	$2.1734115584931960E-09$
59	30	$-8.5797045139896771E-09$	$-3.1044197978555687E-08$
59	31	$2.5368981154946951E-09$	$2.5025684864256909E-08$
59	32	$-3.0376217549835529E-10$	$-1.1263180700285919E-08$
59	33	$1.9964445388565680E-08$	$-1.4656666546230770E-08$
59	34	$3.3952555621562273E-08$	$8.8164171379139259E-09$
59	35	$-1.7056905050651480E-08$	$2.5554551543429871E-08$
59	36	$3.5816639882684607E-08$	$2.3489390627850799E-08$
59	37	$-2.0323626740639240E-08$	$4.6491441134576053E-08$
59	38	$5.1771774762910912E-08$	$-3.5850292843105938E-08$
59	39	$2.8797940652478778E-08$	$1.6873684517769471E-08$
59	40	$6.8679205939191540E-09$	$-2.5002977481646728E-08$
59	41	$-3.1340550209916322E-08$	$4.9162597200635843E-09$
59	42	$-3.4660745619997700E-08$	$-4.7308379329145953E-08$
59	43	$-8.8810821045887877E-09$	$-6.3306309091624832E-09$
59	44	$6.4757674880955480E-10$	$-5.3427916352357057E-08$
59	45	$-1.4954267628976579E-08$	$2.8488296800838760E-08$
59	46	$-1.9036033461663869E-08$	$-3.1268568793447031E-08$
59	47	$3.9656198555560764E-09$	$4.2271568047756767E-09$
59	48	$-2.0641280280147881E-08$	$3.5031907135038968E-08$
59	49	$2.1222103459619591E-08$	$8.5315373284775782E-09$
59	50	$1.1327130843346560E-08$	$3.4548304209638693E-08$
59	51	$3.7628158169680752E-08$	$-2.8592771040614770E-08$

阶	次	数　值	
n	m	$\bar{C}_{nm}$	$\bar{S}_{nm}$
59	52	9.7025198985422034E−09	1.0715546914694281E−08
59	53	7.3038998467914648E−09	1.4802828937142580E−08
59	54	1.9530101503351350E−08	−5.1370145254809817E−08
59	55	3.0875791679519418E−08	2.5066639639273108E−09
59	56	2.8809792820601490E−08	−1.2008492805136421E−09
59	57	−3.2873226969815460E−08	−1.1065316936877790E−08
59	58	5.3696086964138218E−08	4.7224842380252853E−08
59	59	−5.5454066056719202E−08	3.1334102107489401E−08
60	0	−3.3108636764790851E−08	0.0000000000000000E+00
60	1	6.3245531296261832E−11	1.3490441539497419E−09
60	2	1.9917628107598070E−08	1.7868898713223569E−08
60	3	−5.3664678607413780E−09	−4.7914590742039280E−09
60	4	−1.9702723680909059E−08	−1.4700802313100581E−08
60	5	−3.1372550271836148E−08	5.4229768058367593E−09
60	6	2.7005349245876980E−08	−1.8300971074691819E−08
60	7	6.8339248381042761E−09	−2.9258135055096260E−09
60	8	4.1861779483395059E−09	−2.7012099850646041E−08
60	9	2.4093985319316018E−09	4.7922791286457374E−09
60	10	−1.5008138379742071E−08	1.2585563615914220E−08
60	11	4.0929390562970649E−09	1.7236051224280698E−08
60	12	1.1122976597496199E−08	2.0862382491447250E−08
60	13	1.9375664288297401E−08	3.1833057034099230E−08
60	14	−7.6025086486352066E−09	5.1858593199798893E−08
60	15	2.0211657793549460E−08	−2.3676682501497068E−08
60	16	−1.9360838497187169E−08	−3.3400658435871957E−08

阶	次	数 值	
n	m	$\bar{C}_{nm}$	$\bar{S}_{nm}$
60	17	2.9353412859014520E−08	2.5009634169745061E−08
60	18	−2.7767092525729980E−08	−3.2434893251114942E−08
60	19	1.0414563404275889E−08	−4.5462551687539688E−09
60	20	−1.1057579273098140E−08	1.6959288955175360E−08
60	21	3.3209209507735702E−08	−1.5981218452971819E−08
60	22	1.2478825021207209E−08	−3.6244843463215112E−08
60	23	2.4340366484305301E−08	−3.7137298386868547E−08
60	24	6.9303493912016028E−09	−1.3315350467132830E−08
60	25	−6.8193795670069533E−09	1.1697190004464080E−08
60	26	−7.8225781758718595E−09	5.4713411424861923E−08
60	27	−3.0587836825738218E−08	−1.5604018594999539E−08
60	28	3.3586045157243922E−08	2.8615082870361401E−08
60	29	4.2172744534238094E−09	3.5869153661210820E−08
60	30	3.0185643205040271E−08	2.8032185975427322E−08
60	31	−8.1002103258777091E−09	3.2656442856011377E−08
60	32	−4.2162348396286048E−08	−2.0099365896839279E−08
60	33	2.5400824161614969E−08	1.0319427932579880E−08
60	34	1.3035789685759499E−08	−2.5766316510051400E−08
60	35	5.5282965374147284E−09	1.2923405054370780E−08
60	36	−1.2742321344060860E−08	1.1381796973302179E−09
60	37	−1.6661615216549660E−09	−2.1232802026805081E−08
60	38	3.0021625016959630E−08	−2.5850736439286800E−09
60	39	−1.4648412475004110E−08	−2.9522087276308460E−08
60	40	1.5473206744825189E−08	1.5330230901398549E−08
60	41	−1.3721112616586730E−08	1.8260290052167121E−08

阶	次	数　值	
n	m	$\bar{C}_{nm}$	$\bar{S}_{nm}$
60	42	$-1.9402335532355100E-08$	$-8.5448126017970379E-09$
60	43	$-7.4084173924363597E-10$	$1.0594094195039840E-08$
60	44	$-2.4931723796387840E-08$	$2.7318223017861991E-08$
60	45	$-2.1382153577429429E-08$	$3.3875496356341523E-08$
60	46	$3.2993927467381813E-08$	$-3.8992381867388593E-08$
60	47	$-1.9201224723136971E-08$	$3.9756671452646441E-08$
60	48	$3.9387678175265283E-08$	$2.6107738260247449E-08$
60	49	$2.1849854251892091E-08$	$6.2413103119478465E-08$
60	50	$-3.1633782337288500E-09$	$-3.1661047792882230E-08$
60	51	$9.2632542761942713E-09$	$3.5166982217625498E-09$
60	52	$-2.4168316693313160E-08$	$-5.2756977043446752E-09$
60	53	$-4.2070791251197377E-09$	$-3.2588993781587271E-09$
60	54	$1.1708264116049810E-08$	$-3.0161967265025688E-09$
60	55	$-5.9913661584365440E-08$	$-2.1727304165026729E-09$
60	56	$-3.4349111983262941E-08$	$-1.8121887940579761E-08$
60	57	$-1.1491508456620339E-08$	$1.9407185362639842E-09$
60	58	$-2.0323657779749828E-08$	$6.8802901325972923E-08$
60	59	$-1.8435731254147809E-08$	$-6.7674814100362951E-08$
60	60	$3.5480644283013412E-08$	$3.2671657999570567E-08$
61	0	$-2.9130180219896170E-08$	$0.0000000000000000E+00$
61	1	$1.5529868065833130E-08$	$3.2834716479107740E-08$
61	2	$1.4149065639100971E-08$	$-5.1303556170471017E-09$
61	3	$1.6457750563703200E-08$	$-1.7658601641076590E-08$
61	4	$-2.9831405430521712E-09$	$-1.1442665281632510E-08$
61	5	$-3.3143261645858673E-08$	$5.1267789933400538E-09$

阶	次	数 值	
n	m	$\bar{C}_{nm}$	$\bar{S}_{nm}$
61	6	$-3.0168647462827941E-08$	$-3.7057223003806122E-10$
61	7	$-6.4657091527999573E-09$	$-1.3880826635212660E-08$
61	8	$-1.0663425428489990E-08$	$-9.3900374284642398E-09$
61	9	$3.0074241388433618E-09$	$-2.1231270239997931E-08$
61	10	$1.9930166846039130E-08$	$-2.3660012429757289E-08$
61	11	$-6.9389008014433722E-09$	$1.4593403859407450E-08$
61	12	$3.6514408191221033E-08$	$1.4760965337687591E-08$
61	13	$3.9344717569271672E-08$	$-8.9846692011105705E-09$
61	14	$1.0063751701860420E-08$	$-2.4265074674296419E-08$
61	15	$1.0756445290579779E-08$	$2.6615225288869419E-08$
61	16	$4.3158058429207126E-09$	$-1.7219579638812131E-08$
61	17	$-7.0136574273283194E-09$	$1.0368676022094290E-08$
61	18	$1.9780118079406259E-08$	$1.5873613629791469E-08$
61	19	$3.6585976473783750E-09$	$3.8486624377278551E-08$
61	20	$-1.2104457686059771E-08$	$3.8810671014025192E-08$
61	21	$-2.0169405665127871E-08$	$-1.4027611613523641E-08$
61	22	$-4.2652611167724140E-08$	$-2.9095642112579291E-08$
61	23	$8.9313465924684437E-10$	$9.5200986060911763E-09$
61	24	$-3.4078779112168460E-09$	$-3.7299217412466573E-08$
61	25	$4.0695776472107601E-08$	$-1.7135515675758431E-08$
61	26	$-2.6037754530014981E-09$	$1.0193130700765800E-08$
61	27	$9.2865456393948503E-09$	$2.6780787089180259E-08$
61	28	$2.5554012749534961E-08$	$-1.4537228785195599E-08$
61	29	$2.5280999273120370E-08$	$-3.5637875215108240E-08$
61	30	$1.7582074742540351E-08$	$2.9899262696523020E-10$

阶	次	数 值	
n	m	$\bar{C}_{nm}$	$\bar{S}_{nm}$
61	31	$-1.9461396102115349E-08$	$4.7193195834991026E-09$
61	32	$1.9286211346271760E-08$	$2.0751588640982350E-08$
61	33	$-1.5850408859360691E-09$	$9.2103801168139082E-09$
61	34	$-1.4160166665933209E-08$	$1.6323826558519009E-08$
61	35	$-1.9594216975646720E-08$	$-2.0211202389776729E-08$
61	36	$-3.0488919401607970E-09$	$-1.7035973644770961E-08$
61	37	$-2.7772349810590451E-08$	$-6.0257207365959393E-09$
61	38	$4.2172410190415502E-10$	$5.5811510020746159E-09$
61	39	$-1.1375231310601739E-08$	$-2.9951172321742539E-09$
61	40	$-1.3969940626541909E-08$	$2.0834768995022729E-08$
61	41	$1.6011818928376410E-09$	$-2.0980672613247059E-08$
61	42	$3.0729257136870482E-08$	$4.2547884423009183E-09$
61	43	$-1.4520699531900530E-08$	$-5.5374200285790552E-08$
61	44	$-2.0015657687847040E-08$	$2.2249604901400101E-08$
61	45	$2.4953631732441051E-08$	$-4.8949003577835138E-09$
61	46	$1.1233947058348081E-08$	$1.3245605516922701E-08$
61	47	$-9.6766872945171317E-09$	$8.6435694090469070E-09$
61	48	$1.4072970334352799E-08$	$7.2205829690304423E-09$
61	49	$-5.7078183596301883E-08$	$8.5056731039286548E-09$
61	50	$7.1930503799837444E-09$	$-4.1268630993802851E-08$
61	51	$-4.7711693604012778E-08$	$3.8042974530092843E-08$
61	52	$-7.2881536601116533E-09$	$-3.5168580491916767E-08$
61	53	$-3.2908535821920413E-08$	$-9.8534605160237535E-11$
61	54	$1.4528655891089940E-08$	$2.1259484567587670E-08$
61	55	$-3.6668880715493373E-08$	$2.3869613556866231E-08$

阶	次	数　　　　值	
n	m	$\bar{C}_{nm}$	$\bar{S}_{nm}$
61	56	$-2.4389956927733500\mathrm{E}-08$	$7.4085640226178401\mathrm{E}-08$
61	57	$1.1679374141286490\mathrm{E}-08$	$2.4537594708907748\mathrm{E}-08$
61	58	$-2.2395473238179290\mathrm{E}-08$	$2.6334614456163300\mathrm{E}-09$
61	59	$5.1684992799776827\mathrm{E}-08$	$3.3593287010680960\mathrm{E}-09$
61	60	$-6.7508690586049999\mathrm{E}-08$	$3.3375087509244801\mathrm{E}-08$
61	61	$3.6241042619557372\mathrm{E}-08$	$-4.8316793410786897\mathrm{E}-08$
62	0	$-1.5237515803023880\mathrm{E}-08$	$0.0000000000000000\mathrm{E}+00$
62	1	$-1.8531919623790820\mathrm{E}-08$	$-3.8890275894473930\mathrm{E}-08$
62	2	$2.6108324327238651\mathrm{E}-08$	$-1.9842457978630911\mathrm{E}-08$
62	3	$4.2407549595154972\mathrm{E}-08$	$-1.6179649107590579\mathrm{E}-08$
62	4	$-7.7063873401823322\mathrm{E}-09$	$1.2432801385891009\mathrm{E}-08$
62	5	$3.2581293698565353\mathrm{E}-08$	$-5.6766528212745827\mathrm{E}-09$
62	6	$-1.4658916811607160\mathrm{E}-08$	$5.9576260707113587\mathrm{E}-08$
62	7	$-3.9890929756252423\mathrm{E}-09$	$-6.3333303134135598\mathrm{E}-09$
62	8	$9.5311643639130883\mathrm{E}-09$	$-1.1989756675781740\mathrm{E}-08$
62	9	$1.2603488219635900\mathrm{E}-08$	$1.2334063269542271\mathrm{E}-09$
62	10	$-3.3586311941422273\mathrm{E}-08$	$-4.1395503370154489\mathrm{E}-09$
62	11	$6.1661044849132983\mathrm{E}-09$	$-2.3408994990373239\mathrm{E}-08$
62	12	$4.8757776369615850\mathrm{E}-09$	$-1.5201455089911658\mathrm{E}-08$
62	13	$1.5883538421322579\mathrm{E}-08$	$-4.2983444724078311\mathrm{E}-09$
62	14	$1.3433005727536640\mathrm{E}-08$	$-1.1422657934616931\mathrm{E}-08$
62	15	$-1.2029071301056259\mathrm{E}-08$	$-2.7557318117520870\mathrm{E}-08$
62	16	$7.7882338370000420\mathrm{E}-09$	$-2.5350499849952258\mathrm{E}-08$
62	17	$4.9838941593198823\mathrm{E}-09$	$2.7034807211267029\mathrm{E}-09$
62	18	$-1.7288389745254151\mathrm{E}-08$	$1.2489286978839300\mathrm{E}-08$

续表

阶	次	数 值	
n	m	$\bar{C}_{nm}$	$\bar{S}_{nm}$
62	19	1.2281820432965430E−08	2.4847339811281221E−08
62	20	−1.0337069721714379E−09	−1.9970529921677881E−08
62	21	−2.3690547845982088E−08	1.2102811683585121E−08
62	22	−1.5988580605384198E−08	−8.4821073918670880E−09
62	23	−3.2092207693364531E−08	1.5436539399695551E−08
62	24	−1.1143510954642609E−09	−2.5457776578700371E−08
62	25	−9.1111602875161020E−09	−2.4785466123360571E−08
62	26	1.5086398695480401E−08	−1.7569935717630292E−08
62	27	1.1961857516279410E−08	2.9798041182599981E−08
62	28	−8.3799048164308070E−09	−3.0645532958038268E−08
62	29	−1.5772310985773290E−09	−4.9885344027723107E−08
62	30	1.4967123397842400E−09	1.4874585323265660E−08
62	31	5.9851869110575440E−09	−2.3356982632812680E−08
62	32	−1.7785868028923150E−08	4.0816476569953163E−08
62	33	−2.5858098267769959E−08	6.7459020995067190E−09
62	34	−7.9590917717540688E−10	−1.4623329643685180E−08
62	35	2.9509128667746738E−08	−2.4503406605707760E−08
62	36	−3.6209574607675588E−09	−4.5808145535708322E−09
62	37	−2.0162433359424589E−08	1.1428781780599639E−08
62	38	−2.5236457595484909E−08	5.7275103076928867E−08
62	39	1.1712322362681351E−08	3.2980073222288307E−08
62	40	1.6212797664427780E−08	2.2758704808720628E−08
62	41	3.5410149297695009E−09	1.3804061048909900E−08
62	42	1.3384187922083369E−08	−8.7289276407054339E−09
62	43	8.6505787374064707E−11	−4.3873275702569212E−08

阶	次	数 值	
n	m	$\bar{C}_{nm}$	$\bar{S}_{nm}$
62	44	$-6.3056408848101623E-09$	$-3.3079824827468210E-09$
62	45	$2.2754650441098491E-08$	$5.1390233117784097E-09$
62	46	$3.0819811511665142E-09$	$-1.4273101957530629E-08$
62	47	$-7.5348848260711023E-09$	$-1.8025989986679691E-08$
62	48	$1.3809380157297630E-08$	$-3.2442066624646798E-08$
62	49	$3.1318184977251897E-08$	$-6.2576428901603979E-08$
62	50	$8.9179426240111851E-10$	$3.8099888193077211E-10$
62	51	$-2.7848743062215911E-08$	$9.2974945957549845E-09$
62	52	$9.7184651794905158E-09$	$3.1420874280204581E-08$
62	53	$-1.7804636772243061E-08$	$5.1381699601684186E-09$
62	54	$2.1683751028216750E-08$	$7.6022286441440682E-10$
62	55	$-7.9774227183647397E-09$	$2.7134453637222849E-08$
62	56	$5.0374589917884743E-08$	$2.6010517162053260E-08$
62	57	$5.6780152753494277E-08$	$-1.2392053686854310E-08$
62	58	$1.0037816453422260E-08$	$-6.5769348915798304E-10$
62	59	$-6.9343878286298350E-09$	$2.2798363187571119E-09$
62	60	$-2.7079507981401400E-08$	$-2.2071484646482510E-08$
62	61	$1.6646941052809011E-08$	$3.8330530122948437E-08$
62	62	$-1.0215911116872690E-08$	$-1.6276937368969710E-08$
63	0	$-7.5943791443928821E-08$	$0.0000000000000000E+00$
63	1	$2.7691886944838320E-08$	$2.0596816742636831E-08$
63	2	$2.9715992967965741E-08$	$-1.7168373104857661E-08$
63	3	$3.6873414498162663E-08$	$-2.5481699502382870E-08$
63	4	$-8.6167308610847245E-09$	$-3.2519014195806118E-08$
63	5	$4.0651639086864612E-08$	$-1.8003473493273741E-08$

续表

阶	次	数 值	
n	m	$\bar{C}_{nm}$	$\bar{S}_{nm}$
63	6	2.1585136644879010E－08	1.7570149368159169E－09
63	7	－1.1290846936463471E－08	1.7467714563693679E－08
63	8	2.3337178975136330E－08	3.2342114375696358E－10
63	9	－2.2275180302268201E－08	2.7953733130668779E－08
63	10	－1.2816806413405159E－08	－3.0267227144410613E－08
63	11	2.5801605711006790E－08	－8.7939024430990625E－09
63	12	－1.8389379773050990E－08	1.8646342369911689E－09
63	13	－8.4856291370786422E－09	－1.5355320220804460E－08
63	14	－5.7087279085419957E－10	1.5452907644911679E－08
63	15	－2.1011376973990970E－08	－1.3767017009901371E－08
63	16	－2.2581395192308731E－09	－1.0872859509997521E－08
63	17	1.8134489519029020E－08	1.8866335532876371E－08
63	18	1.4017258991706780E－08	4.9816702576110223E－09
63	19	－1.1532560068250120E－08	－1.0690957080519140E－08
63	20	－1.6216888705302001E－08	－1.3947410885202230E－08
63	21	7.4627265733165043E－09	－1.3996209166237691E－08
63	22	4.0529018113074132E－08	3.5932579945092962E－08
63	23	－7.4140290180824763E－09	－7.5820510940248867E－09
63	24	－8.2268754280088796E－09	－3.6127920586659491E－08
63	25	－2.1304690264748699E－08	－1.4957233990301941E－08
63	26	1.7685548783221130E－08	1.9841475566080699E－08
63	27	－1.1455959894545491E－08	－1.6962190771507431E－08
63	28	1.6142319292065671E－08	－1.9732834012873990E－09
63	29	－2.1866482064642398E－09	2.4083746321721769E－08
63	30	3.1877162289184529E－09	－6.1278281164164450E－09

阶	次	数 值	
n	m	$\bar{C}_{nm}$	$\bar{S}_{nm}$
63	31	$-1.0248441393665220E-08$	$-2.0206976321949530E-09$
63	32	$-2.7234181345502660E-08$	$-2.1901469298433940E-08$
63	33	$-1.3681752825881160E-08$	$-9.8587973153148841E-09$
63	34	$2.4508437244074708E-09$	$-1.1639560393034890E-08$
63	35	$2.6985356025638891E-08$	$-1.3436037276956600E-08$
63	36	$8.5539703263784263E-09$	$-3.8432582882081003E-08$
63	37	$4.4998393615860222E-11$	$-1.6988121256300739E-09$
63	38	$2.3426928395581240E-09$	$1.9971330821829790E-08$
63	39	$2.1915572602372571E-08$	$3.3133479841437401E-08$
63	40	$-1.4030583486448660E-08$	$4.1440567158597643E-09$
63	41	$1.0604175304375370E-08$	$3.9141296193608923E-08$
63	42	$-6.2309782507947553E-09$	$-1.2809717854969799E-08$
63	43	$1.8283900942308952E-08$	$-1.1825406610819371E-08$
63	44	$-1.4350276195345560E-08$	$-1.4573448661338410E-08$
63	45	$-1.0734452180132770E-08$	$-5.6054527630036539E-09$
63	46	$1.7038843727042671E-08$	$8.4339169316858392E-11$
63	47	$-1.4760539493376309E-08$	$-3.3815780174300388E-08$
63	48	$-1.6937755172712510E-08$	$2.5692447630744990E-09$
63	49	$1.2180462333865850E-08$	$1.2432215099747449E-08$
63	50	$-1.2255077769720080E-08$	$-2.4908844982229320E-08$
63	51	$5.6630020038144770E-09$	$-2.4457413764056681E-08$
63	52	$-2.4661508290094039E-08$	$-2.2921855890018601E-08$
63	53	$1.1637836156486369E-08$	$1.0189376128409431E-08$
63	54	$1.2442202938712420E-08$	$-6.5595671661389934E-09$
63	55	$7.2766949901697839E-09$	$-1.1520326893344109E-08$

续表

阶	次	数 值	
n	m	$\bar{C}_{nm}$	$\bar{S}_{nm}$
63	56	3.0654557296558080E−08	−6.3128240915831324E−08
63	57	4.4031401037442877E−08	−5.6483314238897011E−08
63	58	−5.3451733517514187E−08	−5.9259095870344957E−08
63	59	−1.2320226727700480E−08	2.5111463673349749E−08
63	60	−5.4728023000676557E−08	−4.2272795648675733E−08
63	61	−4.2589592191794903E−08	4.3703780610828117E−08
63	62	−2.0580522002390040E−08	−1.5820159253095019E−08
63	63	−2.5449001938065469E−08	−6.4648636006584637E−09
64	0	−7.4449382843840351E−08	0.0000000000000000E+00
64	1	−3.2134535975874391E−08	−1.6485777335694871E−08
64	2	−3.7492543129441683E−09	1.3989217029388180E−08
64	3	1.1949846982847500E−08	−8.4259339503889063E−10
64	4	−2.2267209979357219E−08	1.2605373709994350E−08
64	5	3.3873868285291153E−10	−1.8065489002329500E−08
64	6	8.9096702309749915E−09	−4.9286018744709774E−09
64	7	−3.5382643338429680E−09	−3.4717499330702748E−09
64	8	−1.1774387069060490E−08	1.1748360948792639E−08
64	9	−1.4973808522952140E−08	1.1302390381946730E−08
64	10	1.3055379067334780E−08	−4.0030665164994817E−08
64	11	3.2870122447696898E−10	1.8224206276661419E−08
64	12	−5.9965209405000724E−09	1.3853505417795390E−09
64	13	9.0410021707575163E−09	−7.5510374028616690E−09
64	14	−3.7209465964807762E−08	−4.2987766684075811E−10
64	15	−4.4379149684779142E−08	2.3299596621458512E−08
64	16	−1.7626855847295689E−08	6.2157194776472199E−09

阶	次	数 值	
n	m	$\bar{C}_{nm}$	$\bar{S}_{nm}$
64	17	3.9374075132516584E−09	6.7448865385620587E−09
64	18	2.5398015896857329E−08	−2.0608960605843340E−08
64	19	1.7961973559312631E−09	−1.0707300577863900E−08
64	20	1.1344068421875490E−08	−1.0337467631336110E−08
64	21	−1.6329697188216859E−08	−1.1599086132585630E−08
64	22	−1.1826052197356130E−08	−6.0245486094387539E−10
64	23	9.7865609250484410E−09	−2.1254358112118091E−09
64	24	1.3326889233735801E−08	−1.8353970354225579E−08
64	25	1.6039271648389301E−09	1.1577484419109340E−09
64	26	6.7419341769582543E−09	4.3803129147250249E−09
64	27	−4.2572441442897538E−08	1.6447796974506020E−08
64	28	1.8019192646612490E−08	3.5679029733359628E−08
64	29	1.2862418179503711E−08	3.2413425183845530E−09
64	30	2.7932509454073880E−08	−4.1264183964135603E−08
64	31	1.2080390048981080E−08	−8.2059721167175321E−09
64	32	−1.6945265954974461E−08	3.8943986894285802E−09
64	33	−1.4229095853173079E−08	2.9762120309613048E−09
64	34	3.1612763298350502E−08	3.8557911234177184E−09
64	35	−2.2895209443881589E−08	−2.5036190661753769E−08
64	36	−2.6383351436709791E−08	1.3499765909527250E−08
64	37	9.6902701371694182E−09	−7.4978812404463664E−09
64	38	3.2302734095519121E−08	5.7763257225849601E−09
64	39	9.2014524965311663E−09	−4.3343440936829571E−08
64	40	1.2500707896537740E−08	−2.3071652648993489E−08
64	41	−3.4261154811809672E−08	9.9700017766030358E−09

阶	次	数 值	
n	m	$\bar{C}_{nm}$	$\bar{S}_{nm}$
64	42	$-6.0097416286279361E-09$	$-7.7594686952157254E-09$
64	43	$5.5981717673728683E-09$	$-7.1833355198882459E-09$
64	44	$-4.5141217304534722E-09$	$-1.6580659027018880E-08$
64	45	$2.7892950242233871E-08$	$-4.8742945589521472E-09$
64	46	$2.2514602818244649E-08$	$8.6996466927462183E-09$
64	47	$-1.2479549898600280E-08$	$9.3920250571008670E-10$
64	48	$-2.4785510931200299E-08$	$1.2907566793828089E-08$
64	49	$1.6972193536732529E-08$	$-3.7873617031007326E-09$
64	50	$-3.0299127083561782E-08$	$-3.0484224224850741E-08$
64	51	$-1.3252912803313040E-08$	$3.9640373769328083E-09$
64	52	$-3.3698528811638562E-08$	$-5.5677655380967583E-08$
64	53	$-9.2669226579688220E-09$	$1.1495155773228341E-08$
64	54	$4.6573109109871371E-09$	$-2.2315904896199261E-08$
64	55	$-2.6882956434639729E-08$	$-2.3961277104260370E-08$
64	56	$-6.5945074783442799E-10$	$-2.6234657020469080E-08$
64	57	$-3.7246900749063552E-08$	$3.7724029179669770E-08$
64	58	$-6.8754005123588049E-08$	$-5.3971610062573252E-08$
64	59	$-4.8033710371110173E-09$	$6.2434348030641530E-08$
64	60	$2.3488664348531219E-08$	$2.1329346999039952E-09$
64	61	$-4.0000339574457222E-08$	$1.7497056396858609E-08$
64	62	$3.9607914432958911E-08$	$-2.2609578386970621E-08$
64	63	$-2.6201067067444270E-08$	$-8.3667973718990166E-09$
64	64	$4.0556285026030066E-09$	$-9.9324223921493445E-09$
65	0	$-5.0373649385218523E-08$	$0.0000000000000000E+00$
65	1	$6.1440539320017990E-09$	$-7.3607481231004046E-09$

阶	次	数 值	
n	m	$\bar{C}_{nm}$	$\bar{S}_{nm}$
65	2	$-1.4635090586904640E-08$	$-5.1984539933336634E-09$
65	3	$6.2562626963645239E-09$	$-6.8179442273111503E-09$
65	4	$3.3705657305245552E-08$	$2.1351986563289321E-08$
65	5	$-1.9246751793774729E-08$	$-2.7083970664319688E-08$
65	6	$-4.5288519985819274E-09$	$1.9039640424468279E-08$
65	7	$-2.5659830547821631E-08$	$1.1022507125668020E-08$
65	8	$7.9347509260707208E-09$	$3.5511712100806723E-08$
65	9	$1.5401658170595368E-08$	$5.3594821677913671E-09$
65	10	$-2.5809139451387951E-09$	$-8.3292193719512204E-09$
65	11	$1.4100032511657780E-09$	$-2.2518063783763170E-08$
65	12	$4.3118968323305323E-09$	$-1.1618847909717671E-08$
65	13	$6.8293793248579268E-09$	$-1.0878535838740319E-08$
65	14	$-1.1081929376683840E-08$	$-1.1895911150363309E-08$
65	15	$9.7889811481527806E-09$	$1.1904730172792501E-08$
65	16	$-3.1444998525805007E-08$	$-2.8509849941932471E-09$
65	17	$1.6247572368627081E-08$	$4.5265727055545253E-09$
65	18	$4.1676774145368996E-09$	$2.7571868182857240E-09$
65	19	$-3.9612755821232552E-08$	$2.5208021030743451E-08$
65	20	$2.4577179208149300E-09$	$-1.4391668058398869E-08$
65	21	$-9.6027204302834200E-09$	$-1.7409428699283549E-08$
65	22	$-1.3545664642899019E-09$	$8.3126594875122052E-09$
65	23	$8.2090969518756101E-09$	$5.2765129898844763E-09$
65	24	$3.0660605977806902E-08$	$-3.6280898587319020E-08$
65	25	$-2.4574278556145440E-08$	$1.1973212969424260E-08$
65	26	$-1.3646774177153830E-08$	$1.9519863897160289E-08$

阶	次	数　　值	
n	m	$\overline{C}_{nm}$	$\overline{S}_{nm}$
65	27	$-3.1764100657395569\text{E}-09$	$9.6565869752210594\text{E}-09$
65	28	$-2.6050493131592851\text{E}-09$	$2.8153271783866631\text{E}-08$
65	29	$1.9295938033527311\text{E}-08$	$-1.3381067137353790\text{E}-08$
65	30	$3.3409535004024399\text{E}-09$	$-1.8397873749283459\text{E}-08$
65	31	$1.6279693651416600\text{E}-08$	$2.7030649219729581\text{E}-09$
65	32	$2.8202449046635931\text{E}-09$	$-1.5206448188486401\text{E}-08$
65	33	$-1.5181683809517251\text{E}-08$	$-1.1246193249582661\text{E}-08$
65	34	$1.2475890277340461\text{E}-09$	$-1.0434873744912081\text{E}-08$
65	35	$3.9654905508864327\text{E}-09$	$-7.7723999802645494\text{E}-09$
65	36	$5.2017553859623486\text{E}-09$	$1.7749107417294802\text{E}-08$
65	37	$-1.6850716526981921\text{E}-08$	$1.6665128322498810\text{E}-08$
65	38	$-2.7203615343007070\text{E}-08$	$1.2988587498351540\text{E}-08$
65	39	$2.3386662955670499\text{E}-08$	$-7.1719720833468350\text{E}-09$
65	40	$-3.7129383033347820\text{E}-09$	$-3.0563488672475012\text{E}-08$
65	41	$-7.8853995174648540\text{E}-09$	$-1.6984244807583050\text{E}-08$
65	42	$-1.4020203210659219\text{E}-08$	$6.4842609462148248\text{E}-09$
65	43	$1.4769575954496240\text{E}-08$	$-1.2399029796778120\text{E}-08$
65	44	$3.1050160585356162\text{E}-08$	$1.3375359606085030\text{E}-08$
65	45	$1.0781936561002179\text{E}-08$	$2.9811617410850281\text{E}-09$
65	46	$5.2390036686861051\text{E}-10$	$-1.8310423713543740\text{E}-08$
65	47	$-1.2110801421473970\text{E}-09$	$2.7016685001210180\text{E}-08$
65	48	$3.1916534239582331\text{E}-09$	$1.7788682233757571\text{E}-08$
65	49	$1.5238141773081521\text{E}-08$	$1.6273399730965211\text{E}-08$
65	50	$3.6261009575424311\text{E}-08$	$2.2138198381060049\text{E}-08$
65	51	$-3.9446887953643409\text{E}-10$	$2.7898937929553481\text{E}-08$

阶	次	数 值	
n	m	$\bar{C}_{nm}$	$\bar{S}_{nm}$
65	52	$-3.6958133701971453E-08$	$-1.6167801717580831E-08$
65	53	$-5.0835342477612115E-10$	$3.6715874633191400E-09$
65	54	$-2.5527075284464231E-08$	$1.0008427383058449E-08$
65	55	$-1.6940959074174489E-08$	$1.1678890022092431E-10$
65	56	$2.8881330745768340E-08$	$1.4622436658367160E-08$
65	57	$-2.4254486119916029E-08$	$1.6180550426335621E-08$
65	58	$-1.6510498842722010E-08$	$2.7629609662246990E-08$
65	59	$-3.3803670117320393E-08$	$2.7052110067149541E-08$
65	60	$4.9117828285767292E-08$	$-1.8497742505408230E-08$
65	61	$-4.1991808355709383E-09$	$-1.8661023655929389E-08$
65	62	$2.5437974304450860E-08$	$4.0496461171912171E-08$
65	63	$-8.7848509700082287E-09$	$-3.7692957462359342E-08$
65	64	$1.5262114405323779E-08$	$-4.1958447869487269E-10$
65	65	$-3.5922044167734411E-08$	$2.8889954922094178E-09$
66	0	$-2.2511520008357951E-08$	$0.0000000000000000E+00$
66	1	$-1.6650898506102991E-09$	$-3.9069590310602421E-10$
66	2	$-5.3228575683501458E-09$	$-1.6755231490103439E-08$
66	3	$2.5622026366651851E-08$	$7.1007004943716289E-09$
66	4	$-3.1719259730059319E-08$	$2.7114090583255869E-08$
66	5	$9.4272380599092478E-09$	$-2.3271167086174029E-08$
66	6	$-1.3213214638993780E-08$	$-5.4621151430621639E-09$
66	7	$-1.5758364019074409E-08$	$3.6587875409956439E-09$
66	8	$2.5988498687538911E-08$	$3.4245514516507097E-08$
66	9	$1.1201192054131471E-08$	$1.0527868825641421E-08$
66	10	$-1.3505846195285391E-08$	$4.7669780607262324E-09$

阶	次	数　　值	
n	m	$\bar{C}_{nm}$	$\bar{S}_{nm}$
66	11	1.3980382427165259E−09	−8.7763576590849478E−10
66	12	−5.8152968995804009E−09	−1.1594443720085560E−08
66	13	1.2113962392989080E−08	1.7907297220382910E−08
66	14	8.0736809527317541E−09	1.5532053708287700E−08
66	15	−4.6397092381545069E−09	3.3628148822002881E−09
66	16	−8.7048008115685909E−09	5.0624127547366181E−10
66	17	−2.3214176814475130E−08	3.0592643580949898E−09
66	18	−1.3406947591252130E−08	9.7283019657205285E−09
66	19	−2.0000254659363359E−09	8.2691117767756523E−09
66	20	−1.7885627099356461E−08	3.0497500095823490E−09
66	21	2.2070174374221470E−08	−4.5669178798035738E−09
66	22	3.0942259867676909E−09	5.6005857272690547E−09
66	23	1.8327731091204601E−08	−1.9035057160541920E−08
66	24	2.2157235068500461E−08	−1.2562941517218090E−08
66	25	−1.6101902268019710E−08	7.5698207618363516E−09
66	26	−2.2455108028381420E−08	1.4441135047716390E−08
66	27	−1.5081279638113360E−08	8.1868002362437970E−09
66	28	1.1023013299868539E−08	1.4538303036551440E−08
66	29	−1.0336228434864701E−08	−1.8292661258702660E−08
66	30	−3.6935775432822280E−09	1.1936359590318340E−08
66	31	−1.4738287090717410E−08	−1.6552063053243689E−08
66	32	−1.0627479323609780E−08	−2.5383918818776141E−08
66	33	4.3893191378796191E−09	−3.6950371923427688E−09
66	34	7.5619769970966567E−09	−1.6463823287467760E−08
66	35	−1.9457408572877029E−09	6.9126440116157973E−09

阶	次	数　　　值	
n	m	$\bar{C}_{nm}$	$\bar{S}_{nm}$
66	36	5.8793340758330233E−09	4.4776671464012873E−09
66	37	−2.0732252273474818E−08	5.1821866305416353E−09
66	38	7.0261452235977683E−09	2.0143832158110662E−08
66	39	1.7102912650890920E−08	−1.4652716040433541E−08
66	40	−3.4308004111736622E−08	−8.0207709984275157E−09
66	41	1.0276085800734230E−09	−8.7967945900204299E−09
66	42	1.0046035536738761E−09	−2.9759587688352611E−08
66	43	−8.1556571406130910E−09	−9.8381395749664541E−09
66	44	2.0597780580480098E−09	−1.6079537004986279E−09
66	45	4.8122618414413097E−10	1.1663773580019380E−08
66	46	−3.3876165105028000E−09	7.8230422616169222E−09
66	47	6.8412649450404349E−10	−6.9230753712942944E−09
66	48	−6.4101798339056083E−09	3.6224466255426157E−08
66	49	−3.3831669373333787E−08	2.0746096782214280E−08
66	50	−1.8078863349351720E−08	1.7879099454058009E−08
66	51	1.4903526135906159E−08	−7.3201833188761900E−08
66	52	7.7525366370604461E−08	7.1373128539888214E−09
66	53	1.3754236407925550E−08	6.0449606759056230E−09
66	54	−4.1283091106582676E−09	−2.0937030210493141E−08
66	55	5.6967820170768514E−09	−2.3838914174551059E−08
66	56	−1.6480363419492661E−09	2.0735196435222211E−08
66	57	6.5208399314248863E−09	9.5555516927442503E−09
66	58	−5.4735245973153859E−09	−1.2596737529274191E−09
66	59	1.0776500690148420E−08	−2.7508573062808149E−08
66	60	8.1623380947365579E−09	−2.2709291942720719E−08

阶	次	数　　　值	
n	m	$\bar{C}_{nm}$	$\bar{S}_{nm}$
66	61	$-6.0863558223073611\text{E}-08$	$-2.3143456865729212\text{E}-08$
66	62	$2.3049304066902740\text{E}-08$	$1.1278883433419030\text{E}-08$
66	63	$5.2946531095619091\text{E}-08$	$-4.7795605926934243\text{E}-08$
66	64	$-2.8958395621563808\text{E}-08$	$2.1151728593225900\text{E}-08$
66	65	$4.6351473973913762\text{E}-08$	$-2.5555721526976060\text{E}-08$
66	66	$-1.3547574785928200\text{E}-08$	$2.9564983621979921\text{E}-08$
67	0	$-8.2042364988053092\text{E}-08$	$0.0000000000000000\text{E}+00$
67	1	$3.4809886172156630\text{E}-09$	$-2.0242575809330559\text{E}-08$
67	2	$-6.1922785732092011\text{E}-09$	$-1.6341600634354181\text{E}-08$
67	3	$-1.2175396570356269\text{E}-08$	$2.4396092798539398\text{E}-10$
67	4	$4.7382759195032523\text{E}-09$	$3.4426038832712421\text{E}-09$
67	5	$-7.0945334894264350\text{E}-09$	$-8.7845956515856489\text{E}-09$
67	6	$-1.3880352526323480\text{E}-08$	$7.3178114560709044\text{E}-09$
67	7	$-2.2874512834602740\text{E}-08$	$1.1392386866221661\text{E}-08$
67	8	$-7.0627659232543019\text{E}-10$	$8.6425591623508795\text{E}-09$
67	9	$1.3497846251707780\text{E}-08$	$7.6351439056457655\text{E}-09$
67	10	$2.4165076634525370\text{E}-08$	$-1.2413367149951170\text{E}-08$
67	11	$1.0828139472109140\text{E}-08$	$-1.5270751308120601\text{E}-08$
67	12	$-4.5729876137577209\text{E}-09$	$-1.4605400507895610\text{E}-08$
67	13	$1.0842741781351791\text{E}-08$	$-9.9649907268058963\text{E}-10$
67	14	$6.7663962114929613\text{E}-09$	$2.1374906969419409\text{E}-08$
67	15	$-2.8234164166358279\text{E}-08$	$-3.8585341394953269\text{E}-09$
67	16	$-1.9653679309134410\text{E}-08$	$-1.3859175863098960\text{E}-08$
67	17	$-3.7334415072929383\text{E}-09$	$1.0045754838628440\text{E}-08$
67	18	$-1.6494325876283350\text{E}-09$	$4.8839874008194711\text{E}-11$

阶	次	数 值	
n	m	$\bar{C}_{nm}$	$\bar{S}_{nm}$
67	19	3.6884764560975749E−09	2.6563367537715231E−08
67	20	2.5908570138293060E−08	2.3387833017761730E−09
67	21	9.3071446621351160E−09	−5.4530866671707521E−09
67	22	−7.4227114676430093E−09	−2.0066504872185870E−08
67	23	−6.4879610717041083E−09	1.6030125090129539E−08
67	24	1.9970817171213452E−08	6.6964669050006451E−09
67	25	−3.0641949005002991E−08	2.9629315405706691E−08
67	26	5.6833031108645419E−09	−1.4663264320471030E−08
67	27	−1.6262268385028759E−08	−2.8639813051531721E−08
67	28	5.1976766917456631E−09	2.1174842434001800E−08
67	29	1.3784722957208250E−08	6.0465133895953267E−09
67	30	−3.8579051269073221E−08	9.7175075812296886E−09
67	31	1.2178729256049900E−08	−2.2915884987181369E−08
67	32	−1.7934635512840681E−09	−1.1236163069335729E−08
67	33	1.7571290432680191E−08	−1.4518563433997900E−08
67	34	1.7000159203982740E−08	−1.1989028496605740E−09
67	35	5.5176979192551283E−09	−2.5187862081642861E−08
67	36	1.2268635209375070E−08	1.6007559263140670E−08
67	37	−3.4681867812801901E−09	−7.7906855478179653E−09
67	38	5.2923507173436967E−11	7.2676030436194689E−09
67	39	1.0363255171171960E−08	−1.4761141556242850E−08
67	40	8.5923714648108362E−09	−9.0468847845579834E−09
67	41	2.4479981442525219E−08	−4.6961593373167618E−09
67	42	−2.6643483756935178E−08	1.9529128967951639E−08
67	43	1.4762164864903990E−08	5.2292889461143484E−09

续表

阶	次	数　值	
n	m	$\bar{C}_{nm}$	$\bar{S}_{nm}$
67	44	$-8.0801490422467358E-09$	$-6.1244874856815208E-09$
67	45	$9.2782423554687217E-09$	$1.6439363181945240E-08$
67	46	$2.3494960127012481E-08$	$1.3895714685920609E-08$
67	47	$2.6003655400198571E-08$	$-1.5358438415360071E-08$
67	48	$-1.3483794694802049E-08$	$2.5085260180078231E-08$
67	49	$1.2026609978649870E-08$	$7.2249842144973379E-09$
67	50	$-4.1676817350043917E-09$	$2.1964521950254719E-09$
67	51	$1.9836118602524762E-08$	$-2.0417089758260611E-08$
67	52	$-2.8742622036199501E-08$	$3.4696313883168781E-08$
67	53	$6.6794235737935409E-09$	$-2.2937580799672769E-08$
67	54	$-2.7453628691544889E-09$	$-2.1527961420639020E-08$
67	55	$2.2778803397719551E-08$	$-1.0944493880214780E-08$
67	56	$5.4849274963716293E-09$	$1.1598478837465610E-08$
67	57	$-9.5188573150943268E-10$	$-7.2396081226709243E-09$
67	58	$-1.6157726991064779E-08$	$-1.4291178878468390E-09$
67	59	$-1.2457972772208059E-08$	$4.5025747276896881E-08$
67	60	$-2.9093693326444970E-08$	$2.8910816244521800E-08$
67	61	$-2.2721673729746590E-08$	$2.7612280745647371E-08$
67	62	$-2.4620275319967232E-08$	$4.6760687913147191E-08$
67	63	$3.2026611502940362E-08$	$-2.8203260181717331E-08$
67	64	$1.3089454999768500E-08$	$2.9928416840258883E-08$
67	65	$3.9299839801992962E-08$	$6.8953295337926541E-08$
67	66	$-3.0235816266102032E-08$	$-4.5519797221910937E-08$
67	67	$4.7305692250117892E-08$	$1.7927704183023691E-08$
68	0	$-1.4060437580433089E-08$	$0.0000000000000000E+00$

阶	次	数　　　值	
n	m	$\bar{C}_{nm}$	$\bar{S}_{nm}$
68	1	1.1856638668738259E−08	−7.1624936313842979E−09
68	2	−2.1351118173655570E−08	−1.0771461661547650E−08
68	3	2.5759527114722210E−08	−1.3913162885903369E−08
68	4	9.8343907231008246E−09	5.6391931488591852E−09
68	5	5.8287856800555752E−11	−7.1190413465649487E−09
68	6	−5.1145729003170758E−09	2.2481835537070411E−08
68	7	−9.4662662329646602E−09	7.0864787179928262E−09
68	8	9.2295708717322816E−09	−8.2235743235046974E−09
68	9	−9.8879533757480279E−09	−1.1890069702573460E−08
68	10	−1.7329742177763550E−08	3.3865143344422112E−10
68	11	−4.4200911192072299E−09	−1.8279083749978782E−08
68	12	−1.1743697238529180E−08	−1.1961577071004141E−08
68	13	6.4824018927447910E−09	1.9110502531640581E−09
68	14	9.8102118616334437E−09	4.5571563281183448E−09
68	15	2.3689701830813219E−08	2.5054875408146831E−08
68	16	−2.2459983786357640E−08	−9.6463501292197249E−09
68	17	−3.2647560735597141E−09	8.1585679044529714E−09
68	18	−6.2907884183331483E−09	8.7543591965110668E−09
68	19	1.6952073194400529E−09	1.4988210977705639E−08
68	20	−3.6329819818853048E−09	−1.8728960472695258E−08
68	21	4.8086139156727379E−09	−2.6973926521039381E−08
68	22	−5.8364478763023630E−09	−6.0987388424415090E−09
68	23	−8.5665897475464837E−09	−2.0659245162033999E−09
68	24	2.6619401571512350E−08	−1.1548026320364069E−08
68	25	5.5202498561049240E−09	−3.7842728813904929E−09

阶	次	数　值	
n	m	$\bar{C}_{nm}$	$\bar{S}_{nm}$
68	26	$-1.5133208447093580\mathrm{E}-08$	$-8.8898209047251597\mathrm{E}-09$
68	27	$-5.9330008366678093\mathrm{E}-09$	$-2.5294616180126899\mathrm{E}-08$
68	28	$-1.9752080985181830\mathrm{E}-08$	$-1.3391758342743960\mathrm{E}-08$
68	29	$-1.4484064117091589\mathrm{E}-08$	$-1.4737038773033699\mathrm{E}-08$
68	30	$3.2161862546334901\mathrm{E}-09$	$9.3591906107526821\mathrm{E}-09$
68	31	$1.2009248849353381\mathrm{E}-08$	$7.3127937489536764\mathrm{E}-09$
68	32	$-2.9998357558461322\mathrm{E}-08$	$-2.7356819771891920\mathrm{E}-08$
68	33	$-8.8397763095839246\mathrm{E}-09$	$-1.0311359553040620\mathrm{E}-08$
68	34	$6.7226859030169502\mathrm{E}-09$	$3.9990800946378602\mathrm{E}-09$
68	35	$-4.1152756508177641\mathrm{E}-09$	$-1.1110832811384190\mathrm{E}-08$
68	36	$-6.7112938842462440\mathrm{E}-10$	$4.7499419579773067\mathrm{E}-09$
68	37	$2.6949727238917689\mathrm{E}-08$	$2.4209948350929770\mathrm{E}-08$
68	38	$1.7970956197969700\mathrm{E}-09$	$-7.0075040218608679\mathrm{E}-10$
68	39	$-7.4941724921979443\mathrm{E}-09$	$-1.6239072403863311\mathrm{E}-08$
68	40	$-2.5290110553892220\mathrm{E}-08$	$-1.9386605063586750\mathrm{E}-08$
68	41	$-1.1104586684538780\mathrm{E}-08$	$-3.1088151274537260\mathrm{E}-08$
68	42	$-1.7327354894841760\mathrm{E}-08$	$3.2750772325457660\mathrm{E}-08$
68	43	$1.2779547416731461\mathrm{E}-08$	$-8.4421212017224894\mathrm{E}-10$
68	44	$-2.0858458630566221\mathrm{E}-08$	$7.5317085386708845\mathrm{E}-09$
68	45	$1.2501149175553739\mathrm{E}-08$	$-6.7543118094289182\mathrm{E}-09$
68	46	$-3.0730634707344910\mathrm{E}-09$	$-5.4898695548705640\mathrm{E}-09$
68	47	$1.3435546532733470\mathrm{E}-08$	$-2.9540369917196819\mathrm{E}-08$
68	48	$-2.4665389481321891\mathrm{E}-09$	$2.1143807147039820\mathrm{E}-08$
68	49	$5.7214605732993510\mathrm{E}-09$	$-1.1526735307805800\mathrm{E}-08$
68	50	$-2.3450888797539340\mathrm{E}-08$	$1.1733218289063900\mathrm{E}-08$

阶	次	数　　值	
n	m	$\bar{C}_{nm}$	$\bar{S}_{nm}$
68	51	1.1918236047817149E−08	−1.6039784331926739E−08
68	52	2.2139904517736691E−08	−1.7114731407393179E−09
68	53	−4.0088202002270763E−09	−1.7210698789309419E−08
68	54	−5.2492071034749392E−08	−8.2692556042887146E−09
68	55	2.8048688257383870E−08	−1.3481960618371690E−08
68	56	1.6710417109442980E−09	2.1293365698639000E−08
68	57	−1.5575914489410860E−09	1.3133246934454410E−08
68	58	−4.1063302404071117E−08	−2.2002012233996929E−08
68	59	−5.2371022647453807E−08	7.5891500024720301E−09
68	60	−1.8369954220722671E−08	1.1346223649464280E−08
68	61	−8.7610152835638234E−09	−2.2388817620117669E−08
68	62	1.0852957387856650E−08	3.5199914455287002E−08
68	63	1.7375091341850531E−08	−1.0517123461232960E−08
68	64	−2.2117086381405499E−08	4.4181004491535403E−09
68	65	−1.2591807752617281E−08	3.4444590324765779E−09
68	66	5.6267561134636053E−08	−3.2922367632368193E−08
68	67	−5.6281853797891613E−08	−7.4157272687444503E−09
68	68	1.5340438050081701E−08	−2.7600451997187540E−08
69	0	−1.1388687392688910E−07	0.0000000000000000E+00
69	1	−1.9474905102782161E−08	−2.2996972065424459E−11
69	2	1.1543579001510020E−08	−5.3598276115665196E−09
69	3	1.9154249287331271E−08	2.6954410925302940E−08
69	4	3.7522184613455634E−09	3.4974030177431971E−09
69	5	1.3175646197640680E−08	−1.2139007125138160E−08
69	6	−6.8437704138621421E−09	−2.0870379336569551E−09

阶	次	数 值	
n	m	$\bar{C}_{nm}$	$\bar{S}_{nm}$
69	7	1.6312239010579641E−09	1.0253608127094630E−08
69	8	4.7962853207595322E−09	8.3196410844159710E−09
69	9	2.5781332171137370E−08	−1.5168288599107709E−09
69	10	2.4474994211827548E−08	−5.0917861729704490E−09
69	11	−7.6396714493846004E−09	−2.0840798182327289E−08
69	12	−5.8823174872236864E−09	−1.9356360365775790E−08
69	13	2.9344148413498541E−08	2.6341152970443169E−08
69	14	2.3644664575164061E−09	5.8863241601789476E−09
69	15	−1.9835584985785540E−08	−6.1684767456697723E−09
69	16	−5.0449778428580269E−09	−1.0542077678569430E−08
69	17	−5.4585381826407514E−10	2.4055939926443610E−08
69	18	−1.1224222778328339E−08	2.4443187452286050E−08
69	19	2.3207958864514452E−08	1.7013733876648240E−08
69	20	−5.7387304636730300E−10	1.5042947115555200E−08
69	21	7.1112940863084728E−09	−3.0063898824257552E−08
69	22	−1.7411591897696369E−08	−4.8907412244071658E−09
69	23	−5.6386842701846970E−09	6.0625423579077358E−09
69	24	1.2508621050872820E−08	1.5095176886667571E−08
69	25	−5.0985199160502377E−09	4.7271858830435061E−08
69	26	−7.6563323510355326E−09	−3.6692329486713410E−09
69	27	−4.3868902441823366E−09	1.0491562360961860E−08
69	28	1.6624505433732999E−09	2.0631655801347919E−08
69	29	−9.4254817748248356E−09	−1.0542086250563129E−08
69	30	1.3929732891855919E−08	6.9287680209072622E−09
69	31	−3.3434595237403001E−09	−2.6181409737363849E−08

阶	次	数	值
n	m	$\bar{C}_{nm}$	$\bar{S}_{nm}$
69	32	2.0135387528712528E−08	−1.7704377101805259E−08
69	33	−3.2014831035342220E−09	−8.0580154096427952E−09
69	34	7.8902409830861555E−09	2.4260225944466882E−08
69	35	−5.1426332402852748E−09	−5.1699046438865558E−09
69	36	2.7131818784367050E−08	−3.9639983713556960E−08
69	37	−1.1692465759273261E−08	6.8597360384490937E−10
69	38	−1.3510230292102179E−08	−6.0247296255564357E−09
69	39	−2.2146111663420819E−08	2.8260255250294889E−08
69	40	−4.5998540975413773E−09	8.9854926177874857E−09
69	41	−1.3890971571109691E−08	−1.6366384409786701E−08
69	42	−1.7659384429110600E−08	−7.3850916928753303E−09
69	43	4.0434339906986183E−09	1.3804056684096390E−08
69	44	−9.2140592911599718E−09	−1.4418396625911290E−08
69	45	1.9837282237159310E−08	1.4287508116837360E−08
69	46	−9.2405068779750918E−09	1.2936600213232450E−08
69	47	−4.2127091487640952E−10	8.2993503630751269E−09
69	48	−2.4714969808106420E−08	−2.7323205582386541E−08
69	49	−1.9233156083936049E−08	−2.2254173703064320E−09
69	50	−1.7778738120161168E−08	−2.2482181188083081E−08
69	51	5.1518240697247402E−08	−1.5019422746881260E−08
69	52	2.5901349021544452E−09	3.0458253153510162E−08
69	53	1.3960566671437180E−08	−9.5326483414303820E−09
69	54	−1.1062156850735790E−08	−2.7417551763642001E−08
69	55	3.6608059713997861E−08	−1.3332755802820329E−08
69	56	−9.1780995339035209E−09	1.2330375522769300E−08

阶	次	数 值	
n	m	$\overline{C}_{nm}$	$\overline{S}_{nm}$
69	57	7.1582524351817886E$-$09	$-$7.6319582872955547E$-$09
69	58	$-$1.4203885832727210E$-$08	$-$6.1511602741994788E$-$09
69	59	$-$3.8863419022903910E$-$09	$-$1.4651119818567420E$-$09
69	60	$-$1.5202642869749030E$-$08	1.1856108117300580E$-$08
69	61	1.6550072259894189E$-$08	$-$1.5650088870784611E$-$08
69	62	1.8595671792097341E$-$09	$-$1.2019765629813010E$-$08
69	63	8.2229963314416278E$-$10	$-$7.7074677260288156E$-$09
69	64	$-$2.8295721454597661E$-$08	$-$4.8136725907073757E$-$08
69	65	1.2123244010607710E$-$08	$-$8.6058649231401289E$-$09
69	66	$-$2.6142341365549049E$-$08	1.7926726805536629E$-$08
69	67	$-$5.9965898921057310E$-$08	2.4387429854293038E$-$08
69	68	$-$2.1671136714669381E$-$08	1.8850663863821788E$-$08
69	69	$-$1.0383571238487469E$-$08	$-$8.4236539141892482E$-$09
70	0	$-$2.8603563716425270E$-$08	0.0000000000000000E$+$00
70	1	1.1923057265959440E$-$08	$-$2.3132840022126140E$-$08
70	2	$-$1.6928177120201739E$-$08	$-$4.1713719279455724E$-$09
70	3	$-$6.9010609245023119E$-$09	$-$4.7557734681538362E$-$08
70	4	$-$6.8272368808751896E$-$09	$-$5.4607384715999674E$-$09
70	5	$-$1.9336399949220781E$-$10	$-$2.7250150441747082E$-$09
70	6	4.4975395227936719E$-$09	1.1661068420153800E$-$08
70	7	$-$1.2019353197566890E$-$08	1.1150701883847111E$-$08
70	8	6.8766476637806308E$-$09	$-$1.9034075968686030E$-$09
70	9	1.7277966048657530E$-$09	$-$1.8920219271599011E$-$08
70	10	$-$2.5900083435111949E$-$10	$-$7.4913936693846679E$-$09
70	11	$-$8.5245117521978992E$-$09	$-$2.5558035499327660E$-$08

阶	次	数　　　　值	
n	m	$\bar{C}_{nm}$	$\bar{S}_{nm}$
70	12	$-1.7536754616242268E-08$	$4.4962945424551696E-09$
70	13	$9.0115833813112283E-09$	$1.5913338803171490E-08$
70	14	$2.0473272160462221E-08$	$-1.7288587686398790E-09$
70	15	$1.5880157366049359E-08$	$1.6837768769751021E-08$
70	16	$-8.0595499204450670E-09$	$-1.9446524666630890E-08$
70	17	$-3.9367599857539848E-09$	$1.6547853726037169E-09$
70	18	$-7.7662621646509915E-09$	$6.1420449570649934E-09$
70	19	$-4.4910420668357208E-09$	$2.1216015538631501E-08$
70	20	$2.6748651956661329E-08$	$5.6792159307969828E\ 11$
70	21	$1.6742744053191691E-08$	$-1.0229597981398389E-08$
70	22	$9.5268440318647903E-09$	$-1.8512780913010250E-08$
70	23	$-1.8266544198705539E-08$	$3.1814321520416013E-08$
70	24	$-8.2728325871809838E-09$	$-8.6183410004348951E-10$
70	25	$1.0130032858544400E-08$	$-5.8551813813940454E-09$
70	26	$3.3951932591009959E-09$	$-1.0578194974233620E-08$
70	27	$6.2214513703575664E-10$	$-2.8111399308176150E-08$
70	28	$-1.8140539283510899E-08$	$6.7992677859043479E-10$
70	29	$-7.9075242241582574E-09$	$1.1163992765071691E-08$
70	30	$-1.3703801400170180E-08$	$-4.7161360203330443E-09$
70	31	$1.4003221372656730E-08$	$1.5608092689935791E-08$
70	32	$-1.6183549948463541E-08$	$-8.5080454180460340E-09$
70	33	$-4.4786813657509232E-11$	$-2.9539150290257782E-09$
70	34	$1.4649739859033490E-08$	$-6.8507166460511294E-09$
70	35	$-4.8081095299319731E-09$	$-1.4196644634685930E-08$
70	36	$6.9734105182903511E-10$	$2.3805974252019039E-09$

阶	次	数　　　值	
n	m	$\bar{C}_{nm}$	$\bar{S}_{nm}$
70	37	1.4615749786218570E−08	1.7996265642523489E−08
70	38	−3.1045989942545083E−08	−3.1320380048511530E−09
70	39	1.3148790281025351E−09	1.6524798249333390E−09
70	40	−1.3765722280346450E−08	−1.1534449477680619E−08
70	41	−2.6111420022190232E−09	7.3295059439551202E−09
70	42	−1.1233762199402850E−08	3.7699825858005492E−09
70	43	1.5769352596786721E−08	−1.1733717053254920E−08
70	44	−9.3263217941864955E−09	−3.8010309117161091E−08
70	45	−2.6401922213000899E−08	−1.0075860468347820E−08
70	46	1.1397124399644710E−08	7.1278540214887320E−09
70	47	−3.2075150947700420E−09	−1.8995829864121581E−08
70	48	−2.1069454357050590E−08	−1.2870489658920280E−08
70	49	6.1762788302812462E−10	2.4216868961622859E−08
70	50	−2.2646450355798781E−08	−3.0382098438612532E−09
70	51	3.4426938830612930E−08	−3.3791449016225977E−08
70	52	−4.7716242251803453E−08	2.2562131911969629E−08
70	53	1.9937872600147260E−08	−3.2185599251037740E−09
70	54	−1.3612300490370350E−08	−3.6031498495872218E−09
70	55	1.0079611623376240E−08	−1.5288087240950561E−08
70	56	1.0422612037056009E−08	−2.1918919236026019E−08
70	57	−3.0158829872559971E−09	−2.1111548350054959E−08
70	58	1.4236432290351169E−08	−3.0007715221803049E−09
70	59	−4.7165889902010462E−08	−1.5279460471512019E−11
70	60	−1.9180703947653840E−08	1.3749945641599169E−08
70	61	−2.3048864121345989E−08	3.5243726398225883E−08

阶	次	数　　　值	
n	m	$\bar{C}_{nm}$	$\bar{S}_{nm}$
70	62	1.6206555395291540E−08	3.0222864022735292E−08
70	63	3.7354428350443083E−08	−2.0023548038207220E−08
70	64	−1.2854662706360769E−10	−2.4650292634864379E−08
70	65	1.7472670958113491E−08	1.8479864678455521E−08
70	66	−1.4809281282693381E−08	−1.8813863583771640E−09
70	67	−4.5133348623732204E−09	2.8233612944585691E−08
70	68	6.8159336960863941E−08	2.8549064858643569E−08
70	69	−1.6589479214403129E−09	3.7090077381570487E−08
70	70	−2.6369438738045919E−09	1.6323937086419450E−09
71	0	−9.9669551926998209E−08	0.0000000000000000E+00
71	1	−1.6972003167125830E−08	1.9829175912852659E−08
71	2	1.6410402991795750E−09	1.4659266878294910E−08
71	3	2.4048888325664680E−08	8.1143011875860034E−09
71	4	3.2714330064309511E−09	−2.6906149250308480E−09
71	5	1.0171848540962650E−08	−2.0776583995093090E−08
71	6	−3.8367363613918274E−09	1.3581771673407720E−08
71	7	3.1573302838679109E−09	−3.4454021587589530E−10
71	8	2.0521284352012259E−09	9.6729511633649327E−09
71	9	−1.3961870462699331E−08	−4.7344132336446522E−09
71	10	5.3782795028767539E−09	−2.1406386686778549E−08
71	11	−4.9874586051620124E−09	−7.1600169774440699E−09
71	12	−7.6633620504809635E−09	3.7084112938933061E−09
71	13	2.7826732434214562E−08	2.3312831331857679E−08
71	14	−5.0927725395165751E−09	−3.6585749246244840E−09
71	15	1.5938846748911190E−08	−4.9420806144194544E−09

阶	次	数　　值	
n	m	$\bar{C}_{nm}$	$\bar{S}_{nm}$
71	16	$-9.9075591615217204E-09$	$-4.6602890813109066E-09$
71	17	$-7.8319674580579210E-09$	$1.6491562634654959E-09$
71	18	$-2.1016841004483651E-08$	$-2.5160294006566361E-09$
71	19	$-1.4004550385970339E-08$	$2.2457998927491969E-08$
71	20	$-1.0224141971645081E-08$	$7.6484765605507042E-09$
71	21	$2.9756774379517159E-08$	$-2.0506890009622570E-08$
71	22	$-6.3419035703899323E-09$	$-1.5094330683236520E-08$
71	23	$6.4336129052406133E-09$	$-1.8356740998683499E-08$
71	24	$1.7598099628476890E-09$	$-2.9849119148757509E-10$
71	25	$-3.1065712260445409E-10$	$2.3400921025419790E-08$
71	26	$-5.9930109456382523E-09$	$-1.9963760619881219E-08$
71	27	$-1.7070470307427180E-09$	$2.3157791194600560E-08$
71	28	$-5.1361783257442134E-09$	$-4.0596491729985868E-09$
71	29	$-2.1168834032021471E-08$	$6.5723034144021624E-09$
71	30	$7.3959309096106614E-10$	$5.3618943184920433E-09$
71	31	$2.2587894740109781E-08$	$-1.9681518909220922E-09$
71	32	$3.9637875866237476E-09$	$-1.9127237364091679E-08$
71	33	$1.8166797460546251E-08$	$1.3824708342100070E-08$
71	34	$5.1837615324224992E-09$	$8.9601994733948320E-09$
71	35	$-1.9786395152533160E-08$	$-6.6575281071534936E-09$
71	36	$-1.4000539013219580E-08$	$-1.9795667831988011E-08$
71	37	$-2.4101638818299810E-08$	$-1.4269176741802449E-08$
71	38	$1.7378614074190311E-08$	$-3.0612642511839229E-09$
71	39	$1.3248124472054650E-08$	$1.1106773542292081E-08$
71	40	$-1.6798687786015549E-08$	$-2.2465708140776568E-09$

阶	次	数　　值	
n	m	$\bar{C}_{nm}$	$\bar{S}_{nm}$
71	41	$-3.1774220766311701E-08$	$-2.6914495772114439E-09$
71	42	$-1.7876086568889071E-08$	$5.6763295010055950E-09$
71	43	$1.9785656197862938E-09$	$4.5080278025986258E-10$
71	44	$-3.1594992291649627E-08$	$2.5122146068178159E-09$
71	45	$5.1413684254885692E-09$	$-7.1265583036399699E-09$
71	46	$-5.8581394222992342E-09$	$8.7127693993753621E-09$
71	47	$2.3720012877269321E-08$	$1.0684440477625681E-08$
71	48	$-3.1844358069399347E-08$	$-2.2850767290228900E-08$
71	49	$9.2027595224473864E-09$	$-5.5691612414827853E-09$
71	50	$-5.8195281279188491E-08$	$4.0330838593115671E-09$
71	51	$3.3818658089504201E-08$	$-2.1109563865031301E-09$
71	52	$-1.1807119779700420E-08$	$-4.3668667649641291E-09$
71	53	$2.0028043136214541E-08$	$-2.5319117048019139E-08$
71	54	$-2.6927973889641291E-08$	$9.3392357392173318E-09$
71	55	$-9.5190611288506274E-09$	$-9.8649387834764429E-11$
71	56	$2.9698432586222858E-09$	$1.6396699295273731E-08$
71	57	$-2.2932561074105520E-08$	$-1.1228975245819830E-09$
71	58	$-9.7654235363317687E-09$	$-3.0182747552584530E-08$
71	59	$-2.4790257069595590E-08$	$1.0220527043897430E-08$
71	60	$-2.4134647301549351E-08$	$1.1800138264930850E-08$
71	61	$2.6037040120129541E-08$	$-3.7037359850218130E-08$
71	62	$-2.6786780288590279E-08$	$1.9658084963050931E-08$
71	63	$-3.0922936149157599E-09$	$-1.0592030247184380E-08$
71	64	$2.1775137372322929E-09$	$2.0211488351192349E-08$
71	65	$-1.2027501868100529E-08$	$4.8052328818708468E-09$

阶	次	数　　　值	
n	m	$\bar{C}_{nm}$	$\bar{S}_{nm}$
71	66	$-2.2921343393367021E-08$	$-1.4390435672782921E-08$
71	67	$1.3798342131329170E-08$	$1.0368002686855321E-08$
71	68	$3.5639111635703982E-08$	$4.6533588272512723E-09$
71	69	$6.1606342042180863E-08$	$-4.1156264184690961E-08$
71	70	$5.1293175883268118E-08$	$2.9043610365190490E-08$
71	71	$-6.6330531868963483E-09$	$1.6537157821882598E-08$
72	0	$-1.2400559997920529E-08$	$0.0000000000000000E+00$
72	1	$8.0861192619732272E-09$	$-2.5170975454308920E-08$
72	2	$-3.9391354669143189E-09$	$-5.3083824684429883E-09$
72	3	$-6.2821444142459321E-09$	$-2.7983538172296119E-08$
72	4	$-4.8904146793067710E-09$	$-2.5543799442943352E-10$
72	5	$-8.4558626964249657E-09$	$-4.1843415452525244E-09$
72	6	$1.0750555071196580E-08$	$1.5684858688265550E-08$
72	7	$2.4797188144752130E-09$	$8.6955877876330657E-09$
72	8	$2.2223212062467300E-10$	$6.1619823653171178E-09$
72	9	$1.3738809088981059E-08$	$-1.6070868603763529E-08$
72	10	$1.9970066349137920E-09$	$4.4002196043969317E-09$
72	11	$-6.1677571933725112E-09$	$-2.0265427132374409E-08$
72	12	$-1.4180166323424979E-08$	$-1.0644402165157641E-08$
72	13	$2.3302177334952979E-08$	$1.0550011525181380E-08$
72	14	$1.5366841919806931E-08$	$-1.2005088149135060E-08$
72	15	$3.1513980674151540E-09$	$1.2418446931200630E-08$
72	16	$5.1300086631206253E-09$	$-5.1187053086573986E-09$
72	17	$-1.3927324441700581E-08$	$1.7826594669930088E-08$
72	18	$-1.6793166246903090E-08$	$7.4183914734368198E-09$

阶	次	数　值	
n	m	$\bar{C}_{nm}$	$\bar{S}_{nm}$
72	19	1.5981339487919782E−08	1.4681156451832240E−08
72	20	1.1837174149207389E−08	3.9933533931539537E−09
72	21	3.1978412055190453E−08	−2.1218228098805071E−08
72	22	4.8208195055958381E−09	−2.0690035692550370E−08
72	23	−6.6165346163196112E−09	2.5198456371908448E−08
72	24	−2.3319063280668671E−08	5.0338620885428616E−09
72	25	4.8940500819204342E−09	1.6585772746213190E−09
72	26	1.0008997001815649E−08	−7.7318467345780506E−09
72	27	4.7823421503767693E−09	1.7840796900349469E−09
72	28	−6.3562096876581640E−09	7.5201297610048883E−11
72	29	−1.3846442903533530E−08	1.3063687414270490E−08
72	30	−1.5650544312812840E−08	3.0621322411119319E−09
72	31	2.6074970236616001E−08	−4.2479903649993244E−09
72	32	−1.9886452766260940E−08	−1.4973579568647251E−08
72	33	−5.2222999469853411E−09	1.9322927683885319E−08
72	34	8.1622293437080507E−09	5.4126598841253181E−09
72	35	−1.9365710153314760E−08	2.0945486332794931E−09
72	36	−9.3271509527984338E−09	7.4898289199419246E−09
72	37	1.1340633849627111E−08	2.0502288699662019E−08
72	38	−3.2549823652681770E−08	−1.2080609919362490E−08
72	39	4.3673968816460578E−09	−5.5246725573929090E−09
72	40	−1.2914207380117560E−08	−1.8789353730746981E−09
72	41	2.3933716566861770E−10	−1.3060933193229850E−08
72	42	−1.2194058585675750E−08	5.3287840693302753E−09
72	43	2.4260411797904182E−08	1.9351790994771169E−08

阶	次	数　　值	
n	m	$\bar{C}_{nm}$	$\bar{S}_{nm}$
72	44	$-1.6229856825341321E-08$	$-6.4610891546807622E-09$
72	45	$-5.6359066767091946E-09$	$2.4986308895013620E-09$
72	46	$-1.0687980840826080E-09$	$2.5339961588514579E-08$
72	47	$-7.6809531123382634E-09$	$5.7748563312877850E-09$
72	48	$4.5393678115381311E-10$	$-3.2291470919922321E-08$
72	49	$2.0535209074818830E-09$	$1.0545622624835560E-08$
72	50	$-1.8679363635243709E-08$	$-1.8243923500786710E-08$
72	51	$4.4692291710314912E-08$	$6.1218812463269743E-09$
72	52	$1.3605728755701820E-08$	$1.1128405282782170E-08$
72	53	$-8.4977076744883624E-09$	$-1.3326906916445950E-08$
72	54	$-1.7858468017709110E-08$	$9.1179610420679758E-09$
72	55	$7.0308975170499301E-09$	$1.1064831997947520E-09$
72	56	$4.4601868723281169E-10$	$2.0182616818735980E-10$
72	57	$-1.2531450217643670E-09$	$-3.4717037273111938E-08$
72	58	$2.8779819477405450E-08$	$1.4160473820741290E-08$
72	59	$-2.9979959732671387E-08$	$-1.7603353798346799E-08$
72	60	$5.1741634477703881E-09$	$1.3684359824363790E-08$
72	61	$-9.7817214437971637E-09$	$5.2303435451107023E-09$
72	62	$1.0908869399353859E-08$	$1.9859815297657580E-08$
72	63	$1.6414926909048469E-08$	$-1.2547451780279930E-08$
72	64	$3.1876779365586422E-08$	$-1.2061135625039171E-09$
72	65	$4.4707014123123871E-08$	$-2.0621106375592171E-08$
72	66	$-2.9241167935939869E-08$	$-3.7366723313258573E-08$
72	67	$-2.8994127712788319E-08$	$-8.5690219739166553E-09$
72	68	$1.3585103235974300E-08$	$-7.5335129350855655E-09$

阶	次	数 值	
n	m	$\bar{C}_{nm}$	$\bar{S}_{nm}$
72	69	4.5490984189121958E−09	3.5216462280055030E−09
72	70	−3.6951704237315931E−08	−8.4436021284281197E−09
72	71	1.4014721254529831E−09	7.6701154851347941E−09
72	72	3.0109512089084069E−08	−5.9484322581029043E−09
73	0	−5.4741093665270662E−08	0.0000000000000000E+00
73	1	−2.5693317519154569E−08	1.8926017985384959E−08
73	2	−8.0922326403307147E−09	3.2789664716711121E−09
73	3	2.3331695127011891E−08	1.5244645000583749E−08
73	4	2.0560672357391488E−09	−5.3440071906492728E−09
73	5	2.1036617688507812E−08	−2.5948452960461820E−08
73	6	−3.5450443043776600E−09	4.7565374325580562E−09
73	7	−1.0825912688910680E−08	8.8992170377227170E−09
73	8	1.2202191756818301E−08	1.3828337127515269E−10
73	9	−2.4721929170621640E−08	−1.4232064399891731E−08
73	10	3.8304752833644743E−09	−1.7037736969687330E−08
73	11	−4.1014454401116401E−09	−1.3312221623789280E−09
73	12	−9.2048790452939965E−09	6.9878922614575126E−09
73	13	2.0171674662805600E−08	1.1970064958384629E−08
73	14	−1.1564044861758020E−08	−7.5947855393786930E−09
73	15	5.4762781081225561E−09	−8.2168640102559375E−09
73	16	5.3768934513216186E−09	2.9149710208360549E−09
73	17	−3.3024394527175541E−09	−1.0211270185853780E−08
73	18	−2.1073279695128969E−08	2.6906342069222108E−09
73	19	−3.2108539387134749E−09	2.2396627403926751E−08
73	20	−5.3190341515864328E−09	2.3202686860515431E−08

阶	次	数 值	
n	m	$\bar{C}_{nm}$	$\bar{S}_{nm}$
73	21	1.8542022380512279E−08	9.0634840293188165E−09
73	22	4.4409278756620576E−09	−3.1566610529249421E−09
73	23	−1.0532146277374580E−08	4.1447345397356967E−09
73	24	−1.3253913072054650E−08	−1.2614778301445610E−08
73	25	1.5410644927128019E−08	8.3743960752836795E−09
73	26	−3.1482346640230860E−09	−2.0788514546403189E−08
73	27	1.2198662639287141E−08	1.7062074299846991E−08
73	28	1.3029895157416510E−08	−1.4326692678052160E−08
73	29	−1.2769099818438640E−08	1.8576959117096880E−08
73	30	−2.3426554312624860E−09	6.9522948784894772E−09
73	31	1.8543160489504450E−08	−8.5016620132344634E−09
73	32	−4.8622132824035226E−09	−1.3540584118015830E−09
73	33	8.7505934499858853E−09	−1.7755772274068879E−08
73	34	2.9549936808802122E−09	1.4320146835805880E−08
73	35	−2.7746161904575618E−08	1.9342711423253679E−08
73	36	−5.7314244005564442E−09	−8.7650271232197934E−09
73	37	1.6822268415222970E−09	4.1129030362602073E−09
73	38	−6.1822889155722671E−09	−1.6225511562355602E−08
73	39	−7.5209593092276301E−09	−3.9112606686174787E−09
73	40	−2.7517460483207380E−08	−1.0214540035513699E−08
73	41	−4.3396022448906552E−09	−8.7098777174848236E−09
73	42	−9.5261180864394542E−09	−1.3530735779118541E−08
73	43	−2.9596129258802169E−09	−1.1558351879537550E−08
73	44	−1.9725479802088840E−08	−7.2172154836892608E−09
73	45	1.2109535796542291E−08	−2.0259807776412699E−09

阶	次	数　　值	
n	m	$\bar{C}_{nm}$	$\bar{S}_{nm}$
73	46	$-1.1305474581606660E-08$	$2.9162116167722511E-09$
73	47	$1.7591304519975371E-08$	$2.5562850421019249E-08$
73	48	$-1.5241509582782481E-08$	$-3.6210054636252202E-08$
73	49	$1.4673587515577570E-08$	$-4.0942166371660022E-10$
73	50	$3.3063910496673180E-09$	$6.0306834735311729E-09$
73	51	$3.9793276665634052E-08$	$8.5835067168987234E-09$
73	52	$-1.5882375084015339E-08$	$-9.7961432962044899E-09$
73	53	$7.9113005303859590E-09$	$-7.2576117741929739E-09$
73	54	$-2.8303185352910790E-08$	$2.9437657299182630E-08$
73	55	$2.0877114712311380E-08$	$1.8084463184397121E-08$
73	56	$1.0093269685306939E-08$	$-3.1322259745319729E-09$
73	57	$-1.8199346497611261E-08$	$-1.2341428361233509E-08$
73	58	$-2.7227314818093759E-08$	$-8.9894781637201285E-09$
73	59	$-1.9554747623991011E-08$	$-2.6291038423612571E-08$
73	60	$4.2308201643079419E-10$	$-1.0897321138695080E-08$
73	61	$-1.5303138052917889E-08$	$7.4345536795173124E-09$
73	62	$-1.6595563708347159E-08$	$2.0524931155827349E-08$
73	63	$-5.7194974429583177E-10$	$-1.3086725437076040E-08$
73	64	$-2.0040041280622340E-09$	$6.4320600673165623E-09$
73	65	$-8.5518149983290422E-09$	$1.7825477299461139E-08$
73	66	$-1.4407254661105271E-08$	$-6.1659955876943662E-10$
73	67	$-1.5906940974271650E-09$	$2.2667132676949479E-08$
73	68	$3.7404434051274757E-08$	$-1.4045722279351511E-09$
73	69	$-1.6133961635387780E-09$	$1.1483182599622450E-08$
73	70	$-3.2270022345185597E-08$	$4.1734216780398537E-08$

阶	次	数　　　值	
n	m	$\overline{C}_{nm}$	$\overline{S}_{nm}$
73	71	$-6.2517853081282672E-08$	$4.3988808207129403E-08$
73	72	$5.4059865046867321E-09$	$-2.9657209661693879E-08$
73	73	$3.1531773877331532E-08$	$1.7744208338832571E-08$
74	0	$1.0075095302618919E-09$	$0.0000000000000000E+00$
74	1	$9.7280744073455260E-09$	$-1.9688685572869588E-08$
74	2	$5.8382050022705834E-09$	$-1.0376476318903401E-08$
74	3	$-6.2393781927674953E-09$	$-3.1434745408575618E-08$
74	4	$6.7706886520845637E-10$	$3.8470563461167074E-09$
74	5	$-2.1302668974750321E-08$	$3.8760204531147372E-09$
74	6	$1.8887448284673311E-09$	$4.6548054931092217E-09$
74	7	$8.8910521172329863E-09$	$-1.1987991401491929E-09$
74	8	$5.1231791832347462E-09$	$6.6857252258708036E-09$
74	9	$-6.8177226329305461E-09$	$-1.7828236732168929E-08$
74	10	$1.6799790586647100E-09$	$-5.0062154013370718E-11$
74	11	$-1.0502091304239840E-08$	$-2.7282584798622119E-08$
74	12	$-1.1051955307534880E-08$	$-9.1042587957634570E-09$
74	13	$1.3706727146467690E-08$	$6.8259934514329181E-09$
74	14	$-6.5828114269428559E-10$	$-1.4102816776234701E-08$
74	15	$2.0929859994879220E-09$	$1.4702473374405839E-08$
74	16	$-7.3396905117352449E-09$	$-8.0998450215158468E-10$
74	17	$-6.4586224604997291E-09$	$1.6780956621800262E-08$
74	18	$-2.5576044026497250E-08$	$-3.6137738492460249E-09$
74	19	$4.5026250913407378E-09$	$8.8063779908964879E-09$
74	20	$1.4420627817618549E-08$	$3.0187285064099519E-09$
74	21	$2.8610205089438201E-08$	$-2.9439727799811380E-08$

阶	次	数 值	
n	m	$\bar{C}_{nm}$	$\bar{S}_{nm}$
74	22	3.7771142276217457E−09	−7.3144262868252003E−09
74	23	−2.0439583641830281E−09	5.2570086718028024E−09
74	24	−3.4697069030418351E−08	3.8737020804707541E−10
74	25	1.2710262753414379E−08	2.1872265728607611E−09
74	26	9.9311429338501156E−09	3.3528708643665978E−10
74	27	1.4960304177396081E−09	2.6371128749702250E−08
74	28	−1.9166422256374419E−09	−2.0441602759535269E−08
74	29	−1.3485586208902279E−08	1.4290709851165180E−08
74	30	−1.5281871399872789E−08	−2.2157672593337750E−09
74	31	2.8490905907943262E−08	−3.5812345661718962E−09
74	32	−1.1471024477268380E−08	−5.7786076336430004E−09
74	33	5.9391419943654012E−09	1.4948147833063799E−08
74	34	1.1808556071112700E−08	1.7663456463909311E−08
74	35	−1.6215338381765901E−08	2.3461507678399788E−08
74	36	7.3663137674168382E−09	7.1967417856108246E−09
74	37	1.0555380051232289E−08	−9.4501969568586484E−09
74	38	−1.6126661586148269E−08	−1.6874806556435301E−08
74	39	−1.0821070428213859E−08	1.8643884486158760E−08
74	40	−2.8903992676261608E−08	−2.4635873452906769E−09
74	41	−3.6501829178763288E−09	−1.5494328822211251E−08
74	42	7.4281523917726178E−09	−7.3143502808522306E−09
74	43	4.0090046755752222E−09	1.3706598682103540E−08
74	44	−1.6456097903566950E−08	−5.2517252028764690E−09
74	45	1.1410400145279960E−08	−1.2198872455205670E−08
74	46	5.0215385266106488E−09	6.8312529776234621E−09

阶	次	数 值	
n	m	$\bar{C}_{nm}$	$\bar{S}_{nm}$
74	47	1.0218386521398239E−08	1.4956354486089900E−08
74	48	−1.9385473035965770E−08	−1.4032042799955039E−08
74	49	6.0798499458002649E−09	−1.1252952225701209E−08
74	50	−4.0467447236503293E−08	1.2866875283719640E−08
74	51	1.3058369595418580E−08	2.5235260033298021E−08
74	52	−9.4925285851321308E−10	−3.0016630154808312E−08
74	53	−1.1717606258201639E−09	−1.3144062485990970E−08
74	54	−4.2979502454087718E−09	1.3835523394905591E−08
74	55	−1.3964582121447690E−08	1.1442276484206331E−08
74	56	−7.4355996700606504E−09	−2.3892213010518999E−08
74	57	8.5893820495418265E−09	4.6287818157601543E−09
74	58	1.4223319749053999E−08	−7.2525356592532598E−09
74	59	−3.1560945760425668E−08	−1.6233989775165059E−08
74	60	−1.0044742383552881E−08	1.1633309733253759E−08
74	61	−1.3719551806473151E−08	3.6576239767861932E−09
74	62	−7.7568104335235130E−09	−9.1145960807675060E−09
74	63	1.4158160495001469E−09	−6.4996803071943812E−09
74	64	−9.3909834045483080E−09	−4.8242148396467982E−08
74	65	3.4032045911106451E−08	7.4997005562898456E−09
74	66	−3.8764835942804832E−08	−3.4562456110417973E−08
74	67	−3.2394347205966272E−08	−5.0447308844694773E−08
74	68	−1.4533345021218889E−08	−1.5283116324058440E−08
74	69	1.9694781066984122E−08	4.6987237855780159E−09
74	70	8.1001982648263366E−09	5.0194938793936178E−09
74	71	−1.3499424263447450E−08	−3.7384219772171420E−08

阶	次	数　　值	
n	m	$\bar{C}_{nm}$	$\bar{S}_{nm}$
74	72	4.3766182611447093E−08	−5.1102401895543206E−09
74	73	1.1643052517374630E−08	−4.8503962606024993E−09
74	74	3.9416412373467242E−08	−7.8497399090510311E−08
75	0	−4.6896353147918351E−08	0.0000000000000000E+00
75	1	−2.2592220188599031E−08	1.4004550230924031E−08
75	2	−1.1489675614779261E−08	1.2488378151695839E−09
75	3	2.3917301221307231E−08	2.7167552255778501E−08
75	4	2.2431502654085531E−09	−1.2452216208437420E−08
75	5	2.4557419415764809E−08	−1.8021397424405839E−08
75	6	1.4593249956870580E−08	−3.1237499023377250E−09
75	7	−5.6494043952309296E−10	8.3606665288044001E−09
75	8	1.7205734816053740E−08	−8.7007436653910335E−09
75	9	−7.1861227215401604E−09	−1.6008310943955761E−08
75	10	8.4184668515083113E−09	3.3229660845952100E−10
75	11	−1.3480374292945201E−08	−1.5826380406286020E−09
75	12	5.5657154819099028E−10	7.7777717029185979E−09
75	13	1.7238187266363859E−08	1.9611179251118052E−08
75	14	−1.1014627571655960E−08	−5.3122128393950564E−09
75	15	1.8123628394921099E−08	−9.1636833905229820E−09
75	16	8.5615909432337770E−09	5.7857900040811383E−10
75	17	−1.3543572009815250E−08	−1.0930028987987230E−08
75	18	−2.1945493454236149E−08	−2.7195403767574349E−10
75	19	1.0041680689885469E−08	2.2221091019352519E−08
75	20	4.7540706040427858E−10	9.8099131966942408E−09
75	21	3.3473641591781647E−08	5.0901818605137374E−09

阶	次	数 值	
n	m	$\bar{C}_{nm}$	$\bar{S}_{nm}$
75	22	3.0905734568768900E−08	−1.1630735277352811E−08
75	23	−1.2077910599331690E−08	1.3782249641757650E−08
75	24	−2.3454153833176751E−08	3.4096962487687702E−09
75	25	7.2552602308290104E−09	1.0196033044098790E−08
75	26	1.4954735791116050E−09	−8.2357350824665586E−10
75	27	1.0166408650948139E−08	1.3011408311723590E−09
75	28	5.4859435063085232E−09	−2.5433844057488710E−08
75	29	−2.1237084854367151E−08	2.9148021009514070E−08
75	30	−2.6135990199764919E−09	1.4861830179316009E−08
75	31	1.3028227968488190E−08	−6.4457592785768308E−09
75	32	−2.1611515301590511E−08	−3.3878461271873708E−09
75	33	4.4491836586969890E−09	−1.1404533462432310E−09
75	34	−1.2966968824587161E−08	3.8648224673189872E−09
75	35	−3.2700622916454551E−08	8.1795421393296579E−09
75	36	−3.1736313896168232E−09	−3.1533093391336070E−09
75	37	2.0433933002914222E−08	1.7970738355989550E−08
75	38	−1.9430804820971561E−08	−8.1717147649672835E−09
75	39	−4.8658462139157183E−09	−8.7584994060815594E−09
75	40	−4.2498272957354219E−09	1.9664993544376920E−08
75	41	4.7380510101968991E−09	−1.1881286744552161E−08
75	42	−1.2302054753439581E−08	−9.7409571670223080E−09
75	43	1.0568085129256759E−08	−9.1245776790206231E−10
75	44	−6.5832878759307027E−09	−1.9399965598599942E−09
75	45	1.1582704133514700E−08	−1.0226266918236140E−08
75	46	−3.2627902505987739E−09	9.2232465562029622E−09

阶	次	数　　　　值	
n	m	$\bar{C}_{nm}$	$\bar{S}_{nm}$
75	47	4.1950998728464543E−08	2.0187849948557899E−08
75	48	9.7818771333576663E−09	−3.8310433309344022E−08
75	49	8.8023201980156809E−09	−1.0344179675831800E−08
75	50	4.6929200000558797E−10	−9.0915621079922396E−09
75	51	4.7166738224088268E−08	2.1482290312565371E−08
75	52	−1.1299759886721820E−08	−1.8723605672709010E−08
75	53	−1.0464448973376690E−08	8.3269792256715692E−09
75	54	−1.9924729532869841E−08	1.9737346783039450E−08
75	55	3.1779917119005317E−08	3.2921909620133463E−08
75	56	3.9027133981582889E−09	−2.5435481377500840E−08
75	57	−1.2612163164246850E−09	1.0425085082161961E−08
75	58	−1.6384850120440630E−08	9.5760975006338343E−09
75	59	2.8223034543075930E−08	−5.8152635322268044E−09
75	60	7.0794721625292634E−09	−2.0928410389576309E−08
75	61	−1.0646680294221530E−08	−8.7918602535505631E−09
75	62	−2.3171923154297691E−08	1.0343211168529460E−08
75	63	2.7593746524158100E−08	−3.9576713898458146E−09
75	64	3.1148780354186972E−08	2.7251641718048100E−08
75	65	−1.3058503363408430E−08	−7.2923895868523184E−09
75	66	4.9739139505425745E−10	−3.3073378539145731E−08
75	67	3.8476879717568003E−09	4.0793960126823598E−09
75	68	−6.6363768381986002E−09	4.1510073368538271E−09
75	69	−3.1667830476878962E−08	−1.9875903626184519E−08
75	70	−1.5655056517275641E−08	−2.4115044540884171E−09
75	71	2.8279821168558261E−08	−1.0590150252496721E−08

阶	次	数 值	
n	m	$\bar{C}_{nm}$	$\bar{S}_{nm}$
75	72	2.1800540481196129E−08	−3.6040807302936321E−09
75	73	−1.0906481447157671E−08	1.4697366851891760E−08
75	74	3.5346406472764548E−09	9.0478146947524686E−09
75	75	3.3081630082587631E−08	−6.3413289624522398E−09
76	0	−1.5275562265008611E−08	0.0000000000000000E+00
76	1	1.3542100665971810E−08	−8.2180330560394501E−09
76	2	5.0657700631733980E−09	−9.5117019631845240E−09
76	3	−1.1936117971844610E−08	−3.5031302786457520E−08
76	4	−1.0124385549915980E−08	1.0792848761168861E−09
76	5	−2.1737994856806980E−08	6.6173065051489138E−09
76	6	−5.3327992829587652E−09	7.2786983083775231E−09
76	7	1.9008737776440359E−09	−7.0126705605203524E−09
76	8	3.2313581266268849E−09	1.2032812174656250E−08
76	9	−1.4764992785650390E−08	−6.9117363195682176E−09
76	10	1.4672751109051880E−10	−6.2719168248767139E−09
76	11	−2.7338324615655138E−09	−1.8424891800560789E−08
76	12	−1.1149644082276730E−08	−1.9971241189445680E−08
76	13	1.3468297907092810E−08	−9.3353076777423194E−09
76	14	−4.8838757883831708E−09	−2.4683766421580301E−08
76	15	−9.5458664072040122E−09	1.5820445586331520E−08
76	16	−6.3690280879167703E−09	2.6425281006155160E−08
76	17	1.4498520996867471E−09	6.6349195754510533E−09
76	18	−2.2379111291654961E−08	−1.9976689360796441E−09
76	19	1.8196016771931870E−09	−2.3222529412256052E−09
76	20	1.2541618121940850E−08	7.8055666050250177E−09

阶	次	数 值	
n	m	$\bar{C}_{nm}$	$\bar{S}_{nm}$
76	21	2.2051692938196101E−08	−2.0353664992427840E−08
76	22	3.7925707272445038E−09	−1.1713769923490910E−09
76	23	9.9024830706730526E−09	5.5749438117867420E−09
76	24	−5.6185400353265432E−08	−3.4578222543005391E−09
76	25	1.3078069608496070E−08	1.3853921065570429E−08
76	26	7.0858919667888109E−09	−6.8741098596236528E−09
76	27	6.6077856813822496E−09	3.1872819814188651E−08
76	28	−4.7934972727196860E−09	−2.1554736627160090E−08
76	29	−6.9561640400408213E−09	9.9739093367577158E−09
76	30	−1.7298850399053620E−08	−1.0449126853525500E−08
76	31	2.0427945666550649E−08	−5.1559623423232746E−09
76	32	4.6188133452199043E−09	2.7630723894285118E−09
76	33	1.5473241247945410E−08	1.8377877833733592E−08
76	34	1.8419218673326231E−08	2.4203589807593202E−08
76	35	−1.1576977790954119E−08	3.0562695163727928E−08
76	36	1.6842641027547720E−08	−5.2895763194769646E−09
76	37	4.9878334002134014E−09	−1.8508351080782401E−08
76	38	−5.8796709181566803E−09	−1.3300991622500540E−08
76	39	−2.7255118627242899E−08	1.7495493331454369E−08
76	40	−4.2764383478624343E−08	1.7328158872592910E−08
76	41	−7.5639421613343147E−09	−1.2853264487589751E−08
76	42	−4.9785954983282444E−09	−2.0985136562176680E−08
76	43	3.1629980923831900E−09	4.0956341521482748E−09
76	44	−9.7600780864094518E−09	1.2881658770767079E−08
76	45	1.4562974744161569E−08	−1.2923541118449271E−08

阶	次	数　　　值	
n	m	$\overline{C}_{nm}$	$\overline{S}_{nm}$
76	46	2.8031007045234328E−09	−4.9700332234777708E−11
76	47	1.0563844804791500E−08	3.3954909654783391E−08
76	48	−5.7270565241558473E−09	−3.5131714347238557E−08
76	49	9.9755836942707195E−09	−2.6604252510247409E−08
76	50	−3.2393406975226197E−08	3.8186460952231392E−08
76	51	8.2363042876565837E−10	1.8654777173338611E−08
76	52	−5.4549961151072283E−09	−4.2051928579463380E−08
76	53	4.3328811794342242E−10	−6.4473774956132926E−09
76	54	7.7791880523864997E−09	5.5462469156639319E−09
76	55	−6.8513337728391641E−09	2.2994083159371320E−09
76	56	−1.6368328545898921E−08	−1.1352469519772731E−08
76	57	1.9502980844022588E−08	9.8518619349957040E−09
76	58	−1.0428224595543189E−09	2.2733436814127639E−09
76	59	3.3076171807908240E−09	−6.5903650132201812E−09
76	60	1.4122752076930229E−08	−5.9114365282621552E−09
76	61	−3.4255838664772141E−09	−5.2510041396373119E−09
76	62	−7.4038269195788133E−09	−1.0721046719932759E−09
76	63	5.6962998814675104E−09	−2.2062841195169371E−08
76	64	1.0337872067318880E−08	−1.9947530879960030E−08
76	65	2.4819528792992309E−09	1.3017093633185060E−08
76	66	−3.5220416438795301E−08	−4.2238387100520158E−08
76	67	−3.0661429493481528E−08	−3.6404084136808712E−08
76	68	−3.9833577415097362E−08	3.1373686013475949E−08
76	69	2.2162033547726120E−08	−2.2308442943132020E−08
76	70	−1.9414412729604591E−08	−1.8240199445376290E−08

阶	次	数 值	
n	m	$\bar{C}_{nm}$	$\bar{S}_{nm}$
76	71	8.6782042079213286E−09	−4.7104721658484278E−09
76	72	7.6652339064003030E−09	−2.8300589690111488E−09
76	73	−9.1348519390794130E−08	7.5511220796638508E−09
76	74	−2.0155617172204422E−09	1.2023358233764180E−08
76	75	1.4435192685666169E−08	2.5476954128332320E−08
76	76	−1.7399521075397470E−08	−8.3679785269692319E−08
77	0	−3.3175417267974147E−08	0.0000000000000000E+00
77	1	−2.3866987117812741E−08	1.1039511430776550E−08
77	2	−5.6504285348803869E−09	2.9688927761926800E−09
77	3	1.9502158111920871E−08	2.6586603502872751E−08
77	4	−6.7737358711472307E−10	−7.6647813847472818E−09
77	5	2.4440475506094458E−08	−2.1718342682824999E−08
77	6	9.6718891732388609E−09	−1.0553399144575810E−09
77	7	−2.5042239603513932E−10	4.1402396035280771E−09
77	8	1.0019704173778510E−08	−1.8574257904051629E−08
77	9	−5.3437911644649539E−09	−2.0954378216032671E−08
77	10	5.6073647359257583E−09	4.5312772316525807E−09
77	11	−1.5431932759667848E−08	9.6923452772768300E−09
77	12	6.2253866165856333E−09	1.3749722484469730E−08
77	13	1.5801847470957461E−08	4.0176406856820637E−08
77	14	−7.2133863810242424E−09	−1.2001667211665551E−10
77	15	2.8633786159681789E−08	−5.6078084156026958E−09
77	16	9.2223040601533342E−09	−2.1901115013133540E−09
77	17	−6.5702753710968109E−09	−3.7504291049909100E−09
77	18	−3.3936853691972102E−08	−3.9321007996800506E−09

阶	次	数 值	
n	m	$\overline{C}_{nm}$	$\overline{S}_{nm}$
77	19	9.7217939237696369E−09	1.5459851261354921E−08
77	20	−6.7837325866714813E−09	1.4812011165582341E−08
77	21	4.4190917660587362E−08	5.1673639214872533E−09
77	22	3.8384270534673912E−08	−2.4648567299249159E−08
77	23	−1.5172212218229539E−08	7.9174985239677096E−09
77	24	−1.5091349711111090E−08	5.6789638076045476E−09
77	25	1.2483172531881880E−08	1.7627913133629489E−08
77	26	1.2661709780083051E−08	4.9849294596781847E−09
77	27	2.5926873419532669E−09	1.1128680458941290E−08
77	28	9.9625249234237912E−10	−2.7998652220863599E−08
77	29	−3.3245345226563961E−08	3.0347494878684523E−08
77	30	−2.3264179601590362E−09	1.1124559242777140E−08
77	31	9.9654950230004841E−09	2.8374134453619601E−09
77	32	−3.0620307644790332E−08	4.6602642351817102E−09
77	33	−1.7102091694009751E−09	1.3189180633136450E−08
77	34	−3.7013703900785947E−08	1.3897274299832561E−09
77	35	−4.0009848430695690E−08	1.3288754608315410E−08
77	36	−4.6233234567264471E−10	−7.0350701349119657E−09
77	37	1.8054556974615259E−08	2.2171706132734130E−08
77	38	−3.0210532855865199E−08	−7.4505211127095023E−09
77	39	8.9682069096164098E−10	−3.7757932970086457E−08
77	40	9.6648602092708163E−09	6.6247824680071693E−09
77	41	2.1735393822840308E−08	−5.0720001114834133E−09
77	42	1.3767800851798921E−09	5.5773107379982709E−09
77	43	1.1148562980873960E−08	−1.2986159400614080E−08

阶	次	数 值	
n	m	$\bar{C}_{nm}$	$\bar{S}_{nm}$
77	44	2.9619569317739052E−10	4.1047726241601984E−09
77	45	−3.9331790474298220E−09	−6.8735071970498514E−09
77	46	2.7172208592959601E−09	1.0700062690193120E−08
77	47	4.6420626102513601E−08	1.8709103669224872E−08
77	48	1.3111536260332990E−08	−3.4281223981577357E−08
77	49	7.5377140284312358E−10	6.6545419309829426E−09
77	50	−1.0523138935234350E−09	−2.1221151812756989E−08
77	51	2.7920949126953781E−08	5.5253300949398177E−09
77	52	2.1865979719953751E−08	−2.0618971497344029E−08
77	53	−2.7853088968286620E−08	2.2145484523373081E−08
77	54	−1.3557659475893080E−08	1.7374493724990901E−08
77	55	1.9470344318422431E−08	1.6447231786795762E−08
77	56	1.0273807462544781E−09	−2.4024139629688431E−08
77	57	−1.8540320002195619E−09	1.2018832230790190E−08
77	58	−1.8772060070030891E−08	2.0039726655070001E−08
77	59	4.0663977766531342E−08	−4.1600296163430312E−08
77	60	3.9306813456847252E−09	−1.9969167926295411E−08
77	61	−4.1622337109332867E−08	−5.5046481987865780E−09
77	62	−1.2448489605019870E−08	−6.9067892780718631E−09
77	63	4.5852839944717212E−08	−1.1252617509579430E−08
77	64	5.3578197763863217E−08	−3.7389764862516912E−08
77	65	1.7895694066166530E−08	−9.1403813720807074E−09
77	66	−3.0732396298079967E−08	−1.5497918181919450E−09
77	67	4.2652856640314052E−08	−4.3052342995357923E−08
77	68	−1.1407124511349361E−08	2.0760845737049769E−08

阶	次	数 值	
n	m	$\bar{C}_{nm}$	$\bar{S}_{nm}$
77	69	$-2.1048696726471920\text{E}-08$	$-2.8766692588555371\text{E}-08$
77	70	$-2.0901254918761260\text{E}-08$	$1.3632007112972620\text{E}-08$
77	71	$4.9097185798932417\text{E}-08$	$-4.1448751395953247\text{E}-08$
77	72	$1.0406061832125910\text{E}-08$	$-2.6883803117298302\text{E}-08$
77	73	$-9.3703314047004525\text{E}-09$	$-2.3876118906691889\text{E}-08$
77	74	$4.2478267694708333\text{E}-08$	$5.1333310765161993\text{E}-09$
77	75	$4.2763313137673183\text{E}-08$	$-2.8093520976808132\text{E}-08$
77	76	$3.1027345584730982\text{E}-08$	$-4.5329929440797703\text{E}-08$
77	77	$4.1241019263909587\text{E}-08$	$-1.8342859868567531\text{E}-08$
78	0	$-1.3651871576431630\text{E}-08$	$0.0000000000000000\text{E}+00$
78	1	$2.0007574890190509\text{E}-08$	$-1.1917359750880859\text{E}-08$
78	2	$5.5015226881157541\text{E}-09$	$-1.3307175585156750\text{E}-08$
78	3	$-1.5846114998914331\text{E}-08$	$-3.4654647377657671\text{E}-08$
78	4	$-2.3430980031731121\text{E}-09$	$-3.0856491033797910\text{E}-09$
78	5	$-2.5664356989469272\text{E}-08$	$1.1227343688026411\text{E}-08$
78	6	$-4.2329063954188410\text{E}-09$	$6.1357015388518117\text{E}-09$
78	7	$3.5175015623792748\text{E}-09$	$-2.2474940557799511\text{E}-09$
78	8	$3.3632024253883828\text{E}-10$	$1.0006639045488590\text{E}-08$
78	9	$-1.4031289397781801\text{E}-08$	$-5.5193672283405140\text{E}-09$
78	10	$4.6561493893151328\text{E}-09$	$-3.5010840421413310\text{E}-09$
78	11	$1.1124683888028340\text{E}-09$	$-2.3469940179413101\text{E}-08$
78	12	$-1.4868007306046500\text{E}-08$	$-1.4929135650882432\text{E}-08$
78	13	$1.6474788686008270\text{E}-08$	$-1.4784459967321050\text{E}-08$
78	14	$-8.4387914942751674\text{E}-09$	$-2.2806227401399440\text{E}-08$
78	15	$-1.9225095190515649\text{E}-08$	$1.8802105113413839\text{E}-08$

阶	次	数 值	
n	m	$\bar{C}_{nm}$	$\bar{S}_{nm}$
78	16	1.7127843935318650E−09	3.2626403374281277E−08
78	17	−7.5622432795513458E−09	1.1509899004014700E−09
78	18	−1.9684626514578369E−08	−5.5569923673689877E−09
78	19	8.7851044052141443E−10	4.4328039045677106E−09
78	20	1.4960110205560601E−08	2.8467961695772671E−09
78	21	2.2260973857672711E−08	−1.0197133124881559E−08
78	22	1.6918113270808030E−08	9.2180801400990337E−09
78	23	1.8363442573372010E−08	5.9259472384364023E−09
78	24	−6.5168973335790371E−08	−5.6186570044578471E−09
78	25	−8.0020149689858571E−10	1.7566254567495910E−08
78	26	−8.2456842487408573E−10	−1.7370921843393679E−08
78	27	1.3054074184234781E−08	2.5832528357660160E−08
78	28	−2.1954569479845840E−09	−1.7595252584785489E−08
78	29	−7.7154740621029854E−09	1.7392123093596870E−08
78	30	−1.3427583783324160E−08	−1.6218206792996189E−08
78	31	1.4463264750810081E−08	−3.7505707209113497E−09
78	32	−6.1223042481017193E−09	9.9449932172918519E−10
78	33	2.0489562195719131E−08	6.7566468630021109E−09
78	34	2.7571395955110069E−08	1.9055959971506420E−08
78	35	−1.3564025060229139E−08	2.2978240346277951E−08
78	36	2.9617739040252459E−08	−1.0265219513765370E−09
78	37	1.4328040037043590E−08	−1.1875507753171301E−08
78	38	4.5525139866867448E−09	−9.0210705706669276E−09
78	39	−4.4208460736287958E−08	3.2766453071359660E−08
78	40	−5.4775320369152988E−08	1.9907894410641531E−08

阶	次	数　　　值	
n	m	$\overline{C}_{nm}$	$\overline{S}_{nm}$
78	41	$-1.9457995138341308E-08$	$-3.6877927764556069E-09$
78	42	$-1.9122347312174541E-08$	$-2.1770803826649540E-08$
78	43	$-3.8034186892750508E-10$	$1.6092632991879600E-08$
78	44	$1.6272779595474851E-08$	$2.2786917071128530E-08$
78	45	$1.7758047251864851E-08$	$-1.9161221480271919E-08$
78	46	$-8.6432470414735680E-09$	$-6.3100591625703029E-09$
78	47	$1.1972538323825741E-08$	$4.0590540684757391E-08$
78	48	$-7.2490151276142393E-09$	$-5.2431032020474942E-08$
78	49	$9.8093091502996847E-09$	$-4.3141485986115851E-08$
78	50	$-1.4989609756122451E-08$	$5.1926730280767347E-08$
78	51	$-7.9977581382417977E-09$	$4.2362178988934302E-08$
78	52	$-3.9298114215323109E-09$	$-5.7885360953354813E-08$
78	53	$1.2580059385347289E-08$	$6.2664858835279148E-09$
78	54	$6.8087934100149373E-09$	$2.5189629199644882E-08$
78	55	$-2.1999688002496730E-08$	$3.0189019107963272E-08$
78	56	$-2.4758465288994892E-08$	$8.1324017208831476E-10$
78	57	$1.4321935089203969E-08$	$2.1154986103067481E-08$
78	58	$-1.5044642459842980E-09$	$4.1961252310966311E-09$
78	59	$2.7366093240144619E-08$	$1.3547739175822880E-08$
78	60	$2.9279456595598089E-08$	$-2.6905744844189551E-08$
78	61	$1.1466439837640130E-08$	$-1.4141888252610170E-08$
78	62	$-1.9796134744631280E-08$	$2.1843938416468611E-10$
78	63	$-8.7975778397654290E-09$	$4.9167262526171497E-09$
78	64	$2.3532511325432969E-09$	$2.9411359430649239E-09$
78	65	$-3.5698843207339763E-08$	$1.9204131108677311E-08$

阶	次	数　　　值	
n	m	$\bar{C}_{nm}$	$\bar{S}_{nm}$
78	66	1.7817849411510959E−08	−3.9074902985096453E−09
78	67	5.2506177763955721E−10	−1.7844752125445780E−08
78	68	−2.2841657154720451E−08	1.9268193534068030E−08
78	69	−2.3859852421256960E−09	−2.6496448788204721E−09
78	70	−1.1958960176482331E−08	−2.8552579453117799E−08
78	71	3.8418648990361743E−08	4.3855516171037893E−08
78	72	4.3838338903220726E−09	−6.1185921710597652E−09
78	73	−8.0089805519322734E−08	2.0196353740244259E−08
78	74	3.9981913982536377E−08	−1.8126404443645410E−08
78	75	−4.4786922638042567E−08	6.0581028295660345E−08
78	76	−3.2203280490699882E−08	−1.2866571278288149E−07
78	77	−3.4304873140560701E−08	1.5206917869573420E−10
78	78	3.1916464057956610E−08	1.7407733855812471E−08
79	0	−2.6580030737536651E−08	0.0000000000000000E+00
79	1	−2.1141447252752409E−08	1.0080122064768180E−08
79	2	−1.3778279671509890E−09	2.0941879284064319E−09
79	3	1.5752887151062088E−08	2.7808062591184521E−08
79	4	−2.5989916649176110E−09	−1.0014623816836661E−08
79	5	2.3849844931274459E−08	−2.2324311550613210E−08
79	6	1.2693918750351830E−08	5.8662141671555628E−09
79	7	7.2622025907125383E−10	6.1289679035864528E−09
79	8	6.2083459977640278E−09	−1.7592246180823199E−08
79	9	−7.3729197241414301E−09	−1.3561340768086210E−08
79	10	3.3595386898662121E−09	1.8483558688248771E−09
79	11	−1.0074489446158050E−08	8.1008957312218816E−09

阶	次	数 值	
n	m	$\bar{C}_{nm}$	$\bar{S}_{nm}$
79	12	8.1007918180071237E−09	1.4077498800945890E−08
79	13	1.8069577841352691E−08	5.1489202272910697E−08
79	14	8.1681676241915424E−10	3.3668686509473910E−09
79	15	3.2017184378222612E−08	−1.1526148860022730E−08
79	16	3.7791328496748159E−09	1.7097575134615780E−09
79	17	−2.2704745380625439E−09	−2.9707056947370810E−09
79	18	−4.1347583258882343E−08	−2.5641666062873002E−09
79	19	1.1113670901972480E−08	8.3861788625615397E−09
79	20	2.0909369680074049E−10	1.6351909855960989E−08
79	21	4.0304227516878183E−08	4.0713203039800800E−10
79	22	2.4926830354468559E−08	−3.1187816409330242E−08
79	23	−2.0960135677567920E−08	1.0110876428822050E−08
79	24	−2.5687447039431621E−08	5.4501015736764983E−09
79	25	1.3896953755161469E−08	1.2662760846587479E−08
79	26	1.0374944404687450E−08	1.9040072461729770E−08
79	27	6.4902426225915351E−09	1.0446895561494700E−08
79	28	−3.6019150179790861E−09	−2.7443632143430341E−08
79	29	−3.8140445458125997E−08	2.9251802728910129E−08
79	30	8.2678515949939995E−10	2.9762342108525880E−09
79	31	1.4533424578181500E−08	4.9407812622841399E−09
79	32	−3.3850440008485593E−08	1.5470106395207130E−08
79	33	5.1482492244217673E−09	1.7852610682086740E−08
79	34	−5.0686057899307728E−08	3.7483570955424440E−09
79	35	−3.3805971674011822E−08	6.6812094486717069E−09
79	36	−1.0435712971752500E−08	−4.2322757653386844E−09

阶	次	数　　　　　值	
n	m	$\bar{C}_{nm}$	$\bar{S}_{nm}$
79	37	1.7427425191684930E−08	1.7389995649766131E−08
79	38	−1.9044806554282330E−08	−1.2842381759673790E−09
79	39	8.0549666023742409E−09	−5.3764757974955427E−08
79	40	2.0270332155353359E−08	1.1271045831613349E−08
79	41	3.7857369162168423E−08	−8.8911425205243866E−09
79	42	1.2389077098640749E−08	1.6523461188663089E−08
79	43	8.1925126641079528E−09	−3.6181668092325492E−08
79	44	−4.0324254736891724E−09	8.4480013773497379E−09
79	45	−3.5876386976691451E−09	−9.6768720508613127E−09
79	46	5.3668257793554629E−09	4.4538413182462928E−09
79	47	6.7852277040644681E−08	6.9335781903548050E−09
79	48	1.5956480925978358E−08	−2.7957869552652088E−08
79	49	−6.4981800647078387E−09	2.4928400471582379E−08
79	50	−1.1486294039335800E−08	−2.8299550866745701E−08
79	51	1.5985331395678501E−08	−2.3242000248460959E−08
79	52	2.4518970713275470E−08	−3.1043028031664022E−08
79	53	−3.9248704786471621E−08	3.4093821139579131E−08
79	54	5.0033326799261269E−09	4.2821373026314309E−09
79	55	9.3098384361993808E−09	−2.1436417595878769E−10
79	56	−1.7909341351874820E−09	−3.9828410101996712E−08
79	57	1.5628256617125029E−08	2.5934674432528089E−08
79	58	−1.2456951740396420E−08	2.0287981019799670E−08
79	59	5.0259401777492157E−08	−6.6100280141439520E−08
79	60	6.0923734035883318E−09	−1.2660929361926320E−08
79	61	−4.5160894518078632E−08	1.9672451463032159E−08

阶	次	数　　　　　值	
n	m	$\bar{C}_{nm}$	$\bar{S}_{nm}$
79	62	2.4321133263496842E−08	−1.2325140064759700E−08
79	63	6.0517473672512681E−08	−3.1732355109649897E−08
79	64	4.2562104356480792E−08	−5.3090015026228662E−08
79	65	3.8771705558373337E−08	−2.6500876877895741E−08
79	66	−6.0744235543600940E−08	−2.6248392167649691E−08
79	67	−2.6048881406844131E−08	−5.2226362665936691E−08
79	68	1.0890522127926011E−08	2.4664285766552631E−08
79	69	−2.1936907986687819E−08	−5.9110052787580798E−08
79	70	7.4666285039832773E−09	9.2233343248650326E−09
79	71	4.1903761185084702E−08	−3.8798729843688747E−08
79	72	−1.0966433703587360E−08	−3.7281832449681112E−08
79	73	−2.3252182118600310E−08	−1.4921015165695480E−08
79	74	4.5947638667768872E−08	2.4350363400316529E−08
79	75	−3.3686739590678911E−09	4.5706895926528217E−08
79	76	−5.5910246120074843E−08	9.3301033479905452E−08
79	77	6.1828489376380253E−09	−2.1854205513144799E−08
79	78	−1.8979255881771220E−08	4.7261929386014762E−08
79	79	2.5286185979705590E−09	1.1264824975435439E−07
80	0	−5.5581652244845550E−09	0.0000000000000000E+00
80	1	1.6105404539531880E−08	−9.4305524346008953E−09
80	2	6.6996778257555003E−09	−1.2000398675073469E−08
80	3	−1.4913771135925640E−08	−3.3984412455782507E−08
80	4	−1.8616359355659361E−09	2.2723162227291298E−09
80	5	−2.1787117213659941E−08	1.4311698457650620E−08
80	6	−5.0324291407620092E−09	2.0349773484661131E−10

阶	次	数　　　　　　　　　　　值	
n	m	$\bar{C}_{nm}$	$\bar{S}_{nm}$
80	7	5.4258286154019111E−09	−7.1629094284259131E−09
80	8	−3.2432500567627532E−09	5.5941061898149527E−09
80	9	−1.3575229751083810E−08	−6.7346379720056380E−09
80	10	6.0338767165288471E−09	−5.5257907517891201E−09
80	11	−8.0050257870553730E−10	−2.1938171865205221E−08
80	12	−1.3209045249804449E−08	−1.6199449390020519E−08
80	13	1.7856216845155880E−08	−2.4186366001015391E−08
80	14	−1.3772590643255320E−08	−2.4486738625583279E−08
80	15	−2.5127653175995361E−08	2.4953602836504131E−08
80	16	7.1008597667007362E−09	3.4237594353959652E−08
80	17	−1.3559531624407820E−08	1.1962331638381260E−09
80	18	−1.3313068257378230E−08	−1.3933135231347740E−08
80	19	−6.5665171820662933E−10	5.9986956470296269E−09
80	20	5.3256747647972054E−09	−1.1645879334670830E−09
80	21	1.7859384685587529E−08	−3.4484342445663418E−10
80	22	2.8517546646613449E−08	1.4926530250858179E−08
80	23	2.1786189155315910E−08	6.3492490207413779E−09
80	24	−7.3642518997790722E−08	−2.5008483921826949E−09
80	25	−4.1976675398835593E−09	2.5472837659481589E−08
80	26	−2.4839953626677899E−09	−1.8557992993411669E−08
80	27	1.3524678562542650E−08	3.2027234412455680E−08
80	28	1.1788759692830061E−09	−1.9463450344046001E−08
80	29	−3.0031703377047017E−11	2.6392469990709931E−08
80	30	−1.0905476474323560E−08	−1.7408655887830911E−08
80	31	4.8453046289875611E−09	−3.1553917918727250E−09

阶	次	数　　　　　　　　值	
n	m	$\overline{C}_{nm}$	$\overline{S}_{nm}$
80	32	$-3.8797294062137374\text{E}-09$	$1.5105918278718890\text{E}-09$
80	33	$1.4467562566795161\text{E}-08$	$1.0532264311497570\text{E}-08$
80	34	$2.9957090174492722\text{E}-08$	$1.7175081443761351\text{E}-08$
80	35	$-2.6679638290762940\text{E}-08$	$3.0050347935913090\text{E}-08$
80	36	$4.7882139135036427\text{E}-08$	$-1.0253981210654091\text{E}-08$
80	37	$2.1335310056201359\text{E}-08$	$-8.6270163459696745\text{E}-09$
80	38	$1.1733655877873139\text{E}-08$	$-1.2837065152313779\text{E}-08$
80	39	$-4.2358818553315502\text{E}-08$	$4.8205354525143243\text{E}-08$
80	40	$-6.1925688280558291\text{E}-08$	$2.1163233395031960\text{E}-08$
80	41	$-1.4778028047205430\text{E}-08$	$6.9861928407038001\text{E}-09$
80	42	$-7.4516381551750495\text{E}-09$	$-2.9622241535938709\text{E}-08$
80	43	$-4.6417899111812908\text{E}-10$	$1.5184071707212271\text{E}-08$
80	44	$2.9630914123460569\text{E}-08$	$3.0829745426810592\text{E}-08$
80	45	$1.3815009729208870\text{E}-08$	$-1.6022633320064719\text{E}-08$
80	46	$-3.7622113836815749\text{E}-09$	$-9.5516683889124168\text{E}-09$
80	47	$-8.3395782281606974\text{E}-09$	$3.9326146365600977\text{E}-08$
80	48	$-7.4165402895904980\text{E}-09$	$-5.3105370572886257\text{E}-08$
80	49	$9.6883903202945099\text{E}-09$	$-4.5311088372339381\text{E}-08$
80	50	$-1.8597550344267569\text{E}-10$	$6.8631082966286260\text{E}-08$
80	51	$-5.2323803606734123\text{E}-09$	$6.2384243796602041\text{E}-08$
80	52	$-9.9280364590895888\text{E}-09$	$-3.9659759888552218\text{E}-08$
80	53	$3.0974627118803122\text{E}-08$	$2.5145406028728331\text{E}-09$
80	54	$1.4324249654997550\text{E}-08$	$2.7212568876220099\text{E}-08$
80	55	$-3.4611647087559340\text{E}-08$	$6.0636291133516465\text{E}-08$
80	56	$-2.1896688456436420\text{E}-08$	$2.53066620135170022\text{E}-08$

阶	次	数 值	
n	m	$\bar{C}_{nm}$	$\bar{S}_{nm}$
80	57	1.6976934247191510E−08	4.0812804128376697E−09
80	58	7.5350958316826669E−09	1.6848844518199869E−08
80	59	2.7187534803989398E−08	1.6049933859608012E−08
80	60	4.1789798980955653E−08	−3.0848877348280398E−08
80	61	1.0290268731821001E−08	−2.6461204206885849E−08
80	62	−3.9933564935121653E−08	−7.9262343324545450E−09
80	63	−2.6030744450060770E−08	3.5246868459676597E−08
80	64	−5.9943048904649453E−09	5.3467015227894519E−09
80	65	−7.2882879079013380E−08	3.3028631779662417E−08
80	66	1.8872555283807299E−08	3.5338553550096107E−08
80	67	5.4838625638220832E−08	2.8538880314539471E−08
80	68	−3.1178521587207417E−08	−3.0311470601815053E−11
80	69	−2.6750142767822221E−08	3.8383509799345972E−08
80	70	−2.3386308516903710E−08	−1.9836141583977470E−08
80	71	2.9529758800279319E−08	7.5624987216249083E−08
80	72	−1.0032595911956839E−08	−1.9420146713508260E−08
80	73	−3.2735606783809041E−08	3.4309383774046480E−10
80	74	4.9461442700933757E−08	−1.7576578428478611E−08
80	75	−8.4857257257284652E−08	3.6022191229826377E−08
80	76	−1.1068756994004329E−09	4.2966533959804681E−08
80	77	−7.4473875387362241E−08	4.2482015215949883E−08
80	78	−5.5783185324809871E−08	−4.0326401796641487E−08
80	79	3.8147798704151063E−08	−1.9721419218429551E−08
80	80	4.0582099786720437E−08	−5.3860308941804763E−08

附录 D 火星太阳同步轨道参数参考表

序号	平均轨道高度/km	轨道倾角/(°)	轨道周期/min
1	250	92.534	111.32
2	350	92.786	115.93
3	450	93.055	120.61
4	550	93.342	125.34
5	650	93.648	130.14
6	750	93.974	135
7	850	94.321	139.91
8	950	94.688	144.89
9	1050	95.078	149.92
10	1150	95.49	155.01
11	1250	95.926	160.15
12	1350	96.386	165.35
13	1450	96.872	170.61
14	1550	97.384	175.92
15	1650	97.923	181.28
16	1750	98.49	186.7
17	1850	99.087	192.17
18	1950	99.713	197.69
19	2050	100.37	203.27
20	2150	101.06	208.89
21	2250	101.79	214.57
22	2350	102.54	220.3

序号	平均轨道高度/km	轨道倾角/(°)	轨道周期/min
23	2450	103.34	226.07
24	2550	104.17	231.9
25	2650	105.04	237.78
26	2750	105.95	243.7
27	2850	106.91	249.68
28	2950	107.91	255.7
29	3050	108.95	261.77
30	3150	110.04	267.88
31	3250	111.19	274.05
32	3350	112.38	280.26
33	3450	113.63	286.51
34	3550	114.95	292.82
35	3650	116.32	299.17
36	3750	117.76	305.56
37	3850	119.28	312
38	3950	120.87	318.48
39	4050	122.54	325.01
40	4150	124.31	331.58
41	4250	126.17	338.19
42	4350	128.14	344.85
43	4450	130.24	351.55
44	4550	132.47	358.29
45	4650	134.87	365.08
46	4750	137.44	371.91
47	4850	140.24	378.78
48	4950	143.31	385.69

续表

序号	平均轨道高度/km	轨道倾角/(°)	轨道周期/min
49	5050	146.71	392.65
50	5150	150.58	399.64
51	5250	155.13	406.68
52	5350	160.82	413.76
53	5450	169.35	420.87

附录 E   有关概念的定义

太阳能量粒子事件：太阳耀斑爆发时所发射出来的高能带电粒子流，通常称为太阳宇宙射线或太阳带电粒子辐射。它们绝大部分是质子流，故又常称为太阳能量粒子事件，简称 SPE。太阳宇宙射线的能量一般为 1MeV～10GeV，大多数在 1MeV 至数百 MeV 之间。

银河宇宙射线（Galactic Cosmic Rays）：简称 GCR，是从太阳系外银河各个方向来的高能带电粒子。银河宇宙射线由能量极高和通量很低的高能粒子组成，能量范围为 40～10^{13} MeV，甚至更高。

平均自由行程：两次碰撞之间一个太阳质子平均所走的距离。

局部披挂角：磁尾磁场方向与太阳风等离子体流向上方向的夹角。

张开角：太阳风流向与磁尾表面切向之间的夹角。

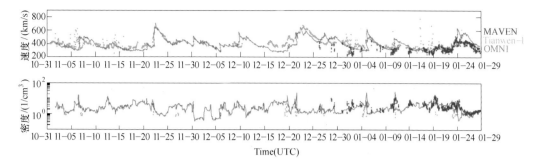

图 4 - 2　2020 年 10 月—2021 年 1 月火星轨道处的太阳风速度和密度

（蓝点，由天问一号离子与中性粒子分析仪观测，P41）

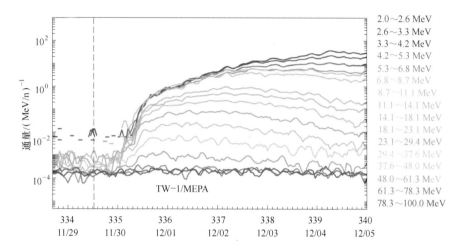

图 4 - 5　2022 年 11 月 29 日至 12 月 5 日，天问一号能量粒子分析仪在

火星轨道附近测量的高能质子通量小时平均值（虚线表示耀斑事件起始，P43）

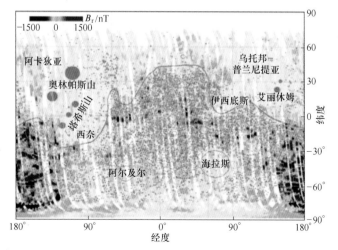

图 4 - 10　MGS 磁强计/电子反射计观测到的火壳层磁场[20-22]

（实心圆为火山，空心圆为撞击坑，实线是火星北部平原与南部高地的分界，

图片来源：NASA/GSFC/MGS MAG/ER team，P47）

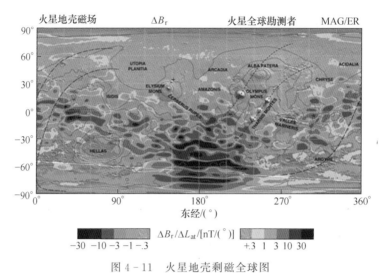

图 4-11 火星地壳剩磁全球图

(不同颜色代表着地壳磁场的强度和方向,可以看出南半球较高,P47)

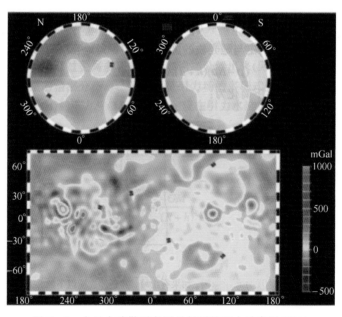

图 7-3 火星全球勘测者测量得到的重力异常图(P90)

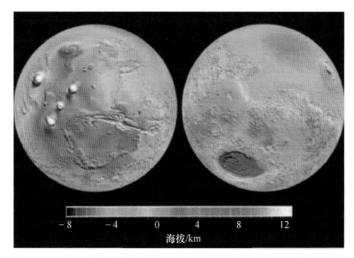

图 7 - 4　火星激光高度计（MOLA）测得的火星表面宏观地貌变化图（P91）

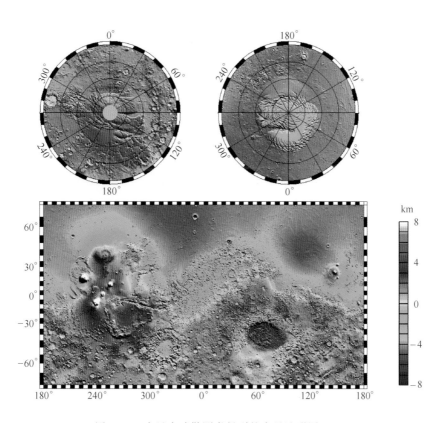

图 8 - 3　火星全球勘测者得到的火星地形图（P96）

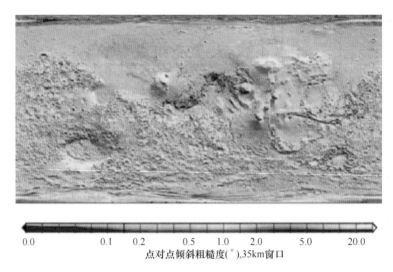

点对点倾斜粗糙度(°),35km窗口

图 8-4　火星全球勘测者激光高度计获得的火星表面粗糙度结果

（图片来源：NASA/GSFC，P97）

图 9-1　美国探测任务巡视器着陆点和"火星科学实验室"计划着陆候选区（P109）

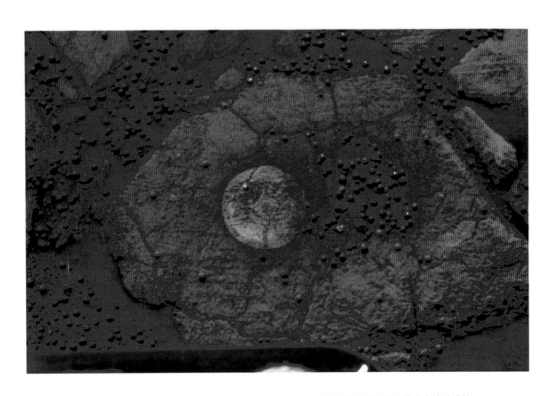

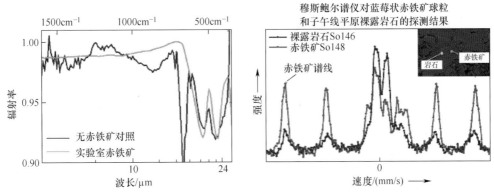

图 9-5　火星表面发现的蓝莓状赤铁矿球粒和穆斯鲍尔谱仪分析结果[37]（P117）

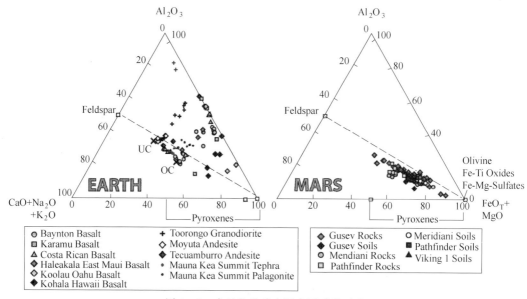

图 9 - 6 火星和地球表层主要成分对比

（图片来源：Hurowitz & McLennan,in press,P125）

2001年火星奥德赛任务伽马射线光谱

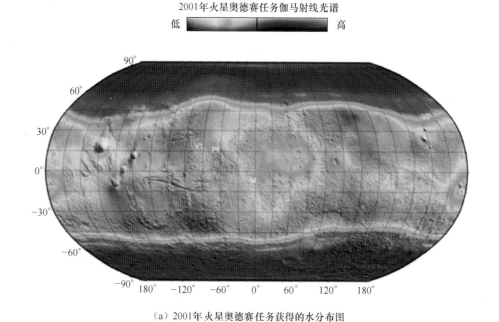

（a）2001年火星奥德赛任务获得的水分布图

图 9 - 20 奥德赛任务获得的不同时期火星表面水分布图

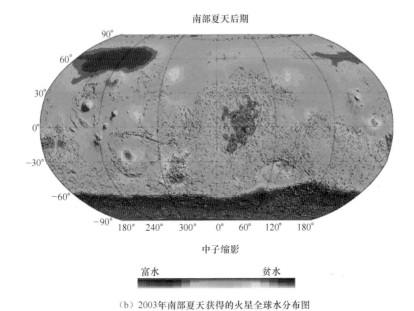

南部夏天后期

中子缩影

富水   贫水

（b）2003年南部夏天获得的火星全球水分布图

图9－20　奥德赛任务获得的不同时期火星表面水分布图（续，P139－P140）

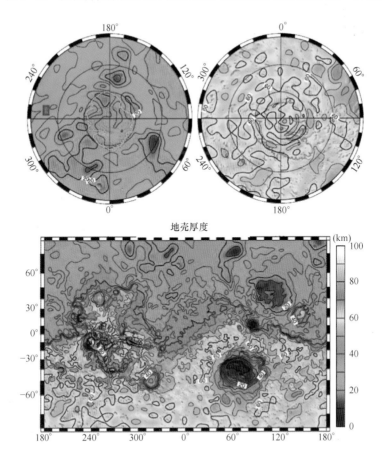

地壳厚度

图10－2　火星地壳厚度模型（5km等值线）墨卡托投影和球极平面投影（P147）

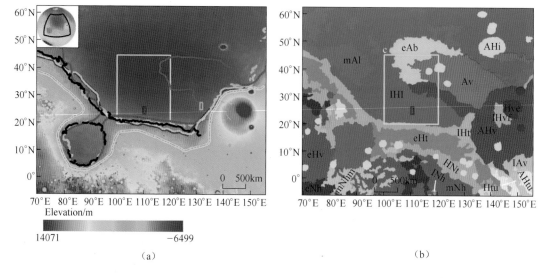

图 12-1　祝融号着陆区位置(图中红色方框)以及区域地质图(P160)

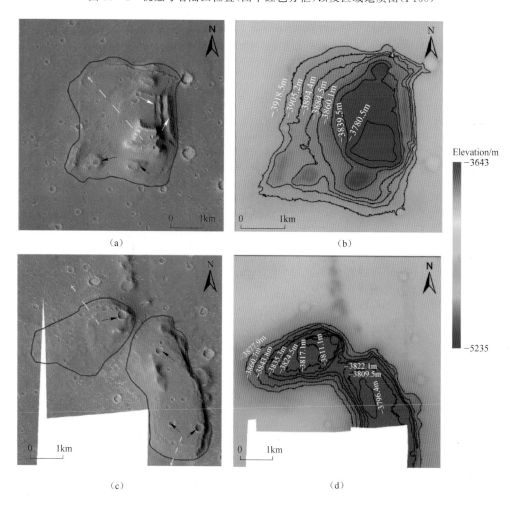

图 12-5　着陆区的方山地貌影像及其对应的地形(P164)

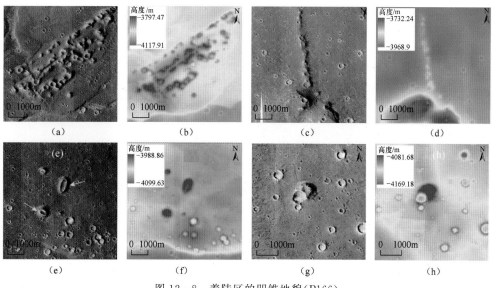

图 12-8 着陆区的凹锥地貌（P166）

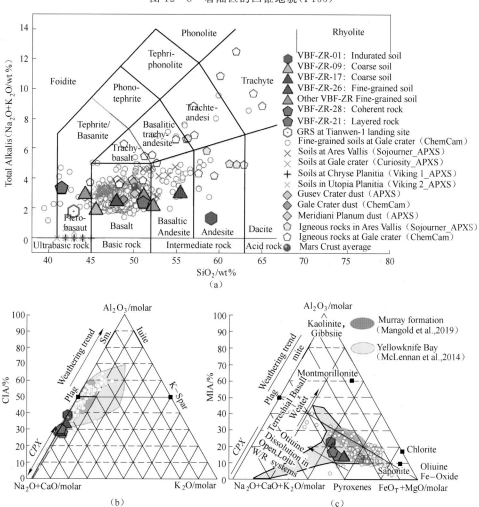

图 12-12 着陆区石块和土壤的地球化学成分特征（P168-P169）

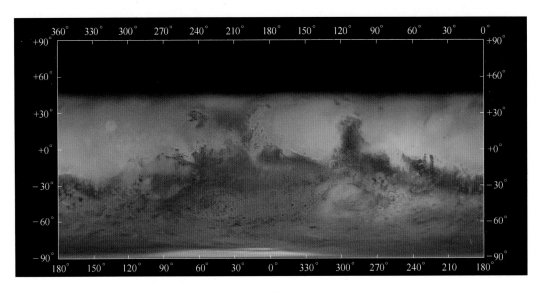

图 13-1　火星全球影像图(地基观测,P173)

图 13-2　哈勃空间望远镜拍摄的火星彩色影像(拍摄于 2016 年 5 月 12 日,P173)

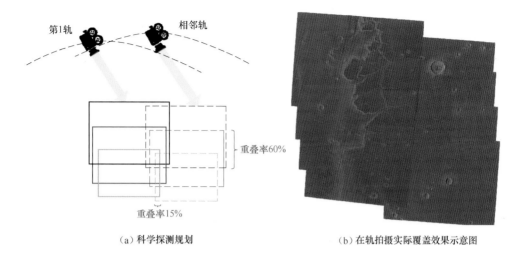

| （a）科学探测规划 | （b）在轨拍摄实际覆盖效果示意图 |

图 13-4　中分相机全火星覆盖成像策略（P180）

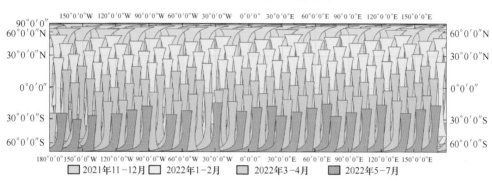

（a）空间分辨率优于120m的中分相机影像全球覆盖示意图

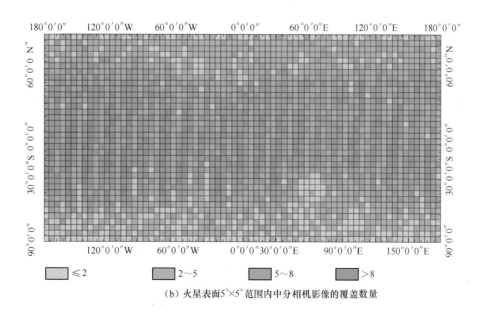

（b）火星表面5°×5°范围内中分相机影像的覆盖数量

图 13-5　中分相机影像全火星覆盖情况（P181）

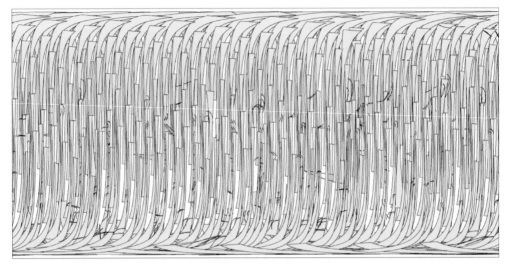

图 13 - 6　火星矿物光谱分析仪数据覆盖情况(截至 2022 年 7 月 31 日,P183)

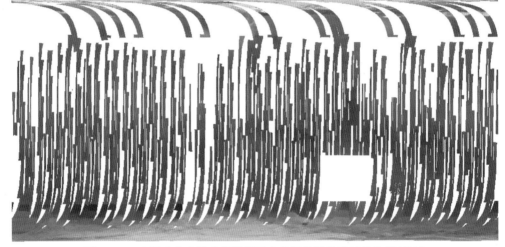

图 13 - 7　火星矿物光谱分析仪用于中分相机颜色校正的数据(经过
大气校正、光度校正、亮度归一化和异常数据剔除等处理,P183)

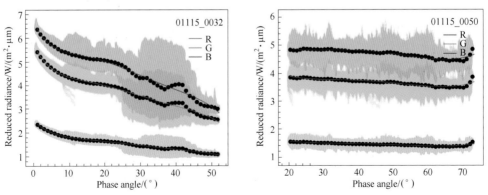

图 13 - 8　光度校正相函数拟合示意图(P186)

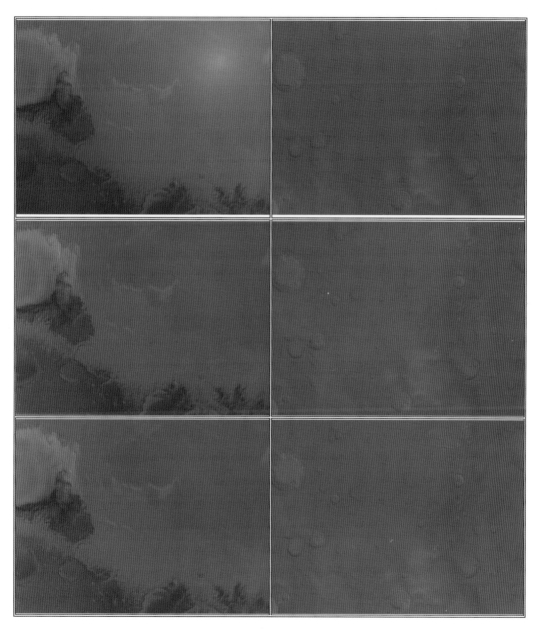

图 13 - 9　大气校正、光度校正效果图

［数据左列是 01115_0032(有热点效应)，右列是 01115_0050(无热点效应)，从上到下依次是原图、
仅光度校正后的图像、大气＋光度校正后的图像，P187］

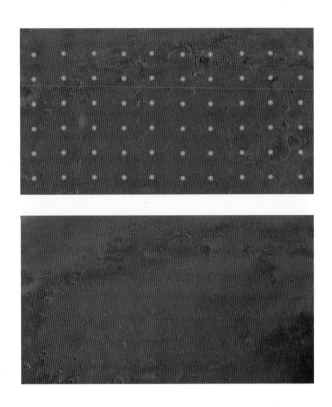

图 13 - 10　中分相机全球匀色效果示意图

（上图为匀色前，下图为匀色后，图中圆点为匀色控制点，P188）

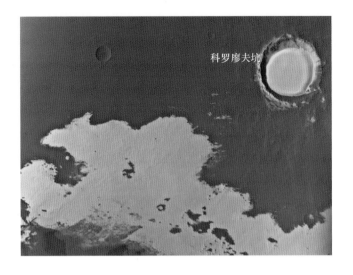

科罗廖夫坑

图 13 - 13　中分辨率图像白平衡校正参考地物示意图（P192）

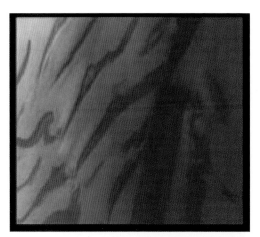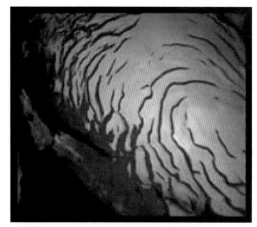

（a）中分相机图像地面白平衡系数校正效果(左)与Mars Express彩色影像(右)对比图

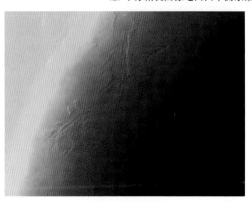

（b）晨昏线区域影像

（c）沙尘活动影像

（d）热点效应影像

（e）低对比度影像

图 13-14　中分相机问题数据示意图(P193)

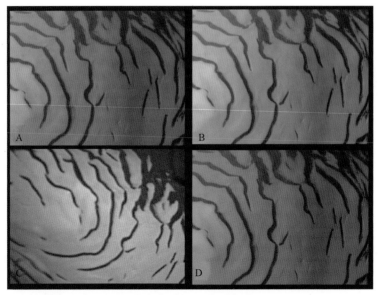

图 13 - 15　中分相机白平衡校正效果与其他型号数据比较

A:未校正;B:冰盖系数校正结果;C:火星快车彩色影像;D:地面白平衡系数校正结果(P194)

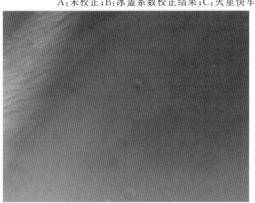

（a）原始影像　　　　　　　　　　　　　　　　（b）对应的掩膜版

图 13 - 16　中分相机影像掩膜版示意图(P195)

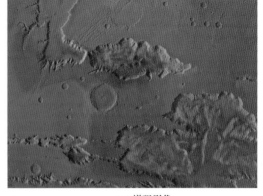

（a）原始影像　　　　　　　　　　　　　　　　（b）增强影像

图 13 - 17　中分相机影像增强效果示意图(P195)

图 13 - 19　中分相机原始影像颜色(P196)

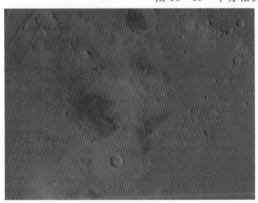

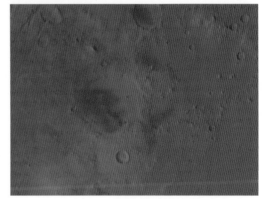

（a）大气校正前　　　　　　　　　　　　　　　　　　（b）大气校正后

图 13 - 20　中分相机影像大气校正前、后效果对比图，校正后红色明显减弱(P197)

（a）光度校正前　　　　　　　　　　　　　　　　　　（b）光度校正后

图 13 - 21　中分相机影像光度校正前、后效果对比图

校正后场景亮度均匀、明显消除星下点热点效应(P197)

图 13 - 22　中分相机影像光度校正和大气校正后颜色(P198)

图 13 - 23　中分相机影像第一次全球匀色后颜色(P198)

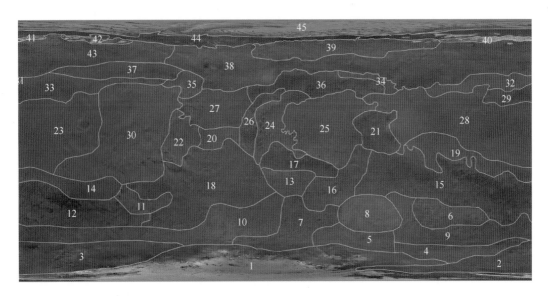

图 13-24　颜色校正标准区划分示意图（P199）

图 13-25　中分相机影像分区颜色配准后颜色（P199）

图 13 - 26　中分相机影像第二次全球匀色后颜色（P200）

图 13 - 27　中分相机影像白平衡校正后颜色（P200）

图 13-28 中分相机影像全球增强处理后（去条纹处理）颜色（P201）

图 13 - 29 中国首次火星探测火星全球彩色影像图（P201）